EUL VERLAG

Venture Capital und Investment Banking · Neue Folge, Band 12
Herausgegeben von Prof. Dr. Klaus Nathusius

Dr. Stefanie Kramer

Business Plan Due Diligence

Ein Instrument zur Finanzmittelakquise junger Unternehmen

EUL VERLAG

Bibliographische Information der Deutschen Bibliothek

Die Deutsche Bibliothek verzeichnet diese Publikation in der Deutschen Nationalbibliothek; detaillierte bibliographische Daten sind im Internet über <http://dnb.ddb.de> abrufbar.

Dissertation im Fachbereich Wirtschaftswissenschaften der Universität Kassel, 2008, unter dem Titel:
Business Plan Due Diligence als Instrument zur Stärkung der Verhandlungsposition junger wachstumsstarker Unternehmen bei der Akquise von Finanzmitteln – Ein Beitrag zur Bewertungstheorie aus verhandlungsanalytischer Sicht

Tag der Disputation: 09. Oktober 2008

ISBN 978-3-89936-753-9
1. Auflage Dezember 2008

JOSEF EUL VERLAG GmbH
Brandsberg 6
D-53797 Lohmar
Tel.: +49 (0) 22 05 / 90 10 6-6
Fax: +49 (0) 22 05 / 90 10 6-88
http://www.eul-verlag.de
info@eul-verlag.de

Bei der Herstellung unserer Bücher möchten wir die Umwelt schonen. Dieses Buch ist daher auf säurefreiem, 100% chlorfrei gebleichtem, alterungsbeständigem Papier nach DIN 6738 gedruckt.

Diese Arbeit widme ich mit großem Dank meinen Eltern Eleonore und Dr. Wolfgang Kramer, ohne deren Glauben und Unterstützung ich meine akademischen Ziele nicht hätte verwirklichen können.

Vorwort

Die vorliegende Arbeit wurde im April 2005 von der Universität Kassel im Fachbereich Wirtschaftswissenschaften als Dissertation angenommen. Die Bearbeitung erfolgte bis Ende des Jahres 2007 und die Ergebnisse basieren insbesondere auf empirischen Erhebungen, die in Form von Experteninterviews und quantitativen Befragungen durchgeführt wurden.

Mein besonderer Dank gilt meinem Doktorvater, Herrn Prof. Dr. Klaus Nathusius, für die Betreeung der Promotion, die vielen hilfreichen Diskussionen und Anregungen, sowie für das jederzeit entgegengebrachte Interesse am Fortgang meiner Arbeit. Bedanken möchte ich mich auch bei Herrn Prof. Dr. Udo Winand für die Erstellung des Zweitgutachtens.

Ich danke meinen lieben Eltern, denen ich diese Arbeit widme. Ihre uneingeschränkte Förderung meiner Ausbildung und ihre liebevolle Unterstützung haben die Anfertigung der vorliegenden Arbeit erst möglich gemacht. Ich danke meinem Bruder Thomas für seine Korrekturhilfen, Anregungen und motivierende Worte. Ich danke auch meiner Familie, Freunden und Kollegen für das mir entgegengebrachte Vertrauen und Verständnis.

Frankfurt, Dezember 2008 — Stefanie Kramer

Inhaltsübersicht Seite

Abbildungsverzeichnis

1 Einführung

1.1 Problemstellung

Der Standort Deutschland bietet für die Entfaltung junger wachstumsstarker Unternehmen kein hinreichend förderndes Fundament: unzureichende Finanzierungsmöglichkeiten über externe Kapitalquellen, bürokratische Hürden als auch eine hohe steuerliche Belastung stellen wesentliche Wachstumshindernisse dar. Junge wachstumsstarke Unternehmen werden zusätzlich mit langwierigen Finanzierungsentscheidungen konfrontiert, zeitnahe Kapitalzuflüsse sind jedoch regelmäßig entscheidend für den Unternehmenserfolg.[1]

„Technologiebasierte Unternehmen haben zwar oft exzellente High-Tech-Produkte, technologisch herausragende Produktionsprozesse und erstklassige Mitarbeiter, aber ihnen fehlt das Wachstumskapital“[2], denn aus Sicht potenzieller Kapitalgeber besteht eine hohe Erwartungsunsicherheit in Bezug auf die künftige Unternehmensentwicklung.[3] Doch gerade die jungen wachstumsstarken Unternehmen leisten einen maßgeblichen Beitrag zur langfristigen Wettbewerbsfähigkeit Deutschlands. Umso wichtiger ist es, diesen Unternehmen Zugang zu externen Finanzmitteln zu verschaffen.[4]

„Während in den Boomjahren 1999/2000 noch zwischen 30 und 40% der Private Equity-Mittel in Frühphaseninvestitionen flossen, beträgt die Quote heute gerade einmal ein Zehntel. Der sog. „Seed“-Bereich ist vollends zum Erliegen gekommen.“[5] Die Kapitalverfügbarkeit allein ist jedoch nicht ausschlaggebend für eine Finanzierungszusage oder –absage,[6] denn die Gründe für das Scheitern von Finanzierungsverhandlungen sind nicht ausschließlich auf ökonomische Faktoren, sondern auch auf das Beziehungsgeflecht zwischen den verhandelnden

---

[1] Vgl. Harald Maehrle: High-Tech-Unternehmen geben Standort Deutschland schlechte Noten, Düsseldorf 2004, S. 463.

[2] Harald Maehrle, a.a.O., S. 465, vgl. auch S. 463.

[3] Vgl. Markus Rudolf, Peter Witt: Wachstumsunternehmen: Historie, Branchen und Bewertung, Düsseldorf 2002, S. 1256.

[4] Vgl. Frank Reize: KFW-Mittelstandspanel 2005 – Ist der Mittelstand fit für die Zukunft? Repräsentative Analyse zu Investitionen und Beschäftigungseffekten kleiner und mittlerer Unternehmen, Online in Internet, Stand November 2005, S. 66.

[5] BDI: Strategiepapier- Bessere Rahmenbedingungen für Private Equity und Venture Capital, Online in Internet, Stand Mai 2007, S. 3.

[6] Vgl. Harald Maehrle, a.a.O., S. 463-465.

Personen zurückzuführen.[7] Eine *professionelle Unterstützung* wird bei der Beschaffung von Kapital zu einem maßgebenden Erfolgsfaktor.[8]

Verhandlungssituationen um Wachstumskapital zwischen Unternehmen und potentiellen Kapitalgebern sind regelmäßig geprägt von Informationsasymmetrien und Interessengegensätzen.[9] Erschwerend wirkt sich bei vielen jungen wachstumsstarken Unternehmen zudem der Tatbestand aus, dass, entgegen etablierten Unternehmen, die auf eine langjährige Unternehmenshistorie zurückblicken, ausschließlich ein zukunftsgerichteter Business Plan vorliegt. Vor diesen Hintergründen sowie unter Berücksichtigung der strengen Reglementierungen, denen potenzielle Kapitalgeber in der Ausübung ihrer Geschäftstätigkeit unterliegen, unternehmen diese regelmäßig eine Bewertung der mit einer Investitionsentscheidung verbundenen Chancen und Risiken in Form einer aktiven Wissenserarbeitung: Beteiligungsgesellschaften durch die *Due Diligence* und Banken durch die *Kreditwürdigkeitsprüfung*.[10] In Verhandlungssituationen bedingt diese intensive Auseinandersetzung mit dem Investitionsobjekt nicht zuletzt eine Verschiebung der Verhandlungsstärke zugunsten der potenziellen Kapitalgeber und zum Nachteil der Kapital nachfragenden Unternehmen.[11]

Zur Aufrechterhaltung der eigenen Verhandlungsposition hat sich auf dem Markt für Unternehmenstransaktionen seit einiger Zeit ein Instrument der aktiven Wissensvermittlung durch den Verkäufer etabliert: die *Verkäufer Due Diligence*. Die regelmäßig durch eine Wirtschaftsprüfungsgesellschaft durchgeführte sorgfältige Unternehmensanalyse, die sich insbesondere durch die Zielgerichtetheit als auch durch die Vertrauenswürdigkeit der dargestellten Informationen auszeichnet, bedingt eine Reihe von Vorteilen sowohl für den Unternehmensverkäufer, so zum Beispiel die Identifizierung und Beseitigung bestehender Mängel, Informationsmanagement und Kontrolle über den Verkaufsprozess, als auch für die potenziellen Un-

---

[7] Vgl. Angela Poech, Ann-Kristin Achleitner, Max Burger-Calderon: Private Equity in Familienunternehmen: Eine empirische Untersuchung zu psychologischen Aspekten der Transaktionsentscheidung, Düsseldorf 2005, S. 289.

[8] Vgl. Harald Maehrle, a.a.O., S. 463-465.

[9] Vgl. Malte Brettel, Markus Rudolf, Peter Witt: Finanzierung von Wachstumsunternehmen Grundlagen – Finanzierungsquellen – Praxisbeispiele, Wiesbaden 2005, S. 273.

[10] Vgl. Heinrich Pack: Due Diligence, Stuttgart 2005, S. 287-289.

[11] Vgl. Volker Strack: Vendor Due Diligence – Überraschungen vorbeugen und den Verlaufsprozess beschleunigen, Frankfurt am Main 2004, S. 38.

ternehmenskäufer, so zum Beispiel die Reduktion zeitlicher und monetärer Ressourcen eigener Untersuchungshandlungen sowie die Unterstützung bei der Investitionsentscheidung.[12]

In diesem Zusammenhang ist die Untersuchung, ob das Instrument der Verkäufer Due Diligence auf die Finanzmittelakquisition junger wachstumsstarker Unternehmen übertragen werden kann, Gegenstand und Zielsetzung dieser Arbeit. Diese Art der sorgfältigen Unternehmensanalyse soll die Bezeichnung *Business Plan Due Diligence* tragen.

1.2 Bezugsrahmen und Gang der Untersuchung

Anhand des in nachfolgender Abbildung dargestellten Bezugsrahmens wird der Aktionsraum dieser Arbeit festgelegt und, ausgehend von den jeweiligen Bedingungen, Gestaltungsparametern und Zielgrößen, die relevanten Spieler identifiziert und beschrieben:

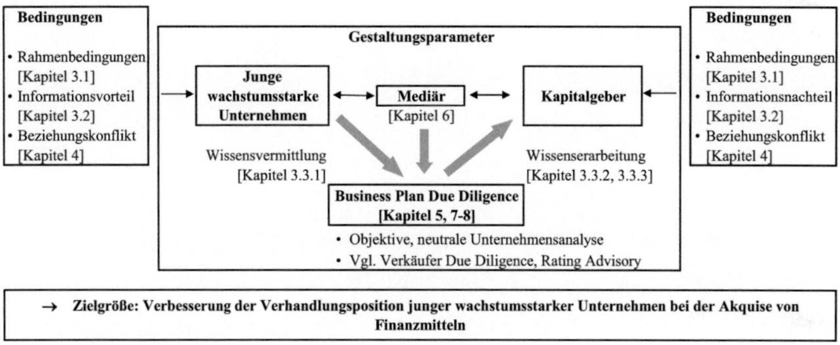

Abbildung 1: Bezugsrahmen dieser Arbeit[13]

Diese Arbeit beginnt mit der theoretischen und auf einer Literaturauswertung basierenden Auseinandersetzung mit der Themenstellung dieser Arbeit. Hieran anschließend folgt eine empirische Untersuchung des Instruments der Business Plan Due Diligence anhand von definierten Forschungszielen und –gegenständen, die mit den Methoden *qualitativer Experteninterviews* und *quantitativer Befragungen* durchgeführt wird.

---

[12] Vgl. Dirk Nawe, Frank Nagel: Vendor Due Diligence, Stuttgart 2002, S. 511-518.

[13] Eigendarstellung; Orientierung an den Parametern *Bedingungen, Gestaltungsparametern und Zielgrößen* in Anlehnung an Heinz Klandt: Gründungsmanagement: Der integrierte Unternehmensplan, München/Wien/Oldenbourg 1999, S. 6-7.

Zielsetzung dieser Arbeit ist die Untersuchung, inwieweit das Instrument einer *Business Plan Due Diligence* die Verhandlungsposition junger wachstumsstarker Unternehmen gegenüber potenziellen Kapitalgebern bei der Akquise von Finanzmitteln stärkt. In diesem Zusammenhang werden zunächst die relevanten Spieler identifiziert (Kapitel 2). Es folgt die Erörterung der Bedingungen, die die Verhandlungssituationen zwischen den Spielern prägen. Hierzu zählen die Rahmenbedingungen des jeweiligen Tätigkeitsfelds (Kapitel 3.1), die Ungleichverteilung von Unternehmensinformationen (Kapitel 3.2), sowie die Treiber des Beziehungsgeflechts zwischen den verhandelnden Spielern (Kapitel 4). Der Gestaltungsspielraum ist zunächst durch die Maßnahmen der Wissenserarbeitung der potenziellen Kapitalgeber, die Due Diligence und die Kreditwürdigkeitsprüfung (Kapitel 3.3.2 und 3.3.3), sowie durch die Möglichkeit der Wissensvermittlung durch junge wachstumsstarke Unternehmen anhand des Business Plans (Kapitel 3.3.1) gegeben. Als ein weiterer Gestaltungsparameter zur Verbesserung der Verhandlungsposition junger wachstumsstarker Unternehmen wird das Instrument der *Business Plan Due Diligence*, das bereits regelmäßig in Form der Verkäufer Due Diligence in M&A-Transaktionen sowie Rating Advisory in Kreditverhandlungen (Kapitel 5) zum Einsatz kommt und dabei insbesondere von Wirtschaftsprüfern als Mediären in Verhandlungssituationen erbracht wird (Kapitel 6), theoretisch erarbeitet (Kapitel 7) und empirisch untersucht (Kapitel 8).

Diese Arbeit endet mit einer Zusammenfassung der theoretischen und empirischen Ergebnisse und der Aussprache von Handlungsempfehlungen für junge wachstumsstarke Unternehmen (Kapitel 9).

2 Identifizierung der Spieler

2.1 Eingrenzung und Definition: Junge wachstumsstarke Unternehmen

2.1.1 Einführung

In diesem Kapitel werden *junge wachstumsstarke Unternehmen* als Initiatoren einer Business Plan Due Diligence definiert. Die Bestimmung der im Rahmen dieser Arbeit notwendigen Eigenschaften jener Unternehmen erfolgt über die Diskussion verschiedener Finanzierungsanlässe, Gründungs- und Finanzierungsmodelle sowie auch über die Darstellung von in der Literatur aufgefundenen Quantifizierungsversuchen der beiden Begriffe *‚jung'* und *‚wachstumsstark'*.

2.1.2 Finanzierungsanlässe beschrieben am Lebenszyklus-Konzept

In der betriebswirtschaftlichen Literatur tragen Lebenszyklus-Konzepte, die ihren Ursprung in der Biologie zur Beschreibung verschiedener Lebensphasen von Organismen in einem evolutionären Prozess zwischen einem Anfangsereignis, d.h. der Geburt, und einem Endereignis, d.h. Tod, finden, zum Verständnis von verschiedenen Objekten, und so unter anderem Produkt-, Technologie-, Nutzenpotential-, und auch Unternehmensentwicklungen, bei. Nach Pümpin und Prange folgen Produkt-, Technologie-, und Nutzenpotential-Lebenszyklen in Relation zu den jeweiligen betriebswirtschaftlichen Zielgrößen Umsatz und Gewinn, Leistungsfähigkeit der Technologie und Größe des Nutzenpotentials idealtypisch einem S-förmigen Verlauf, so dass zunächst eine steigende, dann sinkende und schließlich negative Entwicklung beobachtet wird. Begründung finden diese Entwicklungen durch im Zeitablauf abnehmende Produktverkaufspreise, Technologieüberalterung sowie auch abnehmende Nutzenpotentiale durch sich ändernde Umweltbedingungen und den Eintritt konkurrierender Mitstreiter. In diesem Zusammenhang erfolgt die Anwendung der Lebenszyklusbetrachtung auch im Hinblick auf das Objekt *Unternehmen*, wobei idealtypische und regelmäßige wiederkehrende Entwicklungsphasen unterschieden werden.[14] Auch Steinmetz sieht in dem Wachstumsverlauf eines typischen kleinen Unternehmens eine S-färmige Entwicklung, in der es unterschiedliche Wachstums- und auch kritische Phasen zu durchlaufen beziehungsweise zu bewältigen gilt.[15]

Vor diesem Hintergrund ist die nachfolgend dargestellte *Unternehmenszykluskurve* zur Bestimmung der verschiedenen Finanzierungsanlässe beim Durchlaufen aufeinander folgender Entwicklungsphasen eines Unternehmens geeignet:

[14] Vgl. Cuno Pümpin, Jürgen Prange: Management der Unternehmensentwicklung – Phasengerechte Führung und der Umgang mit Krisen, Frankfurt am Main/New York 1991, S. 23-44,

[15] Vgl. Lawrence Steinmetz: Critical Stages of Small Business Growth, New Jersey 1987, S. 244-245.

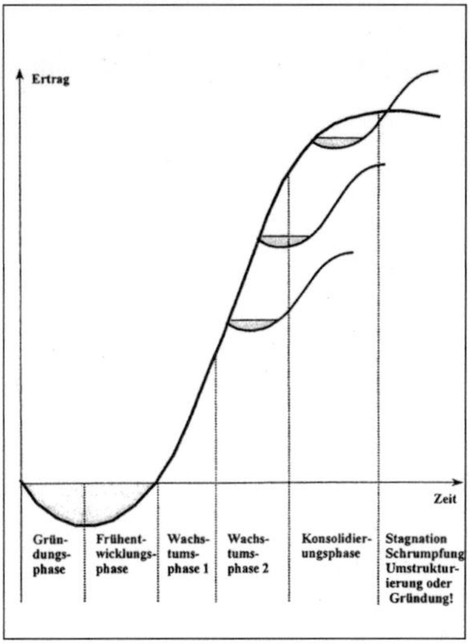

Abbildung 2: Unternehmenslebenszykluskurve[16]

Demnach existieren für ein Unternehmen, beginnend ab dem Zeitpunkt seiner Gründung und in Abhängigkeit der jeweiligen Entwicklungsphase, die verschiedenen Finanzierungsanlässe der Gründungsfinanzierung, der Frühphasenfinanzierung, der Wachstumsfinanzierung in verschiedenen Wachstumsphasen, der Konsolidierungsfinanzierung mit alternativen Entwicklungsrichtungen sowie der Sanierungsfinanzierung.[17]

Unter Berücksichtigung der Erkenntnisse aus der Unternehmenszykluskurve lässt sich der Begriff *junges wachstumsstarkes Unternehmen* wie folgt eingrenzen: die Finanzierungsanlässe der *Konsolidierung* sowie der *Sanierung* sind aus der Betrachtung dieser Arbeit auszuschließen, da zu diesen Entwicklungszeitpunkten die wachstumsstarke Phase eines Unternehmens abgeschlossen und das Unternehmen nicht mehr als jung sondern vielmehr als gereift zu bezeichnen ist. Zwar begründen die Anlässe der *Gründungsfinanzierung* und auch der *Frühphasenfinanzierung* die Bedingung eines frühen Entwicklungsstadiums, gleichzeitig wird jedoch allein bei der Frühphasenfinanzierung der Anspruch an ein starkes Unternehmenswachstum erfüllt, so dass auch die Betrachtung von Gründungsfinanzierungen aus dieser Ar-

---

[16] Klaus Nathusius: Grundlagen der Gründungsfinanzierung Instrumente – Prozesse – Beispiele, Wiesbaden 2001, S. 3.

[17] Vgl. Klaus Nathusius, a.a.O., S. 2-4.

beit zunächst auszuschließen ist.[18] Somit verbleiben diejenigen Unternehmen, die entweder eine *Frühphasenfinanzierung* oder eine *Wachstumsfinanzierung* antizipieren und somit gleichzeitig die Kriterien *jung* und *wachstumsstark* erfüllen, Mittelpunkt dieser Arbeit. An dieser Stelle erfolgt der Hinweis, dass eine Überprüfung dieser Eingrenzung im Rahmen der empirischen Untersuchungen in Kapitel 8 erfolgt.

2.1.3 Gründungsmodelle

In der Literatur werden die Modelle der *imitierenden* und der *innovativen Existenzgründung*, der *technologieorientierten Unternehmensgründung*, das *Management-Buy-Out* (MBO) sowie das *Management-Buy-In* (MBI) unterschieden. Zu den Beispielen einer *imitierenden Existenzgründung*, die im gesamten Gründungsgeschehen das dominierende Modell darstellt, zählen Gründungen im Einzelhandel, im Handwerk und im Gastgewerbe. Zu den charakteristischen Eigenschaften zählen hier der Bekanntheitsgrad und somit geringe Erklärungsbedarf der Produkte, die kurze Verlustsituation, die relativ kurze Phase bis zum Erreichen der angestrebten Größe, die einfache Unternehmensstruktur sowie das Vorsichts- und Risikovermeidungsprinzip der Gründer. Im Gegensatz hierzu zeichnet sich *die innovative Existenzgründung* durch den Anspruch des Neuigkeitsgrad des Gründungskonzepts, einen hohen Erklärungsbedarf der neuen Produkte und Dienstleistungen sowie die mit dem innovativen Ansatz verbundenen höheren Risken und Kosten insbesondere im Zusammenhang mit der Produktentwicklung und der Markteinführung aus. Innovative Existenzgründungen erfolgen regelmäßig in technologischen Bereichen, basieren aber nicht notwendigerweise auf finanzierungsintensiven Forschungs- und Entwicklungsleistungen.[19]

Das Gründungsmodell einer *technologieorientierten Unternehmensgründung* fußt auf der Vision der Etablierung eines auf einer technologischen Neuentwicklung basierenden Innovations- und Wachstumsunternehmens, das, im Gegensatz zu den eben dargestellten Modellen, losgelöst ist von der Konzentration auf eine Gründerpersönlichkeit und im Laufe seiner Entwicklung auch durch eine andere Person beziehungsweise einen anderen Personenkreis geführt werden kann. Die Ausrichtung dieses Gründungsmodells reflektiert den Lebenszyklus

---

[18] Vergleiche in diesem Zusammenhang auch die Definitionen der Finanzierungsphasen durch den Bundesverband deutscher Kapitalbeteiligungsgesellschaften – German Private Equity and Venture Capital Association e.V., vgl. BVK: Jahrbuch 2006, Berlin 2006, S. 123.

[19] Vgl. Klaus Nathusius, a.a.O., S. 6-8; vgl. Christine K. Volkmann, Kim Oliver Tokarski: Entrepreneurship – Gründung und Wachstum von jungen Unternehmen, Stuttgart 2006, S. 25-27.

des der Unternehmung zugrunde liegenden Produktes und weist in seiner Aufbau- und Ablauforganisation Ähnlichkeit mit einem etablierten Unternehmen auf. Charakteristische Merkmale einer technologieorientierten Unternehmensgründung sind dessen komplexe Struktur, eine lange Anlauf- und Verlustphase sowie mehrere Finanzierungsrunden umfassende und primär mit Eigenkapitalmitteln zu befriedigende Finanzierungsbedürfnisse, die regelmäßig die Übertragung von Geschäftsanteilen beziehungsweise auch Gesellschafterwechsel bedingen.[20]

Die beiden Gründungsmodelle *MBO* sowie *MBI* bezeichnen die mit einer erheblichen Transaktionsgröße verbundenen Unternehmensgründungen beziehungsweise Betriebsübernahmen beispielsweise im Rahmen von Nachfolgeregelungen. Während bei einem MBO leitend tätige Mitarbeiter Kapitalanteile erwerben und somit in den Status eines geschäftsführenden Gesellschafters wechseln, so erfolgt im Rahmen eines MBI die Übernahme des Unternehmens und der Geschäftsführung durch externe Gesellschafter, die zwar regelmäßig branchenerfahren sind, nicht aber in gleicher Weise über die spezifischen Unternehmenskenntnisse verfügen wie leitend tätige Mitarbeiter eines Unternehmens.[21]

So sind die folgenden weiteren Eingrenzungen anzustellen: das *MBO* sowie das *MBI* bezeichnen Gründungsmodelle etablierter Unternehmen, die mit der Definition eines *jungen Unternehmens* unvereinbar sind. Die Modelle der *imitierenden* und der *innovativen* Unternehmensgründung zielen auf die Existenzsicherung einer Gründerperson ab. Zudem können umfangreiche Wachstumsfinanzierungen einen Gesellschafterwechsel bedingen, der mit den charakteristischen Merkmalen dieser beiden Modelle unverträglich ist.[22] Somit ist allein das Gründungsmodell einer *technologieorientierten Unternehmensgründung* mit den Bedingungen *jung* und auch *wachstumsstark* vereinbar.

Vor dem Hintergrund eines auf vielen Märkten beobachteten immer stärker werdenden Wettbewerbs getrieben von dem ständigen und schnellen technologischen Wandel sind Innovationen und neue Technologien Schlüsselfaktoren für die Realisierung von Wettbewerbsvorteilen

---

[20] Vgl. Klaus Nathusius, a.a.O., S. 8.

[21] Vgl. Wolfgang Koch, Jürgen Wegmann: Praktiker-Handbuch Due Diligence – Chancen-/Risiken-Analyse mittelständischer Unternehmen, Stuttgart 1998, S.21; vgl. Klaus Nathusius, a.a.O., S. 8-10; vgl. Christine K. Volkmann, Kim Oliver Tokarski, a.a.O., S. 31-32.

[22] Vgl. Klaus Nathusius, a.a.O., S. 6-10.

und Erfolgspotentialen. Friedrich spricht von technologieorientierten Unternehmen als „[...] solche Unternehmen [...], die neuartige und technisch anspruchsvolle Produkte und Dienstleistungen erstellen, die es in dieser Form bisher nicht gegeben hat bzw. die in dieser Form nur von wenigen Unternehmen hergestellt werden oder die im Rahmen der Erstellung neue, hochentwickelte und komplexe Technologien anwenden.“[23] Als Beispiele für technologiebasierte Sektoren werden in der Literatur unter anderem die Informations- und Kommunikationstechnik, die Medizintechnik sowie die Biotechnologie aufgeführt.[24]

Typisch für eine technologieorientierte Unternehmensgründung sind die hiermit verbundenen spezifischen und aus der Innovativität des gewählten Geschäftsmodells resultierender Risiken: „Zu den gründungstypischen Risiken [...] kommen die technischen Risiken der Produktdefinition und –entwicklung, die Risiken der Markteinführung, die besonders schwierigen Randbedingungen, die Risiken in der Zusammenarbeit mit öffentlichen Genehmigungs-, Regulierungs-, Lizenzierungs- und Normierungsämtern und insbesondere auch die zeitlichen Risiken hinzu.“[25] Vor diesem Hintergrund sowie unter Berücksichtigung der angestrebten Wachstumsziele lassen sich die hohen Anforderungen der Kapitalgeber nachvollziehen. Diese kommen, insbesondere auch aufgrund der Ungewissheit über die geplante Unternehmensentwicklung, regelmäßig zu unterschiedlichen Finanzierungsurteilen. Ebenfalls typisch ist die Erfordernis weiterer an das Erreichen von so genannten „Meilensteinen“ gebundener Finanzierungsrunden, so dass das Finanzierungsrisiko über den weiteren Verlauf der Unternehmensentwicklung bis hin zum Zeitpunkt des Erreichens stabiler Zahlungseingänge bestehen bleibt.[26]

2.1.4 Finanzierungsmodelle

Regelmäßig werden zwei Modelle der Gründungs- beziehungsweise Wachstumsfinanzierung unterschieden, die *strategiebestimmende Gründungsfinanzierung* oder auch ‚low budget model’ genannt, sowie die *strategieerfüllende Gründungsfinanzierung* oder auch ‚big money model’ genannt. Das erstgenannte Modell wird weiter unterteilt in die Untergruppe der

---

[23] Thomas Friedrich: Ratingorientierte Verhandlungen von Technologieunternehmen mit Finanzpartnern, Wiesbaden 2004, S. 506, vgl. auch S. 505-509.

[24] Vgl. Helena Yli-Renko, Miachael Hey: European Venture Capital – an Overview, Harlow/London 1999, S. 14.

[25] Klaus Nathusius, a.a.O., S. 170.

[26] Vgl. Klaus Nathusius, a.a.O., S. 10-12, S. 31-33, S. 170-171; vgl. Christine K. Volkmann, Kim Oliver Tokarski, a.a.O., S. 310-312.

Selbstfinanzierung beziehungsweise ‚self feeding business', und die Untergruppe der *Eigen- und Fremdfinanzierung* beziehungsweise ‚bootstrap financing'. *Selbstfinanzierungen* zeichnen sich durch fehlende eigene Mittel sowie mangelnde Beleihungsmöglichkeiten aus, so dass eine Innenfinanzierung zeitlich unmittelbar und aus dem eigenen Handeln generiert werden muss. Finanzierungsinstrumente können hier Sweat Equity (zum Beispiel gehaltslose Leistungen der Gründer), Moonlighting (zum Beispiel Gründung als Zweitbeschäftigung neben der regulären Tätigkeit), die Einforderung von Anzahlungen im Auftragsgeschäft sowie Nutzung des Zahlungsziel-Differentials sein. Die Grenze zu der *Eigen- beziehungsweise Fremdfinanzierung* ist fließend: die wesentlichen Finanzierungsinstrumente, auf die Unternehmer unter Verfolgung dieses *Bootstrap*-Ansatzes grundsätzlich zurückgreifen können, sind Gründerkapital, monetäre Unterstützung von Familie und Freunden, Bankkredite, Lieferantenkredite, Leasing sowie öffentliche Mittel, jeweils aber unter Berücksichtigung einer unterstellten latenten Ressourcenknappheit bei der Realisierung des Gründungsvorhabens.[27]

Das Modell der *strategieerfüllenden Finanzierung* oder ‚big money model' hingegen zeichnet sich nicht durch die Berücksichtigung finanzieller Restriktionen aus, „In der Regel handelt es sich hierbei um junge Unternehmen, die aufgrund ihres zu erwartenden starken un dynamischen Wachstums einen hohen Kapitalbedarf haben. […] Mögliche Investoren, die auch in der Lage sind, den hohen Kapitalbedarf zu decken, sind vor allem Business Angels und Venture-Capital-Gesellschaften. […] Das typische Branchenspektrum reicht dabei von der Informations- und Biotechnologie über die Medizintechnik bis hin zur Nanotechnologie."[28] Finanzierungsmittel stehen jedoch nicht grenzenlos zur Verfügung: so erfährt der Zugang zu Kapital in Abhängigkeit von der Überzeugungskraft des Gründungskonzepts und des Geschäftsmodells, der Realitätsnähe der Marktbetrachtung sowie der Professionalität des Gründerteams eine Begrenzung.[29]

Unter Berücksichtigung der dargestellten Finanzierungsmodelle kann zur Bestimmung *junger wachstumsstarker Unternehmen* folgende weitere Eingrenzung getroffen werden: *strategiebestimmende Gründungsfinanzierungen* sind im Rahmen dieser Arbeit von nachrangiger Bedeutung, denn es werden Unternehmen betrachtet, die zur Realisierung ihres Unternehmens-

---

[27] Vgl. Klaus Nathusius, a.a.O., S. 33-43.
[28] Christine K. Volkmann, Kim Oliver Tokarski, a.a.O., S. 312.
[29] Vgl. Klaus Nathusius, a.a.O., S. 31-43.

wachstums auf die Inanspruchnahme hoher finanzieller Mittel angewiesen sind. Somit verbleiben *strategieerfüllende Gründungsfinanzierungen* Gegenstand dieser Arbeit.

2.1.5 Begriffsbestimmung: ‚jung' und ‚wachstumsstark'

Die vorhergehenden Ausführungen lassen noch keine Quantifizierung der Begriffe *wachstumsstark* und *jung* zu. So dienen die nachfolgenden Ausführungen der Ableitung von Indikationen über eine weitere Begriffseingrenzung des jungen wachstumsstarken Unternehmens.

Grundsätzlich können verschiedene Kenngrößen zur Quantifizierung von *Unternehmenswachstum* herangezogen werden: so erklärt die Deutsche Ausgleichsbank (DtA)[30] in einer Studie zu den Entwicklungspfaden junger Unternehmen *den Umsatz, die Investitionen, die Beschäftigtenzahl und den Gewinn* als Indikatoren für Unternehmenswachstum. In diesem Zusammenhang gelten jene Unternehmen als wachstumsstark, die vom ersten bis zum dritten Geschäftsjahr eine Steigerung ihrer *Umsätze* um mindestens 55% erreichen. Die Umsatzentwicklung wird hier als vermeintlich bedeutendster Indikator für Unternehmenswachstum angesehen. Wachstum wird jedoch auch durch die Höhe der *Investitionen* beschrieben. Um Investitionen tätigen zu können, ist ein hoher Einsatz finanzieller Mittel erforderlich, die das Unternehmen in den ersten Monaten beziehungsweise Jahren kaum durch entsprechende Einnahmen bewältigen kann. Eine unzureichende Kapitalausstattung sowie eine restriktive Kreditvergabepolitik stellen somit wesentliche Investitions- und damit auch Wachstumshemmnisse dar. Wachstum steht folglich in unmittelbarem Zusammenhang mit dem Finanzierungsbedarf eines Unternehmens.[31]

In diesem Zusammenhang hat das Fraunhofer Institut für Integrierte Publikations- und Informationssysteme in Zusammenarbeit mit der Corporate Finance Beratung Mummert & Company im Jahr 2004 eine Studie zur Attraktivität des Technologiestandortes Deutschland durchgeführt. Hierfür sind über 700 technologieorientierte Unternehmen befragt worden. Ein Drittel dieser Unternehmen sieht einen kurzfristigen Kapitalbedarf von bis zu zwei Millionen

[30] Mit Inkrafttreten des Gesetzes zur Neustrukturierung der Förderbanken zum 22. August 2003 ist die Fusion von KfW und DtA rückwirkend zum 1. Januar 2003 wirksam geworden, vgl. KfW Bankengruppe: 3. Quartalsbericht 2003, Online in Internet, Stand 2003.

[31] Vgl. Heinrike Heil: Erfolgsfaktoren von Wachstumsunternehmen – Kurzfassung einer DtA-Studie zu den Entwicklungspfaden junger Unternehmen, Online in Internet, Stand März 1999, S. 7-12; die DtA hat diese Studie im Jahr 1999 unter 2.175 neu gegründeten Unternehmen, die in den Jahren 1992 bis 1994 mit Eigenkapitalhilfe gefördert wurden, anhand von Befragungen durchgeführt.

Euro, ein weiteres Drittel zwischen zwei und fünf Millionen Euro, und rund ein Viertel schätzt den eigenen Finanzierungsbedarf auf mehr als zehn Millionen Euro.[32]

In der Literatur existiert auch keine allgemeingültige Definition für den Begriff *junges Unternehmen*. Ein Ansatz, diesen Begriff zu quantifizieren, führt zu einer Analyse von Studien der Kreditanstalt für Wiederaufbau (KfW), die regelmäßig Befragungen kleiner und mittlerer Unternehmen durchführt. Hiernach werden jene Unternehmen als jung bezeichnet, deren Gründungszeitpunkt nicht länger als fünf Jahre zurückliegt.[33]

Nichtsdestotrotz sind auch Besonderheiten in Abhängigkeit der Branchenzugehörigkeit eines Unternehmens zu berücksichtigen. Typisch beispielsweise für die Branche der Biotechnologie sind die langen Produktentwicklungszyklen, so dass bis zur Phase der Markteinführung häufig acht bis 20 Jahre vergehen.[34] Über diesen Zeitraum ist nicht nur ein hoher, sondern im Vergleich zu anderen Branchen auch ein langfristiger Kapitalbedarf notwendig.[35]

2.1.6 Definition: Junge wachstumsstarke Unternehmen

Als Konsequenz obiger Ausführungen wird ein *junges wachstumsstarkes Unternehmen* über den *Finanzierungsanlass*, das heißt Finanzierung der *Frühphasenentwicklung* oder verschiedener *Wachstumsphasen*, das Gründungsmodell einer *technologieorientierten Gründung* sowie das Finanzierungsmodell einer s*trategieerfüllenden Finanzierung* definiert (siehe Kapitel 2.1.2 bis 2.1.4). Vor diesem Hintergrund werden in den folgenden Ausführungen neben *jungen wachstumsstarken Unternehmen* ebenso die Begriffe *junge Technologieunternehmen* und *junge technologieorientierte Unternehmen* verwendet.

Die Literatur bietet keine allgemeingültige quantitative Umschreibung der Begriffe *jung* und *wachstumsstark* (siehe Kapitel 2.1.5). Nichtsdestotrotz erfolgt, insbesondere im empirischen Teil dieser Arbeit (Kapitel 8), eine Orientierung an den dargestellten quantitativen Merkmalen dieser Gruppe von Unternehmen.

---

[32] Vgl. Harald Maehrle, a.a.O., S. 463-465.
[33] Frank Reize: KFW-Mittelstandspanel 2004 – Repräsentative Analyse zu Investitionen und Beschäftigungseffekten kleiner und mittlerer Unternehmen, Online in Internet, Stand November 2004, S. 12.
[34] Vgl. Markus Rudolf, Peter Witt, a.a.O., S. 1252.
[35] Vgl. Malte Brettel, Markus Rudolf, Peter Witt, a.a.O., S. 17.

2.2 Eingrenzung und Definition: Kapitalgeber

In der Finanzierungstheorie und –praxis gelten bestimmte Grundsätze der Gründungsfinanzierung, die, wenngleich häufig kritisiert, wichtige Hilfestellung bei der Finanzierungsplanung und –strukturierung bieten. So sollte die Eigenkapitalausstattung eines Unternehmens grundsätzlich dem Entwicklungsstand sowie der Komplexität des Geschäftsmodells Rechnung tragen. Während regelmäßig eine Eigenkapitalquote von einem Drittel der Bilanzsumme bei Erreichen eines stabilen Geschäftsverlaufs als Zielgröße angenommen wird, so kann auch eine hundertprozentige Eigenkapitalfinanzierung bei intensiven Produktentwicklungs- oder Markteinführungsphasen beziehungsweise insbesondere auch bei technologieorientierten Gründungen notwendig sein.[36]

Ein weiterer Grundsatz oder auch die so genannte *goldene Finanzregel* besagt, dass, insbesondere bei einem typisch instabilen Zustand in der Gründungs- und Frühentwicklungsphase eines Unternehmens, langfristiges Betriebsvermögen, sei es Anlage- oder Umlaufvermögen, unbedingt auch durch eine langfristige Eigenkapital- oder Fremdkapitalfinanzierung (oder auch Mezzanine-Kapital) erfolgen soll.[37]

Eigenkapital- und Fremdkapitalmittel gehören somit zu jenen Finanzierungsinstrumenten, die für die Wachstumsfinanzierung eines Unternehmens geeignet sind.[38] Während Eigenkapitalanteile dem Inhaber grundsätzlich Stimmrechte, Teilansprüche auf den Unternehmensgewinn sowie auf das Unternehmensvermögen im Fall der Unternehmensauflösung einräumen, stehen Kreditmittel einem Unternehmen befristet zur Verfügung, der Gläubiger hat ein Anrecht auf Rückzahlung des Kredites sowie die Leistung einer festen Verzinsung.[39]

Brettel, Rudolf und Witt weisen darauf hin, dass „Bei schnell wachsenden und technologieorientierten Gründungsunternehmen […] die Finanzierung aufgrund fehlender Kreditsicherheiten und der zum Teil sehr hohen Markt- und Technologierisiken des Geschäftsmodells ty-

[36] Vgl. Klaus Nathusius, a.a.O., S. 12-14.

[37] Vgl. Klaus Nathusius, a.a.O., S. 14-20; für weitere Informationen zu Mezzanine-Finanzierungen vergleiche zum Beispiel: Jürgen Brokamp, Karsten Hollasch, Georg Lehmann, Lutz Meyer: Mezzanine-Finanzierung „Bridging the Gap", o.O. 2004.

[38] Vgl. Mark Long: Financing the New Venture, Holbrook 2000, S. 214; vgl. auch Edward B. Roberts: Entrepreneurs in High Technology – Lessons from MIT and Beyond, New York/Oxford 1991, S. 155.

[39] Vgl. Malte Brettel, Markus Rudolf, Peter Witt, a.a.O., S. 16-17, S. 23-24.

pischerweise durch die Aufnahme von Eigenkapital"[40] erfolgt. Nichtsdestotrotz existiert für Unternehmen aufgrund der steuerlichen Abzugsfähigkeit der Zinsaufwendungen, der Vermeidung von Machteinbußen, und aufgrund des aus dem Wettbewerb unter den Kreditinstituten resultierenden günstigen Zinsniveaus eine gewisse Abhängigkeit von einer Bankkreditfinanzierung.[41] Zudem ist zu berücksichtigen, dass nicht jedes Wachstumsunternehmen schließlich in der Position der Entscheidungsfreiheit über die Nutzung beliebiger Kapitalquellen ist, so dass zur Verfolgung der Unternehmensstrategie vielmehr die tatsächlich verfügbaren Kapitalquellen relevant sind.[42]

Auch können junge Kapital suchende Unternehmen auf öffentliche Fördermittel zur Unternehmensfinanzierung zurückgreifen. Förderprogramme bestehen auf europäischer, staatlicher, regionaler und kommunaler Ebene und die Fördermöglichkeiten erstrecken sich über Bürgschaften, Gewährung finanzieller Zuschüsse und Beratungsleistungen. Aufgrund massiver Informationsdefizite werden die öffentlichen Fördermittel jedoch nicht erschöpfend in Anspruch genommen.[43]

So werden im Rahmen dieser Arbeit, unter Berücksichtigung des Tatbestands, dass öffentliche Fördermittel regelmäßig nicht bei der Verfolgung einer strategieerfüllenden Gründungsfinanzierung zum Tragen kommen,[44] *Beteiligungsgesellschaften*, die spezialisiert auf die Finanzierung von technologieorientierten Unternehmen in Früh- und Wachstumsphasen sind (vergleiche Kapitel 2.1.2), und *Kreditinstitute*, die eine wichtige Kapitalquelle für Unternehmen in Deutschland darstellen,[45] als potenzielle Kapitalgeber junger wachstumsstarker Unternehmen definiert.

2.3 Zusammenfassende Ausführungen

In diesem Kapitel sind die im Rahmen dieser Arbeit relevanten Spieler, das heißt die jungen wachstumsstarken Unternehmen sowie die Kapitalgeber, definiert worden. Es wird darauf

---

[40] Malte Brettel, Markus Rudolf, Peter Witt, a.a.O., S. 16.
[41] Vgl. Klaus Segbers, Andreas Siemes: Mittelständische Unternehmen und ihr Kommunikationsverhalten gegenüber der Bank, Düsseldorf 2005, S. 229-230.
[42] Vgl. Harald Maehrle, a.a.O., S. 465.
[43] Vgl. Harald Maehrle, a.a.O., S. 465.
[44] Vgl. Klaus Nathusius, a.a.O., S. 31.
[45] Vgl. Klaus Segbers, Andreas Siemes, a.a.O., S. 229-230.

hingewiesen, dass notwendige Eingrenzungen und Definitionen weiterer im Zusammenhang mit dieser Arbeit relevanten Begrifflichkeiten im Verlauf dieser Arbeit erarbeitet werden.

In dem nächsten Kapitel erfolgt die Herausarbeitung der Ausgangslagen der Spieler, das heißt eine Darstellung der jeweiligen regulatorischen und sonstigen Rahmenbedingungen, der bestehenden Informationsasymmetrien sowie der hierdurch bedingten notwendigen Maßnahmen zur Wissensvermittlung durch Unternehmer und zur Wissenserarbeitung durch potenzielle Kapitalgeber.

3 Beschreibung der Ausgangslagen

3.1 Regulatorische und sonstige Rahmenbedingungen der Spieler

3.1.1 Rahmenbedingungen: Junge wachstumsstarke Unternehmen

3.1.1.1 Einführung

Wie in Kapitel 1.1 dargestellt, ist die Attraktivität des Standortes Deutschland für technologieorientierte Unternehmen nicht hinreichend zufrieden stellend. Neben wenigen Standortvorteilen, wie beispielsweise der Verfügbarkeit qualifizierten Personals, der Qualität des deutschen Forschungs- und Bildungssystems, der Verkehrsanbindung, der Ausstattung mit Informationstechnologie, als auch der Rechtssicherheit bei Patenten, bestehen jedoch eine Reihe von Nachteilen, die die Unternehmen zu der Inerwägungziehung einer Standortverlegung in das Ausland veranlassen. Hierzu zählt insbesondere die unzureichende Kapitalverfügbarkeit. Weitere als ungünstig einzustufende Bedingungen sind die hohe steuerliche Belastung, die hohen Kosten qualifizierten Personals, behördliche Auflagen und Bürokratie.[46]

3.1.1.2 Beschreibung der Rahmenbedingungen

3.1.1.2.1 Unzureichende Kapitalverfügbarkeit

Nach Maehrle zeichnen sich junge Technologieunternehmen durch einen hohen Kapitalbedarf insbesondere für die Produktentwicklung und den Auf- und Ausbau einer Vertriebsstruktur aus. Vor diesem Hintergrund besteht regelmäßig eine gewisse Angewiesenheit auf externe Fi-

---

[46] Vgl. Harald Maehrle, a.a.O., S. 463-464;

nanzierungsquellen und zwar so lange, bis die Unternehmen die Phase der Erzielung nachhaltiger Umsatzerlöse und Eigendeckung des Finanzierungsbedarfs erreicht haben. Die Kapital suchenden Unternehmen beurteilen die Kapitalvergabepolitik von Banken und Beteiligungsgesellschaften als restriktiv und die Suche nach Wachstums- und Expansionskapital als schwierig. Eine solche Einschätzung bedingt nicht zuletzt auch Konsequenzen für Neuinvestitionen und Neueinstellungen.[47]

Die Gewährung von Darlehen an junge wachstumsstarke Unternehmen stellt für Kreditinstitute ein risikoreiches Geschäft dar und wird, selbst bei Vorhandensein von ausreichend Sicherheiten, nicht vorrangig praktiziert.[48] Informationsasymmetrien über das technologische und ökonomische Potential der Innovationen bedingen einen erschwerten Zugang zu Kreditmitteln beziehungsweise eine Verschlechterung der Kreditkonditionen.[49] So steht im Mittelpunkt wirtschaftspolitischer Diskussion die Frage nach einer unzureichenden Kreditversorgung, der so genannten Kreditrationierung, die dann vorliegt, wenn die Gesamtheit von Unternehmen einer Branche, einer Region oder einer Größenklasse ohne Berücksichtigung von Bonitäts- oder Rentabilitätsaspekten von einer Kreditverwährung betroffen ist.[50]

Auch der Zugang zu Beteiligungskapital war in der Vergangenheit schwer: „Der Beteiligungsmarkt für junge High-Tech-Unternehmen in frühen Entwicklungsphasen hat [...] im Jahr 2003 einen Rückgang von rund 80% gegenüber dem Jahr 2000 verzeichnet und weist nur noch ein Investitionsvolumen von 292,4 Mio. Euro auf."[51] Dazu forcieren die zahlreichen Unternehmenspleiten in den vorangegangenen Jahren die kritische Haltung gegenüber einer Finanzierung junger wachstumsstarker Unternehmen.[52] Nichtsdestotrotz hat sich in den letzten Jahren der Zugang zu Beteiligungskapital wieder verbessert.[53]

---

[47] Vgl. Harald Maehrle, a.a.O., S. 464-465.

[48] Vgl. Harald Maehrle, a.a.O., S. 464-465: 96% der durch Mummert & Company befragten Technologieunternehmen schätzen die Neigung von Banken zur Kreditvergabe in naher Zukunft als niedrig oder sehr gering ein, 61.2% gehen von einer niedrigen oder sehr geringen Neigung zur Kapitalbereitstellung durch Beteiligungsgesellschaften aus.

[49] Vgl. Frank Reize, 2005, a.a.O., S. 44.

[50] Vgl. Frank Reize, 2004, a.a.O., S. 25.

[51] Harald Maehrle, a.a.O., S. 464.

[52] Vgl. Harald Maehrle, a.a.O., S. 464.

[53] Vgl. PWC, BVK: Der Einfluss von Private-Equity-Gesellschaften auf die Portfoliounternehmen und die deutsche Wirtschaft, Online in Internet, Stand Oktober 2005, S. 6.

3.1.1.2.2 Weitere Rahmenbedingungen

Es existiert kein Steuersystem, das explizit die Bedürfnisse innovativer Unternehmen berücksichtigt. Die Unternehmensbesteuerung, die sich aus Körperschaftssteuer von 25%, Solidaritätszuschlag von 5,5% und einer körperschaftssteuerlich abzugsfähigen gemeindespezifischen Gewerbesteuer zusammensetzt, kann ein Niveau von 41% erreichen (europaweiter Durchschnitt: 26,2%).[54] Mit Inkrafttreten der Unternehmenssteuerreform 2008 soll jedoch die Unternehmensbesteuerung von Kapitalgesellschaften auf durchschnittlich 29,8% deutlich gesenkt werden.[55] Weitere Konsequenzen der Unternehmenssteuerreform 2008 sind in Kapitel 3.1.2.2 dargestellt.

Zudem sorgt der deutsche Fiskus für wenig Anreize für Forschungs- und Entwicklungstätigkeiten: so existieren keine steuerlichen Vergünstigungen für Investitionen in Forschung und Entwicklung, Technologietransfers, Beschäftigung von Forschern, Kooperationen zwischen Unternehmen, Forschungseinrichtungen und Universitäten, als auch nicht für die Förderung innovativer Unternehmen.[56]

3.1.1.3 Konsequenzen

Vor dem Hintergrund der dargestellten Rahmenbedingungen und insbesondere der unzureichenden Kapitalverfügbarkeit sowie bestimmter als ungünstig eingeschätzter regulatorischer Gegebenheiten in Deutschland, denen junge wachstumsstarke Unternehmen gegenüberstehen, wird in Kapitel 3.3.1 der Business Plan als ein wichtiges Instrument der Finanzmittelbeschaffung diskutiert.

3.1.2 Rahmenbedingungen: Beteiligungsunternehmen

3.1.2.1 Einführung

Im Dezember 2006 wurde durch die European Private Equity & Venture Capital Association (EVCA) eine Studie veröffentlicht, die einen Vergleich lokaler steuerlicher und rechtlicher

---

[54] Vgl. EVCA: Benchmarking European Tax and Legal Environments – Indicators of Tax and Legal Environments Favouring the Development of Private Equity and Venture Capital and Entrepreneurship in Europe, Online in Internet, Stand Dezember 2006, S. 57.

[55] Vgl. Wolfgang Kessler, Martina Ortmann-Babel, Lars Zipfel: Unternehmenssteuerreform 2008: Die geplanten Änderungen im Überblick, Frankfurt am Main 2007, S. 524.

[56] Vgl. EVCA, a.a.O., S. 57-58.

Rahmenbedingungen zur Förderung von Beteiligungsfinanzierungen und Unternehmensgründungen unter 25 europäischen Ländern herstellt. Die Ergebnisse der Studie, sowie auch die der Vorgängerstudien aus den Jahren 2003 und 2004, sind in nachfolgender Abbildung dargestellt:

Ergebnisse 2006		**Ergebnisse 2004**		**Ergebnisse 2003**	
Land	**Wert**	**Land**	**Wert**	**Land**	**Wert**
Irland	1,27	Großbritannien	1,26	Großbritannien	1,20
Frankreich	1,36	Luxemburg	1,49	Irland	1,58
Großbritannien	1,46	Irland	1,53	Luxemburg	1,67
Belgien	1,51	Griechenland	1,75	Niederlande	1,79
Spanien	1,52	Niederlande	1,76	Italien	1,96
Griechenland	1,55	Portugal	1,81	Griechenland	1,96
Niederlande	1,60	Belgien	1,82	**Durchschnitt**	**2,03**
Luxemburg	1,62	Ungarn	1,86	Belgien	2,08
Portugal	1,71	Italien	1,86	Frankreich	2,09
Italien	1,72	Frankreich	1,89	Schweden	2,09
Österreich	1,74	Schweiz	1,95	Spanien	2,17
Dänemark	1,75	Spanien	1,96	Finnland	2,25
Ungarn	1,83	**Durchschnitt**	**1,97**	Portugal	2,32
Schweiz	1,83	Norwegen	2,04	Dänemark	2,36
Durchschnitt	**1,84**	Schweden	2,05	**Deutschland**	**2,41**
Finnland	1,91	Tschechien	2,12	Österreich	2,53
Estland	2,08	Polen	2,13		
Norwegen	2,08	Finnland	2,30		
Schweden	2,12	**Deutschland**	**2,37**		
Lettland	2,12	Österreich	2,42		
Deutschland	**2,15**	Dänemark	2,46		
Polen	2,16	Slowakei	2,49		
Slowakei	2,17				
Tschechien	2,21				
Slowenien	2,26				
Rumänien	2,35				

Abbildung 3: Ergebnisse der EVCA - Benchmarking Studie[57]

Die Studie zeigt ein für Deutschland nicht zufrieden stellendes Ergebnis: die steuerlichen und rechtlichen Reglementierungen für Beteiligungsfinanzierungen und Unternehmensgründungen werden im europaweiten Vergleich als unterdurchschnittlich bewertet. Deutschland hat über den Betrachtungszeitraum 2003 bis 2006 nur wenige Verbesserungen in den bewerteten Rahmenbedingungen erfahren und bietet in der Konsequenz für die Entwicklung von Beteiligungsfinanzierungen und Unternehmensgründungen kein förderndes Fundament.[58]

In den folgenden Abschnitten werden die wesentlichen Faktoren, die Einfluss auf die Rahmenbedingungen der Branche der Beteiligungsfinanzierungen nehmen, und die die Schwie-

---

[57] In Anlehnung an EVCA, a.a.O., S. 13: anhand eines umfassenden Kriterienkatalogs und mittels einer dreistufigen Bewertungsskala (1 bis 3) wurden die Länder analysiert und klassifiziert. Der jeweils abgebildete Wert ist ein Durchschnittswert über die einzelnen Kriterien; die Studien in 2004 und 2003 erfolgten auf einem niedrigeren Komplexitätsniveau als auch unter Einbeziehung einer geringeren Anzahl an Ländern.

[58] Vgl. EVCA, a.a.O., S. 8-13.

rigkeit junger wachstumsstarker Unternehmen, Beteiligungskapital zu akquirieren herausstellen, dargestellt. Bei den folgenden Ausführungen handelt es sich um eine Zusammenführung der Ergebnisse der EVCA-Studie sowie weiterer relevanter Einflussfaktoren. Die für Unternehmensgründungen relevanten Rahmenbedingungen, auf die in der EVCA-Studie hingewiesen wird, sind bereits in Kapitel 3.1.1.2 dargestellt worden.

3.1.2.2 Beschreibung der Rahmenbedingungen

3.1.2.2.1 Beteiligungskultur in Deutschland

Ungleich der Situation im internationalen Vergleich hat sich in Deutschland noch keine Beteiligungskultur herausgebildet. Aus der Befürchtung um den Verlust ihrer Unabhängigkeit sowie der Meidung eines von kurzfristigem Renditedenken geprägten Umfelds weichen Unternehmer einer externen Kapitalbeteiligung an ihrem Unternehmen eher aus. Nichtsdestotrotz führen bestimmte aktuelle Entwicklungen zu einer Umorientierung der Unternehmer, und so insbesondere die neue Generation von Firmeninhabern und die mit der Globalisierung verbundenen hohen Finanzierungsbedürfnisse.[59]

3.1.2.2.2 Struktur von Beteiligungsfonds

In einem idealen steuerlichen und rechtlichen Umfeld sollte die Struktur eines Fonds sowohl für inländische als auch ausländische Investoren vorteilhaft sein, denn anderenfalls entstehen für Kapitalanleger hohe Transaktionskosten zum Beispiel in Form einer Doppelbesteuerung und Kapitalanleger entscheiden sich für eine Abkehr von der deutschen Beteiligungslandschaft und eine Zuwendung zu vorteilhafteren ausländischen Fondsstrukturen.[60] In Deutschland wird regelmäßig die Form einer Personengesellschaft, der GmbH & Co. KG,[61] für einen Private Equity- oder Venture Capital Fonds gewählt, an der sich inländische und ausländische

[59] Vgl. BDI, a.a.O., S. 3.

[60] Vgl. EVCA, a.a.O., S. 10.

[61] Die gesetzlich typisierten Formen der Unternehmensbeteiligungsgesellschaft (UBG), der Kapitalanlagegesellschaft sowie die Investmentaktiengesellschaft haben keine breite Akzeptanz am deutschen Markt für Unternehmensbeteiligungen gefunden, insbesondere da auch andere Unternehmen, die nicht den strengen Anforderungen der speziellen Gesetze genügen, Unternehmensbeteiligungen durchführen können. So dürfen Fonds grundsätzlich auch in anderen Rechtsformen aufgelegt werden, vgl. Tereza Tykvová: Licht- und Schattenseiten des Private Equity-Geschäfts in Deutschland, Düsseldorf 2005, S. 466.

Kapitalanleger als auch die Initiatoren des Fonds als Kommanditisten beteiligen.[62] Diese Struktur gilt als steuertransparent.[63]

Für die steuerrechtliche Behandlung ist auf die Beurteilung der Tätigkeit des Fonds abzustellen: nach deutschem Recht unterscheidet man zwischen einem *Gewerbebetrieb*[64] und einer *privaten Vermögensgesellschaft*. Letztere bedingt keine Gewerbesteuer und ist unter steuerlichen Gesichtspunkten den gewerblichen Fonds grundsätzlich zu bevorzugen.[65]

Aufgrund der langfristigen Bindung von Vermögen in einem Beteiligungsfonds besteht auf Seiten der Investoren und Initiatoren der Wunsch nach Vorhersehbarkeit der künftigen Rahmenbedingungen in Deutschland, denn Unsicherheiten können letztendlich zu einer zeitlichen Verzögerung des Investitionsvorhabens oder auch zu einer bevorzugten Tätigung von Investitionen im Ausland führen. Zu den in Deutschland bestehenden Unsicherheiten zählt die Beurteilung eines neuen oder bereits existierenden Fonds als eine private Vermögensverwaltung oder als ein Gewerbebetrieb. Einige der abgrenzenden Kriterien sind im betreffenden Schreiben des Bundesministeriums der Finanzen (BMF) vom 16. Dezember 2003 nicht eindeutig definiert.[66] Insbesondere unter Kritik steht die unterstützende Tätigkeit eines Fonds in Portfolio-Unternehmen, die Merkmal für eine Klassifizierung des Fonds als ein Gewerbebetrieb ist. Da die Betreuung eines Portfolio-Unternehmens jedoch zentraler Bestandteil der Tätigkeit eines Beteiligungsfonds ist und eine möglichst aktive Begleitung des Engagements entscheidenden Einfluss auf den Verlauf einer Investition hat, ist die dargelegte Regelung als ökonomisch nachteilig zu betrachten. Die Interpretation dieses und weiterer Kriterien des benannten BMF-Schreibens bedarf weiterer Konkretisierung, insbesondere da sich der Tatbestand einer

---

[62] Vgl. BMF: Einkommensteuerliche Behandlung von Venture Capital und Private Equity Fonds; Abgrenzung der privaten Vermögensverwaltung vom Gewerbebetrieb, BMF Schreiben vom 16. Dezember 2003, Berlin 2003, S. 1-2.

[63] Vgl. EVCA, a.a.O., S. 56.

[64] BMF, a.a.O., S. 2-8: Ein Gewerbebetrieb ist eine selbständige nachhaltige Betätigung mit Gewinnerzielungsabsicht [...], die sich als Beteiligung am allgemeinen wirtschaftlichen Verkehr darstellt und über den Rahmen einer Vermögensverwaltung hinausgeht. Charakteristische Merkmale zur Klassifizierung der Tätigkeit eines Fonds in einen Gewerbebetrieb sind der Einsatz von Bankkrediten an Stelle einer ausschließlichen Anlage von Eigenkapital, die Unterhaltung einer Einrichtung zur Durchführung der Geschäftstätigkeit, die Inanspruchnahme eines Marktes unter Anwendung beruflicher Erfahrungen, die Ausübung von Wertpapiergeschäften gegenüber einer breiten Öffentlichkeit und auf Rechnung Dritter, als auch die eigene unternehmerische Tätigkeit bei der Begleitung der Entwicklung der Portfolio-Gesellschaften. Diese Merkmale allein begründen dennoch noch keine gewerbliche Tätigkeit, vielmehr ist stets auf das Gesamtbild abzustellen und die Einzelkriterien in ihrem Zusammenhang zu betrachten.

[65] Axer: Steuerliche Behandlung von Private Equity Fonds, Online in Internet, Stand August 2005, S. 7; vgl. auch BMF, a.a.O., S. 6; sowie vgl. Tereza Tykvová, a.a.O., S. 16.

[66] Vgl. BMF, a.a.O., S. 7.

Gewerblichkeit eines Fonds erst im Zeitablauf feststellen lässt und somit die Höhe der künftigen Besteuerung der Investorenansprüche zum Zeitpunkt der Auflegung des Fonds noch nicht feststeht.[67]

Nichtsdestotrotz wird die steuerliche Behandlung von Fonds, Initiatoren und Investoren in Deutschland im internationalen Vergleich insgesamt als günstig eingestuft, da, unter anderem bedingt durch die Änderung in Form des *Gesetzes zur Förderung von Wagniskapital*, eine höhere Rechtssicherheit und eine Verbesserung der steuerlichen Bedingungen für Unternehmensbeteiligungen erreicht werden konnte.[68] Die deutsche Gesetzgebung reagierte auf die im internationalen Vergleich nachteiligen gesetzlichen und steuerlichen Rahmenbedingungen durch die Verabschiedung des Gesetz zur Förderung von Wagniskapital am 30. Juli 2004. Die neue gesetzliche Regelung bedingt die Besteuerung des erhöhten Gewinnanteils von Beteiligungsgesellschaften nach dem Halbeinkünfteverfahren und hebt somit die volle Versteuerung der Gewinne auf.[69] Dieses Gesetz, das sowohl vermögensverwaltende als auch gewerbliche Fonds umfasst, entstand aus der Notwendigkeit, Kompetenz aber auch Steuereinnahmen in Deutschland zu erhalten. Die Einführung des Halbeinkünfteverfahrens und somit die Annahme eines international üblichen Standards ist seit langem gefordert worden. Diese Neuerung soll auch das Vertrauen ausländischer Investoren stärken, um somit größere Investitionsbereitschaft in Deutschland hervorzurufen.[70]

Darüber hinaus hat das Bundeskabinett am 15. August 2007 den Entwurf eines *Gesetzes zur Modernisierung der Rahmenbedingungen für Kapitalbeteiligungen (MoRaKG)* beschlossen, das auch ein neues *Gesetz zur Förderung von Wagniskapitalbeteiligungen (WKBG)* beinhaltet.[71] Das Gesetz soll zeitgleich mit der Unternehmenssteuerreform zum 1. Januar 2008 in Kraft treten und die in junge technologieorientierte Unternehmen investierenden Kapitalbeteiligungsgesellschaften von einem Teil der Härten der Unternehmenssteuerreform ausnehmen: so soll insbesondere die Tätigkeit dieser Gesellschaften grundsätzlich als *vermögens-*

---

[67] Vgl. Tereza Tykvová, a.a.O., S. 467-470.
[68] Vgl. Tereza Tykvová, a.a.O., S. 467-470.
[69] Vgl. Harald Maehrle, a.a.O., S. 464.
[70] Vgl. BVK: Bundestag verabschiedet „Gesetz zur Förderung von Wagniskapital", Online in Internet, Stand Juni 2004.
[71] Vgl. Roland Betz: Bundeskabinett beschließt Private-Equity-Gesetz MoRaKG, Online im Internet, Stand August 2007.

verwaltend eingestuft werden.[72] Nichtsdestotrotz erfährt dieses Gesetz Kritik, da der Regelungsbereich nur einen kleinen Teil der Branche, nämlich die in junge technologieorientierte Unternehmen investierenden Beteiligungsgesellschaften betrifft, so dass weiterhin Bemühungen für die Ausweitung des Anwendungsbereichs auf die gesamte Branche für Beteiligungsfinanzierungen angestellt werden. Zudem sieht das Gesetz bestimmte Investitionsbegrenzungen vor, wie zum Beispiel eine Größenbegrenzung von 20 Millionen Euro Eigenkapital für Zielunternehmen sowie geographische Investitionsrestriktionen.[73]

3.1.2.2.3 Die Bedeutung des Börsengangs als eine Exit-Möglichkeit

Die Bedeutung des Börsengangs als eine Exit-Moglichkeit wird in der Literatur teilweise kontrovers diskutiert. Auf der einen Seite wird argumentiert, dass „[…] die im internationalen Vergleich deutlich geringere Liquidität der deutschen Kapitalmärkte und das Fehlen eines Segments für Börsengänge junger Unternehmen […] eine Veräußerung der Beteiligung über die Börse erheblich erschweren."[74] Das in der zweiten Hälfte der 1990er Jahre eingeführte und als viel versprechender Exit-Kanal bezeichnete Börsensegment *Neuer Markt* wurde 2003 unter anderem bedingt durch einen massiven Vertrauensrückgang und die hieraus resultierende Einstellung der Emissionsaktivität sowie bedingt durch die drastischen Kursverfälle eingestellt. Tykvová ist der Ansicht, dass wenngleich in anderen Ländern in den Jahren 2003 und 2004 Börsengänge vermehrt stattgefunden haben, diese Exit-Möglichkeit deutschen Beteiligungsunternehmen bis auf wenige Ausnahmen weiterhin verwehrt bleibt.[75] So konnte auch nach Ansicht des Bundesverbands der Deutschen Industrie e.V. (BDI) das im Jahr 2005 etablierte Börsensegment *Entry Standard*[76] keinen nennenswerten Beitrag zur Schließung der durch den Wegfall des Neuen Marktes entstandenen Lücke leisten.[77]

---

[72] Vgl. BVK: Gesetzentwurf ist wichtiger Schritt für Venture Capital, vergibt aber Chancen für gesamte Private Equity-Branche, Online in Internet, Stand Juni 2007; vgl. auch BDI, a.a.O., S. 5.

[73] Vgl. BVK: BVK nimmt Stellung zum Referentenentwurf des Gesetzes zur Modernisierung der Rahmenbedingungen für Kapitalbeteiligungen (MoRaKG), Online im Internet, Stand Juli 2007.

[74] Tereza Tykvová, a.a.O., S. 468.

[75] Vgl. Tereza Tykvová, a.a.O., S. 468.

[76] „Am 25. Oktober 2005 wurde der Entry Standard als ein Teilbereich des Open Market (Freiverkehr) und als ein alternativer Kapitalmarktzugang zu den EU-regulierten Märkten eingeführt. Der Entry Standard ist für alle Unternehmen offen, die einen effizienten Handel ihrer Aktien bei geringen formalen Pflichten anstreben. Besonders attraktiv ist er für junge und etablierte mittelständische Unternehmen; Private Equity- und Venture Capital-Investoren können ihn als Exit-Kanal nutzen. Es gibt keinen Branchenfokus und keine Mindestanforderungen an Unternehmensalter oder –größe", Deutsche Börse AG: Entry Standard – Maßgeschneiderter Kapitalmarktzugang für Small- und Midcaps, Online im Internet, Stand 2007.

[77] Vgl. BDI, a.a.O., S. 10.

Auf der anderen Seite haben Befragungen von führenden Beteiligungsgesellschaften in Deutschland hervorgebracht, dass der Börsengang im Jahr 2006 als der wichtigste Exit-Kanal beurteilt wird. So wurden 56% der von den befragten Beteiligungsgsellschaften durchgeführten De-Investments über einen Börsengang beziehungsweise nach einem erfolgten Börsengang abgewickelt.[78] Weiterhin ist im weltweiten Vergleich die Notierungsaktivität in Europa am stärksten, so dass im Jahr 2006 in Europa 653 Börsengänge - davon 297 in London, 116 an der Euronext und 84 an der Deutschen Börse - stattgefunden haben, während in den USA allein 217 Unternehmen und im chinesischen Raum 138 Unternehmen ihren Weg an die Börse gefunden haben.[79] Dennoch „[...] bleibt Deutschland im internationalen Vergleich hinter den anderen führenden internationalen Börsen zurück."[80] Vergleichsweise ist anzugeben, dass zu Zeiten der stärksten Aktivität des Neuen Marktes im Jahr 2000 insgesamt 276 Unternehmen am Neuen Markt notiert waren, davon 232 Unternehmen mit Sitz in Deutschland.[81]

Nichtsdestotrotz erwarten Beteiligungsgesellschaften für das laufende Jahr 2007 noch eine weitere Zunahme der Börsengänge und unter den Börsenkandidaten für das Jahr 2007 befinden sich zahlreiche technologieorientierte Unternehmen, die Unternehmenswachstums über den Gang an eine Börse zu finanzieren beabsichtigen. Es ist aber auch darauf hinzuweisen, dass „[...] Einige Beteiligungsgesellschaften wie Mittelständische Beteiligungsgesellschaften, Sparkassenbeteiligungsgesellschaften oder verschiedene auf den Mittelstand spezialisierte Beteiligungsgesellschaften [...] keine IPO-Pläne für ihre Portfoliounternehmen [verfolgen]. Deshalb steht der IPO in der Bedeutung als Exit-Kanal für Beteiligungsgesellschaften sowohl in Deutschland als auch in den anderen internationalen Private-Equity-Märkten, etwa den USA oder Großbritannien, hinter dem Trade Sale, dem Verkauf an strategische Investoren, zurück."[82]

---

[78] Vgl. Fleischhauer, Hoyer & Partner: Venture Capital – Panel "Branchenbarometer am Puls der Zeit " – Das Jahr 2006, Online im Internet, Stand März 2007 (abgerufen am 3. Oktober 2007), S. 20.
[79] Vgl. PWC: IPO Watch Europe – Review of the year 2006, Online im Internet, Stand 2006, S. 4, 19-20.
[80] Vgl. BVK: BVK Studie – IPO-Markt 2007 – Einschätzung der aktuellen Börsensituation aus Sicht der deutschen Beteiligungsgesellschaften, Online im Internet, Stand Juni 2007 (abergufen am 3. Oktober 2007), S. 4.
[81] Vgl. Deutsche Börse AG: Neuer Markt Goes International – Europe's Leading Technology and Growth Market, Online im Internet, Stand Juli 2000, S. 9.
[82] BVK, 2007, a.a.O., S. 6; vgl. auch S. 1, S. 5.

3.1.2.2.4 Beschränkungen institutioneller Investoren

Nur ein geringer Teil der Portfolien institutioneller Anleger, wie beispielsweise Pensionsfonds und Versicherungsunternehmen, wird in Beteiligungsfonds investiert.[83]

In Deutschland dominiert ein staatliches, nach dem Umlageverfahren organisiertes Rentenversicherungssystem als Form der Altervorsorge: die Deckungsmittel der betrieblichen Altersvorsorge in Gestalt von direkten Ruhegeldzusagen des Arbeitgebers verbleiben als Rückstellungen in den Unternehmen und werden nicht auf den Kapitalmarkt gelenkt. Somit bietet das deutsche Altersvorsorgesystem kaum Möglichkeit für die Ansammlung von Kapital für Investitionen auf dem Kapitalmarkt.[84]

Das Gesetz zur Reform der gesetzlichen Rentenversicherung und zur Förderung eines kapitalgedeckten Altersvorsorgevermögens (Altersvermögensgesetz, AVmG vom 26. Juni 2001) kodifiziert die Ergänzung der rechtsfähigen Versorgungseinrichtungen um den Pensionsfonds.[85] Doch auch die Pensionsfondsbranche konnte bislang keinen nennenswerten Beitrag zu Beteiligungsfinanzierungen leisten, so dass die größten Transaktionen in Deutschland nicht durch inländische sondern durch ausländische Beteiligungsfonds abgewickelt werden. In anderen europäischen Ländern, zum Beispiel Großbritannien, Schweden und die Niederlande als auch in den USA, spielen finanzstarke Pensionsfonds für die Beteiligungsfinanzierung hingegen eine bedeutendere Rolle.[86]

Versicherungsunternehmen unterliegen quantitativen Restriktionen hinsichtlich bestimmter Anlageformen, so dass nicht mehr als 10 % des Sicherungsvermögens in Aktien, Geschäftsanteile, Kommanditanteile oder Beteiligungen als stille Gesellschafter angelegt werden dürfen. Weiterhin können 5 % - beziehungsweise 10% mit einer Genehmigung der Aufsichtsbehörde - relativ frei investiert werden, so dass Investitionen von insgesamt 15 % (beziehungsweise 20 %) des gebundenen Vermögens in Form von Beteiligungsfinanzierungen zulässig sind. Darüber hinaus unterliegen Versicherungsunternehmen einer schuldnerbezogene Einschränkung, so dass Anlagen einen Wert von 10 % des Grundkapitals ein und desselben Un-

[83] Vgl. BDI, a.a.O., S. 9.
[84] Vgl. Tereza Tykvová, a.a.O., S. 468-469.
[85] Siehe Art. 9 AVmG.
[86] Vgl. Tereza Tykvová, a.a.O., S. 469.

ternehmens nicht überschreiten dürfen und wesentliche Unternehmensbeteiligungen somit ausgeschlossen sind.[87]

Im internationalen Vergleich sind die Regelungen für Anlagen von Versicherungsunternehmen liberaler und regelmäßig gilt das Sorgfaltsprinzip (Prudent Man Rule), die Managern eine relativ große Entscheidungsfreiheit bei der Wahl der Anlagen unter Berücksichtigung einer ausreichenden Diversifikation zuspricht, was sich positiv auf das Volumen von für Beteiligungsfinanzierungen zur Verfügung stehenden Kapitals auswirkt. Dagegen gilt in Deutschland das Sorgfaltsprinzip nur für die eher schwache Pensionsfondsbranche und findet für Versicherungsunternehmen keine Anwendung.[88]

3.1.2.2.5 Beschränkungen bei der Verlustverrechnung

Nach den Regelungen des Einkommenssteuergesetztes ist eine Verlustverrechnung beziehungsweise ein Verlustvortrag in anschließenden Veranlagungszeiträumen nicht vollständig sondern nur bis zu einem Gesamtbetrag der Einkünfte in Höhe von 1 Million Euro unbeschränkt, und darüber hinaus bis zu 60 % des die 1 Million Euro übersteigenden Betrags der Einkünfte möglich.[89] Entsprechend findet das Gewerbesteuergesetz Anwendung.[90] Hierdurch bedingten erheblichen Liquiditätsproblemen stehen insbesondere junge Unternehmen, bei denen regelmäßig Anfangsverluste entstehen, sowie Portfolio-Unternehmen mit hoher Kapitalintensität, starken Ergebnisschwankungen oder mit einer begrenzten Laufzeit, sowie Sanierungsfälle gegenüber.[91]

Die Konsequenz der eingeschränkten Verlustverrechnung ist eine wirtschaftliche Unattraktivität eines Portfolio-Unternehmens für potentielle Investoren und somit ein erschwerter Zugang zu Kapital insbesondere für junge wachsende Unternehmen. Darüber hinaus kann auch nach den Regelungen des Körperschaftssteuergesetzes (§ 8 Abs. 4 KStG) beim Kauf oder Verkauf eines Portfolio-Unternehmens die Voraussetzung für die Möglichkeit einer Verlustverrechnung entfallen, wenn der Tatbestand der wirtschaftlichen Identität nicht gegeben ist: „Die wirtschaftliche Identität entfällt insbesondere, wenn mehr als 50% der unmittelbar ge-

[87] Siehe § 1 bis § 3 AnlV; vgl. Tereza Tykvová, a.a.O., S. 469.
[88] Vgl. Tereza Tykvová, a.a.O., S. 469.
[89] Siehe § 10d Abs. 2 EStG i.V.m. § 8 Abs. 1 KStG.
[90] Siehe § 10a GewStG.
[91] Vgl. Tereza Tykvová, a.a.O., S. 470.

haltenen Anteile übertragen werden und die Kapitalgesellschaft ihren Betrieb mit überwiegend neuem Betriebsvermögen fortführt oder wieder aufnimmt."[92] Nach § 8c KStG-E erfolgt künftig bis zum Erreichen des Schwellenwerts einer Übertragung von mehr als 50% der Anteile innerhalb von fünf Jahren ein quotaler Untergang des Verlustes. Doch auch diese Neuregelung bedingt keine Steigerung der Attraktivität gegenüber potenziellen Investoren.[93]

3.1.2.2.6 Gesellschafterfremdfinanzierung nach § 8a KStG

Bislang ist die finanzielle Unterstützung von jungen Wachstumsunternehmen durch die geltenden Regelungen nach § 8a KStG zur Gesellschafterfremdfinanzierung bedeutend beeinträchtigt worden.[94] Insbesondere die Regelung zur Umqualifizierung bestimmter Gesellschafterdarlehen in eine verdeckte Gewinnausschüttung bedingt einen im internationalen Vergleich höheren persönlichen als auch sachlichen Anwendungsbereich für in Deutschland ansässige Unternehmen. Eine gewinn- oder umsatzabhängige Verzinsung, bei der die Regelungen des *Safe Haven* – das heißt Vergütungen übersteigen nicht 250.000 Euro - keine Anwendung finden, bedingen, dass hybride Finanzierungsformen, sofern diese von wesentlich beteiligten Anteilseignern oder diesem nahe stehenden Personen durchgeführt werden, grundsätzlich als verdeckte Gewinnausschüttung zu behandeln sind.[95]

Zwar soll der geltende § 8a KStG abgeschafft werden, die im Wege der Unternehmenssteuerreform 2008 einzuführende *Zinsschranke* (nach § 8a KStG-E und § 4h EStG-E) ist für die Förderung des deutschen Beteiligungsmarktes jedoch weiterhin nicht förderlich. Die geplante Zinsschranke sieht eine Beschränkung der steuerlichen Abzugsfähigkeit von Zinsaufwendungen auf maximal 30% des EBIT[96] vor. Vor dem Hintergrund, dass junge wachstumsstarke Unternehmen zunächst kein positives Betriebsergebnis erwirtschaften, können Finanzierungsaufwendungen steuerlich nicht geltend gemacht werden. Zudem führt allein die Beschränkung der steuerlichen Abzugsfähigkeit zu einer Liquiditätsbelastung der Unternehmen und somit zu einer Beeinträchtigung der Attraktivität einer Beteiligungsfinanzierung.[97]

---

[92] BDI, a.a.O., S. 7.
[93] Vgl. BDI, a.a.O., S. 7.
[94] Vgl. BDI, a.a.O., S. 7-8.
[95] Siehe § 8a KStG; vgl. Tereza Tykvová, a.a.O., S. 470.
[96] Earnings before Interest and Tax, deutsch: Ergebnis vor Zinsergebnis und Steuern.
[97] Vgl. BDI, a.a.O., S. 8.

3.1.2.2.7 Transparenz durch Prospektpflicht und Prospekthaftung

Als vorteilhaft sind die Regelungen zur Transparenz durch die Prospektpflicht und die Prospekthaftung zu sehen: nach dem Gesetz zur Verbesserung des Anlegerschutzes (Anlegerschutzverbesserungsgesetz AnSVG vom 28. Oktober 2004) und den Änderungen des Verkaufsprospektgesetzes (Artikel 2 AnSVG) besteht auch für als Personengesellschaften geführte Fonds, wie die GmbH & Co. KG, die bisher nicht den Wertpapierbegriff erfüllten, die Prospektpflicht und auch die Prospekthaftung für öffentliche Angebote von Unternehmensanteilen. Die Anwendbarkeit der Prospektpflicht für Private Equity-Fonds trägt maßgeblich zur Erhöhung der Transparenz für potentielle oder bestehende Investoren bei.[98]

Vor dem Hintergrund dieser Rahmenbedingungen wird in Kapitel 3.3.2 die Due Diligence als Maßnahme der Wissenserarbeitung von Beteiligungsgesellschaften im Zusammenhang mit einer Beteiligungfinanzierung eines jungen wachstumsstarken Unternehmens dargestellt.

3.1.3 Rahmenbedingungen: Kreditinstitute

3.1.3.1 Einführung

Einer Kreditverwährung stehen trotz Bereitschaft zur Zahlung eines verhältnismäßig hohen Zinssatzes insbesondere junge wachstumsstarke Unternehmen gegenüber.[99] In dem nachfolgenden Kapitel 3.1.3.2 werden die Rahmenbedingungen, die in der Literatur diskutiert werden und denen Kreditinstitute unterliegen, beschrieben.

3.1.3.2 Beschreibung der Rahmenbedingungen

3.1.3.2.1 Entpersonalisierung des Hausbankprinzips

Das Hausbankprinzip ist ein in Deutschland weit verbreitetes Phänomen, das die Fokussierung eines Unternehmens auf ein Kreditinstitut, die Hausbank, bezeichnet. Durch regelmäßige Informationsbeschaffung und Erfahrungen aus der laufenden Geschäftsbeziehung verfügt die Hausbank über einen Informationsvorsprung gegenüber anderen Kreditinstituten, so dass ein Wechsel des Unternehmens zu einer anderen Bank für dieses ökonomisch nachteilig wäre und

---

[98] Vgl. Tereza Tykvová, a.a.O., S. 468; siehe Artikel 2 AnSVG.

[99] Vgl. Tereza Tykvová, a.a.O., S. 465.

stattdessen die Durchführung notwendiger Folgetransaktionen mit der Hausbank bevorzugt wird. Die Konzentration auf eine Hausbank ist regelmäßig gekennzeichnet durch ein persönliches Vertrauensverhältnis zwischen dem Unternehmen und dem Firmenkundenbetreuer oder auch dem Vorstand des Kreditinstituts.[100]

Nach Segbers und Siemes führen jedoch verschiedene aktuelle Entwicklungen im Bankensektor zu einer *Entpersonalisierung des Hausbankenprinzips*, so insbesondere die erweiterten Eigenkapitalhinterlegungsanordnungen nach Basel II als auch die MaK (siehe in diesem Zusammenhang insbesondere die Ausführungen in den nachfolgenden Kapiteln 3.1.3.2.3 und 3.1.3.2.4). Diese regulatorischen Entwicklungen resultieren neben anderen Faktoren nicht zuletzt in einer anhaltenden Konsolidierung der Branche, die insbesondere bei den Sparkassen und Genossenschaftsbanken, die die wesentlichen Finanzierungsquellen mittelständischer Unternehmen darstellen, zu beobachten ist. Diese Branchenkonsolidierung trägt durch den Wechsel von Ansprechpartnern in der Bank auch zur Entwertung des Hausbankprinzips bei. Darüber hinaus nimmt das Volumen der auf dem Hausbankprinzip fußenden Kreditvergabe an mittelständische Unternehmen deutlich ab und die Formalisierung des Kreditvergabeprozesses verlangt von den Unternehmen eine höher als bislang geforderte Bereitschaft zur Weitergabe von Unternehmensinformationen.[101]

3.1.3.2.2 § 18 KWG Kreditunterlagen

„Ein Kreditinstitut darf einen Kredit, der insgesamt 750 000 Euro oder 10 vom Hundert des haftenden Eigenkapitals des Instituts überschreitet, nur gewähren, wenn es sich von dem Kreditnehmer die wirtschaftlichen Verhältnisse, insbesondere durch Vorlage der Jahresabschlüsse, offen legen läßt.“[102]

Die gesetzlich kodifizierte Regelung nach § 18 KWG wirkt unmittelbar auf das Verhältnis zwischen Kreditnehmer und Kreditinstitut ein und bedingt ernstzunehmende Pflichten, die sowohl vor der Kreditvergabe als auch über den Verlauf des Kreditverhältnisses fortbestehen und einzuhalten sind. Die Einhaltung dieser Regelungen durch das Kreditinstitut ist sowohl

---

[100] Vgl. Christoph R. Kley: Inwieweit können Hausbankbeziehungen die Finanzierungsprobleme von mittelständischen Betrieben mindern, Düsseldorf 2004, S. 170-171; vgl. auch Klaus Segbers, Andreas Siemes, a.a.O., S. 232.

[101] Vgl. Klaus Segbers, Andreas Siemes, a.a.O., S. 232-233.

[102] § 18 Abs. 1 KWG.

durch die Interne Revision als auch durch den Wirtschaftsprüfer regelmäßig zu kontrollieren.[103]

Bei der Umsetzung dieser Regelung unterstellt der Gesetzgeber den Kreditinstituten Eigenverantwortung: „Die Institute müssen bei der Kreditgewährung und -weiterbearbeitung ein ihrem individuellen Geschäftsprofil entsprechendes System einsetzen, mit dem sie ihre Adressenausfallrisiken in eigener Verantwortung umfassend beurteilen können. Vor allem sind die Intensität und Frequenz der Beurteilung und die hierfür einzufordernden Unterlagen entsprechend der Art, des Umfangs, der Komplexität und des Risikogehalts der Geschäfte in den bankinternen Organisationsrichtlinien festzulegen."[104] Es ist jedoch darauf hinzuweisen, dass in der Praxis zahlreiche Verstöße gegen das Regelwerk des § 18 KWG beobachtet werden, die möglicherweise aus dem Ertragsdruck oder aus dem Empfinden der Kreditsachbearbeiter resultieren, dass die Einhaltung dieser Regelungen geschäftshindernd sei.[105]

Erleichterung bei der Ausführung dieser Pflichten wurde am 18. März 2005 durch Erweiterung der Offenlegungsgrenze von 250 000 Euro auf 750 000 Euro geschaffen.[106] Im Sinne der ordnungsgemäßen Durchführung der Bankgeschäfte hat eine Offenlegung der wirtschaftlichen Verhältnisse jedoch auch unterhalb der Bagatellgrenze von 750 000 Euro zu erfolgen. Letztere Einhaltung unterliegt keiner aufsichtsrechtlichen Kontrolle, wohl aber einer Kontrolle durch den zuständigen Wirtschaftsprüfer. Auch im Hinblick auf die geltenden Regelungen in den MaK – siehe in diesem Zusammenhang die nachfolgenden Ausführungen in Abschnitt 3.1.3.2.4 – wird der Überwachung und Einhaltung des § 18 KWG eine wesentliche Bedeutung beigemessen.[107]

3.1.3.2.3 Basel II und Rating

Der Baseler Ausschuss für Bankenaufsicht, der 1975 von den Zentralbankpräsidenten der so genannten G-10 Staaten gegründet wurde und seinen Sitz in Basel hat, dominiert die Diskussion um das Thema Rating. Unbedingtes Ziel ist hierbei, „[…] im dynamischen, komplexen

[103] Vgl. Constantin H. Alsheimer: § 18 KWG – Entstehung, bankaufsichtsrechtliche Funktion und Bedeutung für die Interne Revision, Stuttgart 2005, S. 325.
[104] BaFin: Schreiben an den Zentralen Kreditausschuss zu § 18 KWG, Online in Internet, Stand Mai 2005.
[105] Vgl. Constantin H. Alsheimer, a.a.O., S. 325.
[106] Vgl. Peter Clausen: Offenlegung der wirtschaftlichen Verhältnisse gegenüber Banken bei Kreditaufnahme – Aktuelle Entwicklungen, Online in Internet, Stand Juli 2005.
[107] Vgl. Constantin H. Alsheimer, a.a.O., S. 333-334; siehe § 25a Abs. 1 KWG; siehe § 29 Abs. 1 KWG.

und weltweiten Bankensystem von heute durch internationale Vereinbarungen einheitliche Wettbewerbsbedingungen zu schaffen, um ein Insolvenzrisiko der Kreditinstitute zu verringern."[108]

Die im Jahr 1988 eingeführten Regelungen nach Basel I sahen fortan bei einer jeden Kreditvergabe eine notwendige Eigenkapitalunterlegung von 8% des Kreditvolumens vor, wobei jeder Kreditvergabe das gleiche Sicherheitsrisiko unterstellt wurde. Im Zeitablauf erfuhren die Regelungen nach Basel I jedoch zunehmend Kritik, da unter anderem die ökonomischen Risiken von Banken nur teilweise beziehungsweise nur ungenau abgebildet wurden. Darüber hinaus führt die pauschale Eigenkapitalunterlegung zu einer so genannten Quersubventionierung von Kreditnehmern schlechter Bonität durch Kreditnehmer guter Bonität, beziehungsweise zu einer volumengetriebenen anstatt einer risikoorientierten Kreditpolitik. So wurden im Januar 2001 Vorschläge vom Baseler Ausschuss zur Reform der Eigenkapitalunterlegung unter der Bezeichnung Basel II veröffentlicht, die seit dem Jahr 2006 weltweit verbindlich Geltung erfahren. Diese Regelungen sehen eine risikogerechtere Ausgestaltung der Eigenkapitalunterlegung vor, so dass diese je nach Risikograd fortan zwischen 1,6% bis 12% des Kreditvolumens beträgt. Der Risikograd wird auf Basis eines *Ratings* zur Erreichung einer Einschätzung über die Ausfallwahrscheinlichkeiten individueller Zahlungsverpflichtungen ermittelt.[109] Mit der neuen Solvabilitätsverordnung vom 14. Dezember 2006, die ab dem 1. Januar 2007 wirksam wurde, sind die Regelungen zur Eigenmittelausstattung und den Offenlegungspflichten nach Basel II abschließend getroffen worden.[110]

Nach Trost und Sattler ist *Rating* „[…] als Prozess und Ergebnis einer gründlichen, zukunftsorientierten Unternehmensanalyse […]"[111] zu verstehen, nach van Hall als „[…] Instrument zur Quantifizierung bestehender Kreditausfallrisiken und damit als Messgröße zur Ermittlung der notwendigen Eigenkapitalausstattung […]."[112] Für das mittelständische Unternehmen wird

---

[108] Harald Ehlers: Basel II / Rating: Die Herausforderungen für Mittelstandsunternehmer und ihre Berater, Berlin 2005, S. 7.
[109] Vgl. Harald Ehlers, a.a.O., S. 7-8.
[110] Vgl. Wolfgang Hartmann, Oliver Schwarzhaupt: Die Bedeutung des Ratings im Bankkreditgeschäft, Wiesbaden 2007, S. 30.
[111] Ralf Trost, Ralf R. Sattler: Due Diligence im Rating-Advisory-Prozess, Wiesbaden 2004, S. 351.
[112] Georg van Hall: Der Wirtschaftsprüfer als Ratingberater, Wiesbaden 2004, S. 181.

das Rating zum Schlüsselfaktor, da dieses nicht nur über den Zugang zu Fremdkapital entscheidet, sondern auch die Finanzierungskosten maßgeblich bestimmt.[113]

An dieser Stelle ist darauf hinzuweisen, dass zeitlich vor der geforderten Anwendung standardisierter Ratingverfahren nach Basel II, diese eher subjektiven Charakter in der Ausgestaltung von Kreditberichten oder Kreditprotokollen besaßen. Zur Beurteilung des Risikos einzelner Kreditnehmern kann ein Kreditinstitut nun zwischen der Methode des *internen Ratings*, das heißt Aufbau eines kreditinstitutspezifischen Ratingsystems, oder einem *externen Rating* wählen. Bei letzterem erfolgt der Rückgriff auf eine Risikoeinschätzung einer anerkannten Ratingagentur wie zum Beispiel Moody's oder Standard & Poor's.[114] Während externe Ratings durch die Öffentlichkeit eingesehen und somit einer Marktkontrolle unterliegen, werden interne Ratings nicht veröffentlicht und unterliegen zudem dem Bankgeheimnis, so dass Fehlurteile hier nicht transparent gemacht werden.[115] Daher wird eine Überprüfung der ordnungsmäßigen Eigenkapitalunterlegung beziehungsweise der Funktionstauglichkeit interner Ratingsysteme durch die Bundesanstalt für Finanzdienstleistungen (BaFin) ab 2007 und in regelmäßigen Abständen erfolgen, auch um eine gewisse Homogenität der internen Ratingkonzepte sicherzustellen.[116]

Nach Angaben von Ehlers sind in Deutschland bislang etwa 450 Unternehmen durch eine externe Ratingagentur bewertet worden. Die Kosten, die ein Unternehmen hierfür tragen muss, variieren zwischen Euro 15.000 und 50.000. Vor diesem Hintergrund ist die Durchsetzung interner Ratingsysteme wahrscheinlich.[117] Nichtsdestotrotz haben sich inzwischen auch Anbieter so genannter *Mittelstandsrating* etabliert, die insbesondere von wachsenden und eine Finanzierung suchenden mittelständischen Unternehmen mit der Durchführung eines Ratings beauftragt werden. Auch Brettel, Rudolf und Witt nennen hier in Abhängigkeit von der Unternehmenskomplexität einen Kostenrahmen von Euro 5.000 bis 50.000 je Rating.[118]

---

[113] Vgl. Hans W. Reich: Bedeutung und Chancen des Ratings für den Mittelstand, Wiesbaden 2007, S. 7.
[114] Vgl. Harald Ehlers, a.a.O., S. 14, S. 25-30.
[115] Vgl. Dieter Lutz: Herausforderung „Rating" für Steuerberater, Wiesbaden 2004, S. 194.
[116] Vgl. Harald Ehlers, a.a.O., S. 8-9, S. 14.
[117] Vgl. Harald Ehlers, a.a.O., S. 8-9, S. 14.
[118] Vgl. Malte Brettel, Markus Rudolf, Peter Witt, a.a.O., S. 291-292.

Es ist abschließend zu erwähnen, dass die Regelungen nach Basel II dynamisch sind, und durch aktuelle Marktentwicklungen, Änderungen in Bankpraktiken sowie verbesserte Risikomanagementverfahren regelmäßig Aktualisierung erfahren.[119]

3.1.3.2.4 Mindestanforderungen an das Kreditgeschäft von Kreditinstituten und Mindestanforderungen an das Risikomanagement

Die Geschäftstätigkeit von Kreditinstituten ist mit Risiken behaftet, so beispielsweise Änderungen der Marktzinssätze, Risikokonzentrationen in bestimmten Branchen als auch Adressenausfallrisiken, so dass Kreditinstitute allein schon aus Eigeninteresse Vorkehrungen zur Risikoprävention treffen. Dennoch ist es regelmäßig zu aus fehlerhaftem Umgang oder aus mangelhaften Verfahren und Prozessen resultierenden Ausfällen, Insolvenzen oder auch erheblichen Verlusten gekommen,[120] da es unter anderem vielen Kreditinstituten oftmals an einer Kreditrisikostrategie mangelt.[121] Vor diesem Hintergrund als auch unter Berücksichtigung der geänderten Anforderungen nach Basel II sowie der hieraus resultierenden Pflicht der BaFin der Kontrolle der Einhaltung einer ordnungsgemäßen Eigenkapitalunterlegung durch Kreditinstitute, hat die BaFin im Jahr 2002 neue Mindestanforderungen an das Kreditgeschäft von Kreditinstituten (MaK) erlassen.[122] Diese dienen der Initialisierung umfangreicher Mindeststandards an die Organisation von Kreditinstituten, die Kreditvergabeprozesse sowie die Identifizierung, Steuerung und Überwachung der Risiken aus dem Kreditgeschäft. Die MaK sollen der Beseitigung der regelmäßig festgestellten Mängel der unausgewogenen Kreditentscheidung, unzureichender Kreditprozesse (siehe auch Kapitel 3.1.3.2.2), fehlender Risikofrüherkennungssysteme, fehlender Überwachung von Konzentrationsrisiken sowie unzureichende Informationen an das Management dienen.[123] In Bezug auf die Organisation des

---

[119] Vgl. Harald Ehlers, a.a.O., S. 12-13.

[120] Vgl. Andreas Schneider: Risikomanagement ist Trumpf: die Entwicklung der Mindestanforderungen an das Risikomanagement (MaRisk), Stuttgart 2005, S. 579.

[121] Vgl. Axel Becker: Die Prüfung der Kreditrisikostrategie nach den MaK durch die Interne Revision, Stuttgart 2005, S. 149.

[122] Siehe § 25a Abs. 1 KWG: hierin ist vorgeben, dass ein Institut über eine ordnungsgemäße Geschäftsorganisation verfügen muss, die die Einhaltung der von den Instituten zu beachtenden gesetzlichen Bestimmungen gewährleistet. Hierzu zählen u.a. eine angemessene Strategie, die auch die Risiken und Eigenmittel des Instituts berücksichtigt, ein angemessenes internes Kontrollverfahren, das aus einem internen Kontrollsystem und einer internen Revision bestehen, angemessene Regelungen, anhand derer sich die finanzielle Lage des Instituts jederzeit mit hinreichender Genauigkeit bestimmen lässt, angemessene Sicherheitsvorkehrungen für den Einsatz der elektronischen Datenverarbeitung, eine vollständige Dokumentation der ausgeführten Geschäfte, die eine lückenlose Überwachung durch die Bundesanstalt für ihren Zuständigkeitsbereich gewährleistet sowie angemessene, geschäfts- und kundenbezogene Sicherungssysteme gegen Geldwäsche und gegen betrügerische Handlungen zu Lasten des Instituts.

[123] Vgl. Harald Ehlers, a.a.O., S. 10.

Kreditgeschäfts wurde auch eine klare funktionale Trennung der beiden Bereiche Markt (Initiierung) und Marktfolge (Kreditbearbeitung) vorgegeben. Das hat unter anderem zur Folge, dass eine Kreditvergabe neben der Beurteilung durch den Kreditsachbearbeiter zwingend an ein unabhängiges Zweitvotum durch einen Analysten, der in keinem unmittelbaren Kundenkontakt steht, im Marktfolgebereich gebunden ist. Darüber hinaus sind aussagekräftige Risikoklassifizierungsverfahren einzuführen.[124]

In Verbindung mit Basel II führen diese Vorgaben zum einen zu Restriktionen in der Kreditvergabe, und zum anderen zu höheren Anforderungen an die Unternehmen.[125]

Mit Datum vom 20. Dezember 2005 hat die BaFin die Mindestanforderungen an das Risikomanagement (MaRisk) veröffentlicht. Die MaRisk stellen eine Zusammenführung der bestehenden Mindestanforderungen MaH, MaIR und MaK[126] dar sowie eine Erweiterung dieser um internationale Regelungen, die bislang in Deutschland noch keine Kodifizierung erfuhren.[127] Diese sollen zum einen die im Kreditwesengesetz kodifizierten Grundsätze weiter konkretisieren und zum anderen als Grundlage beziehungsweise der Umsetzung der Forderung nach einer ganzheitlichen Risikobetrachtung dienen. Die MaRisk führen insgesamt zu einer stärker auf die individuellen Gegebenheiten von Kreditinstituten ausgerichteten Aufsicht.[128]

3.1.3.3 Konsequenzen

Die oben dargestellten veränderten Rahmenbedingungen führen zu einer strengeren Aufsicht und Kontrolle der Kreditinstitute durch die BaFin. Die Beurteilung eines Unternehmens anhand eines internen oder externen Ratingsystems entscheidet künftig über die Kreditvergabe, das Kreditlimit sowie die Kreditkosten. Aus der organisatorischen Trennung der Bereiche Markt und Marktfolge wird die Möglichkeit des Rückgriffs auf langjährige Beziehungen zwischen Kreditnehmer und der finanzierenden Bank eingeschränkt. Zudem stellt die niedrige

[124] Vgl. Klaus Segbers, Andreas Siemes, a.a.O., S. 233.
[125] Vgl. Harald Ehlers, a.a.O., S. 10.
[126] MaH: Mindestanforderungen an das Betreiben von Handelsgeschäften der Kreditinstitute vom 23. Oktober 1995 (MaH), MaIR: Mindestanforderungen an die Ausgestaltung der Internen Revision der Kreditinstitute vom 17. Januar 2000 (MaIR) sowie MaK: Mindestanforderungen an das Kreditgeschäft der Kreditinstitute vom 20. Dezember 2002 (MaK).
[127] Vgl. Andreas Schneider, a.a.O., S. 580, als Beispiel der Erweiterung der MaRisk um internationale Regelungen werden in diesem Zusammenhang Anforderungen an die Steuerung und Überwachung von Zinsänderungsrisiken genannt; vgl. auch Wolfgang Hartmann, Oliver Schwarzhaupt, a.a.O., S. 28.
[128] Vgl. Herbert Apweiler, Ulrich Theileis, Frank Althoff, Stephanie Hörlin: MaRisk - Ein Vergleich des Entwurfs vom 2. Februar 2005 mit den MaK, MaH und MaIR, München 2005, S. 6-7.

Eigenkapitalquote des deutschen Mittelstands ein Problem bei der Erfüllung der Anforderung nach ausreichend Eigenkapitalunterlegung nach Basel II dar:[129] im Frühjahr 2007 beläuft sich die Eigenkapitalquote von 56,6% der Unternehmen des deutschen Mittelstands auf weniger als 20%, von 31,6 % der mittelständischen Unternehmen auf weniger als 10 %.[130]

Die Wirtschaftsprüfungsgesellschaft KPMG hat anhand von in den Jahren 2004 und 2005 durchgeführten Befragungen von mittelständischen Unternehmen und Kreditinstituten unter anderem herausgefunden, dass die aus den ökonomischen und gesetzlichen Gründen gestiegenen Anforderungen an die Kreditvergabe in einem erhöhten Vorbereitungsaufwand für Unternehmen und somit einem steigenden Aufwand der Kapitalbeschaffung, einer verlängerten Verhandlungsdauer sowie einer steigenden Anzahl abgelehnter Kreditanträge resultiert. Insbesondere kleinere und mittlere Unternehmen als auch Familienunternehmen haben ein tendenziell schlechteres als erwartetes Rating erfahren, während die Rating-Erwartungen größerer beziehungsweise konzernabhängiger Unternehmen mindestens erreicht worden sind.[131]

Vor dem Hintergrund der dargestellten Rahmenbedingungen wird in Kapitel 3.3.3 die Kreditwürdigkeitsprüfung als Maßnahme der Wissenserarbeitung durch Kreditinstitute unter Berücksichtigung spezieller im Zusammenhang mit jungen wachstumsstarken Unternehmen stehender Besonderheiten erläutert.

3.2 Informationsvorteile und -nachteile der Spieler dargestellt anhand der Prinzipal-Agent-Theorie

3.2.1 Grundlagen

Nach Brettel, Rudolph und Witt ist das Verhältnis zwischen Wachstumsunternehmen und potentiellen Kapitalgebern in der Regel geprägt von Informationsasymmetrien, verschiedenen Interessen und einer Ungleichverteilung unternehmerischer Risiken.[132] Auch Gompers und Lerner sehen in der asymmetrischen Informationsverteilung zwischen dem Kapital nachfragendem Unternehmen und potenziellen Kapitalgebern vielschichtige Probleme, so zum Bei-

---

[129] Vgl. Harald Ehlers, a.a.O., S. 25-35.

[130] Vgl. Creditreform: Wirtschaftslage und Finanzierung im Mittelstand – Frühjahr 2007, Online in Internet, Stand April 2007, S.18.

[131] Vgl. KPMG: Finanzierung mittelständischer Unternehmen aus Sicht von Kreditinstituten und Unternehmen – Ergebnisse einer empirischen Doppelstudie, Online in Internet, Stand 2005, S. 2, S. 16-17, S. 23-29, S. 35-36.

[132] Vgl. Malte Brettel, Markus Rudolf, Peter Witt, a.a.O., S. 273.

spiel die erschwerte Überwachung der unternehmerischen Tätigkeit der Unternehmensleitung durch die Kapitalgeber und auch Selektionsprobleme.[133] Somit führt die Analyse der Interaktion zwischen den Spielern zunächst zu der Auseinandersetzung mit der *Prinzipal-Agent Theorie* (oder auch Agency Theory).[134]

„Grundlage aller neoinstitutionalistischen Ansätze sind Austauschbeziehungen zwischen zwei oder mehreren Parteien."[135] Im Rahmen von Austauschbeziehungen beschreibt die Prinzipal-Agent Theorie die Delegation von Verfügungsrechten dergestalt, dass ein Auftraggeber – der so genannte Prinzipal – eine andere Person oder eine Personengruppe – einen so genannten Agenten – beauftragt, in seinem Interesse bestimmte Leistungen zu erbringen. Das zugrunde liegende Ziel ist die Herstellung einer Interessenübereinstimmung zwischen den Parteien bei der Gestaltung von Verträgen und Finanzierungsbeziehungen. Hierbei wird dem Agenten jedoch Nutzenmaximierung unterstellt, die nicht notwendigerweise mit den Interessen des Prinzipals vereinbar ist. Ausgangspunkt der Prinzipal-Agent Theorie ist somit, „[...] daß es eine asymmetrische Informationsverteilung über Qualitätsmerkmale zwischen Agent und Prinzipal gibt und die Beschaffung von Informationen Kosten verursacht."[136] Gegenüber einer besser informierten Partei nimmt die Aussicht auf ein positives Ergebnis aus einer Transaktion regelmäßig deutlich ab.[137]

Grundsätzlich wird zwischen zwei Formen von Informationsasymmetrie unterschieden, und zwar der asymmetrischen Informationsverteilung vor Vertragsabschluss, der so genannten

---

[133] Vgl. Paul Gompers, Josh Lerner: The Venture Capital Cycle, Camridge/London (USA/UK) 2006, S. 158.
[134] Vgl. Malte Brettel, Markus Rudolf, Peter Witt, a.a.O., S. 273.
[135] Louis Perridon, Manfred Steiner: Finanzwirtschaft der Unternehmung, München 2004, S. 538; „Ihre [Die Neue Institutionenökonomik] Analyse beruht auf der grundlegenden Erkenntnis, daß die Schaffung von Institutionen und Organisationen und deren tägliche Benützung den Einsatz realer Ressourcen erfordert. Transaktionskosten, Verfügungsrechte und Vertragsbeziehungen sind Grundthemen in der Literatur der NIÖ." Rudolf Richter, Eirik G. Furubotn: Neue Institutionenökonomik – Eine Einführung und kritische Würdigung, Tübingen 2003, S. 39.
Die neoinstitutionalistischen Ansätze differenzieren zwischen einem Anreizzweig und dem Transaktionskosten-Ansatz. Untersuchungsgegenstand des letztgenannten Ansatzes ist die Vorteilhaftigkeit, gemessen an den Transaktionskosten, der Abwicklung einer Transaktion über den Markt beziehungsweise innerhalb der Unternehmung. Die unter dem Anreizzweig subsumierten Ansätze unterteilen sich in die Agency-Theorie und die Property-Rights-Theorie. Die Property-Rights-Theorie beschäftigt sich mit der Analyse der Auswirkungen rechtlicher und institutioneller Regelungen auf das Verhalten von Wirtschaftssubjekten, die Agency-Theorie hingegen mit der Delegation von Verfügungsrechten im Rahmen von Auftragsbeziehungen, vgl. Louis Perridon, Manfred Steiner, a.a.O., S. 538-539.
[136] Louis Perridon, Manfred Steiner, a.a.O., S. 540.
[137] Vgl. Max H. Bazerman, Margaret A. Neale: Negotiating Rationally, New York 1993, S. 53.

Hidden Information, und der Informationsasymmetrie nach Vertragsabschluss, der so genannten *Hidden Action.*[138]

3.2.2 Hidden Information

Hidden Information bezeichnet den Tatbestand, dass in einem vorvertraglichen Stadium ein Agent bestimmte Informationen über Qualitätsmerkmale besitzt, über die ein Prinzipal nicht verfügt. Zwar ist ein Agent regelmäßig außer Stande, jene Qualitätsmerkmale zu ändern, diese sind möglicherweise jedoch für die Beurteilung der Situation beziehungsweise eines Unternehmens bedeutungsvoll: „So kennt der Agent aufgrund seiner Insiderstellung in der Regel das Marktpotenzial, die anstehenden Innovationen und die Konkurrenzsituation besser als der Prinzipal und kann daher sehr viel besser die Höhe und Verteilung der zukünftigen Zahlungsüberschüsse und damit den wahren Unternehmenswert abschätzen."[139] Folglich ist der Prinzipal dem Risiko ausgesetzt, dass der Agent, um seinen eigenen Nutzen zu maximieren, die tatsächliche Unternehmenssituation vor Vertragsabschluss verschleiert, so dass der Prinzipal möglicherweise einen zu hohen Preis für Unternehmensanteile zahlt beziehungsweise ein zu geringes Entgelt für das von ihm übernommene Risiko erhält.[140]

Grundsätzlich übt eine *asymmetrische Informationsverteilung* zwischen Anbietern und Nachfragern maßgeblich Einfluss auf das Marktgleichgewicht aus und führt gegebenenfalls auch zu Marktversagen: ein Wirtschaftsgut, dessen Qualität nicht mit Sicherheit beurteilt werden kann, wird regelmäßig mit einem Durchschnittspreis bewertet; Anbieter, die Wirtschaftsgüter hoher Qualität anbieten und die Qualität ihrer Güter kennen, werden fortan die Vermarktung ihrer Güter einstellen, da sie keine angemessenen Verkaufspreise erzielen können. Dieses Phänomen wird mit *Adverse Selection* (deutsch: negativer Ausleseprozess) bezeichnet und führt letztendlich zu der Situation, dass nur Anbieter von Gütern schlechter Qualität am Markt verbleiben. Dies bedingt ein zunehmendes Absinken der durchschnittlichen Qualität, noch mehr Preissenkungen und das Ausscheiden weiterer Anbieter aus dem Markt.[141]

---

[138] Vgl. Louis Perridon, Manfred Steiner, a.a.O., S. 540.
[139] Louis Perridon, Manfred Steiner, a.a.O., S. 540.
[140] Vgl. Louis Perridon, Manfred Steiner, a.a.O., S. 540.
[141] Vgl. George A. Akerlof: Market for „Lemons": Quality uncertainty and the market mechanism, Cambridge 1970, S. 488-491; vgl. Louis Perridon, Manfred Steiner, a.a.O., S. 540-541.

Stiglitz und Weiss übertragen diesen Tatbestand auf das Verhältnis zwischen einer kreditgebenden Bank und einem Kredit nachfragenden Unternehmen: die Unsicherheit über die Qualität eines Kreditnehmers kann zu eine Kreditrationierung führen, das heißt der pauschalen Ablehnung von Kreditanträgen, so dass auch keine Kredite an Kreditnehmer mit guter Qualität ausgereicht werden. Die Kreditrationierung fußt auf der Überlegung, dass wenn die Gesamtheit der Kreditwünsche befriedigt aber aufgrund der Qualitätsunsicherheit ein hoher Zins verlangt wird, die guten Schuldner zu den gegebenen Konditionen nicht in das Vertragsverhältnis einwilligen und somit nur die schlechten Schuldner als Kreditnachfrager verbleiben. Kreditgebenden Banken wird daher empfohlen, ein niedriges Zinsniveau festzulegen, um die guten Schuldner zu gewinnen und um dadurch auch das allgemeine Ausfallrisiko zu reduzieren[142] (siehe in diesem Zusammenhang auch die Ausführungen zu der öffentlich diskutierten Kreditrationierung junger wachstumsstarker Unternehmen in Kapitel 3.1.1.2.1).

Dieser *negative Ausleseprozess* kann durch die Maßnahmen *Screening*, *Self Selection* und *Signalling* aufgehalten werden: „Beim Screening erfolgt eine Überprüfung der Qualität des Produktes durch einen Dritten oder den Prinzipal. Die Auswertung von Pressemitteilungen der Unternehmen, Jahresabschlussinformationen und Prüfungsberichten von Wirtschaftsprüfern und von Banken im Rahmen ihrer Emmissionstätigkeit fallen hierunter. Bei der Self Selection offeriert der Prinzipal dem Agenten mehrere Vertragsmöglichkeiten beziehungsweise Finanzierungsalternativen, aus denen der Agent eine auswählt.“[143] Aus der Wahl einer dieser Alternativen durch den Agenten kann der Prinzipal Rückschlüsse über die Qualität des Vertragsgegenstandes gewinnen. Darüber hinaus kann auch der Agent selbst durch bestimmte Aktivitäten die Qualität eines Wirtschaftsgutes signalisieren (*Signalling*). Der Grundgedanke der Signalisierungstheorie ist, dass es für erfolgreiche Unternehmen günstiger ist, einen hohen Erfolg zu signalisieren, als dies für erfolglose Unternehmen der Fall ist. Dementsprechend erfahren erfolglose Unternehmen in der Intention, irreführende Signale zu senden, aufgrund der hiermit verbundenen hohen Kosten eine Beschränkung.[144]

---

[142] Vgl. Joseph E. Stiglitz, Andrew Weiss: Credit Rationing in Markets with Imperfect Information, Menasha 1981, S. 393-409.

[143] Louis Perridon, Manfred Steiner, a.a.O., S. 541.

[144] Vgl. Klaus Spremann: Investition und Finanzierung, München/Wien 1990, S. 649-652; vgl. auch Louis Perridon, Manfred Steiner, a.a.O., S. 541.

Die nachfolgende Abbildung überträgt die dargestellten Maßnahmen der Verhinderung eines negativen Ausleseprozesses auf das Beziehungsgeflecht zwischen einem potenziellen Unternehmenskäufer und einem Unternehmensverkäufer und veranschaulicht, wie die Due Diligence zum einen in Form einer Wissenserarbeitung durch den Käufer (Screening) und zum anderen durch eine Wissensvermittlung durch den Verkäufer (Signalling) maßgeblich zu der Überwindung bestehender Informationsasymmetrien beziehungsweise des negativen Ausleseprozesses beitragen kann:

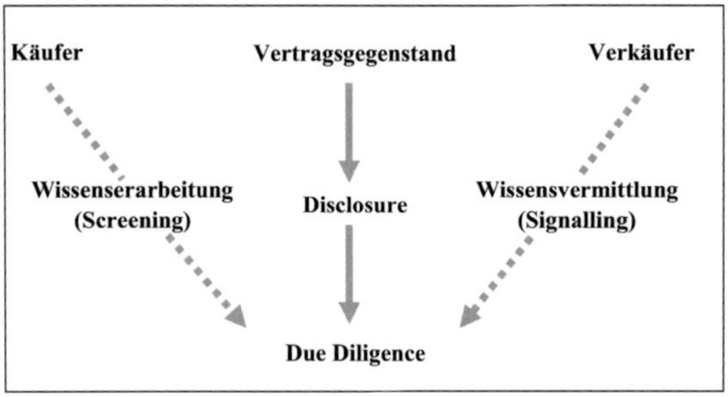

Abbildung 4: Due Diligence zur Überwindung von Informationsasymmetrien[145]

Regelmäßig fehlen einem Unternehmenskäufer jene Informationen, die zur Bestimmung des Kaufpreises, zur Bestimmung von Synergien oder zur Risikominimierung erforderlich sind. Der Verkäufer ist jedoch im Besitz dieser Informationen, so dass Informationsasymmetrien zwischen den Parteien bestehen. „Die Vereinbarung einer >>Due Diligence<< signalisiert die Bereitschaft des Verkäufers sein Wissen auf den Käufer zu übertragen und somit die Informations-Asymmetrien zu beseitigen.“[146]

Auch Busenitz, Fiet und Moesel haben einen möglichen Zusammenhang zwischen der Übermittlung eines Werte- und Bereitschaftsignals, gemessen an der persönlichen Eigenkapital-Einbringung des Unternehmers, und dem langfristigen Investmenterfolg empirisch untersucht, ein solcher Zusammenhang konnte jedoch nicht festgestellt werden. Die Schlussfolgerung der Autoren ist, dass Beteiligungsgesellschaften möglicherweise andere Signale als eine persönliche Unternehmensbeteiligung wertschätzen, wie beispielsweise Signale, die aus der Interaktion mit den Unternehmern gewonnen werden. Darüber hinaus wird vermutet, dass zum Zeit-

[145] In Anlehnung an Heinrich Pack, a.a.O., S. 288.
[146] Heinrich Pack, a.a.O., S. 288-289.

punkt der Kapitalbereitstellung die Informationsasymmetrien aufgrund einer bereits durchgeführter Due Diligence nicht mehr signifikant sind, so dass das Signal, dass durch eine Eigenkapitalbeteiligung des Unternehmers gesendet wird, weniger maßgebend ist.[147]

Gegenstand dieser Arbeit ist jedoch nicht die Untersuchung des langfristigen Beteiligungserfolgs, sondern vielmehr mögliche positive Auswirkungen einer aktiven Wissensvermittlung durch den Unternehmer in einem Stadium, in dem noch Informationsasymmetrien bestehen, und zwar im Vorfeld einer Investitionsentscheidung. Nichtsdestotrotz zeigt die Untersuchung, dass positive Effekte einer Wert- und Bereitschaftssignalisierung durch einen Unternehmer bereits vermutet und auch untersucht werden.

An dieser Stelle ist aber auch darauf hinzuweisen, dass die in diesem Kapitel beschriebenen Informationsasymmetrien dahingehend Relativierung erfahren, dass sich Beteiligungsgesellschaften auch vor dem Hintergrund des schnellen technologischen Wandels auf die Finanzierung von Unternehmen in bestimmten Branchen oder auf bestimmte Technologien spezialisieren und gegebenenfalls auch auf externe Expertise bei der Beurteilung von Zielunternehmen zurückgreifen,[148] so dass Beteiligungsgesellschaften in bestimmten Sachverhalten möglicherweise besser informiert sind als die Zielunternehmen selbst, und diese wiederum von der Erfahrung und Expertise der Beteiligungsgesellschaften profitieren.[149]

Bezug nehmend auf Abbildung 4 wird die Wissenserarbeitung durch den Prinzipal beziehungsweise die Beteiligungsgesellschaft oder die Bank in den Kapiteln 3.3.2 und 3.3.3 in Form der Due Diligence und der Kreditwürdigkeitsprüfung dargestellt. Eine Präsentation von Initiativen einer über die Vereinbarung einer käuferseitigen Due Diligence hinausgehenden aktiven Wissensvermittlung durch den Verkäufer folgt in Kapitel 5.1 in Form der Verkäufer Due Diligence in M&A-Transaktionen, in Kapitel 5.2 in Form von Rating Advisory, sowie in den Kapiteln 7 und 8 in Form der Business Plan Due Diligence bei der Finanzmittelakquisition junger wachstumsstarker Unternehmen.

---

[147] Vgl. Lowell W. Busenitz, James O. Fiet, Douglas D. Moesel: Siganling in Venture Capitalist – New Venture Team Funding Decisions: Does It Indicate Long-Term Venture Outcomes?, Oxford 2005, S. 1-10.
[148] Vgl. Justin J.Camp: Venture Capital Due Diligence – A Guide to Making Smart Investment Choices and Increasing Your Portfolio Returns, New York 2002, S. 13.
[149] Vgl. Förderland: Samwer-Brüder tun sich mit United Internet zusammen, Online im Internet, Stand Juni 2007 (abgerufen am 1. Oktober 2007).

3.2.3 Hidden Action

Hidden Action bedeutet, dass der Prinzipal die Aktionen des Agenten nach Vertragsabschluss nicht beziehungsweise nicht kostenfrei nachvollziehen kann. Die durch den Agenten erbrachten Leistungen werden teilweise durch ein externes Risiko und teilweise durch die Handlungen des Agenten selbst bestimmt, so dass im Umkehrschluss der Prinzipal nicht von der durch den Agenten erbrachten Leistung auf dessen Handlungen schließen kann. Schließlich führt diese Informationsasymmetrie zu folgendem Tatbestand: „Durch diese Konstellation entsteht für den Agenten ein Handlungsspielraum, den er unter der Annahme rationalen Handelns zur Maximierung des eigenen Nutzens ausschöpfen wird. Die in diesem Fall von dem Agenten getroffenen Entscheidungen müssen nicht zwangsläufig den Nutzen des Prinzipals maximieren.“[150]

Das Risiko, dass dem Prinzipal hierdurch Nachteile aus dem Vertrag entstehen, trägt die Bezeichnung *Moral Hazard*. Moral Hazard steht in Zusammenhang mit dem *Agency-Kosten-Ansatz*: „Der Agency-Kosten Ansatz beschäftigt sich mit der Suche nach effizienten institutionellen Ausgestaltungen der Finanzierungsbeziehungen, die das Risiko des Moral Hazard und damit die Agency-Kosten senken. Die Anreize für den Agenten sollen so ausgestaltet sein, daß die Erfüllung seiner Ziele auch denen des Prinzips dient.“[151]

In diesem Zusammenhang wird zwischen *Agency-Kosten des Eigenkapitals* und *Agency-Kosten des Fremdkapitals* unterschieden. Erstere bezeichnen zum Beispiel den leichtfertigen Umgang mit Unternehmensressourcen als Konsequenz einer abnehmenden Beteiligung beziehungsweise eines abnehmenden Arbeitseinsatzes des Managements. Auf der anderen Seite beschreiben die *Agency-Kosten des Fremdkapitals*, dass mit steigendem Verschuldungsgrad die Ausfallwahrscheinlichkeit beziehungsweise die Wahrscheinlichkeit einer Zahlungsunfähigkeit zunimmt und die potentiellen Insolvenzkosten negativen Einfluss auf den Unternehmenswert ausüben. Darüber hinaus kann ein hoher Verschuldungsgrad den Zugang zu weiteren Fremdkapitalquellen erschweren. Somit ist eine Ergebnis- sowie Verhaltenskontrolle durch ein effizientes Überwachungssystem zu gewährleisten. Regelmäßig wird zwischen *Monitoring costs* (Kontrollkosten des Prinzipals für die Überwachung des Agenten), *Bonding costs* (Begrenzungskosten durch die Zusage der Unterlassung bestimmter die Interessen des

[150] Louis Perridon, Manfred Steiner, a.a.O., S. 542.
[151] Louis Perridon, Manfred Steiner, a.a.O., S. 543.

Prinzipals schädigender Handlungen durch den Agenten), sowie *Residual Loss* (Nutzeneinbuße durch Nicht-Realisierung des Wohlfahrtsoptimums des Prinzipals) unterschieden.[152]

Eine Senkung dieser *Agency-Kosten* kann auf unterschiedliche Weise erfolgen. So können sich Fremdkapitalgeber zum einen durch die Forderung von Sicherheiten bei längerfristigen Krediten behelfen, so dass sich die Informationsbedürfnisse nicht auf die gesamte Unternehmung sondern vielmehr auf die Werthaltigkeit und Werterhaltung der bestellten Sicherheiten begrenzen. Zum anderen können bei Nichtvorhandensein von ausreichend Sicherheiten so genannte revolvierende Kredite oder Kündigungsrechte vereinbart werden. Darüber hinaus haben Fremdkapitalgeber die Möglichkeit, sich durch die Vereinbarung von Zusatzrechten wie zum Beispiel Options- und Wandlungsrechte auf Eigenkapitaltitel der Gesellschaft oder aber auch durch die Vereinbarung von Mindesteigenkapitalquoten beziehungsweise Kapitalstrukturkennzahlen abzusichern.[153] Auf der anderen Seite kann eine Beteiligungsgesellschaft zur Verringerung oder Vermeidung von Agency-Problemen eine Staffelung der Finanzierung vereinbaren, um, während der gestaffelten und an Meilensteine gebundenen Kapitelbereitstellung, weitere Informationen über das Unternehmen anzusammeln. Gleichzeitig wird das Unternehmen, das gezwungen ist, durch effizienten Ressourceneinsatz die vereinbarten Meilensteine zu erreichen, von einem opportunistischen Handeln abgehalten. Nach Auffassung von Brettel, Rudolf und Witt sind die Agency-Probleme, und dies betrifft insbesondere Beteiligungsgesellschaften, nicht so groß, dass eine unzureichende Kapitalversorgung von Wachstumsunternehmen und somit Marktversagten vorliegt. Während dies grundsätzlich auch auf eine Kreditfinanzierung zutrifft, so gibt es nichtsdestotrotz liquiditäts- und konjunkturabhängige Faktoren, die den Zugang zu Krediten für Wachstumsunternehmen erschweren[154] (siehe in diesem Zusammenhang auch die Ausführungen in Kapitel 3.1.1.2.1).

3.2.4 Zusammenfassende Erläuterungen

Die Übertragung der Prinzipal-Agent Theorie auf das Verhältnis zwischen einem jungen wachstumsstarken Unternehmen und potenziellen Kapitalgebern führt zu der Erkenntnis, dass sowohl die Kapitalgeber, zur Begrenzung der Risiken des *Moral Hazard* und der *Adverse Se-*

---

[152] Vgl. Michael C. Jensen, William H. Meckling: Theory of the Firm: Managerial Behaviour, Agency Costs and Ownership Structure, Amsterdam 1976, S. 308-310; vgl. auch Louis Perridon, Manfred Steiner, a.a.O., S. 543.
[153] Vgl. Peter Swoboda: Kapitalmarkt und Unternehmensfinanzierung – Zur Kapitalstruktur der Unternehmung, Berlin 1987, S. 57-60; vgl. auch Louis Perridon, Manfred Steiner, a.a.O., S. 543-545.
[154] Vgl. Malte Brettel, Markus Rudolf, Peter Witt, a.a.O., S. 29-30, S. 274.

lection, als auch das Wachstumsunternehmen zur Abwendung opportunistischen Verhaltens seitens der Kapitalgeber, durch Kontrollinstrumente und -mechanismen Schutzmaßnahmen ergreifen. Diese sind in Form von Wissenserarbeitung (Screening) und Wissensvermittlung (Signalling) (siehe Kapitel 3.2.2), als auch in Form der Reduzierung von Agency-Kosten dargestellt worden (siehe Kapitel 3.2.3). An dieser Stelle ist darauf hinzuweisen, dass eine Beseitigung von Finanzierungsproblemen, die aus der Prinzipal-Agent Theorie resultieren, nicht vollständig möglich ist: „Die abzuschließenden Finanzierungsverträge sind selbst bei einem sehr hohen Detaillierungsgrad immer unvollkommen, weil nicht alle zukünftigen Umweltzustände und Verhaltensweisen der Beteiligten antizipiert und vertraglich geregelt werden können."[155]

Es ist aber auch darauf hinzuweisen, dass opportunistisches Verhalten sowohl für Wachstumsunternehmen als auch für Kapitalgeber regelmäßig Begrenzungen erfährt: Kapitalgeber werden dann nicht eigennützig handeln, wenn hierdurch ihre Reputation geschädigt oder der Zugang zu attraktiven Beteiligungsgelegenheiten eingeschränkt wird; auf der anderen Seite werden Wachstumsunternehmen typischerweise keine Handlungen ausführen, die den Unternehmenswert, an dem sie selber beteiligt sind, negativ beeinflussen.[156]

In dem anschließenden Kapitel werden nun der Business Plan als Maßnahme der Wissensvermittlung durch junge wachstumsstarke Unternehmen sowie die Due Diligence und die Kreditwürdigkeitsprüfung als Maßnahmen der Wissenserarbeitung und somit der Bewertung von Chancen und Risiken eines potenziellen Investitionsobjektes durch potenzielle Kapitalgeber dargestellt.

---

[155] Malte Brettel, Markus Rudolf, Peter Witt, a.a.O., S. 273.
[156] Vgl. Malte Brettel, Markus Rudolf, Peter Witt, a.a.O., S. 273.

3.3 Maßnahmen der Wissensvermittlung und Wissenserarbeitung der Spieler

3.3.1 Wissensvermittlung durch junge wachstumsstarke Unternehmen: der Business Plan

Der Business Plan (deutsch: Geschäftsplan) ist die Ausformulierung der Unternehmensvision.[157]

„A business plan must show clearly and concisely the nature of the new company and ist market, the amount of money needed, sales and earnings forecasts, and the makeup of the management team.“[158] Die Ausgestaltung eines Business Plans und insbesondere die Schwerpunktbildung in der Darstellung variiert in Abhängigkeit vom Entwicklungsstand des Unternehmens, vom spezifischen Finanzierungsanlass als auch in Abhängigkeit vom gewählten Verkaufsverfahren. Im Fall einer Neugründung enthält der Business Plan im Wesentlichen eine Darstellung des Geschäftsmodells, Informationen über die Produkte und den Markt als auch Planungsrechnungen. Etablierte Unternehmen legen zudem Informationen über die vergangene Entwicklung des Unternehmens dar, um beispielsweise im Fall eines MBO die Fähigkeit der Bedienung der aufgenommenen Finanzierungsmittel aufzuzeigen. Erfolgt ein Unternehmensverkauf im Rahmen eines Auktionsverfahrens, so muss der Business Plan unterschiedliche Interessen und unterschiedliche Vorkenntnisse potentieller Unternehmenskäufer mit detaillierten Informationen berücksichtigen. Ungeachtet dessen sollte ein Business Plan Auskunft geben über die Unternehmensgeschichte, das Produktspektrum, die wirtschaftliche Entwicklung, den Markt und das Wettbewerbsumfeld, die Organisation, die rechtlichen Verhältnisse als auch die Milestones, das heißt die Angabe von Eckpfeilern, die die geplante künftige Weiterentwicklung des Unternehmens erkennen lassen.[159]

In Anhang 3 ist eine exemplarische Gliederung eines Business Plans dargestellt. Im Rahmen dieser Arbeit wird der Business Plan allein als das Instrument der Finanzmittelbeschaffung junger wachstumsstarker Unternehmen betrachtet.

---

[157] Vgl. Michael D. G. Wandt, Dagmar Pilzecker: Erfolgreiche Unternehmensfinanzierung – So entwickeln Sie einen professionellen Geschäftsplan, Kissing 2005, S. 5.

[158] Sabin Russell: What Investors Hat Most About Business Plans, New Jersey 1987, S. 235.

[159] Vgl. Ingo Natusch: Due Diligence aus der Sicht einer Beteiligungsgesellschaft, Stuttgart 2002, S. 540-541.

Bei Beteiligungsanfragen herrschen hohe Ablehnungsraten von Business Plänen: „Für Wachstumsunternehmen, die trotz aller Ablehnungsrisiken und Mühen der Vorbereitung den Versuch unternehmen wollen, diese Form der Eigenkapitalfinanzierung zu erhalten, stellen sich mehrere Herausforderungen: zunächst muss ein professioneller Business Plan vorliegen; „[...] Und schließlich muss die Art der Kontaktaufnahme dazu geeignet sein, aus der Flut von Antragstellern hervorzustechen und [...] mit dem Team und mit der Geschäftsidee zu überzeugen."[160]

Die Erwartungen an einen Business Plan haben sich im Zeitablauf dahingehend verändert, dass er nicht mehr nur eine kurze Abhandlung über die Vorteilhaftigkeit einer Investition zu Zeiten des Neuen Marktes darstellt, um Anleger emotional durch die Übertragung von Euphorie zu beeindrucken, sondern vielmehr das Geschäftsmodell detailliert und nachvollziehbar vorstellt und Prämissen, Chancen sowie Risiken objektiv beschreibt und somit als Prüfstein oder Katalysator Grundvoraussetzung für den Zugang zu Finanzierungsquellen ist.[161] Aus Sicht einer Beteiligungsgesellschaft repräsentiert ein Business Plan einen aufschlussreichen Indikator für Stil und Professionalität einer Zielgesellschaft[162]: „If entrepreneurs don't present their ideas in a quality way, they probably aren't organized or professional enough for me to want to invest."[163] Darüber hinaus lässt der Business Plan Rückschlüsse darüber zu, in welcher Verhandlungsposition sich ein Kapital nachfragendes Unternehmen sieht[164] und beeinflusst das Verhandlungsergebnis erheblich: „An executive should be aware of the power and influence the control of information – both the amount and the way it's presented – can have on a negotiation's outcome."[165] Weiterhin wird ein hochwertiger Business Plan als ein Indikator für die Qualität der Zusammenarbeit auf Führungspositionen sowie die Fähigkeit der erfolgreichen Geschäftstätigkeit mit dem Investitionsobjekt gesehen.[166]

Nichtsdestotrotz weisen Business Pläne erhebliche Mängel und Fehler formeller, stilistischer sowie inhaltlicher Art auf, so zum Beispiel Rechtschreibfehler, mangelnde Optik, Redundanzen, Missinterpretation der Executive Summary als Einleitung, zu emotionale oder zu techni-

---

[160] Malte Brettel, Markus Rudolf, Peter Witt, a.a.O., S. 282.
[161] Vgl. Dieter Lachenmeier: Ansatzpunkte für das Existenzgründerrating, Wiesbaden 2004, S. 276.
[162] Vgl. Ingo Natusch, a.a.O., S. 540-541.
[163] Justin J. Camp, a.a.O., S. 6.
[164] Vgl. Ingo Natusch, a.a.O., S. 540-541.
[165] Max H. Bazerman, Margaret A. Neale, a.a.O., S. 44.
[166] Vgl. Justin J. Camp, a.a.O., S. 6.

sche Darstellungen, nicht aufeinander abgestimmtes Zahlenwerk, Verharmlosung von Risiken und Überschätzung von Chancen, fehlende Nachvollziehbarkeit der Planung, keine Offenlegung der Prämissen sowie eine nicht ausreichend detaillierte Darstellung kritischer Faktoren.[167]

Das Berliner Marktforschungsinstitut Market Lab sowie das Beteiligungsunternehmen Econa AG haben 500 Business Pläne von Internet Start-ups analysiert und hierbei gravierende Defizite festgestellt, die in Form von den zehn häufigsten Fehlern im Folgenden dargestellt werden:

1. *Unzureichende Marktanalyse*: mit 81,8 % der untersuchten Business Pläne ist der häufigste und gewichtigste Fehler die unzureichende Untersuchung des Marktes und der potentiellen Kunden. Dies resultiert schließlich in unrealistischen Umsatz- und Ertragsprognosen.
2. *Falscher Fokus*: in 80 % der untersuchten Fälle verfehlte der Business Plans seine Bedeutung als ein Instrument zur Akquise von Finanzmitteln, da hier den Adressaten des Business Plans – den potentiellen Kapitalgebern – weder Nutzen noch Erfolgschancen des Vorhabens klar und überzeugend vorgetragen werden.
3. *Fehlende Kundenorientierung*: eine unzureichende Marktanalyse bedingt auch eine fehlende Kundenorientierung (79,4 % der untersuchten Business Pläne), denn insbesondere bei der Einführung von technischen Produkten wird dem tatsächliche Kundennutzen regelmäßig weniger Aufmerksamkeit geschenkt als dem vermeintlichen Produktnutzen.
4. *Unrealistische Schwachstellenanalyse*: eine realistische Selbsteinschätzung fehlte in 72,2 % der untersuchten Business Pläne, so dass hier die Unternehmenspräsentation vielmehr auf eine Darstellung vermeintlicher Stärken und Chancen unter unzureichender Auseinandersetzung mit Schwachstellen und möglichen Risiken abstellte.
5. *Inkonsistenz des Zahlenwerks*: 71,8 % der untersuchten Businesspläne zeichnen sich durch eine lückenhafte Darstellung des Gesamtzahlenwerks aus. Darüber hinaus fanden wesentliche Kostenpositionen keine Berücksichtigung und Berechnungen erfolgten unter Zugrundelegung falscher Steuersätze, Rechen- oder Formelfehler.

---

[167] Vgl. Dieter Lachenmeier, a.a.O., S. 277-282; vgl. auch Christine K. Volkmann, Kim Oliver Tokarski, a.a.O., S. 149-153.

6. *Zusammensetzung des Teams*: in 62,4 % der Fälle repräsentiert das Unternehmerteam einseitige Kompetenzbereiche und die Erfordernis der Bekanntgabe eventueller personeller Schwachstellen sowie deren Lösungen findet keine Berücksichtigung im Business Plan.
7. *Formale Fehler*: Mängel in Rechtschreibung, Struktur, Tonalität und Gliederung sind bei 54,2% der untersuchten Businesspläne festgestellt worden.
8. *Selbstüberschätzung*: in 52,4 % der untersuchten Business Pläne unterschätzen die Unternehmer die Notwendigkeit eines strategischen Weitblicks für ihr Unternehmen, so dass die Erwartungshaltung an schnell realisierte Gewinne nicht selten in unrealistischen Planungsannahmen resultiert.
9. *Fehlende Umsetzung von Ideen*: nur nahezu die Hälfte aller Unternehmer (48,8 %) erkennen die Wichtigkeit des Business Plans als Planungs- und Steuerungsinstrument zur Überprüfung der Wirksamkeit des Geschäftsmodells.
10. *Überschätzung des First-Move-Effektes*: ein First-Move wurde in 42,5 % aller Fälle als ein Erfolgsgarant für die Unternehmensidee angesehen, während eine Auseinandersetzung mit potentiellen Konkurrenz- oder Nachahmungsprodukten Vernachlässigung fand.[168]

Vor dem Hintergrund der sich im Wandel befindenden regulatorischen Rahmenbedingungen der Kapitalgeber (siehe Kapitel 3.1.2 und 3.1.3), der Maßnahmen der Wissenserarbeitung durch die Kapitalgeber (siehe die nachfolgenden Ausführungen in den Kapiteln 3.3.2 und 3.3.3) sowie auch den hier dargestellten Mängeln in Business Plänen wird ein Optimierungsbedarf beziehungsweise die Notwendigkeit junger wachstumsstarker Unternehmen, *externe Berater* in die Akquise von Finanzmitteln miteinzubeziehen, vermutet.

3.3.2 Wissenserarbeitung durch Beteiligungsgesellschaften: die Due Diligence

3.3.2.1 Einführung und Abgrenzung zur Unternehmensbewertung

Due Diligence bezeichnet eine aus den USA übernommene Transaktionspraxis, die man wörtlich mit *gehörige Sorgfalt* übersetzt. Nach Tigges wird Due Diligence definiert als „Die Überprüfung eines Unternehmens in wirtschaftlicher, rechtlicher, steuerlicher, finanzieller

[168] Vgl. Market Lab, Econa AG: Die wichtigsten Fehler bei der Bewerbung um Risikokapital, Online in Internet, Stand Dezember 2002.

und ggf. auch anderer Hinsicht vor dem Abschluss eines Kaufvertrags über das Unternehmen als Ganzes oder über eine Beteiligung an dem Unternehmensträger [...].“[169]

In den USA ist die Due Diligence insbesondere vor dem Hintergrund des amerikanischen Haftungsrechts zu sehen, das nach dem geltendem Grundsatz *Caveat emptor* dem Unternehmenskäufer die Verantwortung der Sicherstellung der Mängelfreiheit des zu erwerbenden Unternehmens auferlegt und den Unternehmensverkäufer grundsätzlich vom Mängelrisiko freistellt.[170] Im Gegensatz zu den in den USA geltenden Grundsätzen sieht das deutsche Kaufrecht das Risiko der Mangelhaftigkeit eines Kaufgegenstandes grundsätzlich beim Verkäufer. Der Verkäufer haftet auch für Verletzungen von Pflichten aus einem der in § 311 BGB begründeten vorvertraglichen Schuldverhältnisse, dem so genannten Grundsatz des *Culpa in contrahendo*. Das deutsche Recht legt demnach das Mängelrisikos stärker zu Gunsten des Käufers aus.[171]

Dennoch hat auch in Deutschland die Due Diligence-Prüfung den Status eines standardisierten Verfahrens im Rahmen von Unternehmenstransaktionen erreicht: „Seit den 90er Jahren gehört die Due Diligence in Deutschland zum Inventar der Investmentbranche, vor allem in den Bereichen M&A, Private Equity, Hedge Funds, Venture Capital sowie Kreditvergabe.“[172]

In der Literatur wird der Begriff Due Diligence auch im Zusammenhang mit einer Unternehmensbewertung durch eine Beteiligungsgesellschaft gesehen: „Eine Due Diligence ist die Voraussetzung für eine Unternehmensbewertung.“[173] Für den Zweck der Ermittlung eines angemessenen Kaufpreises für ein Zielunternehmen greift eine Beteiligungsgesellschaft regelmäßig auf das Bewertungsverfahren der *Ertragswertmethode* beziehungsweise *Discounted Cash Flow-Verfahren* zurück. Auf diese Bewertungsmodelle kann insbesondere das durch die Wirtschaftliche und Finanzielle Due Diligence (siehe Kapitel 3.3.2.6.3 und 3.3.2.6.5) ermittelte Datenmaterial direkt angewendet werden.[174] Aus Sicht einer Beteiligungsgesellschaft

---

[169] Michael Tigges: Due Diligence und Gewährleistung im Unternehmenskauf, Düsseldorf 2005, S. 95.
[170] Vgl. Christoph von Einem, Simon Preisenberger: Due Diligence – Wieviel Sorgfalt ist geboten?, Wolfrathshausen 2004, S. 52.
[171] Vgl. Michael Tigges, a.a.O., S. 97.
[172] Louis Wonderly: Management Due Diligence – Nötige Sorgfalt vor einer Transaktion oder unnötige Sorgen danach, Wolfrathshausen 2004, S. 58.
[173] Wolfgang Koch, Jürgen Wegmann, a.a.O., S.1.
[174] Vgl. Ingo Natusch, a.a.O., S. 550.

wird eine Due Diligence somit im Hinblick auf die Ermittlung einer Unternehmenswerts vorgenommen.[175]

3.3.2.2 Rechtliche Verpflichtung zur Durchführung einer Due Diligence?

Tigges weist darauf hin, dass die deutsche Rechtssprechung bislang keine gesetzliche Regelung des Verfahrens, der Funktion oder der Bedeutung der Due Diligence erlassen hat.[176] Storck bezeichnet die aktuelle Rechtslage um eine Due Diligence und insbesondere die Frage der erforderlichen Sorgfaltspflichten eines Käufers als noch weitestgehend ungeklärt: „Bei der Due Diligence handelt es sich um ein rechtliches Instrumentarium, das nicht auf einer Kodifizierung beruht, sondern aufgrund der wirtschaftlichen und rechtlichen Bedürfnisse der Vertragparteien bei Unternehmenskäufen zur Anwendung kommt.“[177]

In diesem Kapitel werden die wesentlichen Eckpunkte der Diskussion um eine Verpflichtung zur Durchführung einer Due Diligence durch den Käufer nach deutschem Recht skizziert.

Handelsgesetz: Nach § 377 des Handelsgesetzbuches ist ein Käufer nach Erhalt der Ware zur unverzüglichen Überprüfung des Kaufgegenstandes als auch zur Mitteilung eines etwaigen Mangels gegenüber dem Verkäufer verpflichtet. Wird eine Überprüfung des Kaufgegenstands unterlassen, so gilt die Ware als genehmigt (es sei denn der Mangel war zum Zeitpunkt der Untersuchung für den Käufer nicht erkennbar). Diese Regelung findet ausschließlich auf Handelsgeschäfte Anwendung und fußt auf der Notwendigkeit einer schnellen Abwicklung des Handelsverkehrs. Die Veräußerung eines Unternehmens umschließt aber nicht nur Waren sondern auch Vermögensgegenstände wie Forderungen, Geschäftsbeziehungen und Grundstücke und liegt somit außerhalb des Anwendungsbereichs des Handelsgesetzbuchs. Das Handelsgesetz kann auch keine Verpflichtung zur Durchführung einer Due Diligence begründen, da hier eine obligatorische Untersuchung des Kaufgegenstands nach Vertragsabschluss vorgesehen ist und es sich bei der Durchführung einer Due Diligence um eine vorvertragliche Maßnahme handelt. Schließlich kann eine Verpflichtung zur Durchführung einer Due Diligence nicht aus der Anwendung des § 377 HGB abgeleitet werden.[178]

---

[175] Vgl. Wolfgang Koch, Jürgen Wegmann, a.a.O., S. 1.
[176] Vgl. Michael Tigges, a.a.O., S. 96.
[177] Christian A. Storck: Sorgfaltspflicht zur Durchführung einer Due Diligence für den Vorstand einer AG, Düsseldorf 2004, S. 363.
[178] Vgl. Michael Tigges, a.a.O., S. 98-99.

Bürgerliches Gesetz: Das BGB sieht keine unverzügliche und auch keine grundsätzliche Überprüfung des Kaufgegenstands nach dem Erhalt vor.[179] Nichtsdestotrotz kann sich aus den Regelungen des § 442 BGB für einen potentiellen Käufer eine *Obliegenheit* zur Durchführung einer Due Diligence zur Vermeidung grob fahrlässiger Unkenntnis von Mängeln ergeben.[180] Dieser Sachverhalt wird in der Literatur jedoch noch nicht abschließend bestätigt. Herrschende Meinung ist, dass das Unterlassen einer Due Diligence nicht als grob fahrlässig einzustufen ist.[181] Auch ist zu beachten, dass eine *Verkehrssitte* eine Untersuchungspflicht begründen kann. Storck und auch Tigges kommen jedoch auch hier zu dem Ergebnis, dass die Durchführung einer Due Diligence grundsätzlich keine Verkehrssitte begründet. Darüber hinaus wird auch die Diskussion um Schadensersatzansprüche aus *Culpa in contrahendo* bei einer unterlassenen beziehungsweise nur unzureichend durchgeführten Sorgfältigkeitsanalyse als Mitverschulden nach § 254 BGB in der Literatur eher abgelehnt.[182] Somit ist zunächst auch keine rechtliche Verpflichtung zur Durchführung einer Due Diligence aus dem BGB abzuleiten.

Aktiengesetz: Das bewusste Eingehen von Risiken und die Gefahr von Fehlentscheidungen sind Teil der unternehmerischen Aktivitäten eines Vorstandes einer Aktiengesellschaft (AG). Für den Vorstand einer Erwerber-AG kann aus der Verpflichtung zur Erfüllung von Sorgfaltspflichten nach § 93 AktG eine Obliegenheit zur Durchführung einer Due Diligence entstehen: Schadensersatzansprüche können dann geltend gemacht werden, wenn keine dem Unternehmenswohl dienenden unternehmerischen Handlungen durchgeführt, in unverantwortlicher Weise Risiken eingegangen oder eine Pflichtverletzung in einer anderen Form festgestellt werden. Demnach ist es unabdingbar für die Beurteilung eines Risikogeschäfts, „[…] sämtliche zugängliche Erkenntnisquellen heranzuziehen, alle Möglichkeiten der Risikoreduktion wahrzunehmen und Vor- und Nachteile intensiv abzuwägen […].“[183] Die Begründung einer informierten Entscheidung kann regelmäßig nur mit der Durchführung einer Due Diligence erfolgen. Auch § 91 AktG deutet auf die Verpflichtung zur Durchführung einer Due Diligence hin: hiernach hat der Vorstand einer AG geeignete Maßnahmen zur frühzeitigen

---

[179] Vgl. Michael Tigges, a.a.O., S. 98.
[180] Vgl. Christian A. Storck, a.a.O., S. 367; siehe § 442 Abs. 1 S. 2 BGB; nach Michael Tigges, a.a.O., S. 98, ist eine Obliegenheit eine „[…] Pflicht minderen Grades, die vom Gläubiger nicht beansprucht werden kann, bei deren Verletzung der Schuldner aber Nachteile dergestalt hinnehmen muss, dass er bestehende eigene Rechte verliert beziehungsweise nicht mehr geltend machen kann.“
[181] Vgl. Christoph von Einem, Simon Preisenberger, a.a.O., S. 55.
[182] Vgl. Christian A. Storck, a.a.O., S.367-368; vgl. auch Michael Tigges, a.a.O., S. 99, S. 103-105.
[183] Christian A. Storck, a.a.O., S. 364.

Erkennung von den Fortbestand der Unternehmung gefährdenden Maßnahmen zu treffen. Bei Pflichtverletzungen trägt der Vorstand einer AG nicht nur die Schadensersatzpflicht, sondern im Streitfall auch die Beweislast für ordnungsgemäßes Handeln.[184]

GmbH-Gesetz: Nach Tigges ist die Pflichtensituation der Geschäftsführung einer GmbH vergleichbar mit den Pflichten des Vorstands einer AG. Nach § 43 GmbHG hat die Geschäftsführung im Rahmen der Ausübung ihrer Funktionen die Sorgfalt eines ordentlichen Geschäftsmannes anzuwenden: nach Einsichtnahme sämtlicher zur Verfügung stehender Informationen, einer sorgfältigen Vorbereitung einer Entscheidung, der Wahrnehmung aller Möglichkeiten der Risikoreduktion und einem intensiven Abwägen der Chancen und Risiken ist es auch für einen Geschäftsführer einer GmbH nicht pflichtwidrig, risikobehaftete Geschäfte einzugehen. So ist die Geschäftsführung zur Durchführung einer Due Diligence vor einem Unternehmenserwerb verpflichtet, sofern nicht auch ein abweichendes Verhalten als gerechtfertigt angesehen werden kann.[185]

So kann abschließend festgestellt werden, dass in Ausübung ihrer Funktion als Organ einer Kapitalgesellschaft und nicht als Konsequenz kaufrechtlicher Regelungen sowohl der Vorstand einer AG als auch der Geschäftsführer einer GmbH regelmäßig zur Evaluierung der mit einem Unternehmenserwerb verbundenen Risiken durch eine Due Diligence verpflichtet ist.[186]

3.3.2.3 Anlässe

Nach Koch und Wegmann existiert für die Durchführung einer Due Diligence eine Vielzahl unterschiedlicher Anlässe. Diese lassen sich danach differenzieren, ob sie aufgrund von gesetzlichen Bestimmungen oder aber auf freiwilliger Basis veranlasst werden. Wird eine Due Diligence als Folge von *gesetzlichen Bestimmungen* initiiert, so kann dies aufgrund der Tatbestände des Ausscheidens eines Gesellschafters, Abfindungszahlungen, Verschmelzungen, Rechtsform-Umwandlungen oder Vermögensübertragungen, steuerlichen Erhebungen, Erbauseinandersetzungen und Scheidungsverfahren sowie Enteignungen erfolgen. Wird eine Due Diligence hingegen losgelöst von gesetzlichen Bestimmungen und auf *freiwilliger Basis* initiiert, so erfolgt dies zum Beispiel im Rahmen von Unternehmenskäufen oder -verkäufen,

---

[184] Vgl. Christian A. Storck, a.a.O., S. 363-364; vgl. auch Michael Tigges, a.a.O., S. 99; siehe § 91 Abs. 2 AktG und § 93 Abs. 1 Satz 1 AktG.
[185] Vgl. Michael Tigges, a.a.O., S. 100; siehe § 43 Abs. 1 GmbHG.
[186] Vgl. Michael Tigges, a.a.O., S. 100.

Börsengängen, Eigenkapitalaufnahmen bei dritten Parteien, Fremdkapitalaufnahmen bei Kreditinstituten, Management Buy-Outs, Sanierungen, Umstrukturierungen oder Spaltungen, gesellschaftsrechtlichen Schiedsverträgen sowie bei Privatisierungen der öffentlichen Hand.[187]

Im Rahmen dieser Arbeit stehen die Anlässe einer *freiwilligen Initiierung* vor dem Hintergrund der *Eigenkapitalaufnahme bei dritten Parteien* und der *Fremdkapitalaufnahme bei Kreditinstituten*, sowie aber auch der Anlass eines *Kaufs oder Verkaufs eines Unternehmens oder eines Unternehmensteils* im Mittelpunkt der Betrachtung:

- *Eigenkapitalaufnahme bei dritten Parteien*: regelmäßig ist die Verwirklichung von Unternehmensplänen erst mit der Aufnahme von Eigenmitteln realisierbar. Der Fokus der (Käufer) Due Diligence liegt hier auf der Analyse der Chancen und Risiken unter Berücksichtigung der den Kapitalgebern künftig zufließenden Mittel.
- *Fremdkapitalaufnahme bei Kreditinstituten*: der Gewährung von Krediten an Unternehmen geht regelmäßig eine Kreditwürdigkeitsprüfung voraus. Das Kreditwesengesetz sieht eine laufende Überwachung bestimmter Kreditengagements vor, die mit einer regelmäßigen Einsichtnahme in Unternehmensinformationen verbunden ist. Vor diesem Hintergrund empfiehlt sich eine standardisierte und jährlich fortzuschreibende Folge-Due Diligence durch die Bank (siehe auch Kapitel 3.3.3).
- Der Hauptanwendungsfall einer Due Diligence ist der *Kauf oder Verkauf eines Unternehmens oder eines Unternehmensteils*. Ein potentieller Käufer beauftragt eine Due Diligence zur Herausarbeitung der zentralen Risikofaktoren vor dem Hintergrund der Stärkung seiner Argumentation für einen möglichst niedrigen Kaufpreis (siehe auch Kapitel 3.3.2.4). Im Gegenzug kann auch der Verkäufer eine Due Diligence zur Vorbereitung auf die Kaufpreisverhandlungen initiieren, um durch Aufdeckung der Chancen aber auch Risiken die Möglichkeit der frühzeitigen Mängelbeseitigung zu erhalten, und um so die eigene Verhandlungsposition zu stärken (siehe auch Kapitel 5).[188]

---

[187] Vgl. Wolfgang Koch, Jürgen Wegmann, a.a.O., S. 14-24.
[188] Vgl. Wolfgang Koch, Jürgen Wegmann, a.a.O., S. 19-21.

3.3.2.4 Motive

Die Due Diligence ist ein Informations- und Meinungsbildungsinstrument, das zu einer Stärkung der Verhandlungsposition potenzieller Käufer und zu einem fairen beidseitig akzeptierten Kaufpreis führen kann.[189]

Zu den Motiven einer käuferseitig initiierten Due Diligence zählen die Ermittlung und Analyse von potenziellen Risiken und Chancen, die Verjährung von Gewährleistungsansprüchen und die Beweissicherungsfunktion, sowie die Beseitigung von Informationsasymmetrien und die Schaffung einer Grundlage für den Garantiekatalog. So gleicht die Due Diligence einem Instrument der Risikoprophylaxe[190] und ein Motiv der Due Diligence liegt darin, durch glaubhafte und nachvollziehbare Informationen ein objektives Bild der Chancen und Risiken, „[...] die entweder die mit dem Erwerb verbundenen Kosten erhöhen oder die zukünftige Rentabilität des Unternehmens gefährden“[191], zu erlangen und Unsicherheiten in Bezug auf die Qualität, das Verhalten und die Absicht des Zielobjekts zu verringern.[192]

Gewährleistungen[193] unterliegen regelmäßig einer relativ kurzen Verjährungsfrist. Nach Tigges kann die Kenntnis von wesentlichen Mängeln möglicherweise erst nach einer gewissen Betriebslaufzeit und somit zu einem Zeitpunkt nach Verjährung der Frist erlangt werden. Auch vor diesem Hintergrund kommt der vorvertraglichen Aufdeckung von Mängeln im Rahmen einer Due Diligence eine große Bedeutung zu. Eine Geltendmachung von Ansprüchen kann nur im Fall einer vorvertraglichen Kenntnis des Verkäufers über einen Mangel am Kaufgegenstand erfolgen. Doch auch dann steht einem Gewährleistungsanspruch möglicherweise der Tatbestand entgegen, dass der Käufer jenen Mangel vor Vertragsschluss kannte oder hätte kennen müssen. So hat die Due Diligence unter anderem die Funktion der Feststellung des Ist-Zustands des Zielunternehmens, der Dokumentation des Informationsflusses

---

[189] Vgl. Annette Blöcher: Due Diligence und Unternehmensbewertung im Akquisitionsprozess, Wiesbaden 2002, S. 32.

[190] Vgl. Christoph von Einem, Simon Preisenberger, a.a.O., S. 52; vgl. auch Michael Tigges, a.a.O., S. 96-97.

[191] Peter Gintenreiter: Zweck, München 2002, S. 13.

[192] Vgl. Ingo Natusch, a.a.O., S. 538.

[193] Die Gewährleistung oder Mängelhaftung bestimmt Rechtsfolgen und Ansprüche, die dem Käufer im Rahmen eines Kaufvertrags zustehen, bei dem der Verkäufer eine mangelhafte Ware oder Sache geliefert hat. Mit Inkrafttreten der Schuldrechtsreform zum 1. Januar 2002 gelten für Anteilskäufe und auch Unternehmenskäufe die Mängelregelungen des Sachkaufs entsprechend; siehe § 433ff BGB; vgl. IDW: WP-Handbuch 2002 – Wirtschaftsprüfung, Rechnungslegung, Beratung Band I, Düsseldorf 2006, S. 1086-1090.

als auch der Erkenntnissammlung maßgeblicher Eigenschaften des Zielunternehmens. Die Beweissicherung erfolgt regelmäßig durch angemessene Dokumentation.[194]

Die Due Diligence gleicht auch einem Verfahren zur Überwindung des Informations- und Wissensvorteils des besser informierten Unternehmensverkäufers durch den mit der Gesellschaft regelmäßig weniger vertrauten potenziellen Unternehmenskäufer.[195]
Es existiert eine reziproke Abhängigkeit zwischen der Intensität der durchgeführten Due Diligence und dem Umfang des in den Kaufvertrag aufzunehmenden Garantiekatalogs.[196] Der vollständigen Substitution einer Sorgfältigkeitsprüfung durch einen umfassenden Garantiekatalog ist jedoch entgegenzuhalten, dass eventuelle gerichtliche Auseinandersetzungen um Schadensersatzforderungen als Konsequenz verletzter Garantien letztendlich mühsamer als die vorvertragliche Aufdeckung von Mängeln und Risiken im Rahmen einer Due Diligence sind. Darüber hinaus werden notwendige Vertragsauflagen regelmäßig erst während der Durchführung einer Due Diligence festgestellt. Absicherung ist insbesondere gegen jene Risiken gefordert, deren künftige Auswirkung noch nicht abschließend zu beurteilen ist. Garantien werden auch als Ergänzungen zu den Feststellungen einer Due Diligence verlangt, so zum Beispiel in Form von Zusicherungen über die Vollständigkeit der zur Verfügung gestellten Informationen.[197]

3.3.2.5 Umfang und Kosten

„The nature of due diligence can vary widely, ranging from what is involved for a high tech start-up investment to the considerations concerning the buyout of a mature company."[198] Neben den Gegebenheiten des Zielobjekts wird der Umfang einer Due Diligence darüber hinaus durch die Eigenschaft des Käufers als strategischer Investor oder Finanzinvestor und dem hieraus resultierenden Erfahrungs- und Wissensstand, und auch durch transaktionsspezifische Faktoren beeinflusst: je zeitnäher die Entscheidung eines potentiellen Erwerbers zum tatsäch-

---

[194] Vgl. Kurt Kiethe: Vorstandshaftung aufgrund fehlerhafter Due Diligence beim Unternehmenskauf, München 1999, S. 977; vgl. auch Michael Tigges, a.a.O., S. 97-98.

[195] Vgl. Wolfgang Berens, Walter Schmitting, Joachim Strauch: Funktionen, Terminierung und rechtliche Einordnung der Due Diligence, Stuttgart 2002, S. 79; vgl. auch Georg Eder: Erfolgsfaktor Due Diligence Prüfung – Organisation, Planung und Ablauf aller Teilbereiche der Prüfung beim Unternehmenskauf, Saarbrücken 2006, S. 20.

[196] Vgl. Hanno Merkt: Due Diligence und Gewährleistung beim Unternehmenskauf, Frankfurt am Main 1995, S. 1046; vgl. auch Kai Mertens: Die Information des Erwerbers einer wesentlichen Unternehmensbeteiligung an einer Aktiengesellschaft durch deren Vorstand, Köln 1997, S. 542-543; vgl. auch Michael Tigges, a.a.O., S. 97

[197] Vgl. Michael Tigges, a.a.O., S. 97.

[198] Diederik W. Heyning: Due diligence, Harlow/London 1999, S. 145.

lichen Unternehmenskauf ist, desto umfangreicher werden die Prüfungshandlungen.[199] Die Kosten einer Due Diligence als auch der Tatbestand, dass nicht jede Beteiligungsgelegenheit letztlich in einem Vertragsabschluss endet, führen zu Schwerpunktbildungen bei der Evaluierung eines Zielobjektes.[200] So wird in einem anfänglichen Transaktionsstadium, zum Beispiel vor einem Bieterverfahren, der Umfang einer Due Diligence durch Zeit- und Kostenrestriktionen stark beeinflusst und ist entsprechend geringer.[201]

Die Kosten einer Due Diligence werden auch von dem Ausmaß der Hinzuziehung externer Sachverständiger bestimmt: „Die Durchführung der Due Diligence ist kostenintensiv, da hochqualifizierte Fachkräfte – in der Regel Wirtschaftsprüfer, Rechtsanwälte, technische Gutachter und spezialisierte Unternehmensberater – eingesetzt werden. Daher ist eine Vorbereitung erforderlich, die eine möglichst effektive und kurzfristige Durchführung der Due Diligence ermöglicht."[202] In diesem Zusammenhang schätzen Koch und Wegmann die Gesamtkosten einer Due Diligence zwischen etwa 30.000 Euro und 120.000 Euro unter Zugrundelegung eines durchschnittlichen Tagessatzes von etwa 1.500 Euro sowie 20 bis 80 Manntagen.[203] Der Zeitaufwand, der mit der Vorbereitung einer Investitionsentscheidung verbunden ist, kann zwischen einem und vier Monaten liegen.[204]

3.3.2.6 Verlauf einer Beteiligungsprüfung

3.3.2.6.1 Einführung

Die nachfolgende Abbildung zeigt einen exemplarischen Verlauf einer Beteiligungsprüfung vom ersten Kontakt mit dem Zielunternehmen bis zum Exit:

[199] Vgl. Michael Tigges, a.a.O., S. 96.
[200] Vgl. Christoph von Einem, Simon Preisenberger, a.a.O., S. 52.
[201] Vgl. Michael Tigges, a.a.O., S. 96.
[202] Wolfgang Koch, Jürgen Wegmann, a.a.O., S. 28
[203] Vgl. Wolfgang Koch, Jürgen Wegmann, a.a.O., S. 39; in der Literatur existieren keine hinreichenden Informationen zu den tatsächlichen Kosten einer Due Diligence, so dass die Kosten in Abhängigkeit von der Größe und Komplexität des Zielunternehmens und der Untersuchungsgegenstände noch deutlich abweichen können.
[204] Vgl. Mark Long, a.a.O., S. 113.

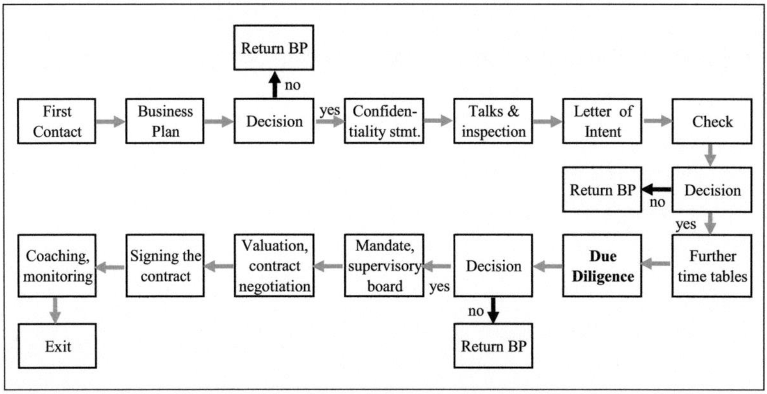

Abbildung 5: Exemplarischer Verlauf einer Beteiligungsprüfung[205]

Eine Strukturierung der Beteiligungsprüfung ist, wie auch im vorhergehenden Kapitel dargestellt, aus Zeit- und Kostenüberlegungen erforderlich, um möglichst schnell geeignete von ungeeigneten Beteiligungsmöglichkeiten zu separieren:[206] „Typically only a small percentage of the initial contacts turn into investments. Because of this high reject rate it is extremly important to manage the flow of deals and the progress through the various stages with great care. Depending on the size, geographic spread [...] and the structure of the partnership, each venture capital organization has ist own particular way of handling the flow of deals."[207] Zum Zeitpunkt der Durchführung einer Due Diligence wird eine gewisse Sicherheit in der Weiterverfolgungsabsicht eines Investitionsvorhabens durch eine Beteiligungsgesellschaft unterstellt.[208]

Die obige Abbildung verdeutlicht zudem die große Bedeutung des Business Plans für eine Investitionsentscheidung,[209] denn nur 10 bis 15% der als Investitionsvorschläge erhaltenen Business Pläne werden von den Beteiligungsgesellschaften im Rahmen einer Due Diligence weiterverfolgt.[210] Siehe in diesem Zusammenhang die in Kapitel 3.3.1 dargestellten Mängel in Business Plänen.

---

205 In Anlehnung an Sabine Ahlers, Alexander Lührs: Financing the Company with Venture Capital, Aulendorf 2003, S. 64.
206 Vgl. Ingo Natusch, a.a.O., S. 542.
207 Jos B. Peeters: Deal generation, Harlow/London 1999, S. 132.
208 Vgl. Ingo Natusch, a.a.O., S. 542.
209 Vgl. Sabine Ahlers, Alexander Lührs, a.a.O., S. 63-64.
210 Vgl. Hal Nelson: Note on Due Diligence in Venture Capital, Online in Internet, Stand 2003, S. 3.

Gegenstand der nachfolgenden Kapitel ist die Darstellung der verschiedenen Arten der Due Diligence, die von Beteiligungsgesellschaften in Vorbereitung auf eine Beteiligungsfinanzierung eines jungen wachstumsstarken Unternehmens durchgeführt werden. In diesem Zusammenhang kommen regelmäßig die personelle, wirtschaftliche, technologieorientierte, finanzielle, rechtliche und steuerrechtliche sowie organisatorische Due Diligence zur Anwendung.[211]

3.3.2.6.2 Personelle Due Diligence

Die Analyse des Personalbestands und der Personalpolitik erfordert die schwerpunktartige Ausarbeitung der Vergütungsstruktur und der Arbeitsbedingungen der Geschäftsführung, der Mitarbeiter in Schlüsselpositionen sowie der übrigen Mitarbeiter, so beispielsweise „[...] Gehalts- und Vergütungsstrukturen, insbesondere im Vergleich mit extern verfügbaren Benchmark-Studien, Beziehungen zu Gewerkschaften und Betriebsräten, Alters- und Qualifikationsstruktur der Mitarbeiter, Kranken- und Fehlzeiten, soziale Leistungen des Arbeitgebers, einschl. Pensions- und Altersteilzeitzusagen.“[212] Ziel dieser Untersuchungen ist die Informationsgewinnung über potentielle Kosten und Risiken im Personalbereich, die sich möglicherweise weder in den historischen Zahlen widerspiegeln noch in der Planung Berücksichtigung finden.[213]

Gerade bei jungen wachstumsstarken Unternehmen ist die Qualität der Geschäftsführung von entscheidender Wichtigkeit für die Durchsetzung und das Fortbestehen der Unternehmung:[214] „High tech companies are often dominated by technology focused entrepreneurs. Unfortunately, business success is often more dependent on marketing performance than product performance.“[215] Vor diesem Hintergrund erfolgt regelmäßig eine äußerst detaillierte Analyse der personellen Kompetenzen und Ressourcen, die der Unternehmung zur Verfügung stehen. Denn häufig kann sich das beste Produkt oder die beste Technologie nicht ohne die erforderlichen Kompetenzen der Geschäftsleitung, das heißt Kontrolle und Führung der Unternehmung,

---

[211] Vgl. Justin J. Camp, a.a.O., S. 23-225; vgl. auch Wolfgang Koch, Jürgen Wegmann, a.a.O., S. 55-122.
[212] Dirk Nawe, Frank Nagel, a.a.O., S. 528.
[213] Vgl. Dirk Nawe, Frank Nagel, a.a.O., S. 528.
[214] Vgl. Justin J. Camp, a.a.O., S. 23-24.
[215] Diederik W. Heyning, a.a.O., S. 151.

der Penetrierung von Märkten und dem nachhaltigen Bestehen im Wettbewerb, am Markt durchsetzen.[216]

Die Quantifizierung personenbezogener Aspekte gilt jedoch regelmäßig als äußerst schwierig. Hier leisten Managementpräsentationen, die gängiger Bestandteil der Beurteilung von Führungskräftekompetenzen sind, und auch externe Personalberatungsunternehmen eine wichtige Hilfestellung.[217] Kostenpflichtige Datenbanken wie beispielsweise Lexis/Nexis, Dialog, Genios oder GBI stehen darüber hinaus als Hilfsmittel für eine umfangreiche Datenbank-, Presse- und Medienrecherche zur Verfügung.[218]

3.3.2.6.3 Wirtschaftliche Due Diligence

Gegenstand der *Wirtschaftlichen Due Diligence* sind Markt- und Wettbewerbsaspekte und so insbesondere die „[...] Einordnung des risikokapitalnachfragenden Unternehmens in die gegenwärtige Marktlage sowie die aktuelle und zukünftige Positionierung des Unternehmens im Wettbewerb.“[219]

Die Untersuchung des adressierten Marktes ist für eine Beteiligungsgesellschaft regelmäßig ein wichtiges aber auch komplexes Unterfangen. Ein solides Verständnis über den Markt und die Kundenstruktur ist eine notwendige Voraussetzung für die Weiterverfolgung eines Investitionsobjekts. Grundsätzlich gilt, dass je größer der adressierte Markt ist, umso mehr ist eine Beteiligungsgesellschaft vor dem Hintergrund der Erwartung hoher Umsätze und Renditen bereit, weitere Risiken einzugehen. In diesem Zusammenhang kommt der Analyse der Marktgröße und der künftigen Marktentwicklung eine besondere Bedeutung zu.[220]

Für die Informationserhebung stehen beispielsweise volks- und betriebswirtschaftliche Institutionen, Veröffentlichungen und Stellungnahmen von Wettbewerbern, Fachmessen, persönliche Befragungen von Branchenkennern sowie das Internet zur Verfügung.[221]

---

[216] Vgl. Justin J. Camp, a.a.O., S. 23-24.
[217] Vgl. Ingo Natusch, a.a.O., S. 543-544.
[218] Vgl. Louis Wonderly, a.a.O., S. 58-59.
[219] Ingo Natusch, a.a.O., S. 544.
[220] Vgl. Justin J. Camp, a.a.O., S. 65-93.
[221] Vgl. Wolfgang Koch, Jürgen Wegmann, a.a.O., S. 60-61.

Bei der *Wettbewerbsanalyse* ist zu berücksichtigen, dass ein Zielunternehmen im Regelfall einen weitreichenden Überblick über das Wettbewerbsumfeld besitzt und sich möglicherweise gegenüber den Due Diligence-Beauftragten besser darzustellen versucht. Vor diesem Hintergrund sind Maßnahmen zu ergreifen, die zu einer Objektivierung der Kenntnisse über das Wettbewerbsumfeld führen.[222] Informationsquellen können hier Verbandsinformationen und Kundenbefragungen sein. Gespräche mit der Geschäftsleitung sowie mit Branchenexperten sind weiterhin notwendige Analyseschritte von Beteiligungsgesellschaften zur Erlangung eines besseren Verständnisses über das Wettbewerbsumfeld und auch über die Nachhaltigkeit von Wettbewerbsvorteilen. Das Vorhandensein von Wettbewerbsvorteilen ist ein entscheidendes Investitionskriterium für Beteiligungsgesellschaften: grundsätzlich begründen sich Wettbewerbsvorteile entweder aus der Positionierung des Unternehmens als erster Anbieter auf dem Markt oder durch das Vorhandensein geistigen Eigentums in Form von Technologieeigenschaften, rechtlichem Schutz von geistigem Eigentum, oder in dem Zugang zu Ressourcen oder Kunden.[223]

Der Wettbewerbsvergleich bedingt regelmäßig die Beurteilung des Zielunternehmens anhand von Vergleichsmaßstäben, wie beispielsweise der geplanten langfristigen Umsatzentwicklung, der Vertriebssysteme, der Absatzmethoden, der Unterschiede im Kundenstamm, Kapazitätsauslastungen und Mitarbeitervergütungen.[224]

Im Rahmen der wirtschaftlichen Due Diligence ist zudem das Vorhandensein und die Qualität von *Distributionswegen und Kommunikationskanälen* zu den Kunden zu überprüfen, da insbesondere für junge wachstumsstarke Unternehmen ein schneller Zugang zum Markt oftmals entscheidend für den wirtschaftlichen Erfolg ist: durch die Konzentration auf die Produktentwicklung wird der Aufbau von Distributionswegen regelmäßig vernachlässigt; zudem sind Kommunikationskanäle vor dem Hintergrund der Erlangung von Kenntnis über weitere Kundenwünsche und die Inkorporation dieser in die Produkte unerlässlich. An dieser Stelle erfolgt der Verweis auf die Erläuterungen zu den Analyseschritten im Rahmen der *Personellen Due Diligence* und die Bedeutung der Geschäftsleitung für den Erfolg einer jungen wachstumsstarken Unternehmung.[225]

[222] Vgl. Wolfgang Koch, Jürgen Wegmann, a.a.O., S. 61-63.
[223] Vgl. Justin J. Camp, a.a.O., S. 65-93.
[224] Vgl. Wolfgang Koch, Jürgen Wegmann, a.a.O., S. 61-63.
[225] Vgl. Justin J. Camp, a.a.O., S. 65-93.

3.3.2.6.4 Technologieorientierte Due Diligence

Die Untersuchung von *Technologieaspekten* beginnt zunächst mit einer Betriebsbesichtigung zur Gewinnung eines Eindrucks über Effektivität und Sorgfalt des Produktionsablaufs, aber auch zur Identifizierung von Mängeln, die eine kostenintensive Beseitigung hervorrufen könnten. Weitere Analyseschwerpunkte sind insbesondere die für die geplanten Absatzsteigerungen vorhandenen Produktions- und Lagerkapazitäten, Produktionsabläufe und Qualitätskontrollen, Risken und Umweltlasten, Standortvorteile und -nachteile, der Ausbildungsgrad des technischen Personals sowie die Intensität und Effizienz von Forschung- und Entwicklungsarbeiten.[226]

Je nach Art der Transaktion, sei es ein MBO/MBI oder ein Beteiligungserwerb, können die Schwerpunkte einer technologieorientierten Due Diligence anders gesetzt werden. Die Begutachtung bewährter und bekannter Produkttechnologien im Rahmen von MBO/MBI-Transaktionen zielt insbesondere auf die Untersuchung einer Technologieüberalterung ab, die möglicherweise kapitalintensive und auf die antizipierte Finanzierungsstruktur Einfluss nehmende Erneuerungsinvestitionen hervorruft. Dagegen wird ein Beteiligungsunternehmen einem Technologieunternehmen nur dann Kapital zur Verfügung stellen, wenn die zugrunde liegende Produkttechnologie innovativ ist, einen bestehenden Bedarf deckt, zeitgerecht vermarktet werden kann und möglichst durch Schutzrechte oder einen prägnanten Markennamen vor Nachahmung gesichert ist. Da hier regelmäßig keine bekannten oder bewährten Technologien Gegenstand des Geschäftsmodells sind, ist die Hinzuziehung eines auch seitens des Hochtechnologieunternehmens akzeptierten externen Sachkundigen zur Bewertung der Innovation hilfreich. Großforschungseinrichtungen wie beispielsweise die Fraunhofer-Gesellschaft oder die Steinbeisstiftung sowie universitäre Einrichtungen werden an dieser Stelle als Beispiele in der Praxis üblicherweise hinzugezogener externer Sachkundiger aufgeführt (siehe auch die Ausführungen zu Kreditwürdigkeitsprüfung durch Banken in Abschnitt 3.3.3). Wenngleich eine Schätzung über den kommerziellen Erfolg einer innovativen Produkttechnologie für externe Sachverständige nicht immer ohne weiteres möglich ist, so können Beteiligungsgesellschaften auf diesem Wege vor jenen Fehlinvestitionen bewahrt werden, die für Sachverständige offensichtlich erkennbar sind.[227]

---

[226] Vgl. Wolfgang Koch, Jürgen Wegmann, a.a.O., S. 68-74.
[227] Vgl. Ingo Natusch, a.a.O., S. 546-547.

Die angestrebte Entwicklungsrichtung eines technologieorientierten Unternehmens, das heißt die Verfolgung des *revolutionären Pfades*, in dem neue Technologien und auch neue Märkte geschaffen werden, oder des *evolutionären Pfades*, in dem mit verbesserten Technologien Nischensegmente in bereits bestehenden Märkten angesprochen werden, ist unter Berücksichtigung der damit jeweils inhärenten Risiken ein wichtiges Entscheidungskriterium für Beteiligungsgesellschaften für eine Weiterverfolgung des Investitionsvorhabens. An dieser Stelle ist jedoch anzumerken, dass sowohl für neue Märkte als auch für bestehende Nischenmärkte kaum empirisches Material in Form von Marktforschungsberichten vorliegt, so dass Beteiligungsgesellschaften auf Interaktion mit Marktteilnehmern wie beispielsweise Kunden angewiesen sind.[228]

3.3.2.6.5 Finanzielle Due Diligence

Die *Finanzielle Due Diligence* gilt regelmäßig als das Kernstück oder der Fokus der gesamten Due Diligence:[229] „Im Rahmen der finanziellen Due Diligence ist die Entwicklung der Gesellschaft in der Vergangenheit zu analysieren und die Planung auf ihre Plausibilität zu untersuchen. Hier finden die in den übrigen Teilbereichen der Due Diligence erhobenen Informationen ihren Ausdruck in quantitativen Werten."[230]

Nach Nawe und Nagel unterteilt sich die Finanzielle Due Diligence regelmäßig in eine Untersuchung der historischen Ertrags-, Finanz- und Vermögenslage sowie der Planungsrechnung: Die Analyse der *historischen Ertragslage* bezeichnet die detaillierte Plausibilisierung und Dokumentation von Inhalt und Veränderungen der Schlüsselkomponenten der Gewinn- und Verlustrechnung, und so insbesondere die Umsatzerlöse und die Produktionskosten in einem historischen Zeitfenster von in der Regel drei Jahren. Vorrangiges Ziel ist hierbei die Identifizierung historischer Entwicklungen und Trends, um die Planungsrechnung des Zielobjekts auf Plausibilität überprüfen zu können. Darüber hinaus gilt es eine Kostenstruktur zu bestimmen, die unabhängig von bisherigen Eigentümerbeziehungen ist. So werden die Jahresergebnisse um außerordentliche, nicht wiederkehrende und nicht operative Ergebnisbestandteile bereinigt – an dieser Stelle sind beispielhaft periodenfremde Erträge und Aufwendungen, überdurchschnittliche Gehaltszahlungen an geschäftsführende Gesellschafter, einem Drittvergleich nicht

[228] Vgl. Justin J. Camp, a.a.O., S. 65-67.
[229] Vgl. Heinrich Pack, a.a.O., S. 298.
[230] Wolfgang Koch, Jürgen Wegmann, a.a.O., S. 102.

standhaltende Konzernumlagen, außergewöhnlich hohe Abschreibungen auf Forderungen oder Vorräte sowie Fremdwährungsgewinne und -verluste aufgeführt. Die Bereinigung des Jahresergebnisses unterliegt regelmäßig einem großen Ermessensspielraum. Die Analyse der *historischen Vermögenslage* beschränkt sich meist auf die Betrachtung der letzten durch einen Wirtschaftsprüfer testierten Bilanz sowie der letzten verfügbaren Zwischenbilanz. Gegenstand der Untersuchungen sind hier im Wesentlichen die Auswirkungen von Änderungen in der Bilanz auf die Ertragslage. Finanzinvestoren messen auch der Analyse der *Finanzlage* einen hohen Stellenwert bei. Es erfolgt eine Unterteilung in operative und nicht operative Geldzu- und -abflüsse als auch eine detaillierte Analyse der Entwicklung des Umlaufvermögens, um Rückschlüsse auf den zukünftigen Bedarf an liquiden Mitteln zu gewinnen, der für die Finanzplanung insbesondere im Hinblick auf eine etwaige Fremdkapitalfinanzierung entscheidend ist.[231]

Der Prüfungspflicht durch einen Wirtschaftsprüfer sind Unternehmen in Abhängigkeit ihrer Größe unterworfen[232], so dass insbesondere kleine Unternehmen sowie Gründungsunternehmen regelmäßig keine aussagekräftig dokumentierte Historie aufweisen können. Beteiligungsgesellschaften vertreten die Erwartungshaltung, dass akkurate, aktuelle und von groben Mängeln bereinigte Finanzzahlen auch von jungen Unternehmen vorliegen sollen. Diese Ordnungsmäßigkeit stellt ein wichtiges Entscheidungskriterium dar.[233]

Bei jungen wachstumsstarken Unternehmen wird auch unter Einbeziehung der Erkenntnisse aus der Wirtschaftlichen Due Diligence insbesondere Augenmerk auf die Plausibilisierung der der *Planungsrechnung* zugrunde liegenden Annahmen gelegt, die Basis für eine Investitionsentscheidung und die Bestimmung des Unternehmenswerts ist.[234] Nichtsdestotrotz basiert die Planungsrechnung regelmäßig auf einer Reihe teils unrealistischen Annahmen über die zukünftige Entwicklung der Unternehmung, so dass Beteiligungsgesellschaften diese grundsätzlich mit Vorbehalten betrachten. Die Finanzplanung erlaubt jedoch einen Rückschluss auf

---

231 Vgl. Dirk Nawe, Frank Nagel, a.a.O., S. 526-527; eine detaillierte Beschreibung einzelner Analyseschritte der Finanziellen Due Diligence bietet auch David Bertram: Financial Due Diligence, Commercial Due Diligence, Surrey 2001, S. 77-122; weiterhin ist anzumerken, dass die aus der Analyse der testierten Jahresabschlüsse gewonnenen Erkenntnisse nicht vergleichbar mit den Ergebnissen und Erkenntnissen einer Finanziellen Due Diligence sind. Dies findet insbesondere in dem Tatbestand Begründung, dass Jahresabschlüsse überwiegend vergangenheitsbezogen sind und kaum Schlussfolgerung über künftige Unternehmensentwicklungen zulassen, vgl. Wolfgang Koch, Jürgen Wegmann, a.a.O., S. 10-11.

232 Siehe § 316 HGB.

233 Vgl. Justin J. Camp, a.a.O., S. 200.

234 Vgl. Ingo Natusch, a.a.O., S. 547; vgl. auch Justin J. Camp, a.a.O., S. 199.

die Sorgfalt, mit der die Unternehmer der Planung der künftigen Entwicklung ihrer Unternehmung begegnet sind. Die Plausibilisierungen umschließen unter anderem die den geplanten Verkaufsmengen, den durchschnittlichen und marktgerechten Verkaufspreisen und den Produktionskosten je Einheit zugrunde liegenden Annahmen. Entscheidende operative Kenngrößen eines jungen wachstumsstarken Unternehmens sind insbesondere das Potential der Erzielung hoher Rohertragsmargen und nachhaltiger Umsatzerlöse. Weiterhin wird der Status des Produktentwicklungsfortschritts und die für die Produktfertigstellung künftig benötigten Mittel analysiert, sowie die Kompatibilität der Planergebnisrechnung mit der Planbilanz und der Plankapitalflussrechnung. Die Finanzielle Due Diligence dient der Beteiligungsgesellschaft auch zu der Bestimmung des künftigen Finanzbedarfs der Unternehmung sowie auch der Beurteilung der Wahrscheinlich, dass, vor dem Hintergrund des notwendigen Kapitalbedarfs, das Kapital suchende Unternehmen ebenso weitere Investoren, oder zu einem späteren Zeitpunkt auch die eigene Beteiligung ablösende Investoren, anzieht.[235]

Bei einer Wachstumsfinanzierung wird oftmals unterstellt, dass die Faktoren, die in der Vergangenheit die Unternehmensentwicklung bestimmten, auch in der Zukunft Gültigkeit haben. Aus diesem Grund wird häufig auf thematisch-statistische Verfahren zur Prognose künftiger Entwicklungen zurückgegriffen. Eine kritische Hinterfragung der Ergebnisse jener Berechnungen ist jedoch insbesondere bei stark wachsenden Unternehmen unerlässlich, da sich das zugrunde liegende Geschäftsmodell nicht notwendigerweise beliebig skalieren lässt.[236]

Für die Durchführung einer Finanziellen Due Diligence wird regelmäßig – auch in Abhängigkeit von der Unternehmensgröße sowie der Komplexität des Zielobjekts – auf externe Sachverständige und insbesondere Wirtschaftsprüfungsgesellschaften zurückgegriffen. Zur Veranschaulichung des Leistungsumfangs einer Finanziellen Due Diligence wird nachfolgend beispielhaft das Leistungsangebot der Wirtschaftsprüfungsgesellschaft Deloitte aufgeführt:

[235] Vgl. Justin J. Camp, a.a.O., S. 87, 199-209.
[236] Vgl. Ingo Natusch, a.a.O., S. 547.

Finanzielle Due Diligence
– Detaillierte Darstellung der wirtschaftlichen Situation des Zielunternehmens
– Identifizierung der wesentlichen Werttreiber und Erfolgsfaktoren
– Ermittlung normalisierter Erfolgsgrößen (EBIT, EBITDA, Jahresergebnis), Analyse des Working Capitals, der Kapitalrückflüsse sowie der Investitionen in das Anlagevermögen
– Strukturierung der Argumente für die Kaufpreisverhandlungen
– Effiziente Gestaltung des Transaktionsprozesses
– Plausibilisierung bestehender Planungsrechnungen sowie Aufstellung von Alternativrechnungen in Form von Szenarioanalysen
– Herleitung und Ermittlung von ergebniswirksamen Unterschieden zwischen den verschiedenen Rechnungslegungsstandards wie HGB, US-GAAP und IFRS

Abbildung 6: Leistungsumfang Finanzielle Due Diligence[237]

Regelmäßig kommen bei der Durchführung einer Finanziellen Due Diligence so genannte *strukturierte Checklisten* als Hilfsmittel zum Einsatz.[238] Eine exemplarische vom Institut der Wirtschaftsprüfer (IDW) herausgegebene Checkliste ist dieser Arbeit als Anhang 1 beigefügt.

3.3.2.6.6 Rechtliche und Steuerrechtliche Due Diligence

„Im Rahmen einer umfassenden Unternehmensanalyse erscheint die Durchführung einer rechtlichen Due Diligence grundsätzlich erforderlich, da entscheidende, für den Wert des Unternehmens bestimmende Umstände, auf rechtlichen Grundlagen basieren und von deren Rechtmäßigkeit und Bestand abhängig sind.“[239]

Die *Rechtliche Due Diligence* zielt sowohl auf die Untersuchung der internen Rechtsstrukturen in Form von gesellschaftsrechtlichen, vermögensrechtlichen und unternehmensinternen vertragsrechtlichen Aspekten, als auch auf die externen Rechtsstrukturen in Gestalt von mit dritten Parteien abgeschlossenen Verträgen wie beispielsweise Miet- und Pachtverträge, Kooperationen, Kunden- und Lieferantenverträge. Darüber hinaus ist die Begutachtung von Sondertatbeständen – an dieser Stelle werden beispielhaft Subventionen, Zulagen und Rechtsstreitigkeiten aufgeführt – regelmäßig Bestandteil einer Rechtlichen Due Diligence. In Vorbereitung auf eine Investition in ein junges wachstumsstarkes Unternehmen sind weiterhin insbesondere die Rechtslage um den Schutz geistigen Eigentums durch Patente, Schutzrechte,

---

[237] In Anlehnung an Informationen entnommen aus den Internetseiten der Wirtschaftsprüfungsgesellschaft Deloitte & Touche GmbH, URL: www.deloitte.de (Abrufdatum: 19. April 2006).
[238] Vgl. Heinrich Pack, a.a.O., S. 298, S. 318.
[239] Wolfgang Koch, Jürgen Wegmann, a.a.O., S. 93.

Markennamen, Geschäftsgeheimnisse, Lizenzen, Erfinderverträge und Wettbewerbsklauseln relevant. Die Rechtssituation um den Schutz geistigen Eigentums wird als komplex und schwierig angesehen, so dass die Rechtliche Due Diligence regelmäßig vor dem Hintergrund der Vermeidung rechtlicher Probleme und kostspieliger Rechtsstreitigkeiten durchgeführt wird.[240]

Die Zielsetzung einer *Steuerrechtlichen Due Diligence* ist zweigestaltig: „Erstens soll die Beteiligungsgesellschaft als Erwerber vor steuerlich begründeten Risiken geschützt werden. Zweitens dient sie zur steuerlich optimalen Gestaltung der Transaktion für die Beteiligten.“[241] So ist die Aufdeckung von in der Vergangenheit nicht steuerkonform behandelten Sachverhalten mit Körperschaftssteuer-, Gewerbesteuer- oder Umsatzsteuerrelevanz Gegenstand der steuerrechtlichen Untersuchung. Sich hieraus ergebende Risiken können dann in Form von Garantieklauseln in Kaufverträgen Berücksichtigung finden. Unterschiedliche steuerliche Interessenlagen, das heißt auf der Verkäuferseite die Bestrebung einer die Besteuerung des Veräußerungserlöses begünstigenden Transaktionsstruktur und aus Käufersicht eine Struktur, die die möglichst frühzeitige Realisierung der Anschaffungskosten als steuerabzugsfähige Aufwendungen erlaubt, erschweren die Herbeiführung einer steuerlich optimalen Gestaltung des Einstiegs einer Beteiligungsgesellschaft in ein Beteiligungsunternehmen, so dass sich auch hier eine Steuerrechtliche Due Diligence anbietet.[242]

3.3.2.6.7 Organisatorische Due Diligence

Die Untersuchung der Angemessenheit der aktuellen sowie auch insbesondere der künftigen Unternehmensentwicklung Rechnung tragenden aufbau- und ablauftechnischen Organisation des Unternehmens sowie die Verschaffung eines Gesamtbilds über Qualität, Umfang und auch des weiteren IT-Investitionsbedarfs stehen im Mittelpunkt der *Organisatorischen Due Diligence*. Eine adäquate Unternehmenssteuerung bedingt das Vorhandensein eines speziell auf das Unternehmen ausgerichteten IT-Systems.[243]

Im Hinblick auf die Unternehmensorganisation gilt, dass der organisatorische Aufbau des Unternehmens der Größe und dem Zweck entspricht: bei wachstumsstarken innovativen Un-

[240] Vgl. Justin J. Camp, a.a.O., S. 111-112.
[241] Ingo Natusch, a.a.O., S. 548.
[242] Vgl. Ingo Natusch, a.a.O., S. 548-549.
[243] Vgl. Ingo Natusch, a.a.O., S. 549.

ternehmen wird regelmäßig ein übermäßiges Wachstum des operativen Bereichs beobachtet, die organisatorischen Einrichtungen werden jedoch nicht an die geänderten Strukturen angepasst. Die Problematisierung der unzureichenden Systeme durch den Due Diligence-Beauftragten hat den positiven Nebeneffekt der Thematisierung und Herbeiführung von möglichen Lösungen.[244]

3.3.2.7 Wahl des Due Diligence-Beauftragten

Sofern Beteiligungsgesellschaften nicht über entsprechend erforderliches internes Know-How zur Durchführung einer Due Diligence verfügen, werden oftmals Spezialisten und insbesondere Wirtschaftsprüfer mit einer Finanziellen Due Diligence beauftragt.[245] Der in den vorherigen Kapiteln dargestellte ganzheitliche Analyseansatz stellt hohe Anforderungen an den mit der Durchführung einer Due Diligence beauftragten Gutachter, „[...] der nicht auf ein Aufgabengebiet spezialisiert ist und durch diese fachliche Befangenheit nicht den Blick für die Auswirkung eines Sachverhaltes auf die verschiedenen Bereiche hat. Darüber hinaus muß der Gutachter auch die mögliche Komplexität einer Spezialfrage erkennen und ausloten können."[246]

„Good negotiation and decision making requires that you identify and use truly reliable, not just available, information."[247] So zieht eine Beteiligungsgesellschaft in den Prozess der Entscheidungsfundierung regelmäßig neben Wirtschaftsprüfern auch Steuerberater, Rechtsanwälte oder auch Technologieexperten mit ein. Im Idealfall besteht ein aus einer fortlaufenden Geschäftsbeziehung resultierendes Vertrauensverhältnis zwischen Beteiligungsgesellschaft und externen Sachverständigen.[248] Sofern mehrere Sachverständige mit der Bearbeitung verschiedener Teilaspekte einer Due Diligence beauftragt werden, ist ein hoher Abstimmungsbedarf zur Vermeidung von Mehraufwand notwendig: „The teams working on the various aspekts must liaise closely to avoid duplication of work whilst ensuring that all relevant matters are dealt with appropriately.[249]

---

[244] Vgl. Wolfgang Koch, Jürgen Wegmann, a.a.O., S. 10, S. 76.
[245] Vgl. David Bertram: Financial Due Diligence, Commercial Due Diligence, Surrey 2001, S. 60.
[246] Wolfgang Koch, Jürgen Wegmann, a.a.O., S. 4.
[247] Max H. Bazerman, Margaret A. Neale, a.a.O., S. 47.
[248] Vgl. Ingo Natusch, a.a.O., S. 542-543.
[249] David Bertram, a.a.O., S. 62.

Die Durchführung einer Due Diligence erfolgt meist unter hohem Zeitdruck und der Auftraggeber fordert möglichst kostengünstig umfassende Informationen. Die Beauftragten sollten daher bereits in einem frühen Stadium der Due Diligence die elementaren Kernfaktoren, die die Chancen- und Risikopotentiale des Unternehmens beziehungsweise der geplanten Transaktion darstellen, identifizieren können. In Deutschland wird insbesondere die Finanzielle Due Diligence vornehmlich vom Berufsstand der Wirtschaftsprüfer angeboten, die über umfassende Due Diligence Kenntnisse verfügen: „In nahezu allen Selbstdarstellungen (Internet, Broschüren, Fachveröffentlichungen etc.) von Wirtschaftsprüfern wird die Dienstleistung (Financial) Due Diligence angeboten“[250] (siehe auch Kapitel 3.3.2.6.5).

Nichtsdestotrotz wird die Beauftragung des für die Jahresabschlussprüfung zuständigen Wirtschaftsprüfers beziehungsweise Steuerberaters regelmäßig nicht praktiziert, da eine Due Diligence eine völlig unterschiedliche Herangehensweise und Denkweise erfordert, die, im Gegensatz zu der überwiegend vergangenheitsbezogenen Jahresabschlussprüfung, hauptsächlich zukunftsgerichtet und marktbezogen ist. In gleicher Weise wird ein für generelle Rechtsfragen des Tagesgeschäfts beauftragter Rechtsanwalt möglicherweise die wirtschaftlichen Konsequenzen rechtlicher Fragestellungen nicht vollumfänglich greifen können. Aufgrund der erheblichen Einflussnahme der Ergebnisse einer Due Diligence auf Kauf- oder Verkaufspreise, „[…] sollte der Gutachter in erster Linie nach seiner fachlichen Kompetenz, seiner Erfahrung und seinen Referenzen ausgewählt werden.“[251] Und da eine Due Diligence nicht allein auf die Analyse finanzwirtschaftlichen Zahlenmaterials sondern vielmehr auch auf eine Beurteilung nicht quantifizierbarer Größen abstellt, ist insbesondere der Aspekt des Erfahrungsschatzes bei der Auswahl des Gutachters zu berücksichtigen.[252]

Die Darstellung des Wirtschaftsprüfers als bevorzugter Anbieter von Due Diligence-Leistungen erfolgt in Kapitel 6.

Zusammenfassend lässt sich festhalten, dass einer Beteiligungsgesellschaft aus der Durchführung von Due Diligence-Prüfungen enorme Vorteile entstehen, denn wenngleich eine Vielzahl zeit- und kostenintensiv geführter Due Diligence-Prüfungen nicht notwendigerweise in einer Finanzierungsentscheidung resultiert, so werden mit den tatsächlich getätigten Investiti-

[250] Rainer Grote: Financial Due Diligence, München 2003, S. 116.
[251] Wolfgang Koch, Jürgen Wegmann, a.a.O., S. 39.
[252] Vgl. Wolfgang Koch, Jürgen Wegmann, a.a.O., S. 28-29, S. 35-39.

onen zu einem späteren Zeitpunkt regelmäßig hohe Beteiligungserträge generiert. Dabei müssen die Beteiligungsgesellschaften hinnehmen, dass eine Due Diligence bei jungen wachstumsstarken Unternehmen regelmäßig mit großen Unsicherheiten behaftet ist und vor diesem Hintergrund in möglichst großem Umfang vertrauenswürdige relevante Daten und Fakten über das Unternehmen gefordert werden müssen.[253]

3.3.3 Wissenserarbeitung durch Kreditinstitute: die Kreditwürdigkeitsprüfung

3.3.3.1 Verlauf einer Kreditwürdigkeitsprüfung

„Die Kreditwürdigkeitsprüfung ist eine zeitlich vor der Kreditvergabe liegende Kreditprüfung. [...] Mit der Prüfung soll [...] festgestellt werden, ob der potenzielle Kreditnehmer wirtschaftlich in der Lage und auch willens ist, die von ihm eingegangenen Verpflichtungen, insbesondere die Zins- und Tilgungsleistungen, termingerecht zu erbringen, das heißt ob die Kreditvergabe unter wirtschaftlichen Gesichtspunkten vertretbar erscheint."[254]

Buchner unterscheidet zwischen der Prüfung der *allgemeinen* und der *speziellen* Bestimmungsfaktoren der Kreditwürdigkeit. Während die allgemeinen Bestimmungsfaktoren eine Beurteilung der Vertrauenswürdigkeit der Geschäftsleitung, die Prüfung der rechtlichen Verhältnisse sowie der allgemeinen wirtschaftlichen Lage umfasst, so erstreckt sich die Prüfung der speziellen Bestimmungsfaktoren auf die ökonomischen Merkmale des Kreditsuchenden, und so die Beurteilung der Vermögens-, Finanz- und Ertragslage.[255]

Die *Beurteilung der Vertrauenswürdigkeit der Geschäftsleitung* umschließt zum einen die Güte, mit der bislang unternehmerische Entscheidungen getroffen worden sind, und zum anderen die Bereitschaft zur Rückzahlung der in Anspruch genommenen Mittel. Untersuchungsgegenstände sind hier regelmäßig das bisherige Zahlungsverhalten, die persönliche Vorbildung und der Erfahrungsschatz der Geschäftsleitung, sowie auch die Zuverlässigkeit, mit der bislang sonstige vertragliche Verpflichtungen erfüllt worden sind. Gegenstand der Untersuchung der *rechtlichen Verhältnisse* sind unter anderem die Prüfung der Geschäftsfähigkeit, der Kreditfähigkeit, die Hintergründe der gewählten Rechtsform und hiermit verbundene Haftungsbedingungen, die zu beachtenden Rechnungslegungsstandards, die Gewinn-

---

[253] Vgl. Justin J. Camp, a.a.O., S. 225.
[254] Robert Buchner: Wirtschaftliches Prüfungswesen, München 1997, S. 288-289.
[255] Vgl. Robert Buchner, a.a.O., S. 290-291.

verwendungsvorschriften sowie auch die bestehenden Unternehmensverflechtungen. Im Rahmen der Prüfung der *allgemeinen wirtschaftlichen Verhältnisse* werden gesamtwirtschaftliche und branchenspezifische Trends ermittelt und der Entwicklung des Kredit nachfragenden Unternehmens gegenübergestellt. Weiterhin werden der technische Fortschritt, der Erhaltungszustand des Anlagevermögens, die Betriebsorganisation und das Rechnungswesen beurteilt.[256]

Die im Rahmen der Prüfung der speziellen Bestimmungsfaktoren stattfindende *Beurteilung der Vermögenslage* zielt primär auf die Beantwortung der Frage nach den Möglichkeiten einer Befriedigung der Ansprüche des Kreditgebers im Fall der Zahlungsunfähigkeit des Schuldners ab. Hier ist durch Prüfung festzustellen, inwieweit aus den Liquidationserlösen des Vermögens Ansprüche bedient werden können, Kreditsicherungsmöglichkeiten vorhanden sind, sowie inwieweit ein nachhaltiges Erfolgserzielungspotenzial des Vermögens besteht. Die Rentabilitäts- und Liquiditätsentwicklungen sind insbesondere vor dem Hintergrund der Beurteilung der Fähigkeit des Unternehmens, den sich aus den bereitgestellten Kreditmitteln ergebenden Zins- und Tilgungsverpflichtungen nachzukommen, Gegenstand der Prüfung der *Ertrags- und Finanzlage* des Unternehmens. Darüber hinaus ist zu untersuchen, ob die beantragten Kreditmittel den Gesamtkapitalbedarf decken.[257]

„Die Analyse der Vermögens-, Finanz- und Ertragslage ist im Wesentlichen zukunftsbezogen, da für die Sicherstellung von Zins- und Tilgungsleistungen die erfolgreiche Tätigkeit des Unternehmens in der Zukunft maßgebend ist. Trotz dieses Umstandes können zur Abschätzung der zukünftigen Entwicklung Vergangenheitsdaten herangezogen werden.“[258] In diesem Zusammenhang gelten die Jahresabschlüsse von Unternehmen als hinreichend objektiv sowie auch indikativ für die zu erwartenden Erträge und die finanzielle Stabilität. Die Methoden zur Bestimmung zukünftiger Erträge und Aufwendungen sind vielfältig und können von einfachen Extrapolationen von in der Vergangenheit beobachteten Trends bis hin zu umfassenden Budgetierungen variieren. In jedem Fall ist zu berücksichtigen, dass signifikante aperiodische Vorgänge zu einer Einschränkung der Repräsentativität von Vergangenheitsdaten für die zukünftige Entwicklung führen können. Neben der Auswertung von Jahresabschlussinformationen wird der Erstellung eines Kreditstatus große Bedeutung beigemessen, in dem Buchwert,

[256] Vgl. Robert Buchner, a.a.O., S. 290-291.
[257] Vgl. Robert Buchner, a.a.O., S. 291-293.
[258] Robert Buchner, a.a.O., S. 291.

Reproduktionskosten und Liquidationswert des Vermögens zur Erlangung eines besseren Verständnisses über Erfolgserzielungspotential und Schuldendeckungsfähigkeit gesondert bestimmt werden. Von dem Kredit nachfragenden Unternehmen erhaltene Planungsrechnungen werden auf Plausibilität und Vereinbarkeit mit den betrieblichen Gegebenheiten überprüft. Darüber hinaus werden zunehmend auch formalisierte und komplexe statistische Verfahren zur Beurteilung der Kreditwürdigkeit eines Unternehmens herangezogen, wie beispielsweise die multivariate Diskriminanzanalyse zur Bestimmung eines den Risikogehalt eines Kredites ausdrückenden Indikators.[259]

Siehe in diesem Zusammenhang auch die Diskussion der Due Diligence als Maßnahme der Wissenserarbeitung durch Beteiligungsgesellschaften in Kapitel 3.3.2.

3.3.3.2 Besonderheiten bei der Kreditwürdigkeitsprüfung junger wachstumsstarker Unternehmen

Die Kreditwürdigkeitsprüfung junger Unternehmen zielt primär auf eine Überprüfung der Angaben im Business Plan ab, beispielsweise durch die Berechnung gängiger Kennziffern und die Hinzuziehung von Vergleichszahlen branchenverwandter Unternehmen.[260] Aus Sicht der kreditgebenden Bank bedingt die Finanzierung von Technologieunternehmen zusätzlich eine Reihe von Besonderheiten: hierzu zählen einerseits die hohen Forderungen nach Sicherheiten; zum anderen verfügt das Kreditinstitut nicht immer über das notwendige Fachwissen, das zwingend erforderlich für eine sachgerechte Bewertung von Geschäftsrisiken ist: „In solchen Fällen ist es hilfreich, wenn die Entscheidungsfindung der Banken durch Gutachten von renommierten, neutralen Instituten oder Personen unterstützt werden und wenn Referenzen zur Prüfung durch die Banken zur Verfügung gestellt werden."[261] Darüber hinaus kann auch das Technologieunternehmen häufig nicht die notwendigen Informationen auf einem für außenstehende Dritte verständlichen Niveau präsentieren.[262]

Vor diesem Hintergrund werden für eine Beurteilung von Technologieunternehmen regelmäßig zusätzliche und über das Informationsbedürfnis für ein traditionelles Unternehmen hinausgehende Informationen angefordert, wie insbesondere aussagefähige Geschäftspläne, Or-

---

[259] Vgl. Robert Buchner, a.a.O., S. 288-293.
[260] Vgl. Thomas Friedrich, a.a.O., S. 509-510.
[261] Klaus Nathusius, a.a.O., S. 103.
[262] Vgl. Thomas Friedrich, a.a.O., S. 516-517.

ganisationsabläufe, Planungen über die Entwicklung einzelner Produkte sowie zusätzliche Informationen zur Darstellung von Kreditsicherheiten. In Deutschland existiert eine Vielzahl externer Institutionen, die sich explizit mit der Thematik der Bewertung von technologieorientierten Unternehmen beschäftigen. An dieser Stelle sind beispielhaft die Fraunhofer-Gesellschaft, die Max-Planck-Gesellschaft, die Steinbeis-Stiftung, Fachverbände wie beispielsweise VDI und VDE, sowie Spezialistenteams innerhalb von Großbanken aufgeführt.[263]

3.4 Zusammenfassende Ausführungen

In diesem Kapitel sind die regulatorischen Rahmenbedingungen (siehe Kapitel 3.1), die bestehenden Informationsasymmetrien (siehe Kapitel 3.2) sowie die Möglichkeiten der Begegnung dieser durch die Wissensvermittlung und –erarbeitung der identifizierten Spieler dargestellt worden (siehe Kapitel 3.3).

Es ist aufgezeigt worden, dass ein Unterstützungsbedarf junger wachstumsstarker Unternehmen bei der Erstellung von Business Plänen beziehungsweise der Vorbereitung auf die Finanzierungsverhandlungen besteht.[264] Der Business Plan wird von Kapitalgebern als ein repräsentatives Qualitätssiegel wahrgenommen,[265] gleichzeitig ist der Business Plan regelmäßig nur unzureichend ausgearbeitet.[266]

Für Beteiligungsgesellschaften besteht neben einigen als günstig einzustufenden Gegebenheiten eine Reihe von nachteiligen Rahmenbedingungen: das Gesetz zur Förderung von Wagniskapital sowie der Gesetzentwurf zur Modernisierung der Rahmenbedingungen für Kapitalbeteiligungen (MoRaKG) sind Maßnahmen zur Verbesserung der Rahmenbedingungen für Beteiligungsgesellschaften am Standort Deutschland.[267] Es ist jedoch darauf hinzuweisen, dass auch Beteiligungsgesellschaften, da nur ein geringer Teil der Portfolien institutioneller Anleger wie beispielsweise Pensionsfonds und Versicherungsunternehmen in Beteiligungsfonds investiert wird, Schwierigkeiten bei der Beschaffung von Investitionskapital haben.[268]

[263] Vgl. Thomas Friedrich, a.a.O., S. 509-517.
[264] Vgl. Ingo Natusch, a.a.O., S. 540-541; vgl. Market Lab, Econa AG, a.a.O.
[265] Vgl. Ingo Natusch, a.a.O., S. 540-541.
[266] Dieter Lachenmeier, a.a.O., S. 277-282.
[267] Vgl. Tereza Tykvová, a.a.O., S. 467-470; vgl. BVK, a.a.O.; vgl. auch BDI, a.a.O., S. 5.
[268] Vgl. BDI, a.a.O., S. 9.

Auf der anderen Seite werden Kreditinstitute mit geänderten Rahmenbedingungen, so insbesondere Basel II, MaK und MaRisk sowie die hiermit verbundene Entfremdung des Hausbankprinzips, konfrontiert.[269] Es werden hohe Anforderungen an die Kreditwürdigkeitsprüfung und das Rating gestellt, deren Einhaltung durch aufsichtsrechtliche Institutionen sowie durch den Wirtschaftsprüfer zu gewährleisten ist. Dies hat mitunter deutliche Auswirkungen auf eine Kreditmittelbereitstellung für und die Informationsanforderungen an junge wachstumsstarke Unternehmen.[270]

Ausgangssituation ist weiterhin eine Informationsasymmetrie zugunsten des Kapital nachfragenden Unternehmens, das im Gegensatz zu den Verhandlungsgegnern um die aktuelle Unternehmenssituation sowie die zukünftigen Entwicklungschancen besser informiert ist. Zur Überwindung dieses Informationsdefizits kann der Kapitalgeber eigene Untersuchungen in Form einer Kreditwürdigkeitsprüfung oder einer Due Diligence durchführen (Screening). Auf der anderen Seite kann aber auch das Kapital nachfragende Unternehmen selbst durch die Initiierung bestimmter Aktivitäten die Qualität seiner Unternehmung signalisieren (Signalling).[271]

In Kapitel 5 sollen die Instrumente der Verkäufer Due Diligence und des Rating Advisory als mögliche Signale eines Unternehmens zur Beseitigung bestehender Informationsasymmetrien diskutiert werden. Voranstellend erfolgt in einem nächsten Kapital eine Einführung in verhandlungstheoretische Überlegungen mit dem Ziel, aufbauend auf diesen Erkenntnissen, Möglichkeiten der Verbesserung der Verhandlungsposition für junge wachstumsstarke Unternehmen aufzuzeigen.

4 Der Beziehungskonflikt zwischen jungen wachstumsstarken Unternehmen und potenziellen Kapitalgebern dargestellt anhand von verhandlungstheoretischen Überlegungen

4.1 Einführung

In diesem Kapitel sollen verhandlungstheoretische Überlegungen auf das Beziehungsgeflecht zwischen jungen Kapital nachfragenden Unternehmen und potenziellen Kapitalgebern ange-

[269] Vgl. Klaus Segbers, Andreas Siemes, a.a.O., S. 232-233.
[270] Vgl. Harald Ehlers, a.a.O., S. 8-9, 25-35, S. 14; vgl. auch Constantin H. Alsheimer, a.a.O., S. 333-334
[271] Vgl. Heinrich Pack, a.a.O., S. 288-289.

wendet werden. Diesem Zusammenhang werden ausgewählte in der Literatur diskutierte Modelle, und so insbesondere das Harvard-Konzept sachgerechten Verhandelns[272] sowie das auf sozialpsychologischen Überlegungen fußende Sender-Empfänger-Modell der Kommunikation[273], zugrunde gelegt.

4.2 Verhandlungstheorie

4.2.1 Einführung

„Bei jeder Verhandlung geht es sowohl um einen kooperativen Wertschöpfungsprozess als auch um die strategische Verteilung von Gewinnen und Kosten.“[274] Im Gegensatz zu Gerichtsverhandlungen oder Schiedssprüchen, in denen ein Konflikt durch die Entscheidungsbefugnis eines unabhängigen Dritten gelöst wird, bieten Verhandlungen den Beteiligten die Möglichkeit, Konflikte in wechselseitiger Akzeptanz zu lösen und sich auf Handlungen zu einigen, die für sämtliche Verhandlungsparteien Nutzen und Vorteil bieten:[275] „Negotiation is the process by which parties attempt to resolve a conflict by agreement.“[276] Dann sind Verhandlungen keine so genannten Null-Summen-Spiele, in denen der Gewinn der einen Partei zu einem Verlust der anderen Partei führt, sondern vielmehr *Win-Win-Situationen*, in denen beiderseitiger Nutzen erzielt werden kann. Das Treffen gemeinsamer Entscheidungen bedingt jedoch eine wechselseitige Abhängigkeit und die Notwendigkeit der gegenseitigen Interessenberücksichtigung.[277]

Die nachfolgende Abbildung zeigt die Einordnung der Verhandlungstheorie in das Spektrum von Entscheidungsfindungen nach Raiffa, Richardson und Metcalfe:

---

[272] Vgl. Roger Fisher, William Ury, Bruce Patton: Das Harvard-Konzept – Der Klassiker der Verhandlungstechnik, Frankfurt am Main 2004, S. 33-39.
[273] Vgl. Christian Eric Erbacher: Grundzüge der Verhandlungsführung, Zürich/Siegen 2005, S. 95 und Friedemann Schulz von Thun: Miteinander reden 1- Störungen und Klärungen, Hamburg 2007, S. 25-30
[274] Ralf-H. Peters, Matthias Raith, Entscheidungs- und Verhandlungsanalyse zur Unterstützung von Unternehmensgründungsprozessen, Lohmar / Köln 2001, S. 165.
[275] Vgl. Christian Eric Erbacher, a.a.O., S. 21-25.
[276] Bill Gross: Managing Early Growth of the New Venture, New York 2002, S. 514.
[277] Vgl. Christian Eric Erbacher, a.a.O., S. 21-25.

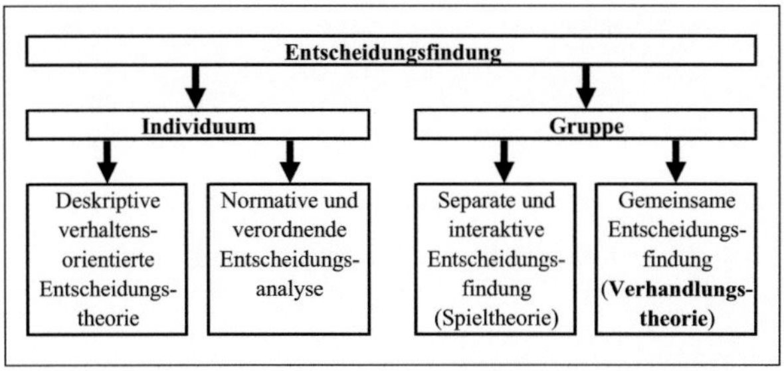

Abbildung 7: Einordnung der Verhandlungstheorie in die Entscheidungsfindung[278]

Demnach setzt eine Verhandlung die Kooperation von Gruppen zur Erreichung einer gemeinsamen Entscheidung voraus, und das Verhandlungsergebnis bedingt gemeinsame Konsequenzen oder einen gemeinsamen Nutzen für die beteiligten Gruppen.[279]

Nach Peters und Raith können verhandlungsanalytische Ansätze als Methoden der systematischen Unterstützung von Entscheidungen in Unternehmenstransaktionen herangezogen werden. Sind Entscheidungen von verschiedenen Gruppen von Entscheidungsträgern zu treffen – hier sind insbesondere Treffen mit potentiellen Kapitalgebern sowie Gespräche mit Behörden aufgeführt – so handelt es sich um ein Verhandlungsproblem.[280]

Das Zustandekommen und die Ausgestaltung eines Finanzierungsverhältnisses zwischen einem Wachstumsunternehmen und einem Kapitalgeber werden maßgeblich durch die Verhandlungsposition sowie auch durch das Verhandlungsgeschick der Parteien bestimmt. Regelmäßig unterschätzen Wachstumsunternehmen ihre Verhandlungsmöglichkeiten, da die Verhandlungsgegenseite, das heißt die Kapitalgeber, bedingt durch ihr Tagesgeschäft tendenziell über mehr Erfahrungen und mehr Geschick in der Verhandlungsführung verfügen.[281] Die Gründe für das Scheitern von Vertragsverhandlungen sind somit nicht immer auf ökonomische Faktoren zurückzuführen, sondern finden sich auch in dem Beziehungsgeflecht zwischen den verhandelnden Personen.[282]

---

[278] In Anlehnung an Howard Raiffa, John Richardson, David Metcalfe: Negotiation Analysis – The Science and Art of Collaborative Decision Making, Cambridge/London 2007, S. 6.

[279] Vgl. Howard Raiffa, John Richardson, David Metcalfe, a.a.O., S. 6-7.

[280] Vgl. Ralf-H. Peters, Matthias Raith, a.a.O., S. 161.

[281] Vgl. Malte Brettel, Markus Rudolf, Peter Witt, a.a.O., S. 279.

[282] Vgl. Angela Poech, Ann-Kristin Achleitner, Max Burger-Calderon, a.a.O., S. 289.

4.2.2 Begriffsbestimmung: die Verhandlung

Nach Erbacher ist eine *Verhandlung* eine Tätigkeit, die der eigentlichen Handlung vorausgeht, das heißt sie stellt eine Einigung über zukünftiges Handeln dar. In diesem Sinne lassen sich Verhandlungen danach unterscheiden, über welche Handlungen Einigung erzielt werden sollen und wie weit die zeitliche Reichweite dieser Einigungen ist. So handelt es sich bei Geschäftsverhandlungen regelmäßig um den Beginn langer Geschäftsbeziehungen mit einer Vielzahl verbundener Handlungsfolgen.[283]

Eine Verhandlung liegt vor, sofern folgende grundlegende Bedingungen erfüllt sind: an einer Verhandlung beteiligen sich *mehrere Personen*, jede beteiligte Partei hat e*igenständige Ziele und Interessen* und es kommt zu einem *Kontakt* zwischen den Parteien zum Zweck der Absprache über mögliche Abkommen. Folglich handelt es sich bei einer Verhandlung um eine Art der *Kommunikation*, deren spezielle Zielsetzung das Erreichen von Einigungen zwischen den verhandelnden Parteien ist. Das Verhandlungsgespräch dient der bestmöglichen Verwirklichung der jeweiligen eigenen Interessen.[284]

Eine Verhandlung besteht aus der Abfolge einzelner Aktivitäten, das heißt einem Prozess, der sich idealtypisch in die fünf Teilschritte Vorbereitungsphase, Kontaktphase, Kernphase, Vereinbarungsphase sowie Umsetzungs- und Pflegephase unterteilt. Das so genannte Phasenmodell bietet wichtige Hilfestellung für eine systematische Herangehensweise an eine Verhandlung. Das Durchlaufen der einzelnen Phasen ist dabei Voraussetzung für den Verhandlungserfolg.[285]

Gegenstand dieser Arbeit sind Verhandlungssituationen zwischen zwei Gruppen, und zwar jungen wachstumsstarken Unternehmen und potenziellen Kapitalgebern. Entscheidungen einzelner Individuen und Verhandlungssituationen, an denen mehr als zwei Gruppen beteiligt sind, bleiben im Rahmen dieser Arbeit unberücksichtigt (siehe auch Abbildung 7).

---

[283] Vgl. Christian Eric Erbacher, a.a.O., S. 21-23.
[284] Vgl. Christian Eric Erbacher, a.a.O., S. 22-23.
[285] Vgl. Christian Eric Erbacher, a.a.O., S. 33-34.

4.2.3 Verhandlungsstile, Mediation und das Harvard-Konzept

Regelmäßig werden der *harte* und der *weiche Verhandlungsstil* unterschieden, die grundsätzlich im Widerspruch zueinander stehen. Während der *harte Verhandlungsstil* das absolute Durchsetzen der eigenen Position auch durch die Erzeugung von Druck oder die Ausübung manipulativer Taktiken sowie die Gleichsetzung eines Zugeständnisses mit einem Verlust zum Gegenstand hat, streben Vertreter des *weichen Verhandlungsstils* die unbedingte Konfliktvermeidung und das Erreichen einer Einigung an. Unter der Prämisse der Aufrechterhaltung einer freundschaftlichen Beziehung betrachtet der Vertreter des weichen Verhandlungsstils den Verhandlungspartner grundsätzlich als einen vertrauenswürdigen Freund. Im Extremfall werden hier in der Ausübung des unbedingten Kooperationswunsches die eigenen Interessen missachtet und blindes Vertrauen dem Verhandlungspartner entgegengebracht. Auf der anderen Seite vollzieht der harte Verhandler das strikte Konkurrenz-Denken, hält seine Verhandlungsposition auch aus Misstrauen gegenüber dem Verhandlungspartner verdeckt und betrachtet Kooperation als ein Zeichen der Schwäche.[286]

Die Wahl des jeweiligen Verhandlungsstils fusst mitunter auf taktischen Überlegungen, die sowohl den erwarteten Informationsstand des Verhandlungsgegners sowie auch den Wunsch nach Zustandekommen einer Transaktion berücksichtigen.[287] Folglich sind bei einem Aufeinandertreffen von Verhandlungspartnern mit gleichen oder unterschiedlichen Verhandlungsstilen verschiedene Konstellationen möglich, die das Verhandlungsergebnis beeinflussen können:

- Treten Vertreter des harten Stils in einer Verhandlung gegeneinander an, so folgt ein Willenskampf um das kompromisslose Durchsetzen der eigenen Position mit der Konsequenz, dass das eigentliche Ziel des Erreichens einer inhaltlichen Übereinkunft dem persönlichen Machtkampf zwischen den Parteien weicht. Die hieraus resultierende und beidseitig als anstrengend, kostenintensiv als auch ineffizient empfundene Verhandlungsführung bedingt entweder einen ergebnislosen Abbruch der Vertragsverhandlungen oder einen Abschluss, aus dem die stärkere Partei als Sieger und die schwächere Partei als Verlierer her-

[286] Vgl. Roger Fisher, William Ury, Bruce Patton, a.a.O., S. 30-33; vgl. auch Christian Eric Erbacher, a.a.O., S. 59-60; vgl. auch Frank R. Pfetsch: Verhandeln in Konflikten – Grundlagen – Theorie – Praxis, Wiesbaden 2006, S. 52-54.; vgl. auch Mark Casson: The Entrepreneur – An Economic Theory, Oxford 1982, S. 271; sowie vgl. auch Bill Gross, a.a.O., S. 515-518.

[287] Vgl. Mark Casson, a.a.O., S. 271.

vorgeht. Da der Unterlegene regelmäßig das Verhandlungsergebnis als persönliche Niederlage interpretieren wird, folgt die nur mangelhafte Umsetzung des Verhandlungsabkommens beziehungsweise der Abbruch der Beziehung zum Gegenüber, so dass schließlich auf beiden Seiten ein nicht zufrieden stellendes Verhandlungsergebnis erzeugt wird;

- Eine weitere Konstellation ist dergestalt möglich, dass ein Vertreter des harten Verhandlungsstils auf einen Vertreter des weichen Stils trifft. Hier unterliegt die weich verhandelnde Partei in jedem Fall dem harten Verhandler, der durch Ausübung eines nur geringen Maßes an Druck seinen Gegenüber relativ schnell und kostengünstig zu Konzessionen zwingen beziehungsweise seine eigene Position voll durchsetzen kann. Aber auch diese Konstellation führt zu keinem nachhaltig positiven Verhandlungsergebnis, da sich die unterlegene Partei nach Abschluss der Vertragsverhandlungen in ihrer Kompromissbereitschaft und dem entgegengebrachten Vertrauen missbraucht fühlt und das Verhandlungsabkommen wiederum nur mangelhaft umsetzen sowie keine weiteren Geschäfte mit dem Verhandlungspartner eingehen wird;
- Die nächste Konstellation, das Aufeinandertreffen von zwei weich verhandelnden Parteien, ist eine in der Geschäftswelt eher selten auftretende Situation, da hier die Bedeutung der Aufrechterhaltung einer Beziehung der Erzielung eines punktuellen inhaltlichen Ergebnisses überwiegt. In diesem Fall wird ein Verhandlungsergebnis zwar schnell und kostengünstig herbeigeführt, es handelt sich jedoch nicht um ein effektives Ergebnis, da aufgrund übermäßiger Kompromissbereitschaft und Rücksichtnahme einer inhaltlichen Auseinandersetzung beziehungsweise der Verwirklichung aller Interessen im Verhandlungsprozess nur unzureichend Rechnung getragen wird.[288]

Die dargestellten Verhandlungsstile erscheinen demnach nicht geeignet, unter Aufrechterhaltung einer positiven Beziehung zum Vertragspartner die eigenen Interessen erfolgreich durchzusetzen und nachhaltig die beidseitige Erfüllung des Verhandlungsabkommens sicherzustellen. Nach dem von Fisher, Patton und Ury entwickelten *Harvard-Konzept* ist die Lösung des dargestellten Widerspruchs in der Vereinigung des harten mit dem weichen Verhandlungsstil

---

[288] Vgl. Christian Eric Erbacher, a.a.O., S. 60-62; vgl. auch Mark Casson, a.a.O., S. 271.

zu finden.[289] Das Harvard-Konzept dominiert die Mediationspraxis,[290] so dass in dem nächsten Abschnitt voranstellend an eine Diskussion des Harvard-Konzepts eine Begriffsbestimmung der *Mediation* erfolgt.

Mediation bezeichnet „[…] alle Verfahren der Konfliktlösung, in denen ein neutraler Dritter ohne eigentliche Entscheidungsgewalt versucht, sich im Streit befindenden Parteien auf dem Weg zu einer Einigung zu helfen."[291] So wird Mediation mit den Begriffen Vermittlung, Ausgleich und Versöhnung assoziiert: Vermitllung zwischen zwei oder mehreren Parteien, Herbeiführung von Interessenausgleich und Versöhnung über zukünftiges Kommunizieren und Kooperieren. Hierbei nimmt der Mittler die Rolle einer neutralen dritten Partei ein, die wichtige Unterstützungsleistung bei Verhandlungsführungen leistet, die kein Urteil fällt und die Parteien über Verhandlungsgegenstände selbst entscheiden lässt, und die die ihm anvertrauten Informationen mit Vertraulichkeit behandelt.[292]

Unter Berücksichtigung der Verfahren der Mediation fußt das Harvard-Konzept auf den *vier Grundsätzen* der getrennten Behandlung von Menschen und Problemen, der Konzentration auf Interessen, der Entwicklung von Optionen sowie der Vereinbarung neutraler Beurteilungskriterien.[293] So ist nach dem ersten Grundsatz des Harvard-Konzepts eine Differenzierung in eine Inhalts- und eine Beziehungsebene beziehungsweise in ein sach- und ein menschengerechtes Verhandeln vorzunehmen, und neben der Herstellung einer positiven durch Verständnis und gegenseitigen Respekt gekennzeichneten Beziehung, die gemeinschaftliche Bewältigung der Verhandlungsgegenstände durch Verfolgung der eigenen Verhandlungsziele sowie Berücksichtigung der Interessen der Gegenpartei zu verfolgen. Ungleich den oben dargestellten konträren harten und weichen Verhandlungsstilen betrachten sich die Verhandlungsparteien nach dem Harvard-Konzept weder als Freunde noch als Feinde, sondern vielmehr als partnerschaftliche Problemlöser, die bestrebt sind, „[…] hin-

---

[289] Vgl. Roger Fisher, William Ury, Bruce Patton, a.a.O., S. 33-39.

[290] Vgl. Gerhard G. Hösl: Mediation – die erfolgreiche Konfliktlösung – Grundlagen und parktische Anwendung, München 2002, S. 69.

[291] Gerhard Altmann, Heinrich Fiebinger, Rolf Müller: Mediation – Konfliktmanagement für moderne Unternehmen, Weinheim/Basel 2005, S. 18.

[292] Vgl. Gerhard Altmann, Heinrich Fiebinger, Rolf Müller, a.a.O., S. 12-13, 73.

[293] Vgl. Roger Fisher, William Ury, Bruce Patton, a.a.O., S. 33-39.

sichtlich der Beziehung zu einem gütlichen und hinsichtlich des Inhalts zu einem vernünftigen, das heißt zu einem effektiven und effizienten Ergebnis für beide Seiten zu gelangen."[294]

Auch Raith sieht in der Unterscheidung einer Spieler- und einer Problemebene einen wichtigen Aspekt der Verhandlungsanalyse: „Bei einer Verhandlung geht es immer um Verteilung – Verteilung von Vorteilen oder von Nachteilen."[295] Das Verteilungsergebnis wird aus dem Zusammenspiel von Spieler- und Problemebene bestimmt, so dass das Ergebnis umso mehr von der Problemebene (das heißt Inhalt und Struktur der Verhandlung) bestimmt wird, je ausgeglichener die Spieler beispielsweise in Bezug auf ihre Professionalität sind. Im Umkehrschluss bedeutet dies, dass die Spielerebene, die unter anderem geprägt ist durch Erfahrung, Taktik und Umgangsform der an der Verhandlung teilnehmenden Spieler, maßgeblichen Einfluss auf das Verhandlungsergebnis hat.[296]

Nach dem *zweiten Grundsatz* des Harvard Konzepts steht der optimalen Interessenverwirklichung meist die genaue Kenntnis um die Interessen der Gegenseite entgegen. Hinter gegensätzlichen Verhandlungspositionen können sowohl einander widersprechende aber auch gemeinsame und sich ausgleichende Interessen stehen. Die eigenen Interessen sind entsprechend hart zu vertreten, gleichzeitig aber sind die Bedürfnisse und sachlichen Zwänge des Verhandlungspartners zu berücksichtigen und in die Lösungsvorschläge zu integrieren.[297]

Die Identifizierung sämtlicher Interessen ist Voraussetzung für die als *Grundsatz drei* anschließende Diskussion über Maßnahmen zur Verwirklichung der Interessen durch Schaffung von Win-Win-Situationen. So sind weitere Problemlösungen auch durch gemeinschaftliche Entfaltung von Kreativität zu generieren.[298]

Raiffa, Richardson und Metcalfe sowie auch Bazerman setzen sich mit *verteilenden* Verhandlungen (Win-Lose) und *integrativen* Verhandlungen (Win-Win) auseinander: verhandeln zwei Parteien über die Verteilung eines einzigen Gegenstandes sei es Geld, Zeit, Raum oder

---

[294] Christian Eric Erbacher, a.a.O., S. 64; vgl. auch Roger Fisher, William Ury, Bruce Patton, a.a.O., S. 43-70.
[295] Matthias Raith, a.a.O., S. 8.
[296] Vgl. Matthias Raith, a.a.O., S. 8-11.
[297] Vgl. Max. H. Bazerman, Margaret A. Neale, a.a.O., S. 20-22; vgl. auch Roger Fisher, William Ury, Bruce Patton, a.a.O., S. 71-121, vgl. auch Christian Eric Erbacher, a.a.O., S. 62-75.
[298] Vgl. Max. H. Bazerman, Margaret A. Neale, a.a.O., S. 100; vgl. auch Roger Fisher, William Ury, Bruce Patton, a.a.O., S. 71-121; vgl. auch Christian Eric Erbacher, a.a.O., S. 62-75.

ein anderes Gut, so ist alleiniges Verhandlungsziel die Erreichung eines größtmöglichen Anteils an dem zu verhandelnden Gegenstand. Der Gewinn einer Partei ist hier gleichbedeutend mit dem Verlust der anderen Partei (Win-Lose). Hingegen gilt es bei integrativen Verhandlungen durch Erhöhen der Zahl zu verhandelnder Gegenstände, die die Parteien unterschiedlich bewerten, einen beidseitigen Mehrwert zu schaffen (Win-Win). Im Gegensatz zu verteilenden Verhandlungen sind hier die Parteien keine Wettbewerber, vielmehr wird beabsichtigt, durch Kooperation eine Einigung zum beidseitigen Vorteil zu erzielen.[299]

In diesem Zusammenhang sind auch die Feststellungen von Raith hervorzuheben: nach Raith wird Wertschöpfungspotential insbesondere durch *Interessendivergenz* in einer Verhandlung erreicht und ist dann am deutlichsten, wenn über mehrere Gegenstände verhandelt wird, die noch nicht bestehen und erst noch geschaffen werden müssen. Er zeigt dies anhand einer bilateralen Verhandlungssituation auf, in der es mehrere Verhandlungsgegenstände, die unabhängig voneinander bewertet werden können, mit jeweils beliebig vielen Realisierungsmöglichkeiten zu verhandeln gilt. Beispielhaft wird hier eine Verhandlungssituation zwischen zwei Unternehmen aufgeführt, die zu fusionieren beabsichtigen, und in Vorbereitung hierauf bestimmte Absprachen (Produktangebot, Produktionseinrichtungen und Managementstruktur) treffen müssen.[300]

Die einzelnen Verhandlungsgegenstände werden von den Parteien gewichtet und die einzelnen Realisierungsoptionen im Rahmen der getroffenen Gewichtung bewertet, so dass jede Partei ihre Interessen optimal verfolgen kann. Zur Bestimmung der Anzahl möglicher Verhandlungsergebnisse wird jede Realisierungsmöglichkeit eines Verhandlungsgegenstands mit den Realisierungsmöglichkeiten der anderen Verhandlungsgegenstände multipliziert (handelt es sich um drei Verhandlungsgegenstände mit jeweils drei Realisierungsmöglichkeiten, so gibt es insgesamt 3 x 3 x 3 = 27 mögliche Verhandlungsergebnisse). Der Gewinn oder Verlust eines Ergebnisses für eine Partei ergibt sich aus dem Vergleich mit dem Wert, der alternativ erzielt werden kann, wenn auf eine Verhandlung verzichtet wird.[301]

---

[299] Vgl. Max H. Bazerman, Margaret A. Neale, a.a.O., S. 16; vgl. auch Howard Raiffa, The Art and Science of Negotiation, Cambridge/London 2003, S. 131; vgl. auch Howard Raiffa, John Richardson, David Metcalfe, a.a.O., S. 96, S. 191.

[300] Vgl. Matthias Raith, a.a.O., S. 12.

[301] In diesem Zusammenhang wird von BATNA (Best Alternative To a Negotiated Agreement) gesprochen, vgl. auch Matthias Raith, a.a.O., S. 13.

Raith stellt fest, dass „Je unterschiedlicher die beiden Parteien die [Realisierungs-] Optionen bewerten, desto konfliktreicher wird ihre Auseinandersetzung um jeden einzelnen Schwerpunkt [Verhandlungsgegenstand]. Aber je unterschiedlicher die Interessen der Parteien bezüglich der einzelnen Schwerpunkte [Verhandlungsgegenstände] ausgeprägt sind, desto mehr Tauschmöglichkeiten bestehen zwischen den Schwerpunkten [Verhandlungsgegenständen]. Es sind solche Tauschmöglichkeiten, die Wertschöpfung für beide generieren. Wertschöpfung entsteht also durch Interessendivergenz."[302] So führt nach Raith die Akzeptanz und die Anerkennung unterschiedlicher Sichtweisen in Konfliktsituationen schließlich zu einer Realisierung von Wertschöpfungspotentialen. Um diese zu sichern, ist die Hinzuziehung eines den Prozessablauf begleitenden Moderators sinnvoll.[303]

Das Harvard-Konzept schließt mit dem *vierten Grundsatz der Vereinbarung* neutraler und von beiden Seiten akzeptierter Beurteilungskriterien (an dieser Stelle sind beispielhaft Marktwerte, wissenschaftliche Gutachten, Gesetze, Gerichtsurteile sowie Abschlüsse von Geschäften mit vergleichbaren zugrunde liegenden Gegenständen genannt) als Richtgröße für Angebote und Forderungen. Auf neutralen Kriterien aufbauende Verhandlungen sind regelmäßig Garanten für eine hohe Effektivität und Sachorientierung sowie eine faire Verfahrensweise der Verhandlung.[304]

Regelmäßig bietet sich insbesondere in schwierigen Verhandlungssituationen die Hinzuziehung einer unabhängigen dritten Partei an, die keine Entscheidungen in der Vertragsverhandlung trifft sondern vielmehr zwischen den Parteien vermittelt, ein faires Verfahren sicherstellt, die Identifizierung von Interessen fördert sowie Optionen und Beurteilungskriterien vorschlägt, um somit die Herbeiführung einer gütlichen und sachlichen Einigung zwischen den Verhandlungsparteien zu unterstützen.[305] Darüber hinaus kann eine dritte Partei unterstützend bei der Vertragsgestaltung mitwirken, indem beispielsweise wichtige Dokumente vorbereitet oder Vertragsunterlagen verifiziert werden.[306]

---

[302] Matthias Raith, a.a.O., S. 13-14; vgl. auch Max H. Bazerman, Margarat A. Neale, a.a.O., S. 70-71, S. 98.
[303] Vgl. Matthias Raith, a.a.O., S. 12-15.
[304] Vgl. Roger Fisher, William Ury, Bruce Patton, a.a.O., S. 71-90; vgl. auch Christian Eric Erbacher, a.a.O., S. 122-139.
[305] Vgl. Matthias Raith, a.a.O., S. 15; vgl. auch Christian Eric Erbacher, a.a.O., S. 75.
[306] Vgl. Howard Raiffa, a.a.O., S. 218-219.

4.2.4 Übertragung des Harvard-Konzepts auf die Finanzmittelakquise

Das im vorherigen Kapital dargestellte Harvard-Konzept kann auch auf die Finanzmittelakquisition von jungen wachstumsstarken Unternehmen übertragen werden, denn „Throughout the negotiations, entrepreneurs need to bear in mind that a successful negotiation is one in which both sides believe that they have made a fair deal. The best deals are those in which neither party wins and neither loses, and such deals are possible to negotiate."[307]

Die nachfolgenden Ausführungen sind auf Brettel, Rudolf und Witt zurückzuführen, die das Harvard-Konzept beziehungsweise die Überlegungen sachbezogenen Verhandelns auf das Beziehungsgeflecht zwischen Wachstumsunternehmen und potenziellen Kapitalgebern übertragen haben. So ist Gegenstand von Verhandlungen zwischen Kapital nachfragenden Unternehmen und Kapitalgebern regelmäßig die Bestimmung des Unternehmenswerts. Nicht sachbezogenes Verhandeln bedingt Sieg für die eine Partei und Niederlage für die andere Partei, da die Verhandlungspartner direkt entgegengesetzte Interessen folgen: während der Kapitalgeber im Hinblick auf eine günstige Investitionsgelegenheit eher versucht ist, eine niedrige Unternehmensbewertung durchzusetzen, strebt das Kapital suchende Unternehmen hingegen die Durchsetzung eines hohen Unternehmenswerts an, um weniger Eigenkapitalanteile als Gegenleistung zu der erhaltenen Finanzierung abgeben zu müssen. Aus Sicht des Unternehmens ist jedoch auch ein Sieg grundsätzlich nicht vorteilhaft, da davon auszugehen ist, dass die Verliererpartei künftig keinen bestmöglichen Einsatz zur Wertsteigerung des Unternehmens aufzeigen wird, sondern vielmehr versucht ist, den entstandenen Verlust auszugleichen. Im Gegensatz hierzu zielt sachbezogenes Verhandeln auf die Berücksichtigung verschiedener, der Bewertung eines Unternehmens zugrunde liegender Interessen ab, wie beispielsweise die Art und der Umfang der Unterstützung durch den Kapitalgeber, die Staffelung der Finanzierung oder die Bestimmung der Zeitpunkte des Finanzierungszuflusses, so dass eine Einigung im gemeinsamen Interesse bei Vorliegen mehrere Verhandlungsgegenstände leichter möglich ist, als wenn allein der Wert der Unternehmung Verhandlungsmittelpunkt ist,[308] „Whatever method you choose in your negotiations, chances are that the primary focus will be on how much the entrepreneur's equity is worth and how much is to be purchased by the investor's investment. Even so, numerous other issues involving legal and financial control of the Company and the rights and obligations of various investors and the entrepreneur in various situa-

[307] Jeffry A. Timmons: New Venture Creation – Entrepreneurship for the 21st Century, Singapore 1999, S. 473.

[308] Vgl. Malte Brettel, Markus Rudolf, Peter Witt, a.a.O., S. 275-277.

tions may be as important as valuation and ownership share. Not at least of which is the value behind money [...] that a particulat investor can bring to the venture."[309]

Im Folgenden werden die vier Grundprinzipien des sachgerechten Handelns auf die Verhandlungssituation zwischen Wachstumsunternehmen und Kapitalgebern übertragen: Die Befolgung des *ersten Grundsatzes*, das heißt der Trennung von sachlichen und persönlichen Interessen, ist insbesondere vor dem Hintergrund des Aufbaus einer persönlichen Beziehung zu den Kapitalgebern und somit der Realisierung künftiger Geschäftsbeziehungen wertschöpfend.[310]

Bezug nehmend auf den *zweiten Grundsatz* wird festgestellt, dass hinter scheinbar unvereinbaren Interessen[311] ebenso auch ergänzende oder gemeinsame Interessen liegen: „Für den Fall der Wachstumsfinanzierung besteht das offensichtliche, aber in Verhandlungen oft übersehene gemeinsame Interesse beider Verhandlungspartner im wirtschaftlichen Erfolg des zu finanzierenden Unternehmens."[312] Somit dienen alle diesen Erfolg fördernde Maßnahmen der gemeinsamen Interessenverwirklichung. Vor diesem Hintergrund können Wachstumsunternehmen gegenüber Kapitalgebern Zugeständnisse machen, ohne die eigene Interessenverwirklichung zu gefährden. An dieser Stelle wird insbesondere der Abbau von Informationsasymmetrien als ein mögliches Zugeständnis von Wachstumsunternehmen aufgeführt.[313]

Der *dritte Grundsatz* des Harvard-Konzepts stellt auf die meist schwierige Exploration weiterer Entscheidungsmöglichkeiten zum beidseitigen Vorteil ab: „Der Druck, ein bestimmtes Ergebnis wie z.B. eine Finanzierungszusage erzielen zu müssen, macht kreatives Denken und die Suche nach bisher nicht beachteten Optionen schwierig."[314] Nichtsdestotrotz soll die Bestrebung sein, anstatt eine möglichst zügige Ergebniserzielung zu erzwingen, vielmehr eine Vielzahl von Handlungsoptionen zu generieren. Für eine Kreditverhandlung eines Wachstumsunternehmens mit einer Bank bedeutet dies, bei fehlenden Kreditsicherheiten andere Formen der Absicherung zu diskutieren, wie beispielsweise eine formelle Kurzfristigkeit des

---

[309] Jeffry A. Timmons, a.a.O., S. 473.
[310] Vgl. Malte Brettel, Markus Rudolf, Peter Witt, a.a.O., S. 277.
[311] Vergleiche im Zusammenhang mit scheinbaren Interessengegensätzen auch die Ausführungen zum „incompatibility bias" in Max H. Bazerman, Margaret A. Neale, a.a.O., S. 20-22.
[312] Malte Brettel, Markus Rudolf, Peter Witt, a.a.O., S. 277.
[313] Vgl. Malte Brettel, Markus Rudolf, Peter Witt, a.a.O., S. 277-278.
[314] Malte Brettel, Markus Rudolf, Peter Witt, a.a.O., S. 278.

Kredits mit Prolongationsmöglichkeiten, die Einreichung einer Bürgschaftserklärung eines großen Unternehmen oder auch die Gewährung einer Aufsichtsratsposition im Wachstumsunternehmen für die Bank.[315]

Der *vierte* und somit letzte *Grundsatz* zielt auf die Vereinbarung neutraler Beurteilungskriterien ab. Beispielhaft wird an dieser Stelle aufgeführt, dass die Vereinbarung gestaffelter Zahlungszuflüsse an das Erreichen von präzise formulierten Meilensteinen mit einem höchstmöglichen Grad an Objektivität und Konkretisierung zu binden ist. An dieser Stelle werden technische Funktionalitäten, die Fertigstellung eines genau definierten Prototypen oder der Status eines Auftrages als Beispiele konkret formulierter Meilensteine aufgeführt.[316]

Brettel, Rudolf und Witt weisen weiter darauf hin, dass sich Wachstumsunternehmen in Verhandlungen mit potenziellen Kapitalgebern meist in einer unterlegenen Position fühlen, da zum einen die Verhandlungspartner über mehr Verhandlungserfahrung und –geschick verfügen, und zum anderen auch unfaire Verhandlungspraktiken anwenden. Doch auch hier ist die Strategie sachbezogenen Verhandelns weiter anzuwenden, es sei denn das erreichbare Verhandlungsergebnis ist schlechter als die Konsequenz des Abbruchs der Verhandlung.[317]

Die nachfolgenden Ausführungen beziehen sich auf die Relevanz sozialpsychologischer Erkenntnisse beziehungsweise auf den praktischen Nutzen dieser für Verhandlungssituationen zwischen Kapital nachfragenden Unternehmen und potenziellen Kapitalgebern.

4.3 Sozialpsychologie des Verhandelns

4.3.1 Sender-Empfänger-Modell der Kommunikation

Nach Erbacher ist es nicht das Ziel einer Argumentation, dem Verhandlungspartner eine Meinung aufzuzwingen, sondern einstellungsändernde Argumente vorzutragen. Eine Einstellungsänderung durch Argumentation ist gleichbedeutend mit einer Meinungsänderung, Überreden oder Überzeugen und vollzieht sich in einem Prozess, in dem der Verhandlungspartner das Gesagte hört, versteht, bewertet und zustimmt, im Gedächtnis behält und schließlich um-

[315] Vgl. Malte Brettel, Markus Rudolf, Peter Witt, a.a.O., S. 278.
[316] Vgl. Malte Brettel, Markus Rudolf, Peter Witt, a.a.O., S. 278.
[317] Vgl. Malte Brettel, Markus Rudolf, Peter Witt, a.a.O., S. 279-281.

setzt. Anhand eines linearen Sender-Empfänger-Modells, siehe Abbildung 8 unten, werden die fünf Bestandteile des Modells, der Sender, der Empfänger, die Botschaft, das Medium sowie der Kontext, im Hinblick auf ihre Einflussnahme auf eine Einstellungsänderung untersucht:

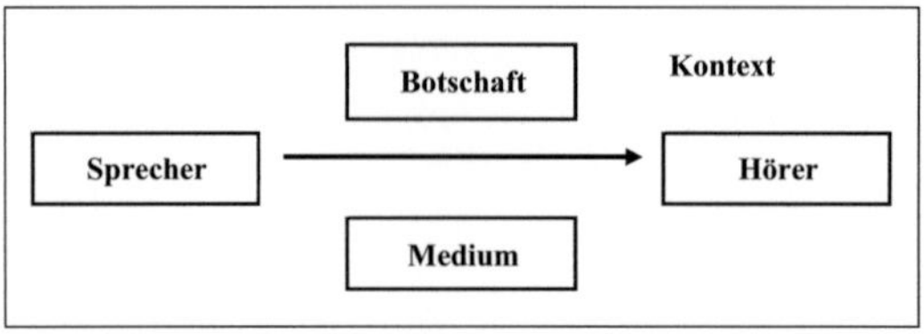

Abbildung 8: Sender-Empfänger-Modell der Kommunikation[318]

In Bezug auf die Person des *Sprechers* beziehungsweise des *Senders* einer Botschaft sind drei Faktoren von wesentlicher Bedeutung für die Wirkung der Argumentation auf den Empfänger, namentlich die Macht, die Attraktivität und die Glaubwürdigkeit. So kann die Ausübung einer *Machtposition* einerseits Widerstand beim Empfänger auslösen, kann aber ebenso durch produktiven Einsatz wie beispielsweise durch Anreizsysteme in Form von Belohnungen oder Eingeständnissen in anderen Verhandlungsgegenständen Motivation erzeugen. Argumente eines *attraktiven Verhandlungspartners* wirken ceteris paribus überzeugender als Argumente eines weniger attraktiven Gegenübers. Darüber hinaus erzeugen die Ähnlichkeit von Wertesystemen, Ähnlichkeit in der äußeren Erscheinung sowie verwandtes verbales und nonverbales Verhalten Sympathie beim Empfänger. Nichtsdestotrotz bestehen Einstellungsänderungen, die ausschließlich auf der Attraktivität beziehungsweise der Sympathie gegenüber dem Sender beruhen, regelmäßig nicht nachhaltig. Dagegen unterstützt das Zusammenspiel aus Vertrauenswürdigkeit und fachlicher Kompetenz, der *Glaubwürdigkeit*, die Erzeugung eines dauerhaften Einstellungswandels insbesondere bei unzureichender Sachkenntnis der Gegenpartei zur Beurteilung eines Sachverhalts.[319]

Einfluss auf die Wirkung der Argumentation haben Inhalt, Struktur und Darbietung der zu vermittelnden *Botschaft*. Der *Inhalt* einer Botschaft ist insbesondere dann von überzeugendem Moment, wenn die zugrunde liegenden Informationen aus glaubwürdigen Quellen entstam-

[318] In Anlehnung an Christian Eric Erbacher, a.a.O., S. 95 und Friedemann Schulz von Thun, a.a.O., S. 25-30.
[319] Vgl. Christian Eric Erbacher, a.a.O. , S. 94-98.

men (in diesem Zusammenhang werden beispielhaft Zeugenberichte, Fakten und statistische Daten aufgeführt) und sich der Sender der Botschaft durch Glaubwürdigkeit auszeichnet. Anschauliche Argumentationen, konkrete Beschreibungen et cetera fördern zwar nicht direkt die Überzeugungskraft von Argumenten, sind aber wesentliche Mittel zur Erzeugung von Aufmerksamkeit beim Empfänger. Die *Struktur* der Botschaft beschreibt in Abhängigkeit von Meinungsgleichheit oder Meinungsverschiedenheit unter den Verhandlungspartnern entweder eine einseitige oder aber eine zweiseitige, die Argumente der Gegenseite miteinbeziehende Argumentation. Die Wichtigkeit einzelner Argumente spiegelt sich in der Reihenfolge der vorzutragenden Argumente wieder. Die *Darbietung* einer Botschaft beschreibt im Wesentlichen die Wahl der Sprechgeschwindigkeit in Abhängigkeit von sachlichen oder emotionalen Themen und auch in Abhängigkeit der Sprechgeschwindigkeit des Empfängers.[320]

Die Möglichkeit der Herbeiführung einer Einstellungsänderung durch den Sender einer Botschaft ist wesentlich durch die Rolle des *Hörers* oder *Empfängers* gekennzeichnet und in diesem Zusammenhang insbesondere durch die Eigenschaften der Wahrnehmung, Erwartung und Motivation. *Wahrnehmungen* und *Erwartungen* sind in Abhängigkeit von bisherigen Verhandlungserfahrungen, der Sachkenntnis und dem kulturellen Hintergrund sowie der Wichtigkeit des Verhandlungsergebnisses für den Empfänger zu betrachten. So sind Überlegungen in Bezug auf die Wahrnehmung von Argumenten auf den Empfänger mit in die Vorbereitungsphase auf die Verhandlung einzubeziehen. Darüber hinaus bietet die zugrunde liegende *Motivation* konkrete Ansatzpunkte für die Verhandlungsführung. Eine Verhandlung basiert auf Interessensunterschieden, die aus Hoffnungen, Wünschen, Befürchtungen und Bedürfnissen resultieren. Motivation entsteht durch die Erwartung der Zufriedenstellung von Bedürfnissen durch das eigene Handeln (an dieser Stelle werden wirtschaftliche Sicherheit, soziale Anerkennung, Selbstbestimmung und die kompetente und autonome Selbstdarstellung als Beispiele zentraler Bedürfnisse der Menschen aufgeführt). Die Aussicht auf den erfolgreichen Abschluss einer Verhandlung kann durch die Kenntnis um die Bedürfnisse des Gegenübers und in diesem Zusammenhang durch die Herstellung von Möglichkeiten zur Erfüllung dieser Bedürfnisse erhöht werden.[321]

---

[320] Vgl. Christian Eric Erbacher, a.a.O., S. 98-100.
[321] Vgl. Christian Eric Erbacher, a.a.O., S. 101.

Im Rahmen des Sender-Empfänger-Modells sei abschließend erwähnt, dass auch das Medium sowie der Kontext Einfluss auf die Überzeugungskraft von Argumenten in Verhandlungen nehmen. Die Wahl eines *Mediums* in Ergänzung zur direkten verbalen Kommunikation ist in Abhängigkeit von der Komplexität der zu vermittelnden Botschaft sowie den Nutzungsgewohnheiten des Empfängers zu betrachten. Auch ist zu berücksichtigen, dass der *Kontext* und insbesondere ein bestimmter Grad an Ablenkung eine positive Wirkung auf die Überzeugungskraft von Argumenten ausüben kann.[322]

4.3.2 Übertragung des Sender-Empfänger-Modells der Kommunikation auf die Finanzmittelakquise

Der Fokus der Untersuchungen von Poech, Achleitner und Burger-Calderon liegt auf der Identifizierung zentraler psychologischer Barrieren, die ursächlich für das Scheitern von Beteiligungstransaktionen sind. Dies betrifft sowohl die Einstellung gegenüber der Finanzierungsform der Beteiligungsfinanzierung als auch bestimmte Verhaltensmuster, die die Verhandlungen prägen. In diesem Zusammenhang haben die Autoren Unternehmen, Beteiligungsgesellschaften und auch Mediäre, wie zum Beispiel Banken, Steuerberater oder Rechtsanwälte, die regelmäßig eine Informations- und Vermittlungsfunktion im Transaktionsprozess einnehmen, befragt.[323] Die Ergebnisse dieser Befragung werden im Folgenden dargestellt.

Das Verhältnis in den Vertragsverhandlungen zwischen einem Unternehmen, das in der Regel durch den Unternehmer repräsentiert wird, und der Beteiligungsgesellschaft verkörpert durch den zuständigen Beteiligungsmanager, kann durch das Sender-Empfänger-Modell dargestellt werden, in dem beide Parteien aufgrund der Interaktivität des Kommunikationsmodells gleichzeitig sowohl die Rolle des Senders als auch des Empfängers einnehmen. Der Beteiligungsmanager kann also über einen Kanal, beispielsweise Personen oder Medien, eine Botschaft an den Unternehmer senden. Durch Beantwortung beziehungsweise Nichtbeantwortung der Botschaft sendet der Unternehmer in jedem Fall ein Signal an den Anfragenden zurück. In gleicher Weise kann ein Unternehmer den Kontakt durch Übermittlung einer Botschaft zum

[322] Vgl. Christian Eric Erbacher, a.a.O., S. 102.

[323] Vgl. Angela Poech, Ann-Kristin Achleitner, Max Burger-Calderon, a.a.O., S. 289: anhand von offenen und strukturierten Interviews sind insgesamt 21 Experten, die entweder in einem direkten Zusammenhang zu Private Equity-Transaktionen stehen, beispielsweise Familienunternehmen und Beteiligungsgesellschaften, oder die aufgrund fachlicher Kompetenz ausreichend Expertise aufweisen, beispielsweise Banken oder Wissenschaftler, im Zeitraum von Juni 2003 bis April 2004 Befragungen unterzogen worden. Die befragten Unternehmen sind in eine Größenordnung zwischen EUR 100 Mio. bis EUR 500 Mio. einzuordnen.

Beteiligungsmanager suchen. Das Sender-Empfänger-Modell kann jedoch Störungen unterliegen, die zu Fehlinterpretationen sowohl bei der Verschlüsselung als auch der Entschlüsselung einer Botschaft führen und die die Weitergabe und Aufnahme von Informationen behindern. Störungen können die Art der Botschaft betreffen als auch die Eigenschaften des Senders oder des Empfängers. So kann beispielsweise die Verwendung englischer Fachbegriffe durch den Sender vom Empfänger als Zeichen der Überheblichkeit interpretiert werden.[324]

An dieser Stelle ist die *Theorie der sozialen Identität* zu berücksichtigen, die auf der These des Strebens des Menschen nach Zugehörigkeit zu einer Gruppe und der Bestimmung der sozialen Identität des Einzelnen aus dieser Gruppenzugehörigkeit sowie der Beschaffenheit der Beziehungen dieser Gruppe zu anderen sozialen Gruppen basiert.[325] Unternehmen und Beteiligungsgesellschaften zeichnen sich durch unterschiedliche spezifische Identitäten aus, so dass die Tatsache, dass Investoren eher auf monetäre Rückflüsse aus einer Unternehmensbeteiligung und Familienunternehmen neben monetären auch auf nicht-monetäre Erträge – hier ist beispielhaft die Unternehmensfortführung genannt – abzielen, das Grundproblem der Beziehung zwischen diesen beiden Gruppen darstellt. Die empirische Untersuchung von Poech, Achleitner und Burger-Calderon zeigt, dass die Berücksichtigung der Beteiligungsfinanzierung als ein Instrument der Unternehmensfinanzierung mit der Befürchtung eines Identitätsverlusts beziehungsweise Opferung des Unternehmenscharakters einherzugehen vermag. Der Wunsch nach *sozialer Distinktheit*,[326] das heißt Unterscheidung als auch Überlegenheit auf relevanten Vergleichsdimensionen gegenüber anderen Gruppen, ist die Grundlage der Bildung von Vorurteilen, die wiederum der kognitiven Strukturierung, der Erhaltung des eigenen Wertesystems als auch der sozialen Differenzierung, das heißt Aufwertung des Selbstwertgefühls der eigenen Gruppe durch Abwertung von anderen Gruppen, dienen. In Verhandlungsprozessen treffen unterschiedliche Mentalitäten, Sichtweisen und Kompetenzen sozialer Gruppen aufeinander, die die Grundlage von Konflikten darstellen, so dass, unter Hinzuziehung des Sender-Empfänger-Modells, die Entschlüsselung von Botschaften anhand subjekti-

---

[324] Vgl. Franz Ruppert: Kommunikation, Kooperation und Gesprächsführung in Arbeitsbeziehungen, Weinheim 1999, S. 539-540; vgl. auch Angela Poech, Ann-Kristin Achleitner, Max Burger-Calderon, a.a.O., S. 291; sowie vgl. Friedemann Schulz von Thun, a.a.O., S. 63-68.

[325] Vgl. Henri Tajfel: Gruppenkonflikt und Vorurteil – Entstehung und Funktion sozialer Stereotypen, Bern/Stuttgart/Wien 1982, S. 101-107.

[326] Vgl. Amélie Mummendey, Sabine Otten: Theorien intergruppalen Verhaltens, Bern/Göttingen/Toronto/Seattle 2002, S. 99-102.

ver Kriterien erfolgt und dies Missverständnisse zwischen den verhandelnden Parteien bedingt.[327]

Der Einfluss von Informationen auf das Selbstwertgefühl einzelner Individuen - sei der Einfluss stabilisierend, erhöhend oder herabsetzend - ist signifikant, so dass Personen selektiv nach positiven Informationen suchen und die Auseinandersetzung mit negativen Informationen vermeiden. Hieran schließt die Theorie der *Kognitiven Dissonanz*: Dissonanzen entstehen durch die Konfrontation von Individuen mit widersprüchlichen Kognitionen, beispielsweise Meinungen, Glaubenssätze oder auch Überzeugungen. Durch die kognitive Dissonanz wird eine Motivation erzeugt, Dissonanzen entweder durch gezielte Ausblendung, das heißt durch Verdrängen oder Vergessen, zu reduzieren, oder durch neue, konsonante Kognitionen, zum Beispiel durch Änderung der Einstellung zu einem bestimmten Sachverhalt, zu ersetzen.[328] Das Kommunikationsverhalten von Beteiligungsmanagern und insbesondere die Diskussion des Unternehmenswerts können von Unternehmen als Angriff auf das Selbstwertgefühl verstanden werden, so dass die hierdurch entstandene Situation der Dissonanz durch Vermeidungsstrategien, zum Beispiel Abwendung vom Beteiligungsunternehmen und Zuwendung zu einer anderen Finanzierungsalternative, die Folge sein kann. Darüber hinaus gilt, dass je stärker ein Meinungsbild bereits gefestigt ist, das heißt besteht bereits eine negative Einstellung gegenüber der Beteiligungsfinanzierung, umso schwieriger ist das Durchbrechen dieses Meinungsbildes für den Beteiligungsmanager, da, aufgrund von Selektionsmechanismen in der Informationsverarbeitung, die Familienunternehmen ihre Einstellung verstärkende Informationen umso mehr suchen und Informationen, die ein positives Bild von Beteiligungsgesellschaften erzeugen, eher ablehnen.[329]

Vor dem Hintergrund eines von unzureichender Information, Vorbehalten und Misstrauen geprägten Kommunikationsverhaltens wird das Sender-Empfänger-Modell nach Poech, Achleitner und Burger-Calderon um einen weiteren Spieler, *einen Mediär*, ergänzt; siehe in diesem Zusammenhang auch die Ausführungen in Kapitel 4.2.3 und insbesondere die Rolle der Mediation in der Verhandlungstheorie. Im einfachen Sender-Empfänger-Modell, siehe

[327] Vgl. Angela Poech, Ann-Kristin Achleitner, Max Burger-Calderon, a.a.O., S. 291-292.
[328] Vgl. Dieter Frey, Anna Gaska: Die Theorie der kognitiven Dissonanz, Bern/Göttingen/Toronto/Seattle 1993, S. 276-277, S. 295-296; vgl. auch Max H. Bazerman, Margaret A. Neale, a.a.O., S. 13; für Beispiele selektiver Informationsaufnahme vgl. Hans-Werner Bierhoff: Sozialpsychologie – Ein Lehrbuch, Stuttgart 2006, S. 408.
[329] Vgl. Angela Poech, Ann-Kristin Achleitner, Max Burger-Calderon, a.a.O., S. 292-293.

Abbildung 8, wird die Übertragung von Botschaften durch die Eigenschaften der Kontrahenten bestimmt. Die Hinzuziehung eines Mediärs, der aufgrund seiner charakteristischen Merkmale der Sachkenntnis, Kompetenz und Loyalität bei Sender und Empfänger Glaubwürdigkeit und Akzeptanz genießt, kann die Effizienz der Informationsübertragung erhöhen und auch beim Unternehmer Einstellungsänderungen bewirken:

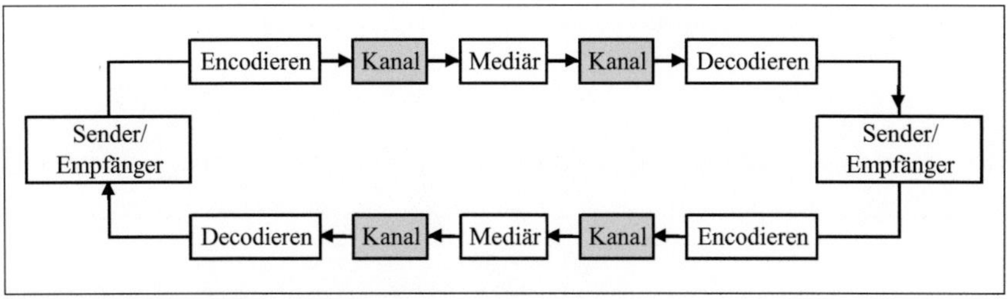

Abbildung 9: Erweitertes Sender-Empfänger-Modell[330]

Ein Mediär kennt die Interessen und Charakteristika sowohl des Unternehmers als auch des Beteiligungsunternehmens. Daher zeichnet sich ein Mediär durch seine Kenntnis über die im Verhandlungsprozess geltenden offenen aber auch heimlichen Spielregeln aus, so dass ihm die Aufgaben der Klärung von Missverständnissen, der Bewältigung von Interessenkonflikten sowie der notwendigen Unterstützung im Annäherungsprozess durch den Abbau von Misstrauen zwischen den Parteien obliegen. Für den Unternehmer ist der Mediär nicht nur aufgrund seiner vertrauensbildenden Funktion, die unter anderem eine Aufhebung von Selektionsmechanismen bei der Informationsaufnahme bewirkt, sondern auch aufgrund seiner eigentlichen Beratungsaufgabe von entscheidender Bedeutung, so zum Beispiel in der Zusammentragung von Informationen über potentielle Investoren, der Leistung wichtiger Hilfestellung bei der Vorbereitung und Durchführung einer investorengerechten Kommunikation sowie bei der professionellen Unternehmensdarstellung im Hinblick auf finanzielle und produktbezogene Aspekte. Der Mediär hält zudem im Anbahnungsprozess eine wichtige Rolle inne beziehungsweise ermöglicht meist erst durch seine Fachkenntnis aber auch seine Netzwerke die Kontaktaufnahme zwischen den Parteien. Mediäre sind somit Prozesskatalysatoren oder auch Schaltstellen für die Vermittlung von Informationen zwischen den Parteien und ihr

[330] In Anlehnung an Angela Poech, Ann-Kristin Achleitner, Max Burger-Calderon, a.a.O., S. 293.

nutzbringender Einsatz in Verhandlungsprozessen ist von ihrer Fachkenntnis, ihrem Wissen über die Mentalitäten der Parteien aber auch ihren Kontakten abhängig.[331]

Nach Poech, Achleitner und Burger-Calderon sind Mediäre, die das Vertrauen des Unternehmers genießen, insbesondere die mit dem Zahlenwerk des Unternehmens bereits vertrauten Wirtschaftsprüfer, Banken, die engsten Mitarbeiter des Unternehmers aber auch Verbände, Rechtsanwälte, Unternehmensberater sowie Vermögensverwalter.[332]

Bei der Wahl des Mediärs sind stets dessen Ziele, Interessen und wahrscheinliches Verhalten zu berücksichtigen, da dieser eine aktive Rolle im Verhandlungsgeschehen einnehmen wird und möglicherweise ein bestimmtes Verhandlungsergebnis zu beeinflussen beabsichtigt.[333]

4.4 Zusammenfassende Ausführungen

In diesem Kapitel ist eine Einführung in verhandlungstheoretische Überlegungen sowie eine Übertragung dieser auf die Verhandlungssituation zwischen Kapital nachfragenden Unternehmen und potenziellen Kapitalgebern erfolgt.

So sind das auf der Verhandlungstheorie aufbauende Harvard-Konzept sachgerechten Verhandelns sowie das auf sozialpsychologischen Überlegungen fußende Sender-Empfänger-Modell der Kommunikation aufgezeigt worden, um die Konflikte, die grundsätzlich zwischen Verhandlungspartnern und in diesem Fall zwischen Kapital nachfragenden Unternehmen und potenziellen Kapitalgebern bestehen, darzustellen.[334]

Deutlich wird, dass die Hinzuziehung eines Mediärs, das heißt einer neutralen und vertrauenswürdigen Partei, in die Verhandlungsvorbereitung insbesondere in schwierigen Verhandlungssituationen, die durch unzureichende Information, Interessensgegensätze, Vorbehalte und Misstrauen geprägt sind, sinnvoll ist, um sachgerechtes Verhandeln sicherzustellen. So kann ein Mediär wichtige Hilfestellung bei der Identifizierung von den Interessen der Gegenseite, der Unterstützung kreativen Denkens, sowie der Definition von beidseitig akzeptierten

[331] Vgl. Angela Poech, Ann-Kristin Achleitner, Max Burger-Calderon, a.a.O., S. 294-295.
[332] Vgl. Angela Poech, Ann-Kristin Achleitner, Max Burger-Calderon, a.a.O., S. 294-295.
[333] Vgl. Max H. Bazerman, Margaret A. Neale, a.a.O., S. 151.
[334] Vgl. Malte Brettel, Markus Rudolf, Peter Witt, a.a.O., S. 275-278; vgl. Angela Poech, Ann-Kristin Achleitner, Max Burger-Calderon, a.a.O., S. 294-295.

neutralen Beurteilungskriterien leisten. Zudem kann er auch aufgrund seines Fachwissens und seiner Erfahrung die Effizienz der Informationsübertragung erhöhen.[335]

Auch vor diesem Hintergrund werden in den nachfolgenden Kapiteln die Verkäufer Due Diligence als auch Rating Advisory als Maßnahmen zur Herstellung einer Basis sachgerechten Verhandelns, zur Steigerung der Effizienz der Informationsübertragung und somit zur Verbesserung der Verhandlungsposition in M&A-Transaktionen beziehungsweise in Kreditverhandlungen etablierter Unternehmen vorgestellt.

Anschließend wird dem Wirtschaftsprüfer als ein bevorzugter Anbieter von Due Diligence-Leistungen in M&A-Transaktionen verstärkt Augenmerk geschenkt, um in einem nächsten Schritt seinen Nutzen für die Finanzmittelakquisition junger wachstumsstarker Unternehmen empirisch zu untersuchen.

5 Instrumente der Verbesserung der Verhandlungsposition etablierter Unternehmen

5.1 Die Verkäufer Due Diligence in M&A-Transaktionen

5.1.1 Einführung

Neben dem in dem vorangehenden Kapitel dargestellten Beziehungskonflikt zwischen jungen wachstumsstarken Unternehmen und potenziellen Kapitalgebern wirkt auch die intensive Auseinandersetzung mit einem Zielunternehmen im Rahmen einer käuferseitig initiierten Due Diligence auf die Verhandlungssituationen zwischen den Parteien ein und führt nicht selten, trotz eines ursprünglich bestehenden Informationsnachteils (siehe auch Kapitel 3.2), zu einem Informationsvorteil des potentiellen Käufers in Vertragsverhandlungen. Hieraus resultiert dann eine Verschiebung der Verhandlungsstärke im Verkaufsprozess zugunsten des Käufers:[336] „Ergebnis und Ziel der Due Diligence ist je nach Auftraggeber (Buy Side or Sell Side) die Bereitstellung einer fundierten Verhandlungsgrundlage, auf der die späteren Vertragsmodalitäten und insbesondere die Kaufpreisfindung basieren. Der Preis des Unternehmens ergibt

[335] Vgl. Matthias Raith, a.a.O., S. 15; vgl. auch Christian Eric Erbacher, a.a.O., S. 75; vgl. auch Angela Poech, Ann-Kristin Achleitner, Max Burger-Calderon, a.a.O., S. 294-295.
[336] Vgl. Volker Strack, a.a.O., S. 38.

sich durch Angebot und Nachfrage sowie aus dem Verhandlungsgeschick der Vertragsparteien, welches maßgeblich durch deren Informationsstand beeinflusst wird. Dieser Informationsstand wird durch die Due Diligence in entscheidendem Maße verbessert und somit die Verhandlungsposition gestärkt.“[337]

Die folgende Abbildung zeigt, dass verkäuferseitig initiierte Aktivitäten, und so insbesondere die Verkäufer Due Diligence (nachfolgend VDD), einen Stärkenausgleich im Zeitablauf des Transaktionsprozesses bewirken können:

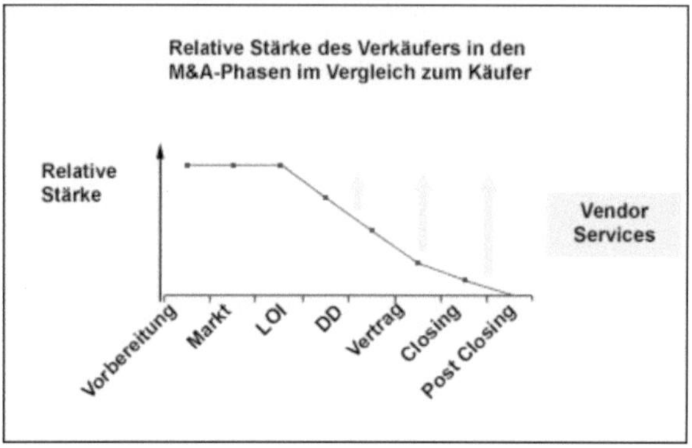

Abbildung 10: Relative Stärke des Verkäufers in den M&A-Phasen im Vergleich zum Käufer[338]

„Auf den internationalen Kapitalmärkten sind […] zunehmende Komplexität der Transaktionen sowie gestiegene Ansprüche an die Qualität und die Geschwindigkeit des Transaktionsprozesses zu beobachten. Aufgrund dessen wächst die Bedeutung neuer Instrumente zur Unterstützung, Professionalisierung und Beschleunigung des Transaktionsprozesses. Eine Möglichkeit zur Qualitäts- und Effizienzsteigerung im Verlauf einer Unternehmenstransaktion ist die […] Vendor [Verkäufer] Due Diligence.“[339] Und so greifen Unternehmenseigentümer in Vorbereitung auf einen Unternehmensverkauf zunehmend auf das Instrument der VDD zurück, das auf eine Überprüfung des Veräußerungsobjekts auf rechtliche, steuerliche, finanzielle, wirtschaftliche, technische, organisatorische als auch umweltrechtliche Risiken ab-

[337] Annette Blöcher, a.a.O., S. 30.
[338] Volker Strack, a.a.O., S. 38.
[339] Johannes Weiler: Einsatz der Vendor Due Diligence beim Unternehmensverkauf, Wolfrathshausen 2003, S. 40.

zielt.[340] Siehe in diesem Zusammenhang insbesondere die Ausführungen in Kapitel 3.3.2.6, in dem die einzelnen Analysegebiete bei einer durch potentielle Unternehmenskäufer initiierten Due Diligence dargestellt werden.

Die durch den potenziellen Käufer initiierte Due Diligence stellt die häufigste Erscheinungsform durchgeführter Sorgfältigkeitsprüfungen dar, so dass der Begriff *Due Diligence* regelmäßig mit dem Käufer als Initiator assoziiert wird. Gegenüber der käuferseitig initiierten Due Diligence zeichnet sich die VDD zusätzlich durch die Merkmale der *Zielgerichtetheit* und der *Vertrauenswürdigkeit* von Informationen aus. Die Informationen, die durch den Verkäufer zur Verfügung gestellt werden, sind zielgerichtet, da diese entscheidungsrelevante Informationen für potentielle Unternehmenskäufer darstellen: eine VDD ist eine im Auftrag des Verkäufers, jedoch auf die Informationsbedürfnisse eines potentiellen Unternehmenskäufers ausgerichtete Sorgfältigkeitsanalyse. Darüber hinaus besteht ein hoher Grad an Vertrauenswürdigkeit der bereitgestellten und aufbereiten Informationen. An dieser Stelle ist hervorzuheben, dass eine VDD regelmäßig durch externe, unabhängige und insbesondere für potentielle Käufer vertrauenswürdige Dritte durchgeführt wird.[341]

Im Rahmen von Auktionsverkäufen und insbesondere dann, wenn sich Finanzinvestoren im Kreis potentieller Unternehmenserwerber befinden, bietet sich die VDD vor dem Hintergrund der mit ihr verbundenen Vorteile (siehe auch Kapitel 5.1.5) als Instrument zur Stärkung der Verhandlungsposition des Verkäufers an.[342] Auch erhöht die VDD die Attraktivität des Verkaufsobjekts gegenüber potentiellen Käufern beziehungsweise Finanzinvestoren, da hierdurch die Seriosität des Verkäufers zum Ausdruck kommt.[343]

5.1.2 Rechtliche Verpflichtung zur Informationsbereitstellung durch den Verkäufer?

Analog zu den Ausführungen in Kapitel 3.3.2.2, in dem gesetzlich begründete Informationspflichten eines Käufers in Vorbereitung auf einen Unternehmenskauf dargestellt worden sind, werden in diesem Kapitel mögliche Aufklärungspflichten eines Verkäufers diskutiert.

---

[340] Vgl. Felix William Stoecker: Besonderheiten der Verkäufer-Due Diligence bei M&A-Transaktionen, Düsseldorf 2004, S. 675.
[341] Vgl. Dirk Nawe, Frank Nagel, a.a.O., S. 511-512.
[342] Vgl. Volker Strack, a.a.O., S. 38; vgl. auch Christoph von Einem, Simon Preisenberger, a.a.O., S. 54.
[343] Vgl. Christoph von Einem, Simon Preisenberger, a.a.O., S. 54.

Im Einzelfall kann ein Verkäufer bei Vorhandensein *besonderer Umstände* zur Aufklärung des Käufers über bestimmte Eigenschaften des Zielunternehmens nach den Grundsätzen von Treu und Glauben (§ 242 BGB) und der allgemeinen Verkehrsauffassung verpflichtet sein: ein besonderer Umstand ist dann gegeben, wenn eine wesentliche Beeinflussung der Kaufentscheidung des Käufers vorliegt. An dieser Stelle werden die Intensität der geführten Verhandlungen, die Sachkenntnis der Parteien als auch das Vorhandensein einer etwaigen Irrtumserregung vor Beginn der Vertragsverhandlungen als Beispiele besonderer Umstände aufgeführt.[344]

Diskussionsgegenstand in der Literatur ist die Frage, ob die käuferseitig durchgeführte Due Diligence als besonderer Umstand die Aufklärungspflichten des Verkäufers beeinflusst. So wird auf der einen Seite argumentiert, dass einem potentiellen Käufer weniger Schutzbedürftigkeit zusteht, da Aufklärungsmaßnahmen durch bestimmte Verfahren und Schwerpunktsetzung eigenverantwortlich und nach eigenem Maß und Tiefe ausgeführt werden, was eine Reduktion der Aufklärungspflichten des Verkäufers bedingt. Allgemeiner wird unterstellt, dass unter Berücksichtigung des starken Verbreitungsgrads der Due Diligence sich zumindest ein erfahrender Unternehmenskäufer immer seltener auf eine verkäuferseitige Verpflichtung zur Offenlegung nachteiliger Umstände des Zielunternehmens berufen kann. Demgegenüber steht die Auffassung, dass der Käufer durch die Durchführung einer Due Diligence ein gesteigertes Informationsinteresse signalisiert und sich somit die Aufklärungspflichten des Verkäufers nicht vermindern aber auch nicht erhöhen. Ein potentieller Käufer kann sich selbst nach intensiver Prüfung nicht in die Lage versetzen, sämtliche versteckte und aufklärungsbedürftige Risiken zu erkennen und ist somit auf Aufklärung durch den Verkäufer angewiesen. Die Durchführung einer käuferseitigen Due Diligence stellt dann lediglich ein zusätzliches Instrumentarium der Informationsbeschaffung dar.[345]

So ist zur Beantwortung der Frage nach den Aufklärungspflichten des Verkäufers stärker zu differenzieren: regelmäßig unbestritten ist die Verpflichtung des Verkäufers zur vollständigen und richtigen Bereitstellung der durch den Käufer angeforderten Informationen als auch die Darstellung aller mit diesen im engen Zusammenhang stehenden Sachverhalte. Schwieriger sind jene Fälle, die einer unbedingten Aufklärung bedürfen, im Rahmen der durchgeführten

---

[344] Vgl. Arndt Stengel, Frank Scholderer: Aufklärungspflichten beim Beteiligungs- und Unternehmenskauf, München 1994, S. 162; vgl. auch Michael Tigges, a.a.O., S. 100-102.

[345] Vgl. Arndt Stengel, Frank Scholderer, a.a.O., S. 164; vgl. auch Michael Tigges, a.a.O., S. 100-102

Due Diligence jedoch aufgrund einer Fokussierung auf Teilbereiche nicht erkannt worden sind. Bei der Beurteilung der Aufklärungspflichten des Verkäufers ist im Einzelfall auch die Hinzuziehung externer qualifizierter Berater zu berücksichtigen, denn eine Reduktion der Aufklärungspflichten des Verkäufers kann durch die Verlagerung von Regressansprüchen des Käufers auf die Berater bezüglich übersehener wesentlicher Aspekte erreicht werden. Den Beratern wiederum steht in diesem Fall die Möglichkeit der Absicherung gegen diese Berufsfehler frei. Umstritten ist jedoch der Tatbestand, ob eine solche Risikoverlagerung den Verkäufer von seinen Aufklärungspflichten entbinden sollte. Insbesondere im Hinblick auf die unter enormen Zeitdruck durchgeführten Sorgfältigkeitsprüfungen wird in der Literatur eine Reduktion der Aufklärungspflichten des Verkäufers abgelehnt.[346]

Somit lässt sich hier keine abschließende Aussage bezüglich der Aufklärungspflichten eines Verkäufers im Rahmen einer Due Diligence treffen.

Es sei weiterhin darauf hingewiesen, dass bestimmte Gegebenheiten der Durchführung einer Due Diligence entgegenstehen können, so die Geheimhaltungspflicht nach § 93 AktG oder das Mitteilungsverbot nach § 14 WpHG. Solange jedoch eine Offenlegung von Informationen im Einklang mit dem objektiven Interesse eines Unternehmens ist oder außerbörsliche Erwerbsvorgänge stattfinden, steht der Weitergabe von Unternehmensinformationen im Rahmen einer Due Diligence zunächst nichts entgegen.[347]

Grundsätzlich existiert auch für das Management einer Zielgesellschaft keine gesetzliche Verpflichtung zur Einwilligung in eine Due Diligence durch potentielle Erwerber.[348] Während die Due Diligence jedoch ein standardisiertes Verfahren zur Risikoprophylaxe in M&A-Transaktionen darstellt und die Ablehnung einer Due Diligence mit der Verschleierung transaktionswesentlicher Sachverhalte gedeutet werden kann, so findet die Nichtweitergabe von Informationen ebenso vor den Hintergründen einer Befürchtung der Preisgabe wichtiger Geschäftsgeheimnisse im Fall des Scheiterns einer Transaktion oder nur unzureichend Schutz

---

[346] Vgl. Michael Tigges, a.a.O., S. 100-102.

[347] Vgl. Klaus J. Müller: Gestattung der Due Diligence durch den Vorstand der Aktiengesellschaft, München 2000, S. 3452-3456; vgl. auch Christian A. Storck, a.a.O., S. 364-366.

[348] Vgl. Michael Tigges, a.a.O., S. 99.

bietender Vertraulichkeitserklärungen Begründung.[349] So liegen auch der Einwilligung in eine Due Diligence durch einen Verkäufer einzelfallspezifische Aspekte zugrunde.

5.1.3 Begriffsbestimmungen

5.1.3.1 Einführung

Grundsätzlich unterscheidet sich eine Verkäufer Due Diligence von einer käuferseitig initiierten Due Diligence „[...] hinsichtlich des Auftraggebers (Verkäufer), des Zeitpunktes der Durchführung (früher im Transaktionsprozess) und der Informationsqualität (fundierter).“[350]

Neben der VDD zählen zu verkäuferseitig initiierten Aktivitäten die *Reverse Due Diligence* und die *Vendor Assistance*.[351] In den nachfolgenden Kapiteln wird der Begriff der VDD anhand einer Gegenüberstellung mit den Leistungen der Reverse Due Diligence und der Vendor Assistance bestimmt.

5.1.3.2 Verkäufer Due Diligence versus Reverse Due Diligence

Nach Nawe und Nagel bezeichnet eine *Reverse Due Diligence* Aktivitäten, die aus der Motivation eines Unternehmensverkäufers entstehen, gut vorbereitet in die Verkaufsverhandlungen einzusteigen und die Verhandlungsposition schwächende Überraschungen zu vermeiden. Doch während eine VDD den Verkäufer in gleicher Weise wie die Reverse Due Diligence vor in den Verkaufsverhandlungen auftretenden Überraschungen bewahrt, so handelt es sich hier um einen Nebeneffekt und nicht die eigentliche Zielsetzung. Die primäre Zielsetzung einer VDD ist die Schaffung einer objektiven Informationsbasis für potentielle Unternehmenskäufer, Investoren und Kreditinstitute. In eine Reverse Due Diligence miteinbezogene externe Sachverständige gelten nicht als neutral und unabhängig, sondern als subjektive Berater des Verkäufers. Wesentliches Unterscheidungsmerkmal ist darüber hinaus das Ausmaß und die Form der Berichterstattung: eine Reverse Due Diligence umfasst regelmäßig rein punktuelle Untersuchungen, um spezifische Informationslücken des Verkäufers zu schließen, und ist unter Ausschluss der Weitergabe von Feststellungen an Dritte auch ausschließlich an den Auftraggeber adressiert. Die Anforderungen an die formelle Ausgestaltung der Ergebnisse der

---

[349] Vgl. Kai Mertens, a.a.O., S. 546-547; vgl. auch Christian A. Storck, a.a.O., S. 366-367; vgl. auch Michael Tigges, a.a.O., S. 99.

[350] Johannes Weiler, a.a.O., S. 40.

[351] Vgl. Dirk Nawe, Frank Nagel, a.a.O., S. 512-513.

Untersuchungen sind folglich geringer und erstrecken sich von mündlichen Präsentationen zu kurzen, schriftlichen Berichten. Die Ergebnisse einer VDD hingegen sind zur Weitergabe an Kaufinteressenten vorgesehen, so dass der Umfang der Sorgfältigkeitsprüfungen wesentlich breiter und die Anforderungen an die Berichterstattung wesentlich höher sind.[352]

5.1.3.3 Verkäufer Due Diligence versus Vendor Assistance

Unter *Vendor Assistance* versteht man die beratende Begleitung des Verkäufers während des gesamten Verkaufsprozesses. Darunter fallen unter anderem „[...] die Unterstützung bei Verkaufsvorbereitungen, Hinweise zur Transaktionsgestaltung, Beratung bei der Vorbereitung eines Datenraumes, in dem die relevanten Informationen über die Gesellschaft zusammengestellt werden, und die Aufbereitung der finanziellen Daten in Form eines Vendor Assistance Berichtes.“[353]

Abgrenzungsmerkmal zu einer VDD ist zum einen, dass die Festlegung des Umfangs der Vendor Assistance durch den Verkäufer erfolgt, sowie zum anderen der Tatbestand, dass die durch externe Sachverständige erbrachten Dienstleistungen nicht unabhängig und nicht für die Verwendung durch potentielle Käufer erstellt werden.[354] So ist auch ein *Informationsmemorandum*, das im Rahmen einer Vendor Assistance erstellt wurde, als eine Art Verkaufsprospekt zu sehen, in dem die Attraktivität des Verkaufsobjekts fördernde Informationen bereitgestellt werden, um somit das Kaufinteresse potentieller Unternehmenskäufer zu stimulieren.[355]

Die Wirtschaftsprüfungsgesellschaft KPMG definiert die *Vendor Assistance* als Unterstützungsleistungen bei der Aufbereitung von Finanz- und operativen Daten sowie der Einrichtung von Datenräumen, die *Reverse Due Diligence* als die Analyse selektierter Bereiche des Veräußerungsobjektes mit dem Ziel der Vermeidung negativer Überraschungen im Verkaufsprozess und der Stärkung der eigenen Verhandlungsposition. Die *Verkäufer Due Diligence* hingegen ist die durch den Verkäufer beauftragte Due Diligence aus der Sicht eines Kaufinteressenten mit der Absicht der Weitergabe von Erkenntnissen an sämtliche potentiellen Käufer.

[352] Vgl. Dirk Nawe, Frank Nagel, a.a.O., S. 512-513.
[353] Volker Strack, a.a.O., S. 38.
[354] Vgl. Volker Strack, a.a.O., S. 38.
[355] Vgl. Dirk Nawe, Frank Nagel, a.a.O., S. 514, S. 531.

Die VDD eignet sich insbesondere in Auktionsprozessen aufgrund der Forcierung von Wettbewerb unter den Bietern als auch der Wahrung von Kontrolle über den Verkaufsprozess.[356]

5.1.4 Planung und Durchführung einer Verkäufer Due Diligence

5.1.4.1 Einordnung der Verkäufer Due Diligence in den Veräußerungsprozess

In der unten aufgeführten Abbildung werden ein idealtypischer Veräußerungsprozess sowie insbesondere die zeitliche Einordnung einer VDD nach Nawe und Nagel dargestellt:

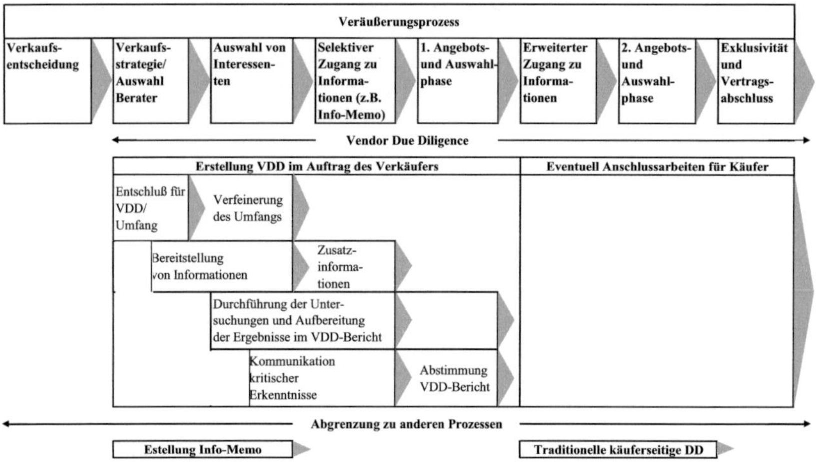

Abbildung 11: Zeitliche Einordnung der Verkäufer Due Diligence in den Veräußerungsprozess[357]

Demnach wird die VDD regelmäßig im Rahmen der Festlegung der Verkaufsstrategie initiiert, um bereits in einem frühen Stadium des Veräußerungsprozesses die Realisierung verkaufsunterstützender Aspekte bestmöglich zu erzielen. Die Initiierung einer VDD zu einem späteren Zeitpunkt ist denkbar, bedingt jedoch möglicherweise eine Verzögerung des Verkaufsprozesses und behindert gegebenenfalls wichtige Abstimmungen zwischen dem Informationsmemorandum und dem VDD-Bericht.[358]

---

[356] Entnommen aus den Internetseiten der Wirtschaftsprüfungsgesellschaft KPMG, URL: www.kpmg.de (Abrufdatum: 19. April 2006).

[357] In Anlehnung an Dirk Nawe, Frank Nagel, a.a.O., S. 520.

[358] Vgl. Dirk Nawe, Frank Nagel, a.a.O., S. 520-522.

5.1.4.2 Festlegung des Umfangs

Die Bestimmung beziehungsweise eine Generalisierung des Umfangs einer VDD ist nur schwer möglich, da bereits in einem frühen Stadium des Verkaufsprozesses eine Prognose der Informationsbedürfnisse der Kaufinteressenten erforderlich ist, um diese im VDD-Bericht zu berücksichtigen. Zum Zeitpunkt des Erstellens des VDD-Berichts sind die Adressaten, das heißt die potenziellen Käufer, jedoch regelmäßig unbekannt. Vor diesem Hintergrund sind Erfahrungswerte und Hinweise auf wiederkehrende Themengebiete durch VDD-Beauftragte eine wichtige Hilfestellung bei der Festlegung des Untersuchungsumfangs. Ein ganzheitlicher, das heißt alle möglichen Untersuchungsthemen umfassender Ansatz, ist aufgrund der Verursachung von erheblichem monetären als auch zeitlichen Aufwand ebenso wenig praktikabel wie ein Minimum-Ansatz. Vor dem Hintergrund der beabsichtigten zeitlichen Reduktion käuferseitiger Untersuchungen findet regelmäßig die Festlegung eines Umfangs mit einem tiefen aber nicht zu umfassenden Detaillierungsgrad Anwendung.[359]

Der Zeit- und Kostenumfang einer VDD werden weiterhin durch die Faktoren der Qualität des Zielunternehmens, der Zeit- und Budgetrestriktionen, der Vertrautheit des Verkäufers mit dem Zielunternehmen sowie der Bedeutung der Transaktion für den Verkäufer bestimmt. Die Festlegung der Ziele zwischen dem Verkäufer und seinen externen Sachverständigen vor Beginn der VDD ist ebenso eine notwendige Voraussetzung wie die stetige Kommunikation zwischen den externen Sachverständigen, dem Auftraggeber und den Verantwortlichen des Zielunternehmens.[360]

Größte praktische Relevanz bei der Durchführung einer VDD wird regelmäßig der Finanziellen Due Diligence zugesprochen, nichtsdestotrotz werden je nach Bedarf auch andere Untersuchungsgebiete ergänzend analysiert.[361] Nach Nawe und Nagel zählen zu den typischen Untersuchungsschwerpunkten, die starke Ähnlichkeit mit käuferseitig durchgeführten Sorgfältigkeitsprüfungen haben, die historische Vermögens-, Finanz- und Ertragslage, die Planungsrechnung, die Personalpolitik, Rechnungslegungssysteme sowie die steuerlichen Risiken. Darüber hinaus sind Markt- und Wettbewerbsanalysen regelmäßig Bestandteil der Be-

---

[359] Vgl. Dirk Nawe, Frank Nagel, a.a.O., S. 522-523; vgl. auch Andreas Faulmann: Werte sichern – Verkaufsphase verkürzen, Wolfrathshausen 2007, S. 36.

[360] Vgl. Wolfgang Berens, Walter Schmitting, Joachim Strauch, a.a.O., S. 98-104; vgl. auch Felix William Stoecker, a.a.O., S. 679-680.

[361] Vgl. Johannes Weiler, a.a.O., S. 40.

richterstattung. Die Tendenz, dass zunehmend Finanzinvestoren an Bieterverfahren partizipieren, führt zu einer verstärkten Wertlegung auf die Kapitalflussrechnung, die Verschuldungssituation des Verkaufsobjekts, sowie Eventualverbindlichkeiten wie Bürgschaften und Garantien. In diesem Zusammenhang erfolgt der Verweis auf die Analyseschritte potentieller Käufer, die detailliert in Abschnitt 3.3.2.6 dargestellt wurden. Die Einbeziehung von potenziellen Käufern in die Festlegung des Auftragsumfangs vor dem Hintergrund der Vertrauensschaffung, Erhöhung der Akzeptanz als auch der Vermeidung zusätzlicher Sorgfältigkeitsuntersuchungen stellt in einer ersten Phase lediglich eine theoretische, zu einem späteren Zeitpunkt des Veräußerungsverfahrens - insbesondere vor dem Hintergrund einer etwaigen notwendigen Aktualisierung der Untersuchungen - eine durchaus denkbare Option dar.[362]

5.1.4.3 Bestätigung der sachlichen Richtigkeit durch den Verkäufer

Durch eine schriftliche Bestätigung der sachlichen Richtigkeit und der materiellen Vollständigkeit der Angaben im VDD-Bericht durch die Geschäftsführung des Zielunternehmens kann zusätzliches Vertrauen bei potentiellen Unternehmenskäufern geschaffen werden. Die Bestätigung der sachlichen Richtigkeit zielt insbesondere auf die Identifizierung der Geschäftsführung mit den in dem Bericht dargestellten Sachverhalten ab. Für den VDD-Beauftragten ist diese Richtigkeitsbestätigung entscheidend, da andernfalls das Risiko einer unzureichenden Kooperation, die maßgebend für Qualität und Aussagekraft des VDD-Berichts ist, zu hoch ist. Wird vor Beginn der VDD die Erteilung der Richtigkeitserklärung versagt, so ist die Annahme des Auftrags durch den VDD-Beauftragten aus den dargelegten Gründen bedenklich.[363]

5.1.4.4 Weitergabe des Berichts und finanzielles Risiko

Das Vertragsverhältnis bei der Durchführung einer VDD besteht zwischen dem Verkäufer und dem beauftragten Spezialisten, so dass letzterem die Verantwortung zur ordnungsmäßigen Durchführung als auch die Haftung für etwaige Fehler aus der Auftragsausführung gegenüber dem Verkäufer obliegt. Eine mit der VDD beauftragte Wirtschaftsprüfungsgesellschaft wird im Rahmen der für den Berufsstand gültigen allgemeinen Geschäftsbedingungen beziehungsweise unter Berücksichtigung der Bedingungen des Berufshaftpflichtversicherers ihre Haftung regelmäßig begrenzen. Mit der Übergabe des VDD-Berichts an potenzielle Käu-

---

[362] Vgl. Dirk Nawe, Frank Nagel, a.a.O., S. 519, S. 525-526, S. 530-531.
[363] Vgl. Dirk Nawe, Frank Nagel, a.a.O., S. 529.

fer, der maßgeblichen Einfluss auf die Kaufentscheidung beziehungsweise die Verhandlung von Kaufvertragskonditionen hat, entsteht auch ohne ausdrückliche Einigung ein konkludenter Auskunftsvertrag zwischen der Wirtschaftsprüfungsgesellschaft und den potentiellen Käufern, der mit sämtlichen Ansprüchen, die sich regelmäßig aus Verträgen ergeben, behaftet ist. Die Haftungsverpflichtung der Wirtschaftsprüfungsgesellschaft für etwaige Fehler im VDD-Bericht erweitert sich fortan auf den Kreis potentieller Käufer, selbst wenn zunächst keine eigentlichen vertraglichen Verhältnisse und auch keine Leistungsentlohnungen bestehen. In einem formellen Auskunftsvertrag kann jedoch eine Haftungsbegrenzung, entsprechend dem Auftragsverhältnis zwischen Verkäufer und Auftragnehmer, beziehungsweise ein vollständiger Haftungsausschluss vor der Übergabe des Berichts an potentielle Käufer vereinbart werden. Bei einer Finanzierungsentscheidung sind die potentiellen Unternehmenskäufer beziehungsweise deren Fremdkapitalgeber dem eigentlichen finanziellen Risiko ausgesetzt.[364]

5.1.5 Motive

5.1.5.1 Einführung

In Anlehnung an die in Abbildung 10 dargestellte Entwicklung der relativen Stärke des Verkäufers in Transaktionsprozessen werden im Folgenden die Vorteile der Initiierung einer VDD beschrieben.

Voranstellend ist jedoch anzumerken, dass die stetig steigende Anzahl an initiierten VDDs per se die Vorteilhaftigkeit einer solchen Prüfung zu begründen vermag.[365]

5.1.5.2 Frühzeitige Identifizierung und Beseitigen von (Haftungs-) Risiken

Es besteht ein kausaler Zusammenhang zwischen den Ergebnissen einer käuferseitig durchgeführten Due Diligence und dem Umfang der vom Käufer verlangten Gewährleistungen.[366] Werden schwerwiegende Mängel erst im Rahmen käuferseitiger Untersuchungen erkannt, so kann die Behebung des Sachverhalts zu Verzögerungen des Verkaufsprozesses führen.[367] Im Extremfall können durch die Gegenpartei aufgedeckte Haftungsrisiken diese zu einem Abbruch der Vertragsverhandlungen veranlassen. Als Konsequenz dieser Tatsache sollte die Prä-

[364] Vgl. Dirk Nawe, Frank Nagel, a.a.O., S. 530.
[365] Vgl. Volker Strack, a.a.O., S. 38.
[366] Vgl. Felix William Stoecker, a.a.O., S. S. 675 - 678.
[367] Vgl. Karl Otto Linz: Rollenverteilung im Verkaufsprozeß von Unternehmen, Wolfrathshausen 2004, S. 94.

sentation eines von Mängeln und Risiken befreiten Verkaufsobjekts das unbedingte Interesse eines Verkäufers sein, um ungewollte Gewährleistungen oder Kaufpreisherabsetzungen im Verkaufsvertrag zu vermeiden. Ein Hauptmotiv für die Veranlassung einer VDD ist somit die frühzeitige *Identifizierung* von Risiken, die sich während des Verkaufsprozesses negativ auf die eigene Verhandlungsposition auswirken können und somit den Verkaufspreis als auch den Umfang und den Inhalt des von der finanzierenden Partei geforderten Gewährleistungskataloges beeinflussen. Regelmäßig wird die VDD in einem Stadium initiiert, in dem Probleme vermutet werden, aber noch keine genaue Vorstellung über die tatsächlich vorhandenen Risiken existiert.[368]

Die Absicht und der Umfang einer VDD gehen jedoch über die Risikoidentifizierung hinaus: die *Beseitigung* der identifizierten Risiken ist ein nächster wichtiger Schritt zur Vermeidung der Beeinträchtigung der eigenen Verhandlungsposition. Die Beseitigung von Mängeln wird in Form von Heilungs-, Umstrukturierungs- oder anderen Verschönerungsmaßnahmen durchgeführt, um Unklarheiten und Zweifeln des potenziellen Käufers entgegenzuwirken. Stoecker führt hier unter anderem die folgenden Heilungsmaßnahmen rechtlicher Mängel auf: „[…] Ersetzung mündlicher Absprachen durch schriftliche Vereinbarungen (zum Beispiel konzerninterne Lizenzverträge, Liefer- und Einkaufsverträge), die Heilung unwirksamer Anteilsübertragungen, noch nicht eingetragener Kapitalerhöhungen, nicht registrierter Umfirmierungen, formunwirksamer Beteiligungskäufe, der Abschluss unvollendeter Liquidationen oder die Heilung fehlerhafter Lizenzvergaben.“[369]

Nichtsdestotrotz sind die Kosten und der Zeitaufwand, die im Zusammenhang mit den entsprechenden Heilungsmaßnahmen stehen, den sich möglicherweise hieraus ergebenen Vorteilen gegenüberzustellen, um, gegebenenfalls auch in Kollaboration mit externen Sachverständigen und unter Berücksichtigung der Interessen potentieller Käufer, eine Auswahl an zu beseitigenden Mängeln zu treffen und die Bereinigung dieser noch vor Beginn der käuferseitig initiierten Due Diligence zu gewährleisten. Die Beseitigung von Mängeln versetzt den Verkäufer auch in eine Position genauer Kenntnis über jene Gewährleistungsfälle, die sehr wahrscheinlich nicht mehr eintreten werden, so dass auch sehr umfangreichen Gewährleistungswünschen des Käufers zugestimmt werden kann. Gleichwohl kann die Erfüllung von

---

[368] Vgl. Felix William Stoecker, a.a.O., S. S. 675-678.
[369] Felix William Stoecker, a.a.O., S. 677.

umfangreichen Gewährleistungswünschen in die Waagschale geworfen und ein Entgegenkommen des Käufers in einem anderen Punkt verhandelt werden.[370]

Nach Auffassung von Nawe und Nagel detailliert der VDD-Bericht die wesentlichen Chancen und Risiken des Zielunternehmens, so dass sich die Festlegung vertraglicher Anrechte auf spezifische Risiken begrenzen. Dies hat nicht nur eine erhöhte Rechtssicherheit für beide Vertragsseiten zur Folge, sondern ebenso eine Minimierung zeit- und kostenintensiver Abwicklungsprozesse nach erfolgtem Unternehmensverkauf.[371]

Die Identifizierung und Beseitigung von kaufpreisbeeinflussenden Risiken ist insbesondere bei *Auktionsverfahren* von Vorteil. In Auktionsverfahren erfolgt regelmäßig eine Kaufpreismaximierung, angeregt durch die um das Verkaufsobjekt wettstreitenden Kaufinteressenten. Ein verbindliches Kaufangebot wird jedoch vornehmlich in Abhängigkeit von den Ergebnissen einer käuferseitig initiierten Due Diligence abgegeben, die, aufgrund ihrer Kostenintensität, regelmäßig erst in einer Phase exklusiven Verhandelns veranlasst wird. Die Gewährung einer Exklusivitätsphase birgt jedoch die Gefahr einer gerechtfertigten oder auch ungerechtfertigten Kaufpreisanpassung durch neue im Rahmen der käuferseitig initiierten Due Diligence gewonnene Erkenntnisse. Schließlich verbleiben dem Verkäufer allein die Möglichkeiten der Annahme des angepassten Angebots oder des Abbruchs der exklusiven Verhandlungen und der Wiederaufnahme des Auktionsverfahrens. Die Durchführung einer VDD versetzt den Verkäufer in die Position der Kenntnis über kaufpreisentscheidende Probleme und Risiken bereits vor Beginn der exklusiven Verhandlungen und bedingt so letztendlich eine Reduktion des Überraschungsmoments.[372]

Nichtsdestotrotz können im Rahmen einer VDD auch unerwartete Chancen des Verkaufsobjekts erkannt werden: beispielsweise fehlt häufig ein detaillierter Wissensstand über Potentiale zu verkaufender Randaktivitäten oder Tochtergesellschaften, oder es werden konservative Planungsrechnungen mit der Absicht der späteren Übertreffung der Erwartungen entworfen.[373]

---

[370] Vgl. Felix William Stoecker, a.a.O., S. 677-678.
[371] Vgl. Dirk Nawe, Frank Nagel, a.a.O., S. 515-516.
[372] Vgl. Dirk Nawe, Frank Nagel, a.a.O., S. 515-516.
[373] Vgl. Dirk Nawe, Frank Nagel, a.a.O., S. 515-516; vgl. auch Hans-Joachim Schreiber, Sybille Flindt: Vendor Due Diligence – Eine Analyse der Vor- und Nachteile, Wolfrathshausen 2005, S. 16.

5.1.5.3 Informationsmanagement durch den Verkäufer

Die Notwendigkeit der Durchführung einer VDD besteht ausschließlich bei Vorhandensein eines Informationsdefizits der Käufer in Bezug auf die dem Unternehmen anhaftende Risiken. Ein solches Informationsdefizit ist in zahlreichen Fällen insbesondere aufgrund komplexer Unternehmensstrukturen gegeben. Eine Besonderheit der VDD liegt in der Bereitschaft des Verkäufers, auch vertrauliche Dokumente und Informationen zur Analyse durch die von ihm beauftragten Sachverständigen bereitzustellen.[374]

Die VDD ermöglicht dem Verkäufer, die Weitergabe von Dokumenten und Informationen gezielt zu steuern: „Er kann gewährleisten, dass alle ernsthaften Bieter Zugang zu den gleichen Informationen und somit eine im wesentlichen gleiche Entscheidungsgrundlage für ihr Angebot haben. Damit herrscht zu Gunsten des Verkäufers eine größere Konkurrenz der Bieter, die sich in einer Kaufpreisoptimierung niederschlagen kann."[375]

Nach Nawe und Nagel werden im Rahmen einer VDD kaufpreisrelevante Faktoren - seien sie preiserhöhend oder preismindernd – zwischen dem beauftragten Sachverständigen und dem Verkäufer diskutiert, bevor potentiellen Käufern der Zugang zu diesen Informationen freigegeben wird. Ein weiteres Motiv für die Initiierung einer VDD besteht somit darin, „[...] die ungewollte Weitergabe von vertraulichen, wettbewerbsrelevanten Informationen zu verhindern und die sachliche Richtigkeit der weitergegebenen Informationen sicherzustellen. [...] Der Verkäufer muß dabei zwischen dem berechtigten Interesse, das wirtschaftliche Know-how des Verkaufsobjekts vor Wettbewerbern zu schützen, und dem Interesse an einer zügigen und erlösmaximierenden Abwicklung des Verkaufs abwägen."[376] Als Beispiele regelmäßig zurückgehaltener Informationen werden Gehaltsstrukturen, Gewinnspannen von Produkten, Kunden- beziehungsweise Lieferantenidentitäten, sowie steuerliche Risiken und drohende Rechtsstreitigkeiten aufgeführt.[377]

Eine VDD dient jedoch nicht der Geheimhaltung bestimmter Informationen oder der Manipulation beziehungsweise Beeinflussung von externen Sachverständigen. Auch die externen Sachverständigen halten unter Wahrung ihres professionellen Rufs aber auch aufgrund einer

[374] Vgl. Felix William Stoecker, a.a.O., S. 676, S. 678-679.
[375] Hans-Joachim Schreiber, Sybille Flindt, a.a.O., S. 16.
[376] Dirk Nawe, Frank Nagel, a.a.O., S. 518, S. 524.
[377] Vgl. Dirk Nawe, Frank Nagel, a.a.O., S. 518, S. 524.

möglichen Haftung gegenüber potentiellen Käufern von einer Geheimhaltung bestimmter Informationen Abstand. Der zwischen dem Verkäufer und den externen Sachverständigen vereinbarte Leistungsumfang wird von den Kaufinteressenten regelmäßig auf Vollständigkeit und Relevanz, aber auch auf etwaige Einschränkungen, unter anderem in Bezug auf den Zugang zu Informationen, kritisch begutachtet.[378]

Es ist auch zu berücksichtigen, dass käuferseitig durchgeführte Untersuchungen stets das Risiko einer Falschdarstellung und Fehlinterpretation von Sachverhalten bergen, da der Zugang zu Informationen beziehungsweise zu relevanten Ansprechpartnern des Zielunternehmens möglicherweise nur beschränkt möglich ist. Auch hier bietet die VDD dem Verkäufer die Möglichkeit des Informationsmanagements und der Vermeidung von Fehlinterpretationen relevanter Sachverhalte durch potenzielle Käufer.[379]

5.1.5.4 Kontrolle über den Verkaufsprozess und verminderte Beeinträchtigung der laufenden Geschäftstätigkeit

Ein Verkaufsprozess fordert die zeitliche Inanspruchnahme der relevanten Ansprechpartner des Zielobjekts und führt, aufgrund der Erfordernis der Aufarbeitung und Bereitstellung von Unternehmensinformationen als auch der Gesprächsführung mit potentiellen Investoren und deren Beratern, nicht zuletzt zu einer Vernachlässigung beziehungsweise Beeinträchtigung des Tagesgeschäfts. Hierauf folgen regelmäßig eine Verschlechterung der Unternehmensergebnisse und auch eine Verlangsamung des Transaktionsprozesses.[380]

Die Durchführung einer VDD ermöglicht dem Verkäufer, den Verkaufsprozess zu kontrollieren und führt zu einer einmaligen Mehrbelastung der relevanten Ansprechpartner.[381] Art und Umfang der hieran anschließenden käuferseitigen Untersuchungen variieren dann in Abhängigkeit von der Vollständigkeit des VDD-Berichts sowie dem zeitlichen Abstand zwischen Fertigstellung der VDD und dem Abschluss des Kaufvertrags.[382]

---

[378] Vgl. Dirk Nawe, Frank Nagel, a.a.O., S. 518, S. 524-525.
[379] Vgl. Dirk Nawe, Frank Nagel, a.a.O., S. 518; vgl. auch Johannes Weiler, a.a.O., S. 41-42.
[380] Vgl. Dirk Nawe, Frank Nagel, a.a.O., S. 517-518; vgl. auch Felix William Stoecker, a.a.O., S. 679-680.
[381] Vgl. Hans-Joachim Schreiber, Sybille Flindt, a.a.O., S. 16.
[382] Vgl. Dirk Nawe, Frank Nagel, a.a.O., S. 517-518.

Auch bergen das ungewollte Bekanntwerden von Veräußerungsabsichten sowie Unterbrechungen der laufenden Geschäftstätigkeit durch wiederholt stattfindende Sorgfältigkeitsprüfungen verschiedener potentieller Käufer das Risiko ungewollter und negativer Nebeneffekte für das Unternehmen. Das ungewollte Bekanntwerden von Veräußerungsabsichten kann nicht nur unter den Beschäftigten des Unternehmens sondern auch im Unternehmensumfeld – so beispielsweise unter Lieferanten und Kunden – Unsicherheiten hervorrufen, Kündigungen und Auftragsabbrüche bedingen, und somit schließlich zu einer Beeinträchtigung der laufenden Geschäftstätigkeit führen. Aus Verkäufersicht ist die Kontrolle über den Verkaufsprozess somit von entscheidender Wichtigkeit. Durch die Initiierung einer VDD wird das Risiko beziehungsweise das Ausmaß dieser negativen Nebeneffekte gemindert.[383]

5.1.5.5 Zeit- und Kostenkontrolle

Ein erfolgreicher Transaktionsabschluss bedingt für einen potenziellen Käufer die Einbringung enormer zeitlicher und finanzieller Ressourcen. Dabei muss berücksichtigt werden, dass die Aussichten auf einen erfolgreichen Abschluss einer Transaktion mit zunehmender Anzahl an Bietern sinkt. Das Vorhandensein eines VDD-Berichts vermag den Zeitaufwand eines Veräußerungsprozesses zu reduzieren, da die hieraus gewonnenen Ergebnisse und Erkenntnisse sämtlichen potentiellen Käufern gleichzeitig zur Verfügung gestellt werden können. Auch die Kosten einer VDD trägt zunächst der Verkäufer. Für Kaufinteressenten, und insbesondere für die aus dem Verkaufsprozess frühzeitig ausscheidenden Wettstreiter, kann durch die VDD eine Reduktion ihres Kostenrisikos erreicht werden. Letztendlich wird für Investoren ein Anreiz geschaffen, an Auktionen mit einer Vielzahl von Bietern beziehungsweise Auktionen um weniger attraktive Kaufobjekte zu partizipieren.[384] So wird schließlich ein intensiverer Bieterwettbewerb geschaffen, der dem Verkäufer Flexibilität in der Auswahl der Kaufinteressenten und schließlich auch eine verbesserte Verhandlungsposition ermöglicht.[385]

Die VDD ersetzt regelmäßig nicht die Durchführung käuferseitiger Due Diligence-Prüfungen,[386] schafft aber für potentielle Käufer insoweit Mehrwert, als dass deren Einsatz zeitlicher

[383] Vgl. Dirk Nawe, Frank Nagel, a.a.O., S. 514-515, 517-518.
[384] Vgl. Dirk Nawe, Frank Nagel, a.a.O. , S. 517; vgl. auch Hans-Joachim Schreiber, Sybille Flindt, a.a.O., S. 16.
[385] Vgl. Andreas Faulmann, a.a.O., S. 37.
[386] Vgl. Volker Strack, a.a.O., S. 38.

und personeller Ressourcen reduziert und eine Schwerpunktbildung bei der Durchführung einer Käufer Due Diligence möglich wird.[387]

Schließlich muss aber auch der Tatbestand Berücksichtigung finden, dass die dem Verkäufer aus der Durchführung einer VDD entstandenen Kosten regelmäßig durch einen höheren Kaufpreis an den Käufer weitergeleitet beziehungsweise überkompensiert werden.[388]

5.1.5.6 Vorteile durch Hinzuziehung externer Sachverständiger

Je nach Größe und Struktur zählt ein Unternehmen Spezialisten zu seinem Beschäftigtenkreis, die Teilbereiche oder auch eine vollständige VDD eigenständig durchführen können. Das Hinzuziehen von externen Sachverständigen ermöglicht allerdings die *objektive* und *neutrale* Abbildung des Unternehmensbildes, sowie auch eine effizientere Durchführung des Prozesses. Sofern beispielsweise im Rahmen einer VDD die Hinzuziehung von Rechtsanwälten zur Untersuchung rechtlicher Aspekte des Verkaufsobjekts erfolgt ist, können selbige auch mit der Betreuung des Unternehmensverkaufs beauftragt werden. Die aus der VDD gewonnenen Erkenntnisse finden so ohne die Verursachung eines zusätzlichen Zeit- und Kostenaufwands, der für die Einarbeitung der verkaufsbetreuenden Anwälte notwendig wäre, im Unternehmensverkaufsvertrag Berücksichtigung. In diesem Fall kann den potentiellen Käufern dann bereits ein Vertragsentwurf als Verhandlungsbasis zur Verfügung gestellt werden.[389]

5.1.5.7 Vorbereitung des Datenraums

Die käuferseitig initiierte Due Diligence basiert auf Unternehmensinformationen, die in einem beaufsichtigten *Datenraum* zur Verfügung gestellt werden. Regelmäßig umschließt der Kreis potentieller Käufer auch Wettbewerber, Zulieferer oder Abnehmer des Zielunternehmens, denen ausgewählte vertrauliche Informationen zumindest in einem frühen Stadium des Verkaufsprozesses noch vorenthalten werden sollen (siehe auch Abschnitt 5.1.5.3). Die mit der VDD beauftragten externen Sachverständigen können aufgrund ihres detaillierten Einblicks wichtige Hilfestellung in der Vorauswahl von in den Datenraum einzustellenden Dokumenten leisten und eine systematische Präsentation der Unterlagen organisieren. Eine gezielte Zusammenstellung der Dokumente für den Datenraum hilft nicht nur der Verkaufspartei, ver-

---

[387] Vgl. Christoph von Einem, Simon Preisenberger, a.a.O., S. 54.
[388] Vgl. Xaver Zimmerer: Verkäufer Due Diligence, Wiesbaden 2004, S. 21-22.
[389] Vgl. Felix William Stoecker, a.a.O., S. 678-680.

trauliche Dokumente zu schützen, sondern erleichtert potentiellen Käufern die Durchführung ihrer Unternehmensanalysen und vermittelt ihnen ein schlüssiges und vollständiges Bild des Zielunternehmens. Ein qualitativ hochwertiger Datenraum hilft Zeitverzögerungen und auch Vertragsabbrüchen, die beispielsweise durch lückenhaft bereitgestellte Informationen hervorgerufen werden, entgegenzuwirken. Die im Datenraum bereitgestellten Informationen sollen die grundlegenden Fragen beantworten und die Basis für erfolgreiche Verkaufsverhandlungen bilden. Die Qualität des Datenrauminhalts ist von entscheidender Bedeutung, um dem Interessentenkreis einen fundierten ersten Eindruck über die Organisation des Zielunternehmens als auch den Entschluss zum Verkauf zu vermitteln und wirkt sich daher unmittelbar auf die Kaufentscheidung potentieller Käufer aus.[390]

Neben den Motiven für die Initiierung einer VDD gilt es jedoch auch eine Reihe von kritischen Aspekten zu berücksichtigen. Diese können allerdings durch eine entsprechende Ausgestaltung des Auftragsumfangs abgeschwächt werden.[391]

5.1.6 Kritische Aspekte

5.1.6.1 Infragestellung der Unabhängigkeit externer Sachverständiger

Eine Wirtschaftsprüfungsgesellschaft, die durch Berufsgrundsätze zur Unabhängigkeit verpflichtet ist (siehe in diesem Zusammenhang die Ausführungen im nachfolgenden Kapitel 6.3), wird regelmäßig mit der Durchführung von Sorgfältigkeitsprüfungen durch einen Unternehmensverkäufer beauftragt. Eine Infragestellung dieser Unabhängigkeit durch potentielle Käufer wird dann hervorgerufen, wenn selbige Wirtschaftsprüfungsgesellschaft ebenso für die jährliche Überprüfung des Jahresabschlusses bestellt ist. Daher sind durch den Einsatz unterschiedlicher Teams für Abschlussprüfung und Due Diligence Informationsbarrieren (so genannte „Chinese Walls“) zu schaffen. Vertrauen in die Unabhängigkeit wird zudem durch die Beauftragung transaktionserfahrener und in Bezug auf die Bedürfnisse potentieller Unternehmenskäufer kundiger Wirtschaftsprüfer erreicht. Auch wird potentiellen Unternehmens-

---

[390] Vgl. Felix William Stoecker, a.a.O., S. 678-679.
[391] Vgl. Dirk Nawe, Frank Nagel, a.a.O., S. 518.

käufern regelmäßig die Gelegenheit zur Diskussion mit dem beauftragten Wirtschaftsprüfer und somit zur Beseitigung möglicher bestehender Zweifel an der Unabhängigkeit geboten.[392]

5.1.6.2 Erweiterung des originären Auftragsumfangs

In dem Zeitfenster zwischen der Beendigung der VDD und der Berichterstattung an den tatsächlichen Käufer können entscheidende Ereignisse stattgefunden haben, die nicht mehr Gegenstand des VDD Berichts sind. Regelmäßig ist insbesondere bei großen und komplexen Transaktionen ein zeitlicher Abstand von mehreren Monaten nicht unüblich, währenddessen der Zugang zu Unternehmensinformationen als auch eine Aktualisierung des VDD-Berichtes für den mit der VDD beauftragten externen Sachverständigen regelmäßig nur eingeschränkt möglich ist. Aus Käufersicht entsteht insbesondere in der Exklusivitätsphase einer Verhandlung eine Erwartungshaltung für die Veranlassung einer Aktualisierung beziehungsweise weitergehender Untersuchungen durch den Verkäufer. In jedem Fall ist durch den mit der VDD beauftragten externen Sachverständigen im Rahmen seiner Berichterstattung auf zeitliche Diskrepanzen und hierdurch resultierende Informationslücken aufmerksam zu machen.[393]

5.1.6.3 Kosten versus Nutzen

Wie in Kapitel 5.1.5.2 bereits aufgeführt können die Kosten und der Zeitaufwand, die im Zusammenhang mit Heilungsmaßnahmen von identifizierten Risiken stehen, möglicherweise den hieraus entstehenden Nutzen übersteigen, so dass eine vollständige Heilung der Mängel nicht gerechtfertigt beziehungsweise möglich ist.[394]

Darüber hinaus liegt das Kostenrisiko, sofern es nicht zu einem Transaktionsabschluss kommt, zunächst beim Verkäufer, und die durch eine VDD erzielten Mehrverkaufspreise sind im Nachhinein nicht messbar.[395] Dennoch, „Die zunehmende Nachfrage nach Vendor Due Diligence zeigt, dass die Vorteile den Kostennachteil für den Verkäufer überwiegen.“[396]

---

[392] Vgl. Dirk Nawe, Frank Nagel, a.a.O., S. 519.
[393] Vgl. Dirk Nawe, Frank Nagel, a.a.O., S. 519-520.
[394] Vgl. Felix William Stoecker, a.a.O., S. 677-678.
[395] Vgl. Hans-Joachim Schreiber, Sybille Flindt, a.a.O., S. 17; vgl. auch Andreas Faulmann, a.a.O., S. 37.
[396] Volker Strack, a.a.O., S. 38.

5.1.6.4 Einblick in die Geschäftstätigkeit des Zielobjekts

Die Weitergabe des VDD-Berichts an Kaufinteressenten bedingt die Gewährung eines Einblickes in Details der Geschäftstätigkeit des Zielobjektes (siehe in diesem Zusammenhang insbesondere die Ausführungen in Kapitel 5.1.5.3). An dieser Stelle ist jedoch darauf hinzuweisen, dass, auch ohne Vorhandensein eines VDD-Berichtes, potenzielle Käufer stets eigene Untersuchungen anstellen und sich somit schließlich ohnehin einen detaillierten Einblick in das Zielobjekt verschaffen.[397]

5.2 Rating Advisory in Kreditverhandlungen

5.2.1 Einführung

In Anlehnung an die Möglichkeit eines Unternehmenseigentümers, sich in Antizipation eines Unternehmensverkaufs auf das Instrument der VDD zur Abwendung einer möglichen, sich aus einer käuferseitig initiierten Due Diligence ergebenden Verschlechterung der Verhandlungsposition zu berufen, hat ein Unternehmen ebenso die Möglichkeit, sich mithilfe von *Rating Advisory* auf ein bevorstehendes Rating, das ausschlaggebend für Kreditgewährung und Kreditkonditionen ist, vorzubereiten: „Professionell aufbereitete Unternehmensinformationen werden künftig zum strategischen Wettbewerbsvorteil, denn durch diese wird Vertrauen in die Zukunftsfähigkeit des Unternehmens erzeugt.“[398] So wird auch für die Vorbereitung von Verhandlungen mit Kreditinstituten die Hinzuziehung von externen Sachverständigen empfohlen: „Make full use of your business advisors, such as your lawyer and accountant, who can assist in organizing your loan-package request and can later review any agreements you enter into to help you understand the implications of any conditions to which you agree.“[399]

Für ein Wachstumsunternehmen besteht aus der Inanspruchnahme einer Rating-Beratung ein Nutzen aus dem Zugang zu Anregungen für konkrete Verbesserungen, so dass hierauf aufbauend beispielsweise Restrukturierungen veranlasst oder das Geschäftsmodell überarbeitet werden können. Zudem können positive Ergebnisse als ein Marketinginstrument und zur Weitergabe an Kapitalgeber verwendet werden.[400]

---

[397] Johannes Weiler, a.a.O., S. 42.
[398] Hilko Holzkämpfer: Rating Advisory, Wiesbaden 2007, S. 802.
[399] Daniel R. Garner, Robert R. Owen, Robert P. Conway: The Ernst & Young Guide To Financing For Growth, New York/Chichester/Brisbane/Toronto/Singapore 1994, S. 101.
[400] Vgl. Malte Brettel, Markus Rudolf, Peter Witt, a.a.O., S. 291-292.

Dieses Instrument *Rating Advisory* wird in den nachfolgenden Kapiteln weiter ausgeführt.

5.2.2 Begriffsbestimmung und Abgrenzung zur Due Diligence

Wie die Diskussion der Möglichkeiten der Wissenserarbeitung durch Beteiligungsgesellschaften und Kreditinstitute in den Kapiteln 3.3.2 und 3.3.3 bereits aufgezeigt hat, weisen die Begriffe *Due Diligence* und *Rating* (beziehungsweise Kreditwürdigkeitsprüfung) eine hohe Ähnlichkeit auf. Die Due Diligence ist regelmäßig Bestandteil von M&A-Transaktionen, wird aber gleichwohl auch in Antizipation einer Kreditgewährung durch eine Bank durchgeführt. Trost und Sattler sprechen in diesem Zusammenhang von *M&A Due Diligence* (siehe in diesem Zusammenhang die Ausführungen in den Kapiteln 3.3.2 und 5) und *Rating Due Diligence*.[401]

Unterscheidungs- beziehungsweise Abgrenzungsmerkmal zwischen diesen beiden Formen der Unternehmensanalyse ist zum einen, dass bei Unternehmenskäufen oder –verkäufen eine strategische, kulturelle und finanzielle Übereinstimmung unbedingt notwendig ist, während eine solche Passfähigkeit für das ganzheitliche Rating bedeutungslos ist. Zum anderen erfolgt bei der M&A Due Diligence regelmäßig eine Spezialisierung der Untersuchung auf ausgewählte Unternehmensaspekte, während – zur Sicherstellung einer objektiven Vergleichbarkeit zwischen bewerteten Unternehmen – eine standardisierte und einheitliche Vorgehensweise beim Rating Anwendung findet.[402]

Die Rating Due Diligence ist als integraler Bestandteil des Rating Advisory-Prozesses zu verstehen und greift auf mit der M&A Due Diligence vergleichbare beziehungsweise ähnliche Analysemethoden und –schritte zurück.[403] Die Analyseschritte einer M&A Due Diligence sind bereits in Kapitel 3.3.2 detailliert dargestellt worden, so dass an dieser Stelle ein Verweis auf die vorherigen Ausführungen erfolgt. Der Rating Advisory-Prozess ist in der nachfolgenden Abbildung dargestellt:

---

[401] Vgl. Ralf Trost, Ralf R. Sattler, a.a.O., S. 353-354.
[402] Vgl. Ralf Trost, Ralf R. Sattler, a.a.O., S. 353-354.
[403] Vgl. Ralf Trost, Ralf R. Sattler, a.a.O., S. 353-368; vgl. auch Georg van Hall, a.a.O., S. 187-189.

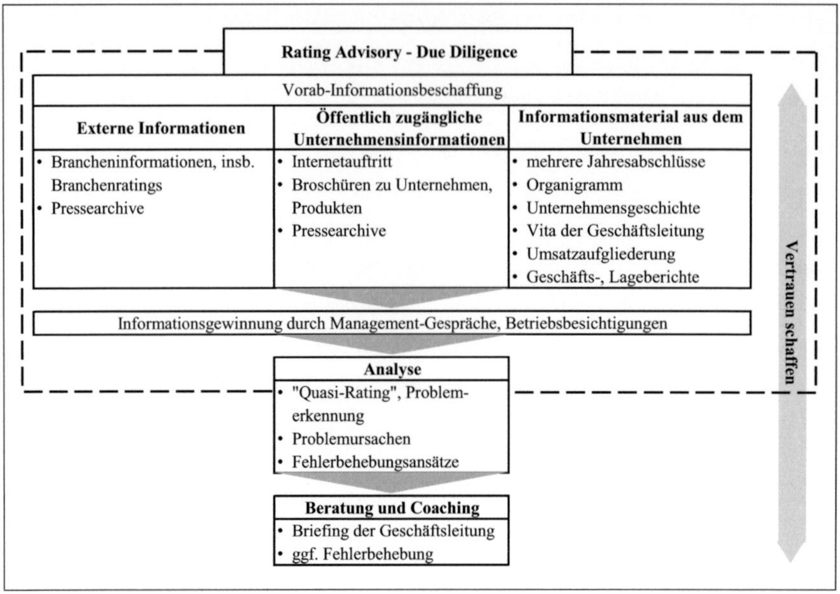

Abbildung 12: Due Diligence bei Rating Advisory[404]

Rating Advisory bezeichnet alle im Zusammenhang mit dem Rating stehende Formen und Inhalte der Beratung, die optimale Vorbereitung beziehungsweise die effiziente Begleitung des Unternehmens durch den Ratingprozess und somit letztendlich unter Berücksichtigung der Unternehmensgegebenheiten auch eine bestmögliche Ratingeinstufung.[405]

5.2.3 Anforderungen und Aufgaben eines Rating Advisors

Im Rahmen der Inanspruchnahme von Rating Advisory-Leistungen greift ein Unternehmen auf einen Berater, den so genannten *Rating Advisor*, zurück: „Der Rating Advisor muss […] in der Lage sein, das Unternehmen mit hohem betriebswirtschaftlichen Sachverstand und aus dem Blickwinkel eines Rating Analysten zu betrachten.“[406] Es ist die Aufgabe des Rating Advisor, die Vorbereitung des Unternehmens auf das Rating durch Analyse der Ausgangssituation, Erkennen von Problemen, Darstellung positiver Sachverhalte und eingeleiteter Ver-

[404] In Anlehnung an Ralf Trost, Ralf R. Sattler, a.a.O., S. 358.
[405] Vgl. Martin Wambach, Thomas Kirchmer, Dieter Wunderlich: Rating – Weit reichende Konsequenzen für mittelständische Unternehmen und für Wirtschaftsprüfer, Wiesbaden 2004, S. 177.
[406] Ralf Trost, Ralf R. Sattler, a.a.O., S. 352.

schönerungsmaßnahmen sowie Vorbereitung der Geschäftsleitung auf Gespräche mit dem Banksachbearbeiter vorzunehmen: „Dem Rating Advisor kommt somit zugleich die Rolle eines Analysten, eines Beraters und eines Coaches zu.“[407]

Durch den Rating Advisor muss eine *substanzielle Beurteilung* des Unternehmens erfolgen, da die Vorbereitung auf einzelne spezielle Ratingsysteme nicht realisierbar ist: Anbieter *externer Ratings* werden als Prävention gegen eine Nachahmung durch den Wettbewerb Details ihrer Bewertungsschablonen beziehungsweise Gewichtungen einzelner Kriterien nicht kommunizieren oder offen legen. Und auch bei *bankinternen Ratingverfahren* wird den Sachbearbeitern, um einer möglichen Mitgestaltung am Ratingergebnis entgegenzuwirken, eine Einsicht in die internen Bewertungsschemata regelmäßig verwehrt, so dass der Sachbearbeiter allein für die Eingabe von Bewertungskriterien nicht aber für die Auswertung beziehungsweise Bewertung dieser zuständig ist.[408]

Um Verantwortung und Aufgabe einer substanziellen Unternehmensbeurteilung gerecht zu werden, muss ein Rating Advisor bestimmte Anforderungen erfüllen: hierzu zählen unter anderem das Vorhandensein grundlegender Kenntnisse über das Rating sowie Ratingsysteme, Ratingverfahren, Ratingstandards, Erfahrungen in der Durchführung von Ratings, die Kompetenz der Analyse von Unternehmen in kurzer Zeit, Kenntnisse über die wesentlichen Risikodeterminanten eines Unternehmens sowie die Anforderungen, die im Rahmen eines Ratings an ein Unternehmen gestellt werden. Vor dem Hintergrund, dass insbesondere mittelständische Unternehmen grundsätzlich eine eher ablehnende Haltung gegenüber externen Beratern haben, ist der Rückgriff auf einen solchen Berater sinnvoll, zu dem ein Vertrauensverhältnis besteht und der bereits über detaillierte Unternehmenskenntnisse verfügt, wie zum Beispiel der Wirtschaftsprüfer.[409]

Wie in Abschnitt 3.1.3.2.2 dargestellt unterliegt die Einhaltung der gesetzlichen Bestimmungen nach § 18 KWG durch die Bank zwar keiner aufsichtsrechtlichen Kontrolle, wohl aber einer Kontrolle durch den zuständigen Wirtschaftsprüfer. So wird der Wirtschaftsprüfer in Ausübung seiner Aufgaben begleitend in bestehende Geschäftsbeziehungen zwischen Kredit-

[407] Ralf Trost, Ralf R. Sattler, a.a.O., S. 355, S. 353-354.
[408] Vgl. Ralf Trost, Ralf R. Sattler, a.a.O., S. 355-356.
[409] Vgl. Georg van Hall, a.a.O., S. 184-185.

nehmer und der kreditgebenden Bank einbezogen.[410] Zudem erlangt der Wirtschaftsprüfer durch die Jahresabschlussprüfung einen hohen Informationsstand über ein Unternehmen und hat somit im Vergleich zu anderen Beratern einen deutlichen Wissensvorsprung über den organisatorischen Zustand sowie mögliche Entwicklungstendenzen. Auch aus diesem Grund ist der Wirtschaftsprüfer als Rating Advisor besonders geeignet.[411]

5.3 Zusammenfassende Ausführungen

In diesem Kapitel ist aufgezeigt worden, dass die VDD ein zweckmäßiges Instrument zur Aufrechterhaltung beziehungsweise zur Verbesserung der Verhandlungsposition eines Verkäufers in Verhandlungen mit potenziellen Unternehmenskäufern darstellt. Zahlreichen Vorteilen stehen einige kritische Aspekte gegenüber, die jedoch durch eine entsprechende Ausgestaltung von Auftragsvereinbarungen abgeschwächt werden können.[412]

Weiterhin kann ein Unternehmen in Vorbereitung auf ein über Kreditvergabe und Kreditkonditionen entscheidendes Rating auf eine bestimmte Dienstleistung zurückgreifen, nämlich Rating Advisory. Diese Leistung umfasst neben einer Due Diligence, die Ähnlichkeiten mit einer M&A Due Diligence hat, weitere Betreuungs- und Beratungsleistungen. In diesem Zusammenhang sind die Kompetenz und das Know-how des Rating Advisors von entscheidender Wichtigkeit.[413]

Vor diesem Hintergrund, sowie auch der in den Kapiteln 3.3.2 und 4 herausgearbeiteten Bedeutung des Wirtschaftsprüfers als Anbieter einer Due Diligence beziehungsweise als Mediär in Verhandlungssituationen, wird dieser in dem folgenden Kapital näher dargestellt.

6 Der Wirtschaftsprüfer als Mediär in Verhandlungssituationen

6.1 Einführung

Der Markt für externe M&A-Beratung hat in Deutschland an Bedeutung gewonnen und spiegelt sich in verstärkter Marktpräsenz von internationalen Investmentbanken, Wirtschaftsprü-

[410] Vgl. Martin Wambach, Thomas Kirchmer, Dieter Wunderlich, a.a.O., S. 174-175; vgl. auch Georg van Hall, a.a.O., S. 184.
[411] Vgl. Martin Wambach, Thomas Kirchmer, Dieter Wunderlich, a.a.O., S. 179.
[412] Vgl. Dirk Nawe, Frank Nagel, a.a.O., S. 509-534; vgl. auch Felix William Stoecker, a.a.O., S. 674-681.
[413] Vgl. Martin Wambach, Thomas Kirchmer, Dieter Wunderlich, a.a.O., S. 177; vgl. auch Vgl. Ralf Trost, Ralf R. Sattler, a.a.O., S. 353-356.

fungsgesellschaften (nachfolgend auch *WP-Gesllschaften*) und Unternehmensberatungen als auch Fachanwälten wieder.[414] Auch deutsche Großbanken haben mittlerweile Rating Advisory in ihr Dienstleistungsspektrum mit aufgenommen und auch Unternehmensberatungen sowie Wirtschaftsprüfungsgesellschaften sehen auf diesem Gebiet Möglichkeiten der Ausweitung ihrer Geschäftstätigkeit:[415] „Auch für den Wirtschaftsprüfer/Steuerberater bedeutet dies, dass er sich umfassend mit dem Thema Rating beschäftigen muss, um im Wettbewerb der kompetentesten Beratung gegenüber Mitbewerbern bestehen zu können.“[416]

In diesem Abschnitt soll dargestellt werden, dass sich vor dem Hintergrund der Rufs nach einem objektiven und neutralen Sachkundigen der Berufsstand der Wirtschaftsprüfer besonders für die Erbringung einer Due Diligence beziehungsweise Rating Advisory[417] und somit auch die Leistung einer Business Plan Due Diligence eignet. So folgen in diesem Kapitel eine Darstellung der durch die Rechtsquellen und Berufspflichten charakterisierten Besonderheiten des Berufsstandes sowie ein zielgerichteter Überblick über das Leistungsspektrum der großen WP-Gesellschaften in Deutschland.

6.2 Rechtsquellen

Mit der Durchführung gesetzlich vorgeschriebener Jahresabschlussprüfungen nimmt der Berufsstand der Wirtschaftsprüfer eine Schutz- und Ordnungsfunktion mit gesamtwirtschaftlicher Bedeutung mit dem Ziel der Verhinderung einer Fehlallokation von Ressourcen durch Vermeidung der Ausnutzung eines Informationsvorsprungs der Unternehmensleitung zuungunsten der übrigen Unternehmenseigner ein. Aus diesem Grund unterliegen Wirtschaftsprüfungsunternehmen im Vergleich zu anderen Unternehmen bei der Berufsausübung gesetzlichen Normen und somit einer Reihe von Besonderheiten.[418]

---

[414] Vgl. Jan Ising, Dirk Schiereck, Thomas W. Thomas: Entwicklungen und zukünftige Herausforderungen der M&A-Beratung, Wolfrathshausen 2004, S. 96.

[415] Vgl. Hubert Overesch: Rating Advisory aus Sicht der Banken, Wiesbaden 2004, S. 75.

[416] Martin Wambach, Thomas Kirchmer, Dieter Wunderlich, a.a.O., S. 165.

[417] Vgl. Angela Poech, Ann-Kristin Achleitner, Max Burger-Calderon, a.a.O., S. 294-295; vgl. auch Martin Wambach, Thomas Kirchmer, Dieter Wunderlich, a.a.O., S. 179.

[418] Vgl. Udo Mandler: Die Internationalisierung von Wirtschaftsprüfungsgesellschaften, München 1999, S. 431-434; vgl. auch Stefan Leukel: Neue Dienstleistungen für Wirtschaftsprüfungsunternehmen – Eine Analyse von Rahmenbedingungen und Konzeptionen einer systematischen Gestaltung des Entwicklungsprozesses, Marburg 2003, S. 17-18.

Die Wirtschaftsprüferkammer (WPK) sowie das Institut der Wirtschaftsprüfer (IDW) bilden die Basis der nationalen Berufsorganisation und stellen zum einen gesetzliche Regelungen (WPK) und zum anderen freiwillige Vereinbarungen (IDW) dar. Die Aufgaben und Tätigkeiten der WPK sind insbesondere die Wahrung der Interessen der Gesamtheit ihrer Mitglieder als auch die Überwachung der Einhaltung der Berufspflichten (siehe Abschnitt 6.3). Das IDW ist ein auf privater Basis eingetragener Verein, der primär auf die fachliche Förderung des Berufsstandes sowie des Berufsnachwuchses abzielt. WP-Gesellschaften unterliegen dem Gesetz über eine Berufsordnung der Wirtschaftsprüfer (WPO) und haben bei der Berufsausübung die hierin niedergelegten gesetzlichen Gebote und Verbote zu beachten. Darüber hinaus existiert eine Berufssatzung (Berufssatzung WPK), die materiell-rechtlichen Charakter hat und zwingend zu befolgen ist.[419]

6.3 Berufspflichten

Den Adressaten der Leistungsergebnisse ist die Qualität der Prüfungshandlungen weitestgehend unzugänglich, so dass eine Dependenz dieser von der Glaubwürdigkeit und Vertrauenswürdigkeit der Wirtschaftsprüfungsgesellschaft existiert.[420] Die berufliche Selbstverwaltung und -kontrolle sowie die Normen der Berufsausübung dienen der unbedingten Sicherung der Vertrauenswürdigkeit und der Signalisierung dieser für Dritte.[421]
Vor diesem Hintergrund ist der Wirtschaftsprüfer an allgemeine Berufspflichten gebunden: „Der Wirtschaftsprüfer hat seinen Beruf unabhängig, gewissenhaft, verschwiegen und eigenverantwortlich auszuüben. Er hat sich insbesondere bei der Erstattung von Prüfungsberichten und Gutachten unparteiisch zu verhalten.“[422]

Die Berufspflichten der Unabhängigkeit und Unbefangenheit, Verschwiegenheit, Gewissenhaftigkeit, Unparteilichkeit, Eigenverantwortlichkeit und berufswürdiges Verhalten erfahren vor allem in der Berufssatzung und der Berufsordnung der Wirtschaftsprüfer Konkretisierung. So sind misstrauenserregende schwerwiegende Tatsachen und Umstände, die einen sachverständigen und informierten Dritten zu der Überzeugen leiten, dass ein Wirtschaftsprüfer seine ihm auferlegten Aufgaben aufgrund von Befangenheit nicht objektiv und neutral ausüben

[419] Vgl. IDW: WP-Handbuch 2006 – Wirtschaftsprüfung, Rechnungslegung, Beratung Band I, Düsseldorf 2006, S. 66, S. 199-219.
[420] Vgl. Udo Mandler, a.a.O., S. 433.
[421] Vgl. Robert Buchner, a.a.O., S. 35.
[422] § 43 Abs. 1 S. 1 WPO.

kann, zu vermeiden (*Unabhängigkeit*). Darüber hinaus hat die Urteilsbildung frei von unsachgemäßen Erwägungen, Einflüssen, Bindungen und Rücksichten gleichgültig ob persönlicher, wirtschaftlicher oder rechtlicher Natur zu erfolgen (*Unbefangenheit*). Eigeninteressen, Selbstprüfung, Interessenvergleich sowie persönliche Vertrautheit sind Tatbestände, die die Unbefangenheit eines Wirtschaftsprüfers beeinträchtigen können.[423] Die *Verschwiegenheitspflicht* wird Wirtschaftsprüfern durch das Berufsrecht (§ 43 WPO), das Zivilrecht (§ 323 HGB), das Strafrecht (§ 203 StGB) sowie eine Vielzahl spezieller Normen auferlegt, denn „Die Pflicht zur Verschwiegenheit bildet das Fundament für das Vertrauen, das dem WP entgegengebracht wird; ohne dieses Vertrauen wäre die Erfüllung der beruflichen Aufgaben, vor allem in kritischen Phasen, nicht möglich."[424]

6.4 Prinzipiell zulässige Leistungsformen

Der Wirtschaftsprüfer ist grundsätzlich befugt, neben betriebswirtschaftlichen Prüfungen von Jahresabschlüssen auch beratend, gutachterlich und treuhänderisch tätig zu werden.[425]

Wesentliches Aufgabengebiet von Wirtschaftsprüfern ist die Durchführung *betriebwirtschaftlicher Prüfungen*. Gegenstand und Umfang dieser Tätigkeit findet im Handelsgesetzbuch Begründung.[426] Neben den gesetzlich vorgeschriebenen Pflichtprüfungen können zwischen Auftraggeber und Wirtschaftsprüfer zudem freiwillige Prüfungsleistungen vereinbart werden. Hier findet die Gestaltung von Prüfungsgegenstand, Prüfungsvorgabe als auch der Form der Urteilsmitteilung autonom und somit frei von gesetzlichen Einschränkungen statt. Wichtige Formen freiwilliger Prüfungen sind die freiwillige Jahresabschlussprüfung unter Verzicht auf Erteilung eines Bestätigungsvermerks, die Gründungsprüfung nach § 33 AKtG, Sonderprüfungen gemäß § 142 AktG sowie sonstige betriebwirtschaftliche Prüfungen wie beispielsweise Unterschlagungsprüfungen und Kreditwürdigkeitsprüfungen.[427] Es ist anzumerken, dass die Due Diligence zwar eine betriebswirtschaftliche Prüfung, aber keine Vorbehaltsaufgabe von Wirtschaftsprüfern ist und somit auch von anderen Experten erbracht werden kann.[428]

---

[423] Vgl. IDW, 2006, a.a.O., S. 68-69; siehe § 43 WPO; siehe § 323 HGB; siehe § 203 StGB.
[424] IDW, 2006, a.a.O., S. 83, auf eine weitere Darstellung der Berufspflichten wird an dieser Stelle verzichtet und auf die folgenden Quellen verwiesen: vgl. IDW, 2006, a.a.O., S. 66-108; vgl. Robert Buchner, a.a.O., S. 35-75; siehe §§ 43, 49, 52, 55 WPO; siehe §§ 2, 4, 5, 6, 9-15, 20-24, 55 Berufssatzung WPK; siehe § 318-319 HGB.
[425] Siehe § 1 WPO, § 2 WPO, § 27ff WPO.
[426] Siehe § 316 HGB, § 267 HGB, § 340k HGB, § 341k HGB.
[427] IDW, 2006, a.a.O., S. 5-6.
[428] Vgl. Rainer Grote, a.a.O., S. 115-116.

Neben Steuerberatern, Steuerbevollmächtigten, Rechtsanwälten, niedergelassenen europäischen Rechtsanwälten sind auch Wirtschaftsprüfer und vereidigte Buchprüfer zur *Steuerberatung*, das heißt der unbeschränkten geschäftsmäßigen Hilfeleistung in Steuersachen, befugt.[429]

Neben der Steuerberatung sind die traditionellen Beratungsschwerpunkte von Wirtschaftsprüfern in wirtschaftlichen Angelegenheiten, und so in den so genannten *abschlussnahen Beratungsfeldern* zu sehen, wie beispielsweise die Beratung in Angelegenheiten der Ausgestaltung von Kosten- und Leistungsrechnungssystemen, dem Controlling, der Bilanzpolitik oder auch der Budget- und Planungssysteme.[430] Im Gegensatz zu klassischen Beratungsunternehmen besitzt ein Wirtschaftsprüfer umfangreiche fachliche Kenntnisse: „Der Wirtschaftsprüfer eines Unternehmens erfüllt aufgrund seiner hohen fachlichen Qualifikationen sowie der durch Abschlussprüfungen gewonnenen Kenntnis der Unternehmensabläufe und Wirkungszusammenhänge von Hause aus viele Anforderungen eines kompetenten Unternehmensberaters."[431]

Beschränkung in der Befugnis zur Rechtsberatung erfahren Wirtschaftsprüfer insoweit, dass „[...] öffentlich bestellte Wirtschaftsprüfer [...] auch die rechtliche Bearbeitung übernehmen, soweit diese mit den Aufgaben des Wirtschaftsprüfers [...] in unmittelbarem Zusammenhang steht und diese Aufgaben ohne die Rechtsberatung nicht sachgemäß erledigt werden können [...]."[432] Eine hierüber hinausgehende Beratung in rechtlichen Angelegenheiten ist unzulässig, so dass aufgrund der gesetzlichen Beschränkung die Rechtsberatung nicht als originäre Beratungsaufgabe von Wirtschaftsprüfungsunternehmen angesehen werden kann.[433]

Ebenso zulässig ist die *gutachterliche Tätigkeit* eines Wirtschaftsprüfers auf sämtlichen betriebswirtschaftlichen Bereichen.[434] Die Beauftragung eines Wirtschaftsprüfers zur Erstellung eines Gutachtens kann auf der Motivation beruhen, die eigene Informationsbasis zu stärken beziehungsweise die eigene Urteilsbildung zu festigen, oder aber bestimmte Sachverhalte gegenüber Dritten objektiv und vertrauenswürdig darzustellen und zu dokumentieren.[435] Zu den

---

[429] Vgl. IDW, 2006, a.a.O., S. 7; siehe § 3 Nr. 1 StBerG; siehe § 2 Abs. 2 WPO.
[430] Vgl. Gerhard Vogel: Erwartungen an die Beratung durch den Wirtschaftsprüfer, Düsseldorf 1988, S. 633.
[431] Gerhard Vogel, a.a.O., S. 635.
[432] § 5 Nr. 2 RBerG.
[433] Vgl. IDW, 2006, a.a.O., S. 8-10.
[434] Siehe § 2 Abs. 3 WPO.
[435] Vgl. Robert Buchner, a.a.O., S. 299-300.

gutachterlichen Tätigkeiten eines Wirtschaftsprüfungsunternehmens zählt insbesondere die Ermittlung eines Unternehmenswerts oder die Tätigkeit als Gerichtsgutachter.[436]

Der Wirtschaftsprüfer ist zudem befugt, auch die Aufgabe der *treuhänderischen Verwaltung* wahrzunehmen.[437]

6.5 Struktur und Leistungsangebot der Wirtschaftsprüfungsgesellschaften

6.5.1 Struktur der Wirtschaftsprüfungsgesellschaften in Deutschland

Anhand der Größenkriterien Umsatzerlöse und Mitarbeiterzahl ist für das Geschäftsjahr 2005/2006 die Identifizierung der bedeutenden in Deutschland ansässigen Wirtschaftsprüfungsunternehmen erfolgt:

2005/06	Mitarbeiter	Umsatz (in Mio. EUR)
PriceWaterhouseCoopers	8.121	1.230
Ernst & Young	5.582	912
KPMG	4.963	1.118
Deloitte & Touche	3.422	517
Rödl & Partner	1.550	N/A

Abbildung 13: Große Wirtschaftsprüfungsunternehmen in Deutschland 2005/2006[438]

„Kaum ein Markt wird von so wenigen großen Spielern beherrscht wie das Geschäft mit den Jahresabschlüssen. Weltweit vier, in Deutschland gar nur zwei Wirtschaftsprüfer sind bedeutend. Mittelständische Gesellschaften verlieren immer mehr Aufträge.“[439] Diese Konzentration birgt zum einen die Gefahr von Preisdruck und Qualitätsverlusten, aber zum anderen eben auch die Schwierigkeit, für einzelne Aufträge eine unabhängige Wirtschaftsprüfungsgesellschaft zu finden, die nicht bereits mit dem Auftraggeber in irgendeiner Geschäftsbeziehung steht.[440]

---

[436] Vgl. IDW, 2006, a.a.O., S. 7.
[437] Siehe § 2 Abs. 3 WPO; vgl. IDW, 2006, a.a.O., S. 7-8.
[438] Entnommen aus den Internetseiten der WP-Gesellschaften, URL: www.deloitte.de; www.kpmg.de; www.pwc.de; www.ernstyoung.de, www.roedl.de (Abrufdatum: 7. August 2007).
[439] Dieter Fockenbrock: Die großen Vier machen sich breit, Online in Internet, Stand Januar 2006.
[440] Vgl. Dieter Fockenbrock, a.a.O.

Nichtsdestotrotz existieren neben den fünf großen WP-Gesellschaften auch eine Vielzahl kleinerer WP-Gesellschaften sowie selbständig tätige Wirtschaftsprüfer: zum Ende des Jahres 2006 zählt die Wirtschaftsprüferkammer insgesamt 3.232 WP-Gesellschaften, 5.874 unselbständig tätige Wirtschaftsprüfer und 6.852 selbständig tätige Wirtschaftsprüfer;[441] siehe in diesem Zusammenhang insbesondere die Ausführungen in dem nachfolgenden Kapitel 8.4.2.3.

6.5.2 Leistungsangebot der großen Wirtschaftsprüfungsgesellschaften

In diesem Abschnitt erfolgt die Herausarbeitung des Leistungsangebots der in Deutschland ansässigen großen Wirtschaftsprüfungsunternehmen (KPMG, PWC, Ernst & Young, Deloitte und Rödl & Partner), und insbesondere das Angebot von Due Diligence-Prüfungen, Ratingberatung und Leistungen speziell für junge wachstumsstarke Unternehmen. Ziel ist eine Bestandsaufnahme zur Identifizierung von Möglichkeiten der Ausweitung des Leistungsangebots um eine Business Plan Due Diligence. Vor diesem Hintergrund sind die auf den Internetseiten der großen WP-Gesellschaften veröffentlichten Unternehmensinformationen analysiert worden. Die Ergebnisse dieser Untersuchung werden wie folgt zusammenfassend dargestellt:

Das angebotene Leistungsspektrum von Dienstleistungen im Rahmen von M&A-Transaktionen weist insgesamt eine große Ähnlichkeit auf: die VDD, die käuferseitig initiierte Due Diligence als auch Unterstützungsleistungen bei der Vertragsverhandlung sind regelmäßiger Bestandteil des Leistungsangebots der großen WP-Gesellschaften in Deutschland. Diese Leistungen werden somit auf standardisierter Basis erbracht.[442]

Darüber hinaus werden regelmäßig Dienstleistungen im Zusammenhang mit Rating beziehungsweise Ratingberatung angeboten. Zum Beispiel bietet Rödl & Partner das so genannte „FITNESS-Programm® an, das dazu dient, den Mittelstand auf das Rating anhand einer Schwachstellenüberprüfung in den Bereichen Finanz-, Vermögens- und Ertragslage (F), Information und Controlling (I), Technologie, Produktion und Ressourcen (T), Normenkonformität und Entwicklungsrisiken (N), Strategie, Markt, Produkte (S) sowie Strukturen und Prozesse (S) vorzubereiten. Anhand dieser Systematik wird ein Unternehmensprofil erarbeitet,

---

[441] Entnommen aus den Internetseiten der Wirtschaftsprüferkammer, URL: www.wpk.de (Abrufdatum: 28. Dezember 2006).

[442] Entnommen aus den Internetseiten der WP-Gesellschaften, URL: www.deloitte.de; www.kpmg.de; www.pwc.de; www.ernstyoung.de, www.roedl.de (Abrufdatum: 19. April 2007).

das dazu dient, den Handlungsbedarf in Bezug auf ratingrelevante Schwachstellen im Unternehmen aufzuzeigen.[443]

Hingegen ist der Umfang an Dienstleistungen für Gründungsunternehmen beziehungsweise junge Unternehmen unter den großen WP-Gesellschaften verschieden: so bietet KPMG Unterstützungsleistungen für Unternehmen an, die die Start-up Phase abgeschlossen und Finanzmittel zur Finanzierung künftigen Wachstums benötigen, wie unter anderem bei der Erstellung eines Business Plans, bei Bewertungen, bei die Auswahl und Ansprache geeigneter Investoren und den Vertragsverhandlungen. Auch Rödl & Partner erbringt Leistungen für junge Unternehmen, so unter anderem das Business Plan-Coaching, die Erarbeitung eines allumfassenden und präsentationsfähigen Business Plans gemeinsam mit dem Gründungsteam, als auch die Business Plan-Bewertung in Form einer Plausibilitätsüberprüfung. Entsprechende Angaben zu einem Leistungsangebot für junge Unternehmen konnte aus dem Internetauftritt von Ernst &Young, Deloitte und PwC nicht abgeleitet werden. Es ist jedoch anzumerken, dass das tatsächliche Leistungsangebot möglicherweise nicht vollständig auf den Internetseiten der großen WP-Gesellschaften abgebildet wird.[444]

6.6 Zusammenfassende Ausführungen

In diesem Kapital ist aufgezeigt worden, dass der Wirtschaftsprüfer in seiner Berufsausübung einer Reihe von Gesetzen und Berufspflichten unterliegt, die seine Eigenschaften als neutraler, unabhängiger und verschwiegener Anbieter von Dienstleistungen begründen.[445]

Es lässt sich festhalten, dass die großen WP-Gesellschaften grundsätzlich Due Diligence-Leistungen im M&A-Bereich erbringen, ein Leistungsspektrum für junge Unternehmen jedoch nicht ohne weiteres aus dem jeweiligen Internetauftritt abzuleiten ist.[446]

Es ist zu berücksichtigen, dass sich generelle Aussagen über ein entsprechendes Angebot an Due Diligence, Ratingberatung und Dienstleistungen speziell für junge wachstumsstarke Un-

---

[443] Vgl. Martin Wambach, Thomas Kirchmer, Dieter Wunderlich, a.a.O., S. 177-178; vgl. auch Dieter Wunderlich: Rödl & Partner FITNESS – Programm für den Mittelstand, Online in Internet, Stand 2001.

[444] Entnommen aus den Internetseiten der WP-Gesellschaften, URL: www.deloitte.de; www.kpmg.de; www.pwc.de; www.ernstyoung.de, www.roedl.de (Abrufdatum: 19. April 2007).

[445] Vgl. IDW, 2006, a.a.O., S. 66-108.

[446] Entnommen aus den Internetseiten der WP-Gesellschaften, URL: www.deloitte.de; www.kpmg.de; www.pwc.de; www.ernstyoung.de, www.roedl.de (Abrufdatum: 19. April 2007).

ternehmen durch kleine WP-Gesellschaften beziehungsweise selbständig tätige Wirtschaftsprüfer aufgrund des stark fragmentierten Marktes nicht ohne Weiteres ableiten lassen. Nichtsdestotrotz werden auch diese in die folgenden empirischen Untersuchungen (Kapitel 8) zur Anwendbarkeit des Instruments einer Business Plan Due Diligence miteinbezogen, da an dieser Stelle nicht ausgeschlossen werden kann, dass junge wachstumsstarke Unternehmen nicht ausschließlich auf die großen WP-Gesellschaften für eine solche Leistung zurückgreifen würden.

7 Zusammenführung und Ableitung des Konzepts der Business Plan Due Diligence

In den vorhergehenden Kapiteln ist festgestellt worden, dass im Verkaufsprozess eines Unternehmens die Verhandlungsstärke eines Verkäufers gegenüber potentiellen Käufern regelmäßig abnimmt. Dies ist insbesondere auf den Beziehungskonflikt zwischen den Parteien sowie auch darauf zurückzuführen, dass potentielle Käufer im Rahmen der Untersuchung des Zielobjekts stets Mängel und Risiken identifizieren und zudem berufsbedingt über mehr Verhandlungsgeschick verfügen (siehe Kapiteln 4 und 5.1.1). Vor diesem Hintergrund gewinnt die verkäuferseitig initiierte Due Diligence in M&A-Transaktionen zunehmend an Bedeutung (siehe Kapitel 5.1.1).

Auch die geänderten Rahmenbedingungen für Kreditinstitute, die strengere Anforderungen an eine Kreditvergabe stellen (siehe Kapitel 3.1.3), bedingen die Notwendigkeit der Initiierung von bestimmten Leistungen durch das Kredit nachfragende Unternehmen, so zum Beispiel Rating Advisory (siehe Kapitel 5.2).

Der Zugang zu Kapital und die Bewahrung der Verhandlungsposition stellen jedoch nicht nur in M&A-Transaktionen beziehungsweise in Kreditverhandlungen eine Herausforderung dar. Auch für junge wachstumsstarke Unternehmen ist der Weg zu einer adäquaten Wachstumsfinanzierung regelmäßig mühsam: enorme Informationsasymmetrien bestehen auf Seiten der potenziellen Kapitalgeber insbesondere aufgrund einer nicht existenten langjährigen und fundiert dokumentierten Unternehmenshistorie sowie schutzbedürftiger Technologien und Know-how (siehe insbesondere Kapitel 3.1). Vor dem Hintergrund umfangreicher Ausleseprozesse und einer strikten Anwendung von Bewertungsschemata durch potenzielle

Kapitalgeber (siehe Kapitel 3.3.2 und 3.3.3), ist für das Zustandekommen und die Ausgestaltung eines Finanzierungsverhältnisses zwischen einem jungen wachstumsstarken Unternehmen und einem Kapitalgeber die Verhandlungsposition entscheidend: „If you are launching a venture that will be looking for outside investors, you can't afford less than the best legal, accounting, banking, financial, and management advise."[447]

Gegenstand der Untersuchung ist nun, in wie weit das in M&A-Prozessen bereits erfolgreich eingesetzte Instrument der VDD auf die Finanzmittelakquisition junger wachstumsstarker Unternehmen übertragen werden kann. An dieser Stelle ist darauf hinzuweisen, dass die Due Diligence auch ein integraler Bestandteil des Rating Advisory-Prozesses ist (siehe Kapitel 5.2.2), so dass im Folgenden ausschließlich der Begriff *Due Diligence* für durch das junge wachstumsstarke Unternehmen initiierte Leistungen verwendet wird.

Die *Business Plan Due Diligence* (BPDD) ist die Initiierung einer Due Diligence durch das junge wachstumsstarke Unternehmen (die Definition ist in Kapitel 2.1 vorgegeben), das die Akquisition von Finanzmitteln, sei es Beteiligungskapital oder Kreditmittel, beabsichtigt. Die Bezeichnung *Business Plan Due Diligence* soll dabei dem Tatbestand gerecht werden, dass ein junges wachstumsstarkes Unternehmen regelmäßig noch nicht über eine langjährige Historie verfügt und sich die Due Diligence somit primär auf eine Analyse von im Business Plan dargestellten und in der Regel zukunftsbezogenen Informationen bezieht. Nichtsdestotrotz soll der Leistungsumfang einer BPDD zunächst grundsätzlich dem Umfang der durch Beteiligungsgesellschaften durchgeführten Due Diligence (siehe Kapitel 3.3.2) beziehungsweise der im Rahmen einer Verkäufer Due Diligence (siehe Kapitel 5.1.4) beziehungsweise eines Rating Advisory durchgeführten Handlungen (siehe Kapitel 5.2.2) entsprechen, wobei vermutet wird, dass sich entgegen Due Diligence-Prüfungen etablierter Unternehmen die Untersuchungsschwerpunkte bei jungen wachstumsstarken Unternehmen vielmehr auf die Technologie sowie die Marktentwicklung richten.

Die Beauftragung einer dritten Partei durch ein junges wachstumsstarkes Unternehmen mit der Aufbereitung, Überprüfung und Analyse von Unternehmensinformationen vermag Vorteile sowohl für das junge wachstumsstarke Unternehmen als auch für potentielle Kapitalgeber bedeuten. Vorteile für das junge wachstumsstarke Unternehmen sind unter anderem die

[447] William E. Wetzel: Venture Capital, USA 1997, S. 192.

Möglichkeit der Identifizierung und der Beseitigung von Risiken und Mängeln vor der Weitergabe von Unternehmensinformationen an potenzielle Kapitalgeber sowie eine professionelle Unternehmenspräsentation. Vorteile für potentielle Kapitalgeber hingegen bestehen unter anderem in dem Abbau von Informationsasymmetrien sowie einer Reduktion des zeitlichen und monetären Aufwands der Durchführung von Chancen- und Risikenbewertungen im Rahmen eigener Due Diligence-Prüfungen (siehe in diesem Zusammenhang insbesondere die Motive eines potenziellen Unternehmenskäufers als auch eines Unternehmensverkäufers für die Initiierung einer Due Diligence in den Abschnitten 3.3.2.4 und 5.1.5).

Mit dieser Arbeit soll insoweit auch ein Beitrag zur Bewertungstheorie geleistet werden, als dass die Vorteilhaftigkeit einer durch das junge wachstumsstarke Unternehmen initiierten BPDD für die Beurteilung eines Zielunternehmens durch potenzielle Kapitalgeber empirisch untersucht wird.

Derzeit sind keine theoretischen oder empirischen Ausarbeitungen in Bezug auf eine BPDD bekannt. So gilt es im Rahmen dieser Arbeit zu untersuchen, in wie weit die mit einer BPDD verbundenen Vorteile, positive Auswirkungen auf die Verhandlungsposition junger wachstumsstarker Unternehmen bei der Akquise von Finanzmitteln sowie auch Vorteile für potenzielle Kapitalgeber bei der Bewertung von Investitionsobjekten aus verhandlungsanalytischer Sicht bewirken.

Gegenstand der Untersuchung dieser Arbeit ist weiterhin, ob der Wirtschaftsprüfer, der durch Berufsgrundsätze zur Unabhängigkeit und Objektivität verpflichtet ist und somit zusätzlich Glaubwürdigkeit und Vertrauen verleiht, für die Durchführung einer BPDD, ebenso wie für die Durchführung einer Käufer Due Diligence, einer VDD und Rating Advisory, besonders geeignet ist (siehe Kapitel 6). Denn aufgrund seiner Reputation und seiner Erfahrung kann der Wirtschaftsprüfer in Verhandlungen mit potenziellen Investoren zur Wertschöpfung beitragen: „When there is a solid backup by a top CPA firm, investors are less likely to argue that there is a lot of uncertainty in the business plan, thereby requiring the founders to lower their price fort he deal. […] The accountant will also be able to advise about whether the deal is priced too high, too low, or in the middle of the deals it is competing with."[448]

---

[448] John L. Neshein: High Tech Start up – The Complete Handbook for Creating Successful New High Tech Companies, New York 2000, S. 107.

Die dargestellten Untersuchungsgegenstände werden im folgenden Kapitel weiter bearbeitet.

8 Empirische Untersuchungen

8.1 Problemstellung

Die theoretischen Ausarbeitungen in den vorangegangen Kapiteln führen zu der Erkenntnis, dass das Instrument einer BPDD in der Literatur sowie auch in der Praxis bislang wenig diskutiert und angewendet wird. Dies ist auch anhand des auf den jeweiligen Internetauftritten führender Wirtschaftsprüfungsunternehmen veröffentlichten Leistungsspektrum zu beobachten, die Dienstleistungen für junge wachstumsstarke Unternehmen beziehungsweise die Leistung einer BPDD nur in eingeschränktem Umfang beziehungsweise gar nicht aufführen.[449] Auch wurde dargestellt, dass insbesondere für junge wachstumsstarke Unternehmen Verbesserungspotenzial in Bezug auf ihre Verhandlungsposition bei der Akquise von Finanzmitteln besteht.[450]

Vor diesem Hintergrund ist die folgende explorative Forschungsleistung eine Maßnahme zur Untersuchung einer möglichen Einflussnahme einer BPDD auf die Verhandlungsposition junger wachstumsstarker Unternehmen in Verhandlungssituationen um externe Finanzmittel.

8.2 Gang der Untersuchung

Die Forschungsleistung ist zweigeteilt, so dass in einem ersten Schritt *qualitative Experteninterviews* (Kapitel 8.3), und auf Basis der hieraus gewonnenen Erkenntnisse in einem zweiten Schritt *quantitative Befragungen* (Kapitel 8.4) durchgeführt werden. Beide Untersuchungsschritte basieren auf einem identischen strukturellen Aufbau, so dass zunächst eine *theoretische Einführung* in die gewählte Untersuchungsmethodik erfolgt. Hieran anschließend folgen Angaben zu der Selektion der Experten beziehungsweise zu der Bestimmung von Grundgesamtheit und Stichprobenumfang der Befragungen. Danach werden die spezifischen Forschungsziele und Forschungsgegenstände sowie die Untersuchungsdurchführung dargestellt. Die qualitativen Experteninterviews sowie die quantitativen Befragungen enden jeweils mit einer detaillierten Darstellung der Untersuchungsergebnisse. In Verbindung

---

[449] Entnommen aus den Internetseiten der WP-Gesellschaften, URL: www.deloitte.de; www.kpmg.de; www.pwc.de; www.ernstyoung.de, www.roedl.de (Abrufdatum: 19. April 2007).

[450] Vgl. Dieter Lachenmeier, a.a.O., S. 277-282.

mit der Expertenselektion werden die relevanten Forschungsgruppen, die relevant für die nachfolgenden Untersuchungen sind, in Kapitel 8.3.2 dargestellt.

8.3 Qualitative Experteninterviews

8.3.1 Theoretische Einführung

„Qualitativ orientierte Forschung will die besonderen Eigenschaften und Merkmale [...] eines sozialen beziehungsweise pädagogischen Feldes möglichst genau, differenziert und gegenstandsnah erfassen. Sie will nicht „messen" und nicht erklären, sondern verstehen, was in ihrem jeweiligen Objektbereich geschieht. Zentral ist hier die Perspektive der Handelnden, die Untersuchungsgegenstand sind."[451]

In der qualitativen Forschung werden verbale Informationen entweder mittels *Erzählung* oder aber mittels *leitfadenorientierter Interviews* gewonnen. Das Ziel der Untersuchung ist hier maßgebend für die Wahl der Forschungsmethode: steht der Verlauf eines spezifischen Sachverhalts oder der Kontext von Erfahrungen im Vordergrund der Untersuchung, so ist die Methode der Erzählung zu präferieren. Ist es aber Ziel der Untersuchung, dem Befragten konkrete Aussagen zu spezifischen Sachverhalten abzugewinnen, so ist stets das Leitfadeninterview der Erzählungsmethode vorzuziehen.[452]

Interviews tragen der Offenheit der Kommunikation dadurch Rechnung, dass den befragten Personen keinerlei Vorgaben oder Vorschläge für ihre Antworten unterbreitet werden. Bei einem Leitfadeninterview gibt der Forschende nacheinander mehrere Themenblöcke vor, so dass sich der Befragte an den vorgegebenen Themen und den Untersuchungsinteressen des Forschenden orientieren muss, dennoch aber frei antworten kann. Die Zielsetzung hierbei ist das Abfragen von Meinungen, Einschätzungen, Alltagstheorien und Stellungnahmen. Der Leitfaden dient hier nicht allein der Strukturierung des Interviews sondern soll vielmehr auch der Erzählgenerierung sowie der Herstellung einer Vergleichbarkeit zu parallel geführten Interviews Rechnung tragen.[453] Zudem dient der Leitfaden der Sicherstellung, dass wichtige Fragestellungen im Interview nicht übersehen werden. An dieser Stelle ist jedoch darauf hin-

---

[451] Jürgen Raithel: Quantitative Forschung – ein Praxiskurs, Wiesbaden 2006, S. 8.
[452] Vgl. Horst Mayer: Interview und schriftliche Befragung – Entwicklung, Durchführung und Auswertung, München/Wien 2004, S. 36.
[453] Vgl. Arnd-Michael Nohl: Interview und dokumentarische Methode – Anleitungen für die Forschungspraxis, Wiesbaden 2006, S. 19-22.

zuweisen, dass das Interview nicht strikt nach einer vorab festgelegten Reihenfolge beziehungsweise dem Leitfaden verlaufen muss. Dem Interviewer ist die Entscheidung darüber frei, wann der Befragte durch spezifische Rückfragen zu weiterführenden Aussagen gebeten wird und wann bei etwaigen Ausschweifungen des Befragten eine Rückkehr zum Leitfaden erfolgen soll.[454]

Im Rahmen dieser Arbeit soll das *Experteninterview*, das eine besondere Form des Leitfadeninterviews ist, angewendet werden. Experten sind Repräsentanten einer Organisation beziehungsweise einer Unternehmung, die, soweit ihnen eine Problemlösungs- oder Entscheidungsfunktion obliegt, zu ihrem organisatorischen oder institutionellen Zusammenhang befragt werden.[455] Der Befragte wird hier nicht zu seiner Person, sondern zu seiner Funktion als Experte und ebenso als Repräsentant für eine bestimmte Gruppe befragt.[456]

Regelmäßig ist es bei empirischen Untersuchungen ausgeschlossen, sämtliche Elemente einer Grundgesamtheit zu befragen. In einer solchen Situation erfolgt stets der Rückgriff auf die Untersuchung einer Stichprobe. In der quantitativen Forschung hat die Stichprobe die Bedeutung der Herstellung einer *statistischen Repräsentativität*, siehe auch die Ausführungen in Kapitel 8.4.1. Im Gegensatz hierzu dient die Stichprobe in der qualitativen Forschung der Herstellung einer *inhaltlichen Repräsentation*. Dennoch können auch die qualitative Forschung und insbesondere das Experteninterview darauf abzielen, die aus der Befragung von Einzelfällen gewonnenen Erkenntnisse auch auf andere Fälle zu übertragen beziehungsweise zu generalisieren. Die Auswahl der Experten setzt die Kenntnis über die Eigenschaften der Grundgesamtheit sowie auch Organisationsstrukturen und Kompetenzverteilungen et cetera im Handlungsfeld der Experten voraus.[457]

8.3.2 Bestimmung der Forschungsgruppen und Expertenselektion

8.3.2.1 Expertenselektion: Junge wachstumsstarke Unternehmen

Junge wachstumsstarke Unternehmen, die vor dem Hintergrund der Finanzierung des antizipierten Unternehmenswachstums bestrebt sind, Finanzmittel in Form von Eigenkapital oder

---

[454] Vgl. Horst Mayer, a.a.O., S. 36.
[455] Vgl. Arnd-Michael Nohl, a.a.O., S. 19-22.
[456] Vgl. Horst Mayer, a.a.O., S. 37.
[457] Vgl. Horst Mayer, a.a.O., S. 37-46.

Fremdkapital aufzunehmen, gelten im Rahmen dieser Arbeit als potenzielle Initiatoren einer BPDD und werden als erste Forschungsgruppe definiert; siehe auch Kapitel 2.1.

Zur Herstellung einer inhaltlichen Repräsentation ist nun aus dieser Forschungsgruppe eine bewusste Auswahl an Experten zu treffen. Die Vorgehensweise ist im Folgenden dargestellt:

Fragestellungen um die Unternehmensfinanzierung obliegen primär dem Leiter Finanzen beziehungsweise dem Finanzvorstand eines Unternehmens (englisch: Chief Financial Officer, kurz: CFO). Es wird unterstellt, dass ein CFO eines jungen wachstumsstarken Unternehmens, der in jüngster Vergangenheit Finanzierungsverhandlungen mit der Absicht Finanzmittel zu akquirieren durchlaufen hat, über die notwendige Erfahrung und auch Kompetenz in der Beurteilung verfügt, ob das Instrument der BPDD die Verhandlungsposition in Verhandlungen mit potenziellen Kapitalgebern stärkt. Dieses Kriterium trifft grundsätzlich auf den CFO eines jungen Unternehmens zu, das einen Börsengang erfolgreich abgeschlossen hat. Hier kann unterstellt werden, dass dieses Unternehmen – auch unter Berücksichtigung des in Kapitel 2.1.2 dargestellten Lebenszyklus – zur Durchsetzung des Geschäftsmodells und zur Vorbereitung auf den Börsengang bereits zahlreiche Finanzierungsrunden und somit auch Finanzierungsverhandlungen durchlaufen hat.

Eine Studie des Bundesverbands deutscher Kapitalbeteiligungsgesellschaften e.V. (BVK) zum IPO-Markt 2006, in der sämtliche Börsengänge ab dem Jahr 2002 chronologisch aufgeführt werden, wird als Grundlage für die Expertenselektion gewählt,[458] siehe auch Anhang 2.

Die Auswahl der Experten ist unter den beiden Bedingungen erfolgt, dass zum einen eine Beteiligungsgesellschaft, die Unternehmen in jungen Entwicklungsphasen finanziert, an dem Börsengang beteiligt ist, und zum anderen, dass es sich bei dem Unternehmen um ein technologieorientiertes Unternehmen handelt. Beide Kriterien dienen der Separierung der Börsengänge junger wachstumsstarker Unternehmen von Börsengängen etablierter Unternehmen. So sind anhand der zur Auswahl stehenden Branchenkennungen der jeweiligen Börsengänge sowie unter Zugrundelegung der in Kapitel 2.1.3 erfolgten Definition eines *technologieorientierten* Unternehmens, die Unternehmen ausgewählt worden, die in einer der Branchen Biotechnologie, Kommunikationstechnologie oder Software tätig sind.

---

[458] BVK, 2006, a.a.O., S. 7.

Über den Internetauftritt der auf diesem Weg selektierten Unternehmen sind die für die Befragung notwendigen Informationen ermittelt worden.

Es ist darauf hinzuweisen, dass die befragten Experten explizit darauf hingewiesen worden sind, dass ausschließlich die Wachstumsfinanzierungen Ihres Unternehmens Gegenstand der Untersuchung sind. Finanzierungsverhandlungen, die im Zusammenhang mit dem Börsengang geführt wurden, sind dagegen nicht zu berücksichtigen.

8.3.2.2 Expertenselektion: Wirtschaftsprüfer

Im Markt für Unternehmenskäufe und -verkäufe werden regelmäßig WP-Gesellschaften mit der Durchführung einer Käufer- oder auch einer Verkäufer Due Diligence beauftragt. Im theoretischen Teil dieser Arbeit wurde aufgezeigt (Kapitel 3.3.2.7 und 6), dass Wirtschaftsprüfer insbesondere für die Finanzielle Due Diligence beauftragt werden, aufgrund ihres ganzheitlichen Prüfungsansatzes sowie ihres berufsbedingten tiefen Einblicks in die organisatorischen Strukturen eines Unternehmens aber auch für weitere Untersuchungsgebiete in Frage kommen.

Im Rahmen dieser Arbeit soll nun untersucht werden, ob das Instrument einer VDD in Form einer BPDD auch auf die Akquise von Finanzmitteln junger wachstumsstarker Unternehmen übertragen werden kann. Konsequenterweise stellen WP-Gesellschaften beziehungsweise Wirtschaftsprüfer als potenzielle Anbieter einer BPDD eine weitere Forschungsgruppe dar.

Die Identifizierung von Experten erfolgt unter Berücksichtigung der Struktur von WP-Gesellschaften in Deutschland, siehe Kapitel 6.5. Aufgrund des stark fragmentierten Marktes und der Intransparenz des Leistungsangebots kleinerer WP-Gesellschaften beziehungsweise selbständiger Wirtschaftsprüfer (siehe Kapitel 6.5.2), sind für diesen Untersuchungsschritt zunächst die größten in Deutschland ansässigen WP-Gesellschaften (siehe Abbildung 13) ausgewählt worden.

Über den Internetauftritt dieser Gesellschaften sind die Partner der relevanten Geschäftsbereiche Transaction Services oder Corporate Finance identifiziert worden.

8.3.2.3 Expertenselektion: Beteiligungsgesellschaften und Kreditinstitute

Wie in Kapitel 2.2 dargestellt sind Beteiligungsgesellschaften und Kreditinstitute die beiden wesentlichen Finanzierungsquellen für die Wachstumsfinanzierung junger Unternehmen. Diese stellen somit gemeinsam als potenzielle Adressaten einer BPDD die dritte Forschungsgruppe dar. Die Auswahl von Experten aus den Branchen der Beteiligungs- und Kreditfinanzierung erfordert eine voneinander losgelöste Vorgehensweise:

Beteiligungsgesellschaften

Der Auswahl von Experten aus der Branche der Beteiligungsfinanzierung wird die Bedingung zugrunde gelegt, dass es sich um Beteiligungsgesellschaften handelt, die in jüngster Vergangenheit in eine Vielzahl von jungen wachstumsstarken Unternehmen investiert haben und somit über die bestmögliche Verhandlungserfahrung verfügen, um beurteilen zu können, ob das Konzept der BPDD Anwendung und Akzeptanz findet.

Die Expertenauswahl ist über eine durch Majunke angestellte Einzelbetrachtung von Unternehmensbeteiligungen in Deutschland in den Jahren 2004 und 2005 (Venture Capital Yearbooks 2004 und 2005)[459] erfolgt, so dass jene Beteiligungsgesellschaften ausgewählt worden sind, die in den betreffenden Jahren die meisten Unternehmensbeteiligungen durchgeführt haben.

Die Identität der Geschäftsführer beziehungsweise der Gründungspartner der auf diesem Wege identifizierten Beteiligungsgesellschaften wurden über den Internetauftritt der Gesellschaften bestimmt.

Kreditinstitute

Die deutsche Bankenlandschaft zeichnet sich durch eine dreigliedrige Struktur bestehend aus dem Sparkassen-Finanzverbund, dem genossenschaftlichen Sektor sowie den Privatbanken aus. Zur Identifizierung der Experten unter Berücksichtigung der Struktur des Bankenmarktes ist eine Stellungnahme der Finanzgruppe des Deutschen Sparkassen- und Giroverbands herangezogen worden, der eine Verteilung von Marktanteilen bei der Kreditvergabe an Unter-

[459] Vgl. Sven Majunke: VC-Yearbook 2004 – Venture Capital Investments Deutschland 2004, Gaggenau 2004, S. 24-157; vgl. auch Sven Majunke: Venture Capital Yearbook 2005 – Ein Nachschlagewerk für die Venture Capital-Branche, Gaggenau 2006, S. 47-224.

nehmen und Selbständige für das Jahr 2005 entnommen werden konnte: demnach beträgt der Marktanteil der Sparkassen 43%, der Privatbanken 16% und der Genossenschaftsbanken 15% (der Marktanteil sonstiger Kreditinstitute wie beispielsweise Banken mit Sonderaufgaben oder Realkreditinstitute beträgt rund 26%).[460] Unter Berücksichtigung dieser Marktanteilsverhältnisse sind die Experten wie folgt selektiert worden:

Der Bestimmung von Experten aus Sparkassen und Genossenschaftsbanken sind Ranglisten für das Jahr 2005 zugrunde gelegt worden, die auf den Internetseiten des jeweiligen übergeordneten Verbandes (Deutscher Sparkassen und Giroverband beziehungsweise Bundesverband der Deutschen Volksbanken und Raiffeisenbanken)[461] veröffentlicht werden. Die Kreditinstitute sind dann anhand ihres Kreditvergabevolumens ausgewählt worden. Für Privatbanken erfolgte der Abruf des Mitgliederverzeichnisses aus den Internetseiten des Bundesverbands deutscher Banken.[462] An dieser Stelle wird unterstellt, dass Privatbanken in ähnlicher Weise und in ähnlichem Umfang Kreditvergabe an Unternehmen praktizieren, so dass die Experten per Zufallsprinzip bestimmt worden sind.

Die Bestimmung der Identität der für die Bereiche Kreditvergabe oder Firmenkunden zuständigen Mitarbeiter beziehungsweise Vorstandsmitglieder ist über den jeweiligen Internetauftritt der Kreditinstitute erfolgt.

8.3.3 Forschungsziel und Forschungsgegenstände

Das Ziel der Expertenbefragungen ist es, auf Basis von Expertenmeinungen eine grundsätzliche Einschätzung in Form einer Zustimmung oder Ablehnung definierter Forschungsgegenstände zu erhalten, um diese in einem nächsten Schritt anhand von umfassenden quantitativen Befragungen zu überprüfen.

---

[460] Deutscher Sparkassen- und Giroverband: Fakten, Analysen, Positionen | 23 – Sparkassen und der Bankenmarkt in Deutschland, Online in Internet, Stand 2006, S. 13.

[461] Vgl. Sparkassenrangliste, Stand 2005, URL: http://www.dsgv.de/download/aktuelles/Sparkassenrangliste2005.pdf (Abrufdatum: 19. April 2006), vgl. auch Genossenschaftsbankenrangliste, Stand 2005, http://www.bvr.de/public.nsf/EED3EEC9F7C7273AC1256F87003532A6/$FILE/alle-banken2005-korr.PDF (Abrufdatum: 19. April 2006).

[462] Vgl. Mitgliederverzeichnis Privatbanken, Stand September 2005, URL: http://www.bankenverband.de/bankenverband/verband/channel/10182810/index.html (Abrufdatum: 4. September 2006).

In diesem Zusammenhang sind die *wesentlichen Forschungsgegenstände* dieser Arbeit die Untersuchung der grundsätzlichen Anwendbarkeit des Konzepts der BPDD, die Aussichten auf Verbesserung der Verhandlungsposition junger wachstumsstarker Unternehmen in Verhandlungen mit potenziellen Kapitalgebern, sowie die Akzeptanz des Instruments der BPDD in einer mit der VDD in M&A-Transaktionen vergleichbarer Weise. Vor diesem Hintergrund sind im vorangegangenen Kapitel Forschungsgruppen definiert worden. Für diese gilt es, zusätzlich zu diesen wesentlichen Forschungsgegenständen, jeweils eine Reihe von ergänzenden oder unterstützenden *spezifischen Forschungsgegenständen* zu definieren. Diese werden in den nachfolgenden Kapiteln dargestellt.

Junge wachstumsstarke Unternehmen

Gegenstand der Untersuchung junger wachstumsstarker Unternehmen sind insbesondere die Besonderheiten in Verhandlungssituationen mit potenziellen Kapitalgebern sowie die Folgewirkung aus Initiierung einer BPDD und den hieraus erwarteten Auswirkungen auf die eigene Verhandlungsposition.

Vor diesem Hintergrund wurden 15 Fragen entwickelt und in dem folgenden Fragenkatalog zusammengestellt:

Fragenkatalog junge wachstumsstarke Unternehmen

1. Haben Sie im Verlauf der Wachstumsfinanzierungen Ihres Unternehmens und dem hiermit verbundenen hohen externen Kapitalbedarf grundsätzlich Schwierigkeiten in der Kapitalaufnahme erfahren?
2. Wurde das Wachstum Ihres Unternehmens durch Kreditfinanzierung, Beteiligungsfinanzierung, beides oder eine andere Finanzierungsform finanziert?
3. Wie bereiten Sie sich auch vor dem Hintergrund der Informationsanforderungen bzw. –bedürfnisse potentieller Kapitalgeber auf die Kreditverhandlung mit Banken bzw. Finanzierungsverhandlung mit Beteiligungsgesellschaften vor?
4. Haben Sie in die Verhandlungsvorbereitung externer Sachverständiger bzw. externer Berater mit einbezogen?
5. Was sind aus Ihrer Sicht die wesentlichen Probleme/Schwierigkeiten in Kreditverhandlungen mit Banken bzw. Finanzierungsverhandlungen mit Beteiligungsgesellschaften?
6. Halten Sie das Konzept der Business Plan Due Diligence aus Ihrer Sicht grundsätzlich für anwendbar?
7. Worin sehen Sie im Zusammenhang mit der Plan Due Diligence die wesentlichen Vorteile/Chancen oder auch Risiken für ein junges wachstumsstarkes Unternehmen?
8. Welche Leistungen würden Sie von einer Business Plan Due Diligence explizit erwarten?
9. Welche Ergebnisse würden Sie von einer Business Plan Due Diligence erwarten?
10. Wen würden Sie mit der Durchführung einer Business Plan Due Diligence beauftragen? Welche Eigenschaften des externen Sachverständigen sind maßgebend?
11. Sehen Sie durch die Business Plan Due Diligence ein Potential zur Verbesserung der Verhandlungsposition in Kreditverhandlungen mit Banken bzw. Finanzierungsverhandlungen mit Beteiligungsgesellschaften?
12. Bitte quantifizieren Sie Ihre Zahlungsbereitschaft für diese Dienstleistung unter Berücksichtigung der Vorteile und Risiken (pauschales Beispiel: bei einer Kreditfinanzierung mit einem Finanzierungsvolumen von Mio. EUR 5 hat eine 1 %ige Veränderung des Finanzierungszinses eine Auswirkung von jährlich TEUR 50).
13. Können Sie sich vor dem Hintergrund der Akzeptanz der Verkäufer Due Diligence in M&A Transaktionen vorstellen, dass potenzielle Kapitalgeber eine Business Plan Due Diligence akzeptieren und wertschätzen? Bitte begründen Sie Ihre Antwort.
14. Aus welchem Grund haben Sie keine Business Plan Due Diligence initiiert? Bitte begründen Sie Ihre Antwort.
15. Würden Sie an Stelle einer Business Plan Due Diligence alternative Dienstleistungen wie beispielsweise die Beauftragung einer Rating-Agentur zur Durchführung eines externen Ratings bevorzugen? Bitte begründen Sie Ihre Antwort.

Abbildung 14: Fragenkatalog junge wachstumsstarke Unternehmen

Die Fragen *eins* und *zwei* dienen der Bestätigung, dass das befragte Unternehmen grundsätzlich mit den in den Kapiteln 2.1, 2.2 und 3.1 definierten Eigenschaften übereinstimmt, und zwar dass das Unternehmen zum einen auf eine Wachstumsfinanzierung in Form von Eigen- oder Fremdkapital zurückgreift, und zum anderen grundsätzlich Schwierigkeiten in der Beschaffung von Finanzmitteln erfährt. Die Bestätigung oder auch Ablehnung ist entscheidend für die weitere Auswertung des Fragenkataloges.

Der Experte wird mit den Fragen *drei* und *vier* aufgefordert, seine Methoden der Vorbereitung auf die Verhandlungen mit potenziellen Kapitalgebern vorzustellen sowie anzugeben, ob eine Einbeziehung externer Berater zur Unterstützung der Verhandlungsvorbereitung erfolgt. Dies erlaubt, auch unter Bezug auf die Antwort auf Frage *eins,* den Rückschluss auf den Verlauf bisheriger Verhandlungen und der hieraus bedingten gewählten beziehungsweise notwendigen Tiefe der Verhandlungsvorbereitung. Ziel dieser Fragestellungen ist weiterhin die Identifizierung einer möglichen Vernachlässigung der Verhandlungsvorbereitung, die Raum für das Instrument der BPDD zur Verbesserung der Verhandlungsposition bietet, sowie auch eine Einschätzung über die grundsätzliche Bereitschaft zur Hinzuziehung externer Berater in den Vorbereitungsprozess.

Die Anschlussfrage *fünf* zielt auf eine Abfrage erfahrener Probleme oder Schwierigkeiten in geführten Finanzierungsverhandlungen ab, um somit weitere Indikationen für das Anwendungspotential einer BPDD zu gewinnen.

Die Fragen *sechs* bis *fünfzehn* behandeln verschiedene Fragestellungen um das Instrument der BPDD. Die Fragen *sechs*, *elf* und *13* stellen dabei die wesentlichen zu untersuchenden Forschungsgegenstände dar, die einleitend dargestellt worden sind.

Hintergrund der Fragen *sieben* bis *neun* ist die Eruierung der Erwartungshaltung von Unternehmen an eine BPDD in Form von hiermit verbundenen Vorteilen oder Nachteilen, sowie den erwarteten Leistungen und Ergebnissen, um eine Indikation über Umfang und Schwerpunkte einer BPDD abzuleiten.

Die Frage *zehn* dient der Untersuchung der geforderten und somit maßgebenden Eigenschaften eines bevorzugten Anbieters der BPDD, und inwieweit diese mit den in Kapitel 6 dargestellten Eigenschaften des Wirtschaftsprüfers, die in M&A-Transaktionen relevant sind, übereinstimmen.

Zweck der Frage *zwölf* ist die Untersuchung der Zahlungsbereitschaft für eine BPDD unter Berücksichtigung der in der Regel begrenzt zur Verfügung stehenden finanziellen Mittel, sowie damit verbunden auch die Ableitung einer Einschätzung über den Leistungsumfang, der im Rahmen der Zahlungsbereitschaft erbracht werden kann.

Die Fragen *14* und *15* dienen der Gewinnung einer abschließenden Einschätzung, inwieweit die BPDD, und auch ähnliche Leistungen, unter Berücksichtigung der individuellen Situation des Unternehmens grundsätzlich relevant sind.

Wirtschaftsprüfer

Die Wirtschaftsprüfer werden als eine nächste Forschungsgruppe im Wesentlichen dahingehend untersucht, inwieweit das Instrument der BPDD in das bestehende Angebotsspektrum integrierbar ist, wie die Ausgestaltung einer solchen Dienstleistung aussehen könnte, und welche Faktoren für das Angebot einer BPDD schließlich maßgebend sind. Vor diesem Hintergrund ist folgender Fragenkatalog bestehend aus zwölf Fragen entwickelt worden:

Fragenkatalog Wirtschaftsprüfungsgesellschaften	
1.	Bietet Ihr Haus jungen wachstumsstarken Unternehmen grundsätzlich das komplette Leistungsspektrum (Wirtschaftsprüfung, Corporate Finance etc) an oder gibt es Einschränkungen?
2.	Welche Schwierigkeiten/Probleme verbinden Sie mit einer Leistungserbringung für junge wachstumsstarke Unternehmen und welche Vorteile/Chancen?
3.	Ist das Konzept Business Plan Due Diligence aus Ihrer Sicht grundsätzlich praktikabel?
4.	Haben Sie bereits eine Business Plan Due Diligence in der dargestellten oder einer ähnlichen Ausgestaltung durchgeführt? Bitte um genaue Angabe der Ausprägung der durchgeführten Dienstleistung.
5.	Welche speziellen Themen müssten über den Umfang einer Verkäufer Due Diligence in M&A-Transaktionen hinaus im Leistungsumfang einer Business Plan Due Diligence zusätzlich abgedeckt werden? Die Behandlung welcher Themen ist nicht notwendig?
6.	Welche speziellen Ressourcen sind für die Durchführung einer Business Plan Due Diligence notwendig und sind diese in Ihrem Haus ausreichend vorhanden?
7.	Ist die Durchführung einer Business Plan Due Diligence aus Ihrer Sicht eine Vorbehaltsaufgabe von Wirtschaftsprüfungsgesellschaften, da diese in der Regel Know-How in übergreifenden Themenbereichen wie Finanzanalyse, Steuern und IT haben, oder aber ist diese Leistung eher durch andere Institutionen wie beispielsweise Unternehmensberatungen, öffentliche Institutionen oder Forschungseinrichtungen etc. zu erbringen bzw. zu ergänzen?
8.	Welches sind die wesentlichen Chancen und Risiken, die mit der Durchführung einer Business Plan Due Diligence für Wirtschaftsprüfungsgesellschaften verbunden sind?
9.	Bitte geben Sie vor dem Hintergrund der begrenzten finanziellen Ressourcen junger wachstumsstarker Unternehmen eine Einschätzung über die Profitabilität der Business Plan Due Diligence für Ihr Haus ab.
10.	Ist das Kostenrisiko (d.h. das Risiko, dass die durchzuführenden Arbeiten nicht unter Einhaltung des mit dem jungen wachstumsstarken Unternehmens ausgehandelten Budgets durchgeführt werden können) maßgebend für oder gegen die Entscheidung, die Leistung einer Business Plan Due Diligence anzubieten?
11.	Bitte geben Sie die Gründe an, warum Sie auf die Erbringung einer Business Plan Due Diligence verzichten würden.
12.	Könnte die Business Plan Due Diligence aus Ihrer Sicht dazu beitragen, die Verhandlungsposition junger wachstumsstarker Unternehmen bei der Akquise von Finanzmitteln zu verbessern? Bitte begründen Sie Ihre Antwort.

Abbildung 15: Fragenkatalog WP-Gesellschaften

Die Fragen *eins* und *zwei* verfolgen die Zielsetzung der Feststellung, inwieweit eine Leistungserbringung für junge wachstumsstarke Unternehmen grundsätzlich erfolgt und ob, vor diesem Hintergrund, das Angebot einer BPDD auch grundsätzlich möglich ist. Die Beantwortung dieser Fragen ist somit für die Auswertung der darauf folgenden Fragestellungen maßgebend.

Die Fragen *drei* und *zwölf* sind wesentliche Forschungsgegenstände, die einleitend zu diesem Kapitel dargestellt worden sind.

Hintergrund der Frage *vier* ist die Vervollständigung der aus der Analyse der Internetseiten der großen Wirtschaftsprüfungsgesellschaften gewonnenen Erkenntnisse über das Leistungsangebot an junge wachstumsstarke Unternehmen (siehe Kapitel 6.5.2).

Der Fragenkatalog wird fortgesetzt mit den Fragen *fünf, sechs* und *sieben,* die auf die Untersuchung abzielen, inwieweit die Verfügbarkeit über bestimmte Ressourcen entscheidend für das Angebot einer BPDD ist. So ist eine BPDD möglicherweise nur von den großen WP-Gesellschaften aufgrund der dortigen Ressourcenbündelung, oder aber auch nicht durch eine WP-Gesellschaft sondern vielmehr durch beispielsweise spezialisierte Beratungsunternehmen zu erbringen.

Die Fragen *acht* bis *elf* dienen der Herausarbeitung der Chancen und Risiken, die maßgebend für das Angebot einer BPDD sind. An dieser Stelle soll untersucht werden, welche künftigen Vorteile aus der Geschäftsbeziehung erwartet werden und inwieweit, vor diesem Hintergrund, auch die Durchführung einer nicht kostendeckenden BPDD in Kauf genommen wird.

Beteiligungsgesellschaften

Beteiligungsgesellschaften und Kreditinstitute bilden als Adressaten einer BBDD die dritte Forschungsgruppe, die insbesondere in Bezug auf die Aspekte befragt werden, inwieweit eine BPDD Vorteile für die eigene Unternehmensanalyse bietet, welche Erwartungen an ein solches Instrument gestellt werden, und inwieweit die BPDD die Verhandlungssituation und die Finanzierungsentscheidung beeinflussen kann. Vor diesem Hintergrund ist der in der nachfolgenden Abbildung aufgeführte Fragenkatalog bestehend aus zwölf Fragen entwickelt worden:

Fragenkatalog Beteiligungsgesellschaften	
1.	Wie beurteilen Sie die Qualität der von jungen wachstumsstarken Unternehmen erhaltenen Unternehmensinformationen für Ihre Finanzierungsentscheidung?
2.	Bitte beurteilen Sie das Vertrauen in die von jungen wachstumsstarken Unternehmen erhaltenen Informationen?
3.	Welche Methoden/Verfahren wenden Sie zur Verifizierung der erhaltenen Unternehmensinformationen an?
4.	Wie hoch ist der Zeitaufwand, der mit Auswertung der von jungen wachstumsstarken Unternehmen erhaltenen Informationen verbunden ist?
5.	Greifen Sie bei der Unternehmensanalyse junger wachstumsstarker Unternehmen regelmäßig, gelegentlich, selten oder gar nicht auf externe Berater bzw. externe Sachverständige zur Unterstützung ihrer Finanzierungsentscheidung zurück? Wenn ja, um welche Art externer Berater (Anwälte, Wirtschaftsprüfungsgesellschaften etc.) handelt es sich und in welchen Angelegenheiten werden Sie extern beraten?
6.	Könnte eine Business Plan Due Diligence die Glaubwürdigkeit und das Vertrauen in die Unternehmensinformationen junger wachstumsstarker Unternehmen erhöhen?
7.	Welche Rolle spielt aus Ihrer Sicht die externe Partei (Wirtschaftsprüfungsgesellschaft, Berater etc), die die Business Plan Due Diligence durchführt?
8.	Welche Anforderungen stellen Sie an eine Business Plan Due Diligence? Welche Bereiche sollte der Business Plan Due Diligence-Bericht mindestens abdecken?
9.	Sind aus Ihrer Sicht junge wachstumsstarke Unternehmen auf die Finanzierungsverhandlungen ausreichend vorbereitet?
10.	Bitte beurteilen Sie die Auswirkungen einer Business Plan Due Diligence auf die Verhandlungsposition junger wachstumsstarker Unternehmen in Finanzierungsverhandlungen?
11.	Bitte geben Sie eine Einschätzung über die durch die Business Plan Due Diligence gewonnenen Vorteile (z.B. professionelle Unternehmenspräsentation, Einsparung zeitlicher, personeller und finanzieller Ressourcen etc.) auf die Finanzierungsentscheidung bzw. Finanzierungskonditionen ab.
12.	Ist eine Beteiligung an den Kosten einer Business Plan Due Diligence denkbar?

Abbildung 16: Fragenkatalog Beteiligungsgesellschaften

Die den Fragen *eins bis sechs* zugrunde liegende zentrale Zielsetzung liegt in der Untersuchung, inwieweit Beteiligungsgesellschaften in den von den jungen wachstumsstarken Unternehmen erhaltenen Unternehmensinformationen beispielsweise aufgrund von Qualitäts- und Vertrauensmängeln Potential für die Vorteile einer BPDD sehen.

Die Zielsetzung der Fragen *sieben* und *acht* ist die Untersuchung der maßgebenden Ressourcen und Eigenschaften eines bevorzugten Anbieters der BPDD, und inwieweit diese mit den in Kapitel 6 dargestellten Eigenschaften des Wirtschaftsprüfers, die in M&A-Transaktionen relevant sind, übereinstimmen.

Die Fragen *neun, elf* und *zwölf* dienen der Herausarbeitung, inwieweit Beteiligungsgesellschaften, vor dem Hintergrund der bislang wahrgenommenen Verhandlungsposition junger wachstumsstarker Unternehmen, Auswirkungen einer BPDD auf die Finanzierungsentscheidung und –konditionen sehen.

Die Zielsetzung der Frage *zehn* ist als wesentlicher Forschungsgegenstand zu Beginn dieses Kapitels vorgestellt worden.

Kreditinstitute

Aufgrund der Betrachtung von Beteiligungsgesellschaften und Kreditinstitute als eine gemeinsame Forschungsgruppe sind die Zielsetzungen des nachfolgenden Fragenkataloges bis auf die Fragen *eins*, *zwei* und *14* mit den obigen Ausführungen identisch.

Fragenkatalog Kreditinstitute	
1.	Welche speziellen Eigenschaften und Risiken sehen Sie im Zusammenhang mit einer Kreditvergabe an junge wachstumsstarke Unternehmen?
2.	Welche speziellen Informationsanforderungen werden an junge wachstumsstarke Unternehmen gestellt?
3.	Bitte beurteilen Sie die Qualität der von jungen wachstumsstarken Unternehmen erhaltenen Informationen für Ihre Kreditbeurteilung.
4.	Bitte beurteilen Sie das Vertrauen in die von jungen wachstumsstarken Unternehmen erhaltenen Informationen.
5.	Welche Methoden/Verfahren wenden Sie zur Verifizierung der erhaltenen Unternehmensinformationen an?
6.	Wie hoch ist der Zeitaufwand, der mit Auswertung der von jungen wachstumsstarken Unternehmen erhaltenen Informationen verbunden ist?
7.	Greifen Sie bei der Kreditbeurteilung junger wachstumsstarker Unternehmen regelmäßig, gelegentlich, selten oder gar nicht auf externe Berater bzw. externe Sachverständige zur Unterstützung ihrer Finanzierungsentscheidung zurück? Wenn ja, um welche Art externer Berater (Anwälte, Wirtschaftsprüfungsgesellschaften etc.) handelt es sich und in welchen Angelegenheiten werden Sie extern beraten?
8.	Könnte eine Business Plan Due Diligence die Glaubwürdigkeit und das Vertrauen in die Unternehmensinformationen junger wachstumsstarker Unternehmen erhöhen?
9.	Welche Rolle spielt aus Ihrer Sicht die externe Partei (Wirtschaftsprüfungsgesellschaft, Berater etc.), die die Business Plan Due Diligence durchführt?
10.	Welche Anforderungen stellen Sie an eine Business Plan Due Diligence? Welche Bereiche sollte der Business Plan Due Diligence-Bericht mindestens abdecken?
11.	Sind junge wachstumsstarke Unternehmen auf die Kreditverhandlungen ausreichend vorbereitet?
12.	Bitte beurteilen Sie die Auswirkungen einer Business Plan Due Diligence auf die Verhandlungsposition junger wachstumsstarker Unternehmen in Kreditverhandlungen?
13.	Bitte geben Sie eine Einschätzung über die durch die Business Plan Due Diligence gewonnenen Vorteile (z.B. professionelle Unternehmenspräsentation, Einsparung zeitlicher, personeller und finanzieller Ressourcen etc.) auf die Finanzierungsentscheidung bzw. Finanzierungskonditionen ab.
14.	Ist eine Integration der Business Plan Due Diligence in Ihre vorhandenen Rating-Konzepte vereinbar?

Abbildung 17: Fragenkatalog Kreditinstitute

Die Vergabe von Krediten an junge wachstumsstarke Unternehmen ist im Gegensatz zu hierauf spezialisierten Beteiligungsgesellschaften regelmäßig nicht Schwerpunkt der Kreditvergabetätigkeit von Banken, siehe Kapitel 2.2. Vor diesem Hintergrund zielen die Fragen *eins*, *zwei* und *14* auf Besonderheiten und Eigenschaften ab, die Kreditinstitute speziell mit dieser

Gruppe von Unternehmen verbinden und die Einfluss auf die Anwendbarkeit und auch die Akzeptanz der BPDD haben.

8.3.4 Durchführung

Die Fragenkataloge sind den Experten als Word-Dokument per e-Mail zugestellt worden. Den Experten sind die Möglichkeiten der Beantwortung der Fragenkataloge entweder per Fax, per e-Mail oder auch in einem Telefon-Interview angeboten worden.

Zunächst sind auf diesem Weg 20 Experten adressiert worden, davon fünf in jeder Forschungsgruppe (insgesamt zehn Beteiligungsgesellschaften und Kreditinstitute). Ein Erinnerungsschreiben ist nach zehn Tagen erfolgt. Weitere Experten wurden in Abhängigkeit der Rücklaufquoten zum Tag des Erinnerungsschreibens angeschrieben.

Zur Auswertung liegen insgesamt elf beantwortete Fragenkataloge vor, davon

- ein Experte eines jungen wachstumsstarken Unternehmens;
- vier Experten aus Wirtschaftsprüfungsgesellschaften;
- drei Experten aus Beteiligungsgesellschaften (davon zwei Telefoninterviews);
- drei Experten aus Kreditinstituten.

Im Rahmen dieser Arbeit erfolgt wunschgemäß eine Anonymisierung der befragten Experten. Die beantworteten Fragenkataloge, die Grundlage der nachfolgenden Auswertungen und Quelle der folgenden Textverweise sind, sowie Hintergrundinformationen und relevante Definitionen befinden sich in den Anhängen 4 bis 7.

Auf das wiederholte Versenden eines Erinnerungsschreibens wurde vor dem Hintergrund der zufrieden stellenden Rücklaufquote sowie der noch folgenden quantitativen Befragung verzichtet. Die qualitativen Experteninterviews wurden in den Monaten September 2006 bis Januar 2007 durchgeführt.

8.3.5 Auswertung der Ergebnisse

8.3.5.1 Einführung

Gegenstand der Auswertung sind ausschließlich inhaltliche Aspekte der Interviews mit der Intention der Identifizierung zentraler Ansichten beziehungsweise Problembereiche. Vor diesem Hintergrund eignet sich das sechsstufige Textauswertungsverfahren von Mühlfeld: hier werden in einer ersten Stufe die Textstellen markiert, die eine ersichtliche Antwort auf die entsprechende Leitfadenfrage darstellen. In einer zweiten Stufe erfolgt die Einordnung der Antworten in ein Kategorienschema, das im Vorfeld der Expertenbefragungen in Auseinandersetzung mit der Theorie oder anderen Untersuchungen entwickelt worden ist. In den anschließenden Stufen drei und vier wird ein innerer Zusammenhang zwischen den Einzelinformationen innerhalb eines Interviews auch unter Berücksichtigung widersprechender Informationen dargestellt, und dieser wird anschließend schriftlich niedergelegt. In einer fünften Stufe erfolgt die eigentliche Erstellung der Auswertungen mit Text und Interviewausschnitten und das Auswertungsverfahren endet mit der Stufe sechs, das heißt der Darstellung der Auswertungsergebnisse.[463] Vor dem Hintergrund der noch folgenden Präsentation der Ergebnisse der quantitativen Befragungen ist an dieser Stelle auf eine Präsentation der Ergebnisse der qualitativen Experteninterviews verzichtet worden, so dass das der folgenden Auswertung zugrunde gelegte Textauswertungsverfahren hier mit der Stufe fünf, der schriftlichen Auswertung der Ergebnisse, endet.

8.3.5.2 Experteninterviews: Junge wachstumsstarke Unternehmen

Die Herausarbeitung von gemeinsamen Ansichten unter den Befragten ist vor dem Hintergrund, dass nur ein beantworteter Fragenkatalog zur Auswertung vorliegt (siehe Anhang 4), nicht möglich, so dass an dieser Stelle insbesondere auf eine Bestätigung beziehungsweise Falsifizierung der Forschungsgegenstände im Rahmen der quantitativen Befragung abgestellt werden muss.

Vor dem Hintergrund der in Kapitel 8.3.3 bestimmten Forschungsziele und Forschungsgegenstände lassen sich folgende *vorläufige Schlussfolgerungen* ableiten:

---

[463] Vgl. Claus Mühlfeld, Paul Windolf, Norbert Lampert, Heidi Krüger: Auswertungsprobleme offener Interviews, Göttingen 1981, S. 336-338.

Das befragte Unternehmen weist grundsätzlich die im Rahmen dieser Arbeit definierten Eigenschaften eines jungen wachstumsstarken Unternehmens auf (Fragen *eins* und *zwei*), denn zum einen ist eine externe Eigenkapitalfinanzierung in Anspruch genommen worden und zum anderen sind grundsätzlich Schwierigkeiten in der Kapitalaufnahme entstanden, „[...] diese Wachstumsfinanzierungen haben in den Jahren 2000 bis 2004 stattgefunden. In dieser Zeit waren die Auswirkungen des Zusammenbruchs des Neuen Marktes auch auf den Venture Capital Markt extrem hoch.“[464]

Zu den ergriffenen Maßnahmen für die Verhandlungsvorbereitungen (Frage *drei*) werden das Erstellen eines Business Planes, die Anfertigung umfassender Finanzplanungen inklusive Sensitivitätsanalysen, die Darstellung des Marktpotentials sowie die Einrichtung eines Datenraums aufgeführt. Aufgrund fehlender Vergleichswerte sowie auch fehlender Kenntnis über die Tiefe des genannten Business Plans ist an dieser Stelle eine Einschätzung über den Umfang der durchgeführten Maßnahmen kaum möglich. Dennoch lässt sich feststellen, dass sich die Vorbereitungsmaßnahmen deutlich über die Erstellung eines Business Plans erstrecken, und insbesondere auch die Themen aufgegriffen werden, die von besonderem Interesse der potenziellen Kapitalgeber sind, das heißt eine Analyse von Markt und Finanzen (siehe nachfolgende Auswertungen der Frage *acht* der Beteiligungsgesellschaften und Frage *zehn* der Kreditinstitute in Kapitel 8.3.5.4). Weiterhin kann festgestellt werden, dass eine grundsätzliche Bereitschaft für die Hinzuziehung externer Sachverständiger in die Verhandlungsvorbereitung gegeben ist (Frage *vier*).

In Kreditverhandlungen mit Banken sind die Systemgläubigkeit der vorhandenen Ratingsysteme sowie die fehlenden Fachkompetenz, in Finanzierungsverhandlungen mit Beteiligungsgesellschaften die unterschiedlichen Bewertungseinschätzungen der Alt- und Neugesellschafter die wesentlichen Probleme (Frage *fünf*). Vor dem Hintergrund, dass der Experte gemäß Frage *zwei* keine Kreditfinanzierung in Anspruch genommen hat aber dennoch auf erfahrene Probleme hinweist, scheint entweder die Kreditfinanzierung aufgrund der dargestellten Probleme grundsätzlich keine Finanzierungsalternative zu sein, oder aber Kreditfinanzierung wird grundsätzlich in Anspruch genommen, diese dient jedoch nicht der Finanzierung von Unternehmenswachstum wie in Frage *zwei* gefordert. Nichtsdestotrotz schaffen die in Finanzierungsverhandlungen erfahrenen Schwierigkeiten Raum für die neutrale und unabhän-

[464] Siehe Anhang 4, Antwort auf Frage *eins*.

gige Einschätzung des Bewertungsobjekts durch einen externen Sachverständigen, beispielsweise in Form einer BPDD.

Der in Frage *sechs* formulierte wesentliche Forschungsgegenstand, der dem Experten eine Einschätzung über die grundsätzliche Anwendbarkeit der BPDD abverlangt, wird positiv bestätigt: „Ich selbst habe diese [BPDD] zur Validierung unseres Planungstools durchgeführt. Eine Wirtschaftsprüfungsgesellschaft hat dieses Tool geprüft und deren „Richtigkeit“ bestätigt.“[465] Die Antwort verdeutlicht zum einen Initiative und ein Verständnis für die Notwendigkeit der Beauftragung bestimmter externer Dienstleistungen, und zum anderen den Tatbestand, dass die WP-Gesellschaft in diesem Fall das bevorzugte Dienstleistungsunternehmen ist. In diesem Zusammenhang ist auch die Antwort auf Frage *zehn* darzustellen: für die Beauftragung eines externen Sachverständigen für die Leistung einer BPDD werden insbesondere die Eigenschaft der Qualität, das heißt Reputation auf dem geforderten Gebiet, sowie auch die Eigenschaft des pragmatischen Beraters für Umsetzungen gefordert. Auch diese Eigenschaften entsprechen grundsätzlich den Merkmalen eines Wirtschaftsprüfers (siehe Kapitel 6).

Die erwarteten Leistungen und Vorteile einer BPDD (Fragen *sieben*, *acht* und *neun)* entsprechen weitgehend den Motiven für die Initiierung einer VDD (siehe Kapitel 5.1.5), so dass abgeleitet werden kann, dass Umfang und Schwerpunktsetzung einer BPDD grundsätzlich auch den Leistungen einer VDD entsprechen sollen. Im Einzelnen werden hier die Vorteile und Leistungen einer verbesserten Vorbereitung auf aufkommende Fragestellungen in Beteiligungsprozessen, einer gesteigerten Professionalität und eines verbesserten Erscheinungsbildes gegenüber potenziellen Kapitalgebern, die Aufdeckung und die Beseitigung wesentlicher Schwachpunkte als auch die Erstellung eines aussagekräftigen Due Diligence-Berichtes aufgeführt. Darüber hinaus ist die Bereitschaft für die Initiierung einer BPDD für ausgewählte Bereiche grundsätzlich vorhanden, sofern nicht auf interne Expertise zurückgegriffen werden kann. Siehe in diesem Zusammenhang auch die Antworten auf die Fragen *sechs* und *14*.

Die in den Fragen *elf* und *13* formulierten wesentlichen Forschungsgegenstände nach einer Einschätzung über das Potential einer BPDD zur Verbesserung der eigenen Verhandlungsposition sowie über die Akzeptanz und Wertschätzung einer BPDD durch potenzielle Kapital-

[465] Siehe Anhang 4, Antwort auf Frage *sechs*.

geber wurden grundsätzlich positiv beurteilt. Der Experte weist jedoch darauf hin, dass potenzielle Kapitalgeber eine Unternehmensbewertung entweder selbst oder aufbauend auf den Einschätzungen der eigenen Berater durchführen und vor diesem Hintergrund ausschließlich von vom Verkäufer initiierte Plausibilitätskontrollen für Vollständigkeit und Richtigkeit einzelner Bereiche wertschätzen.

Eine Quantifizierung der Zahlungsbereitschaft für eine BPDD wurde durch den Experten nicht vorgenommen (Frage *zwölf*), so dass hier keine weitere Indikation über den Leistungsumfang abgeleitet werden kann.

Aus Sicht des Experten sind auf Vergangenheitsinformationen aufbauende Ratings weniger sinnvoll für junge technologieorientierte Unternehmen (Frage *15*).

Somit lässt sich aus der Auswertung der Expertenbefragung zunächst schlussfolgern, dass das Konzept der BPDD als grundsätzlich anwendbar eingeschätzt wird und eine mit einer VDD in M&A-Transaktionen vergleichbare Akzeptanz unter Berücksichtigung von bestimmten Einschränkungen hergestellt werden kann. Der Leistungsumfang sowie auch die Anforderungen an die externen Sachverständigen orientieren sich an der VDD. Zudem wird das Potential einer Verbesserung der eigenen Verhandlungsposition gegenüber potenziellen Kapitalgebern als Folge der Initiierung einer BPDD gesehen.

8.3.5.3 Experteninterviews: Wirtschaftsprüfer

Die folgende Auswertung umfasst vier Experteneinschätzungen von drei großen WP-Gesellschaften, siehe auch Anhang 5. In Bezug auf die in Kapitel 8.3.3 definierten Forschungsgegenstände lassen sich folgende vorläufige Schlussfolgerungen treffen:

Grundsätzlich bieten die großen WP-Gesellschaften jungen wachstumsstarken Unternehmen das komplette Leistungsspektrum an (Frage *eins*). Es wird jedoch darauf hingewiesen, dass eine Leistungserbringung zu den üblichen Honorarsätzen erfolgt. Unter der Berücksichtigung, dass ein bestimmtes und von der Unternehmensgröße unabhängiges Mengengerüst für die Begleitung eines M&A-Prozesses oder die Durchführung einer Due Diligence stets erforderlich ist, ist eine Inanspruchnahme von Dienstleistungen für ein junges wachstumsstarkes Unternehmen regelmäßig zu kostenintensiv.

Die Schwierigkeiten, die im Zusammenhang mit einer Leistungserbringung für junge wachstumsstarke Unternehmen gesehen werden (Frage *zwei*), sind „[...] dass auf Grund der fehlenden Historie dieser Unternehmen eine Due Diligence nicht die Aussagekraft hat wie bei einem etablierten Unternehmen in einem existierenden Markt. [...] Eine Aussage zur Plausibilität ist vor allem dann wenn Unternehmen und Markt neu sind, nur mit großer Einschränkung möglich. Der „Comfort“, der so gegeben werden kann, reicht für den Empfänger der Leistung häufig nicht aus.“[466] Diese Meinung teilen weitere Experten, die die größten Schwierigkeiten in dem Nichtvorhandensein detaillierter und belastbarer Vergangenheitsinformationen sehen. Auch die nachfolgend aufgeführten Expertenmeinungen potentieller Kapitalgeber (siehe Kapitel 8.3.5.4), die in der Hinzuziehung eines Wirtschaftsprüfers in den Due Diligence-Prozess aufgrund mangelndem Markt-, Wettbewerb- und technischem Know-how eher keine zusätzliche Wertschöpfung sehen, bestärken diese Ansicht.

Auf der anderen Seite werden Vorteile in dem Aufbau einer langfristigen Geschäftsbeziehung, Folgeaufträgen sowie dem hohen geschäftsbereichübergreifenden Beratungsbedarf bei jungen wachstumsstarken Unternehmen gesehen, denn regelmäßig besteht ein niedriger Organisationsgrad in administrativen Funktionen und ein geringes Verständnis für interne Kontrollen, und „[...] ohne Beratung nutzen solche Unternehmen ihre Chancen oft nicht optimal.“[467]

Der in Frage *drei* formulierte wesentliche Forschungsgegenstand nach der grundsätzlichen Anwendbarkeit einer BPDD wird grundsätzlich bestätigt, da auch die Plausibilisierung von Planzahlen stets Bestandteil des Leistungsangebots ist. Vereinzelt wird jedoch einschränkend darauf hingewiesen, dass eine BPDD dann ihre Grenzen erfährt, wenn keine zuverlässigen und die Planungsannahmen bekräftigenden Unternehmensinformationen vorliegen, und wenn die hierdurch entstehenden Transaktionskosten in einem ungerechtfertigten Verhältnis zur Finanzierungsnachfrage stehen.

Eine BPDD oder eine Dienstleistung ähnlicher Ausgestaltung ist von den Experten bereits durchgeführt worden (Frage *vier*), so insbesondere in Form von Unterstützungsleistungen bei der Erstellung eines Business Plans, Vorarbeiten zu Informationsmemoranden zur Eigen- oder Fremdkapitalsuche, der Darstellung von Planungsprämissen oder Plausibilitätsprüfungen. An

---

[466] Siehe Anhang 5, Experte #4, Frage *zwei.*

[467] Siehe Anhang 5, Experte #5, Frage *zwei.*

dieser Stelle erfolgt der Verweis auf die in Kapitel 6.5.2 durchgeführte Analyse des Leistungsspektrums der großen WP-Gesellschaften für junge wachstumsstarke Unternehmen mit der Feststellung, dass, wie vermutet, das tatsächliche Leistungsangebot deutlich das auf den Internetseiten veröffentlichte Angebot übersteigt.

Der mögliche Leistungsumfang einer BPDD ist in Abhängigkeit von den Gegebenheiten des Einzelfalls zu bestimmen (Frage *fünf*). Nichtsdestotrotz ist insbesondere die Analyse der kommerziellen Aspekte wichtig: „Auf Grund der fehlenden Historie kommt der sog. Commercial Due Diligence eine herausragende Bedeutung zu. Es gilt den Markt, die Wettbewerbsposition und das Geschäftsmodell hinsichtlich seiner grundsätzlichen Eignung zur Einnahmenerzielung zu beurteilen.“[468] Diese Ansicht findet Übereinstimmung mit den Expertenmeinungen potenzieller Kapitalgeber, die den wesentlichen Informationsbedarf im Bereich Markt und Technologie sehen (siehe hierzu die Ausführungen in dem nachfolgenden Kapitel 8.3.5.4). Im Gegensatz zu einer VDD ist der Schwerpunkt bei einer BPDD vielmehr auf die Planungsrechnung zu setzen als auf eine detaillierte Betrachtung der Vergangenheit.

Ressourcen, die zur Durchführung einer BPDD notwendig sind (Frage *sechs*), unterscheiden sich regelmäßig nicht von in M&A-Transaktionen relevanten Ressourcen und sind grundsätzlich intern vorhanden. Spezielles Markt- oder Technologiewissen wird im Einzelfall jedoch auch extern bezogen.

Es existiert keine gesetzlich fundierte Vorbehaltsaufgabe für Wirtschaftsprüfer zur Durchführung einer Due Diligence (Frage *sieben*). Nichtsdestotrotz sind WP-Gesellschaften aufgrund der multidisziplinären Aufgaben und der hierfür vorhandenen übergreifenden Expertise in den Bereichen Rechnungslegung, Finanzen, Steuern, Modelling und auch Bewertung besonders geeignet. Für die Beurteilung des Geschäftsmodells oder des Marktes sind jedoch auch Ergänzungsleistungen durch andere Institutionen sinnvoll.

Die Chancen und Risiken, die mit der Durchführung einer BPDD verbunden werden (Frage *acht*), lassen sich wie folgt zusammenfassen: die Chancen werden insbesondere in der Generierung möglicherweise auch lukrativerer Folgeaufträge gesehen; die Risiken bestehen in nicht erkannten Rechenfehlern in den der Planungsrechnung zugrunde liegenden Modellen

---

[468] Siehe Anhang 5, Experte #4, Frage *fünf*.

sowie, bei Nicht-Eintritt bestimmter Planungsprämissen, der Assoziation einer WP-Gesellschaft mit einem Misserfolg wenngleich eine korrekte Ausübung der Berufspflichten vorlag. Haftungsrisiken werden gegenüber Dienstleistungen für etablierte Unternehmen grundsätzlich nicht höher eingeschätzt.

Die Profitabilität einer BPDD (Frage *neun)* wird eher gering eingeschätzt: „Diese Aufträge liegen zuweilen am unteren Ende des Honorarspektrums."[469] Das Kostenrisiko ist neben Mandatskonflikten, Mangel an Ressourcen, Reputationsrisiko sowie unrealistischen Erwartungen des Auftraggebers entscheidend für oder gegen die Annahme eines Auftrages (Fragen *zehn* und *elf*).

Grundsätzlich werden positive Auswirkungen einer BPDD auf die Verhandlungsposition junger wachstumsstarker Unternehmen erwartet (Frage *zwölf*), da fehlende Finanzexpertise oder eine nicht zielgruppengerechte Unternehmenspräsentation durch eine BPDD ausgeglichen werden können: „Bestenfalls kann damit auf oder über Augenhöhe der potentiellen Finanzmittel-Geber verhandelt werden."[470] Neben der Herstellung von Transparenz und Unabhängigkeit erhalten potenzielle Kapitalgeber durch die von einer renommierten WP-Gesellschaft durchgeführten BPDD zudem Vertrauen und Komfort in die Unternehmung.

Ähnlich wie bei der Expertenbefragung von jungen wachstumsstarken Unternehmen (siehe Kapitel 8.3.5.2) lässt sich zunächst schlussfolgern, dass das Konzept der BPDD als grundsätzlich anwendbar eingeschätzt wird. Der Leistungsumfang orientiert sich an der VDD und kann grundsätzlich mit den vorhandenen Ressourcen der großen WP-Gesellschaften erbracht werden. Die geringe Profitabilität sowie auch das Kostenrisiko sind maßgebende Faktoren bei der Entscheidung zum Angebot dieser Dienstleistung. Nichtsdestotrotz wird das Potential einer Verbesserung der Verhandlungsposition junger wachstumsstarker Unternehmen gegenüber potenziellen Kapitalgebern als Folge der Initiierung einer BPDD gesehen.

Es ist abschließend zu erwähnen, dass sich die dargestellten Auswertungen auf Ansichten von Experten aus den großen WP-Gesellschaften beziehen. Die folgenden Auswertungen der Befragungen von potenziellen Kapitalgebern (siehe Kapitel 8.3.5.4) haben zum Vorschein ge-

[469] Siehe Anhang 5, Experte #5, Frage *neun*.
[470] Siehe Anhang 5, Experte #5, Frage *zwölf*.

bracht, dass auch ein Rückgriff auf Dienstleistungen kleinerer WP-Gesellschaften im Netzwerk erfolgt, deren Strukturen, Eigenschaften und Ansichten sich von den großen WP-Gesellschaften unterscheiden mögen. So ist verstärktes Augenmerk auf die nachfolgende quantitative Befragung zu legen, in die insbesondere auch selbständig tätige Wirtschaftsprüfer einbezogen sind, siehe Kapitel 8.4.2.3.

8.3.5.4 Experteninterviews: Beteiligungsgesellschaften und Kreditinstitute

Der folgenden Auswertung liegen je drei beantwortete Fragenkataloge von Beteiligungsgesellschaften und Kreditinstituten zugrunde. Aufgrund der unterschiedlichen Nummerierung der Fragenkataloge für Beteiligungsgesellschaften und Kreditinstitute erfolgt der für die Auswertungen notwendige Textverweis auf die Fragenkataloge in Anhang 6 wie folgt: (Frage *Beteiligungsgesellschaft / Frage Kreditinstitut*). In Bezug auf die in Kapitel 8.3.3 definierten Forschungsgegenstände lassen sich folgende *vorläufige Schlussfolgerungen* ableiten:

Die Qualität der von jungen wachstumsstarken Unternehmen erhaltenen Informationen für eine Kapitalanfrage (Frage *eins/drei*) ist schwer zu bestimmen „Zwar kann man die pauschale Aussage treffen, dass technologieorientierte Unternehmensgründungen meist einen gut vorbereiteten Businessplan einreichen. Der tatsächliche Grad der Wachstumsstärke eines Unternehmens zeigt sich erst nach der Gründung am Markt, deshalb kann man die Qualität der vorher eingereichten Informationen nur „ex post" betrachten."[471] Es bestehen jedoch die Tendenzen, dass die Qualität der eingereichten Informationen im Zeitablauf grundsätzlich besser geworden ist und auch eine gewisse Abhängigkeit der Qualität der Informationen von den Erfahrungen eines Unternehmens mit der Finanzwelt besteht.

Auch existiert zunächst ein Grundvertrauen in die Unternehmensinformationen (Frage *zwei/vier*), das dann im Rahmen eigener Due Diligence-Prüfungen einem Test unterliegt. Von besonderer Bedeutung ist die Neutralität der Informationsquellen. Investiert wird jedoch letztlich in das Management-Team eines Unternehmens, so dass die Frage des Vertrauens an deren Fähigkeiten, den Business Plan beziehungsweise die zugrunde liegende Strategie umzusetzen, und somit an der jeweiligen Unternehmerpersönlichkeit gemessen wird.

---

[471] Siehe Anhang 6, Experte #9, Frage *drei*.

Die Methoden, auf die zur Verifizierung von erhaltenen Unternehmensinformationen zurückgegriffen wird (Frage *drei/fünf*), reichen vom Internetresearch, Patentdatenbanken, Branchenberichten, Gutachten, Gesprächen mit dem Unternehmensmanagement bis hin zu Bewertungen und Analysen. Sofern hierfür kein hausinternes betriebswirtschaftliches und ingenieurwissenschaftliches Know-how zur Verfügung steht, erfolgt auch die Hinzuziehung erfahrener externer Experten.

Der Zeitaufwand, der mit der Auswertung der Unternehmensinformationen verbunden ist (Frage *vier/sechs*), ist schwer zu quantifizieren und reicht, in Abhängigkeit vom Kenntnisstand über ein Unternehmen beziehungsweise ein Produkt oder einen Markt, von einigen wenigen Tagen bis hin zu mehreren Monaten. Kreditinstitute beurteilen den Zeitaufwand zudem in Abhängigkeit vom Umfang und der Komplexität des Geschäftsgegenstandes, der Größe des Unternehmens und dem Finanzierungsbedarf, sowie den Produkteigenschaften.

Ziel der bisherigen Untersuchungen ist die Identifizierung des Potentials, das eine BPDD auf die Verbesserung der Ausgangsituation von potenziellen Kapitalgebern beispielsweise durch eine zeitliche Reduktion des Untersuchungsaufwands oder einem erhöhten Vertrauen in die Unternehmensinformationen hat. An dieser Stelle kann festgehalten werden, dass zwar die Qualität der Unternehmensinformationen tendenziell besser geworden ist und ein Grundvertrauen in die Informationen besteht, dieses jedoch in Abhängigkeit von der Komplexität des Geschäftsmodells sowie auch von der vorhandenen Sachkenntnis mehr oder weniger zeitaufwendig gefestigt werden muss. Diese Aussagen bieten grundsätzlich Raum für die Etablierung und Durchsetzung einer BPDD.

Externe Sachverständige (Frage *fünf/sieben*) werden regelmäßig zum Beispiel für die Beurteilung der Patentlage, aber auch für die Behandlung steuerrechtlicher und finanzieller Sachverhalte hinzugezogen. Beteiligungsgesellschaften beauftragen Patentanwälte, Rechtsanwälte, Wirtschaftsprüfer und gegebenenfalls auch Spezialisten wie beispielsweise Mediziner und Ärzte, auf die wiederholt aus dem bestehenden Netzwerk zurückgegriffen wird. Hierbei handelt es sich nicht notwendigerweise um eine der großen WP-Gesellschaften, sondern gegebenenfalls auch um einen selbständig tätigen Wirtschaftsprüfer. Zudem werden auch Gutachten bei externen Institutionen wie Forschungseinrichtungen oder Technologiezentren in Auftrag gegeben. Die Angaben von Kreditinstituten hingegen sind verschieden, so dass einerseits auf

Bürgschaftsbanken und Fachleute für Technologie, Markt sowie rechtliche, steuerliche und Vertragsfragen zurückgriffen wird, und andererseits grundsätzlich keine externe Beratung in Anspruch genommen wird.

Unter den Kapitalgebern herrscht Uneinigkeit über die Auswirkungen einer BPDD auf die Glaubwürdigkeit und das Vertrauen in die Unternehmensinformationen (Frage *sechs/acht*). So wird auf der einen Seite darauf hingewiesen, dass ein Wirtschaftsprüfer über eine Herausarbeitung der Positionierung beziehungsweise des Unternehmensprofils hinaus nur bedingt zur Erhöhung von Glaubwürdigkeit und Vertrauen beitragen kann. Eigene Untersuchungen sind weiterhin notwendig. Auf der anderen Seite wird der Rolle eines Coaches eine große Bedeutung zugesprochen. Die BPDD stellt eine weitere Entscheidungsgrundlage dar, eine Überprüfung der erstellenden Institution auf Neutralität und Fachkenntnis ist dennoch unabdingbar.

Grundsätzlich wird der Partei, die eine BPDD ausführt, eine große Bedeutung zugesprochen (Frage *sieben/neun*): „Eine wesentliche (*Rolle*), von deren Ruf wird die Glaubwürdigkeit der Businessplan Due Diligence abhängen.“[472] Zudem erfolgt der Hinweis, dass eine Begleitung durch externe Berater einen positiven Einfluss auf die Überlebensfähigkeit einer Unternehmung hat. Nichtsdestotrotz geben insbesondere Beteiligungsgesellschaften an, dass Wirtschaftsprüfer aufgrund fehlendem Markt-, Wettbewerb- oder technischem Know-how das dem Business Plan eines jungen wachstumsstarken Unternehmens zugrunde liegende Zahlen- und Mengengerüst nicht seriös zu beurteilen in der Lage sind. Zudem sind Gutachten, die beispielsweise von der Fraunhofer-Gesellschaft oder dem Max-Planck-Institut angefertigt werden, regelmäßig von rein technischer Natur und bieten keinerlei Aussage zu potentiellen Marktchancen. Somit ist der Rückgriff auf einen externen Berater, der über umfassende Marktkenntnisse verfügt und wiederum selbst im Markt gut bekannt ist und sich auch durch Neutralität und Fachkompetenz auszeichnet, maßgebend für die Glaubwürdigkeit einer BPDD. An dieser Stelle ist aber auch zu berücksichtigen, dass es neben den Marktbedingungen weitere Untersuchungsgegenstände gibt (siehe auch vorherige und nachfolgende Auswertungen zu den Fragen fünf und acht), und so insbesondere finanzielle und steuerliche Aspekte, die durch Wirtschaftsprüfer und andere Institutionen durchaus beurteilt werden können.

[472] Siehe Anhang 6, Experte #9, Frage *neun*.

Kreditinstitute geben an, dass insbesondere „Die betriebswirtschaftliche Überprüfung der Plan-Annahmen und der Marktprognosen“[473] Bestandteil einer BPDD sein sollten (Frage *acht/zehn*), nach Ansicht der Beteiligungsgesellschaften sind dies insbesondere die Themen Markt, Wettbewerb, Technologie beziehungsweise Patente sowie die Untersuchung des Unternehmens auf finanzielle und rechtliche Sachverhalte. Darüber hinaus sollten „Die Aussagen „[…] durch Objektivität auch in der Wahl der Informationsquellen gekennzeichnet sein und sich konkret mit dem Innovationsgehalt des Projektes, der Verifizierung der Planungsprämissen und wirtschaftlichen Erfolgsaussichten des TU [Technologieunternehmen] befassen.“[474] Erneut erfolgt der Hinweis von Kapitalgebern, dass zusätzlich zu der BPDD stets eigene Untersuchungen notwendig sind.

Je nach Zusammensetzung und Erfahrung des Management-Teams sowie der externen Unterstützung, aber auch aufgrund der Kenntnis eines derzeit erschwerten Zugangs zu Kapital gehen junge wachstumsstarke Unternehmen regelmäßig gut vorbereitet in die Finanzierungsverhandlungen (Frage *neun/elf*).

Es gibt unterschiedliche Auffassungen in Bezug auf mögliche Auswirkungen einer BPDD auf die Verhandlungsposition junger wachstumsstarker Unternehmen (Frage *zehn/zwölf*). Während einerseits ein Vorteil in der zusätzlichen Vorbereitung auf die Finanzierungsverhandlungen gesehen wird, so wird andererseits, obgleich eine gewisse Hilfestellung bei der Identifizierung und Beseitigung von Schwachstellen im Rahmen einer BPDD unterstellt wird, eher keine Auswirkung auf die Verhandlungsposition erwartet. So ist an dieser Stelle insbesondere auf die Erkenntnisse aus der folgenden quantitativen Befragung abzustellen.

Beteiligungsgesellschaften erwarten eher geringe Auswirkungen auf die eigentliche Finanzierungsentscheidung beziehungsweise die Finanzierungskonditionen (Frage *elf/13*). Dennoch wird explizit darauf hingewiesen, dass sich durch eine BPDD Entscheidungsprozesse verkürzen lassen und der Aufwand eigener Untersuchung komprimiert wird (siehe in diesem Zusammenhang auch die Auswertungen zu Frage vier). Hingegen vertreten Kreditinstitute vereinzelt die Auffassung, dass sich die Vorlage eines fundierten Business Planes auf die Ratingklassifizierung und somit letztlich auch auf die Kreditkonditionen auswirkt.

[473] Siehe Anhang 6, Experte #9, Frage *zehn*.
[474] Siehe Anhang 6, Experte #8, Frage *acht*.

Die folgenden Auswertungen von Forschungsgegenständen beziehen sich auf für Experten aus Beteiligungsgesellschaften und Kreditinstituten unterschiedliche Fragestellungen und werden individuell erläutert.

Eine Beteiligung an den Kosten einer BPDD durch Beteiligungsgesellschaften ist eher nicht denkbar (Frage *zwölf*). Nichtsdestotrotz übernimmt ein Investor, der Gelder in eine Unternehmung einbringt, indirekt auch die Kosten einer BPDD.

Mit einer Kreditvergabe an junge wachstumsstarke Unternehmen (Frage *eins*) verbinden Kreditinstitute unter anderem folgende Eigenschaften: „Die Risiken liegen in der Prognoseunsicherheit und Eintrittswahrscheinlichkeit der vorgelegten Planungen, weswegen an wachstumsstarke Unternehmen i.d.R. nur Kredite vergeben werden, die mit entsprechenden Eigenkapitalquoten und/oder Sicherheiten und/oder Haftungsfreistellungen (z.B. durch öffentliche Fördermittel oder öffentliche Bürgschaften) belegt werden können.“[475] Darüber hinaus bestehen geringere Vorlaufzeiten, ein größerer Kapitalbedarf für Forschungs- und Entwicklungsarbeiten sowie regelmäßig eine komplexe Marktsituation. Unternehmenswachstum sollte nicht nur fremdfinanziert werden, da mit steigendem Verschuldungsgrad auch die Abhängigkeit von Fremdkapitalgebern steigt. Die Eigenkapitalquote sollte stets dem Unternehmenswachstum gerecht werden.
Zu den speziellen Informationsanforderungen (Frage *zwei*) zählen ein aussagekräftiger und plausibler Business Plan, eine partnerschaftliche und zeitnahe Berichterstattung über die laufende Unternehmensentwicklung, sowie neutrale, nachvollziehbare Informationen zum Markt, Wettbewerb, Produkt, betriebswirtschaftlichem Umfeld, Mitarbeitern und Unternehmer.

Die Möglichkeit der Integration der BPDD in vorhandene Ratingkonzepte (Frage *14*) kann nicht eindeutig bestätigt werden.

Entgegen der vorläufigen Auswertungen der Expertenbefragung von jungen wachstumsstarken Unternehmen (siehe Kapitel 8.3.5.2) und Wirtschaftsprüfern (siehe Kapitel 8.3.5.3) besteht auf der Seite potenzieller Kapitalgeber eher Verhaltenheit gegenüber der grundsätzlichen Anwendbarkeit einer BPDD sowie deren Auswirkungen auf die Verhandlungsposition junger wachstumsstarker Unternehmen in Finanzierungsverhandlungen. So wird regelmäßig darauf

[475] Siehe Anhang 6, Experte #9, Frage *eins*.

hingewiesen, dass die BPDD eigene Untersuchungen nicht zu ersetzen vermag. An dieser Stelle muss jedoch angemerkt werden, dass auch die VDD in M&A-Transaktionen regelmäßig nicht zu einer Unterlassung käuferseitiger Prüfungshandlungen führt. Weiterhin wird festgestellt, dass die Untersuchung von Markt und Technologie den Schwerpunkt der Beurteilung junger wachstumsstarker Unternehmen darstellt, und dass der Nutzen, den ein Wirtschaftsprüfer hier leisten kann, als eher gering eingeschätzt wird. Nichtsdestotrotz greifen auch Beteiligungsgesellschaften für die Untersuchung finanzieller und steuerlicher Aspekte regelmäßig auf Experten aus dem eigenen Netzwerk, und so auch den Wirtschaftsprüfer, zurück.

8.4 Quantitative Befragung

8.4.1 Theoretische Einführung

In einem zweiten Teil der empirischen Untersuchung folgt die Überprüfung der durch die qualitativen Experteninterviews gewonnenen Einschätzungen anhand einer quantitativen Befragung, denn „[…] das Hauptziel des wissenschaftlichen Arbeitens [ist] die Verdichtung von Einzelinformationen zu allgemein gültigen theoretischen Aussagen […].“[476]

Die Anwendung quantitativer Forschungsmethoden ist hier angebracht, denn „Quantitative bzw. quantifizierende Ansätze und Verfahren ermöglichen eine intersubjektiv nachvollziehbare Beschreibung komplexer Strukturen, indem sie pädagogische Gegebenheiten messbar machen und einer statistischen Analyse zuführen. Einer quantitativ orientierten Forschung geht es vor allem darum, Hypothesen über Zusammenhänge zwischen verschiedenen Variablen an der Realität zu überprüfen. Die forschungsleitenden – aus Theorie gespeisten – Hypothesen müssen operationalisiert werden, d.h. in messbare Dimensionen überführt werden, um sie dann in Form von Zahlen einer weiteren mathematischen Analyse zuzuführen. Das Etikett „quantitativ“ bezieht sich also auf das „Messen, Zählen, Wiegen“ und die ihm zugehörige Form der Ergebnispräsentation in Zahlenwerten.“[477]

---

[476] Jürgen Raithel, a.a.O., S. 9.
[477] Jürgen Raithel, a.a.O., S. 8.

8.4.2 Bestimmung von Grundgesamtheit und Stichprobenumfang

8.4.2.1 Einführung

„Wie in der qualitativen Forschung ist es auch bei quantitativen Untersuchungen meist nicht möglich (z.B. aus Kostengründen), die Grundgesamtheit vollständig zu befragen.“[478] So ist eine Stichprobe zu wählen, deren Werte und Merkmale sich möglichst wenig von der Grundgesamtheit unterscheiden, so dass die Stichprobe repräsentativ für die Grundgesamtheit ist. Bei der Stichprobenbildung kann grundsätzlich zwischen zufallsgesteuerten und nicht zufallsgesteuerten Auswahlverfahren unterschieden werden. In letzterem Fall wird Repräsentativität dadurch angestrebt, „[...] dass bestimmte Merkmale und ihre Verteilung in der Grundgesamtheit als Auswahlkriterien benutzt werden [...].“[479]

Sowohl die reine Zufallsauswahl als auch die nicht zufallsgesteuerte Auswahl (oder auch die bewusste Wahl) sollen, vor dem Hintergrund der Heterogenität der Grundgesamtheiten der Forschungsgruppen, hier Anwendung finden.

Durch die Ziehung einer Stichprobe soll der Untersuchungsraum eingeschränkt werden. Vor diesem Hintergrund wird, beim Rückschluss von der Stichprobe auf die Grundgesamtheit, ein Fehler in Kauf genommen. In der Praxis ist es üblich, eine Irrtumswahrscheinlichkeit von d = 5% anzunehmen, das heißt die Sicherheit einer Aussage beträgt 95%. Die Größe der Stichprobe errechnet sich dann wie folgt:

$$n = \frac{N}{1+d^2\,(N-1)},$$

wobei

n = Stichprobenumfang,

N = Grundgesamtheit, und

d = Irrtumswahrscheinlichkeit.

[478] Horst Mayer, a.a.O., S. 59.

[479] Horst Mayer, a.a.O., S. 59.

Bei einer ausreichend großen Grundgesamtheit ist die Stichprobengröße jedoch unabhängig von der Grundgesamtheit und beträgt, unter Zugrundelegung der folgenden Berechnungsformel

$$n = \frac{1}{d^2}$$

maximal n = 400.[480]

8.4.2.2 Grundgesamtheit und Stichprobenumfang: Junge wachstumsstarke Unternehmen

Die Existenz von Ausarbeitungen oder Literatur, die verwertbare Angaben zur Grundgesamtheit in Form von Einzelauflistungen junger wachstumsstarker Unternehmen in Deutschland bietet, ist nicht bekannt.

Vor diesem Hintergrund erfolgt die Identifizierung junger wachstumsstarker Unternehmen anhand des *Venture Capital Yearbook 2004*[481] und des *Venture Capital Yearbook 2005*[482]: hierin erfolgt eine Auflistung von insgesamt 274 Unternehmen, die in den Jahren 2004 und 2005 mindestens eine Finanzierung durch eine Beteiligungsgesellschaft (Venture Capital-Gesellschaft) erhalten haben. Die Existenz einer vergleichbaren Literatur, die Kreditfinanzierungen junger wachstumsstarker Unternehmen in jüngster Vergangenheit aufführt, ist nicht bekannt.

Die auf diesem Weg ermittelte Gesamtheit junger wachstumsstarker Unternehmen zeichnet sich durch folgende Eigenschaften aus:

- die Finanzierungsphasen umfassen Seed-Finanzierungen, First Round, Second Round, Third Round, Fourth Round, Fifth Round, Wachstumsfinanzierungen sowie Pre-IPO-Finanzierungen, wobei der Finanzierungsschwerpunkt auf den Phasen First Round

---

[480] Vgl. Horst Mayer, a.a.O., S. 64-66.
[481] Vgl. Sven Majunke, 2004, a.a.O.
[482] Vgl. Sven Majunke, 2005, a.a.O.

(100 Finanzierungen), Second Round (69 Finanzierungen) und Wachstumsfinanzierungen (40 Finanzierungen) liegt;[483]

- die Auswertung der Gesamtheit der Unternehmen nach dem Gründungsjahr bringt hervor, dass 59,9% der Unternehmen in den Jahren 2000 bis 2005 gegründet worden sind, und 87,6% der Unternehmen in den letzten zehn Jahren 1996 bis 2006. Somit kann der überwiegende Teil dieser Unternehmen als *jung* bezeichnet werden. An dieser Stelle erfolgt der Verweis auf die Kapitel 2.1.5 bis 2.1.6;
- die betrachteten Unternehmen sind im Wesentlichen in den Branchen Biotechnologie (61 Unternehmen), Software (42 Unternehmen) sowie Medizintechnik (23 Unternehmen) tätig. Mit Verweis auf Kapitel 2.1.3 kann somit festgestellt werden, dass es sich bei dem überwiegenden Teil der betrachteten Unternehmen um technologieorientierte Unternehmen handelt, denen grundsätzlich ein starkes Wachstum unterstellt wird;
- sofern ein Finanzierungsvolumen angegeben wurde, variiert der Finanzierungsbedarf der betrachteten Unternehmen zwischen 0,2 Mio. Euro und 46,5 Mio. Euro, mit einem Mittelwert von 5,8 Mio. Euro und einem Median von 3,0 Mio. Euro. Mit Verweis auf Kapitel 2.1.5 lassen auch diese Angaben grundsätzlich auf einen hohen Finanzierungsbedarf und somit auf ein hohes Unternehmenswachstum schließen.

Die Auswertung der betrachteten Unternehmen bietet somit ausreichende Sicherheit zugunsten einer Repräsentativität für die in Kapitel 2.1.6 definierte Forschungsgruppe *junge wachstumsstarke Unternehmen*.

Vor dem Hintergrund, dass die tatsächliche Grundgesamtheit junger wachstumsstarker Unternehmen nicht bestimmbar, aber mit großer Wahrscheinlichkeit viel umfangreicher als die hier identifizierte Gesamtheit von Unternehmen ist, wurde auf die Ziehung einer Stichprobe verzichtet und an Stelle dessen eine bewusste Auswahl im Unfang n = 274 durchgeführt.

Von den 274 identifizierten Unternehmen konnten 36 e-Mail-Adressen nicht identifiziert beziehungsweise zugestellt werden, so dass sich der Stichprobenumfang auf n = 238 reduziert. Eine Anpassung des Stichprobenumfangs um die nicht identifizierbaren beziehungsweise

---

[483] Es erfolgt keine Definition der genannten Entwicklungsphasen durch Majunke (vgl. Sven Majunke, 2004, a.a.O., vgl. auch Sven Majunke, 2005, a.a.O.) Siehe in diesem Zusammenhnag zur Einordnung der verschiedenen Finanzierungsphasen in den Lebenszyklus eines Unternehmens insbesondere die Kapitel 2.1.2 bis 2.1.4; vgl. auch William E. Wetzel, a.a.O., S. 196-197.

nicht zustellbaren e-Mail Adressen ist aufgrund der zur Verfügung stehenden Datenbasis nicht möglich.

8.4.2.3 Grundgesamtheit und Stichprobenumfang: Wirtschaftsprüfer

Gemäß den Ausführungen in Kapitel 8.3.2.2 wird unterstellt, dass die großen WP-Gesellschaften regelmäßig mit der Durchführung einer Due Diligence in M&A-Transaktionen beauftragt werden und entsprechend über ein höchstmögliches Maß an Expertise verfügen. Die Expertenbefragungen von Beteiligungsgesellschaften und Kreditinstituten haben jedoch zu der Erkenntnis geführt (siehe Kapitel 8.3.5.4), dass externe Beratung nicht primär nach der Größe der WP-Gesellschaft ausgewählt wird, sondern vielmehr auf Expertise aus einem bestehenden Netzwerk zurückgegriffen wird. Gemäß der in Kapitel 6.5.1 dargestellten Struktur von WP-Gesellschaften in Deutschland wäre der Ausschluss kleinerer WP-Gesellschaften beziehungsweise einzelner Wirtschaftsprüfer aus der quantitativen Befragung auch vor dem Hintergrund, dass die großen WP-Gesellschaften primär Leistungen rund um M&A-Transaktionen und nicht notwendigerweise in gleichem Umfang auch für junge wachstumsstarke Unternehmen anbieten (siehe Kapitel 6.5.2), nicht sachgerecht.

Die Bestimmung einer repräsentativen Stichprobe erfolgte mithilfe des Internetauftritts der Wirtschaftsprüferkammer (www.wpk.de) und dem dort zugänglichen Mitgliederverzeichnis, das ein Gesamtverzeichnis von Wirtschaftsprüfern, vereidigten Buchprüfern, Wirtschaftsprüfungsgesellschaften, Buchprüfungsgesellschaften sowie auch freiwilligen Mitgliedern (insbesondere Prüfungsverbänden) enthält. Eine Mitgliedschaft ist für Wirtschaftsprüfer in Deutschland verpflichtend, so dass hier von einer vollumfänglichen Grundgesamtheit auszugehen ist. Zum Ende des Jahres 2006 führt das Verzeichnis folgende Anzahl an Mitgliedern:

- 6.852 selbständig tätige Wirtschaftsprüfer;
- 5.874 unselbständig tätige Wirtschaftsprüfer;
- 3.602 selbständig tätige vereidigte Buchprüfer;
- 3.232 Wirtschaftsprüfungsgesellschaften;
- 1.994 Sozietäten;
- 420 unselbständig tätige vereidigte Buchprüfer;
- 404 Partnerschaften;

- 145 Buchprüfungsgesellschaften; sowie
- 47 freiwillige Mitglieder (insbesondere Prüfungsverbände).[484]

Vor dem Hintergrund, dass nicht jede WP-Gesellschaft beziehungsweise jeder Wirtschaftsprüfer Due Diligence oder Leistungen für junge wachstumsstarke Unternehmen erbringt, ist diese Grundgesamtheit weiter einzugrenzen.

Es besteht die Möglichkeit der Selektion von Mitgliedern nach den von diesen angegebenen Spezialkenntnissen. Hierbei handelt es sich jedoch um einen begrenzten Mitgliederbestand, da die Angabe von Spezialkenntnissen für die Mitglieder nicht verpflichtend ist. Der Fehler, dass Wirtschaftsprüfer, die die im Rahmen dieser Arbeit relevanten Leistungen erbringen, diese aber nicht als Spezialkenntnis kenntlich gemacht haben, nicht Bestandteil der eingegrenzten Grundgesamtheit ist, wird zugunsten einer besseren Identifizierung der relevanten Zielgruppe in Kauf genommen.

So beträgt die Grundgesamtheit der selbständig und unselbständig tätigen Wirtschaftsprüfer, die Spezialkenntnisse in den Bereichen *Existenzgründung*, *Unternehmensbewertung* sowie *Finanzierung und Kapitalanlage* aufweisen, insgesamt 1.294 (Stand September 2006).
Es ist ein Stichprobenumfang von n = 400 gewählt worden. Zur Bestimmung einer zufallsbedingten Stichprobe ist das Statistikprogramm ACL angewandt worden. Von diesen Unternehmen konnten sieben e-Mail-Adressen nicht identifiziert werden, so dass sich der Stichprobenumfang auf n = 393 reduziert. Vor dem Hintergrund, dass der bestimmte Stichprobenumfang innerhalb der gewählten Irrtumswahrscheinlichkeit die maximale Stichprobengröße darstellt, ist auf eine Anpassung des Stichprobenumfangs um die nicht identifizierbaren e-Mail Adressen auch unter Berücksichtigung von Wesentlichkeitsaspekten verzichtet worden.

[484] Entnommen aus den Internetseiten der Wirtschaftsprüferkammer, URL: www.wpk.de (Abrufdatum: 28. Dezember 2006).

8.4.2.4 Grundgesamtheit und Stichprobenumfang: Beteiligungsgesellschaften und Kreditinstitute

Beteiligungsgesellschaften

Das BVK-Jahrbuch 2006, das auf jährlicher Basis vom BVK herausgegeben wird, gibt eine Gesamtzahl von 983 Beteiligungsgesellschaften in Deutschland für das Jahr 2005 an.[485] Zum Ende des Jahres 2005 sind insgesamt 178 Beteiligungsgesellschaften als ordentliche Mitglieder und 85 als assoziierte Mitglieder im BVK organisiert. Angabegemäß ist „[...] die Mitgliedschaft im BVK [...] ein Gütesiegel für die im Markt agierenden Gesellschaften.“[486], so dass das Mitgliederverzeichnis des BVK für die Selektion der Stichprobe herangezogen wird.

So erfolgte durch eine Abfrage des Online-Mitgliederverzeichnisses die Selektion derjenigen BVK-Mitglieder, die in Unternehmen in den Entwicklungsphasen *Seed*, *Start-up* und *Expansion* investieren. Siehe in diesem Zusammenhang ebenso die Ausführungen in Kapitel 2.1.2 zu den verschiedenen Finanzierungsphasen einer Beteiligungsgesellschaft.

Auf diesem Weg wurden n = 166 Beteiligungsgesellschaften ausgewählt (Stand September 2006).

Von diesen Unternehmen konnten neun e-Mail-Adressen nicht zugestellt werden, so dass sich der Stichprobenumfang auf n = 157 reduziert. Eine Anpassung des Stichprobenumfangs um die nicht zustellbaren e-Mail Adressen ist wiederum aufgrund der vorhandenen Datenbasis nicht möglich.

Kreditinstitute

Der deutsche Bankenmarkt zeichnet sich durch eine dreigliedrige Struktur bestehend aus dem Sparkassen-Finanzverbund, dem genossenschaftlichen Sektor sowie den Privatbanken aus. Für die Bestimmung der Grundgesamtheit von Sparkassen und Genossenschaftsbanken sind Ranglisten für das Jahr 2005 herangezogen worden, die auf den Internetseiten des entsprechenden Verbandes (Deutscher Sparkassen und Giroverband; Bundesverband der Deutschen

[485] Vgl. BVK, 2006a, a.a.O., S. 98.
[486] BVK, 2006a, a.a.O., S. 199.

Volksbanken und Raiffeisenbanken)[487] veröffentlicht werden und die Gesamtheit bestehender Kreditinstitute widerspiegeln. Für Privatbanken erfolgte der Abruf des Mitgliederverzeichnisses aus den Internetseiten des Bundesverbandes deutscher Banken.[488] Zum Jahresende 2005 handelt es sich um insgesamt 1.288 Kreditgenossenschaften und 463 Sparkassen. Zum Untersuchungszeitpunkt (Stand September 2006) existieren 222 Privatbanken.

Zur Bestimmung einer repräsentativen Stichprobe ist ein Stichprobenumfang von n = 400 gewählt worden, der zufallsbedingt und im Verhältnis der Anzahl der Kreditinstitute innerhalb der drei Sektoren zur Gesamtzahl der Kreditinstitute aufgeteilt worden ist. Zur Bestimmung einer zufallsbedingten Stichprobe ist das Statistikprogramm ACL angewandt worden. Die Stichprobenverteilung ist somit wie folgt:

- Kreditgenossenschaften: n = 261;
- Sparkassen: n = 94;
- Privatbanken: n = 45.

Eine Identifizierung von Bankmitarbeitern, die Firmenkunden betreuen beziehungsweise in den Entscheidungsprozess der Kreditvergabe beteiligt sind, ist über öffentlich zugängliche Quellen nicht möglich. Vor diesem Hintergrund ist die e-Mail-Adresse aus dem Impressum des Internetauftritts der jeweiligen Bank, unter der allgemeine Informationen angefordert werden können, für die Ansprache verwendet worden.

Von diesen Unternehmen konnten sieben e-Mail-Adressen nicht identifiziert werden, so dass sich der Stichprobenumfang auf n = 393 reduziert. Vor dem Hintergrund, dass der bestimmte Stichprobenumfang innerhalb der gewählten Irrtumswahrscheinlichkeit die maximale Stichprobengröße darstellt, ist auch hier unter Berücksichtigung von Wesentlichkeitsaspekten auf eine Anpassung des Stichprobenumfangs um die nicht identifizierbaren e-Mail Adressen verzichtet worden.

---

[487] Vgl. Sparkassenrangliste, Stand 2005, URL: http://www.dsgv.de/download/aktuelles/Sparkassenrangliste2005.pdf (Abrufdatum: 19. April 2006), vgl. auch Genossenschaftsbankenrangliste, Stand 2005, http://www.bvr.de/public.nsf/EED3EEC9F7C7273AC1256F87003532A6/$FILE/alle-banken2005-korr.PDF (Abrufdatum: 19. April 2006).

[488] Vgl. Mitgliederverzeichnis Privatbanken, Stand September 2005, URL: http://www.bankenverband.de/bankenverband/verband/channel/10182810/index.html (Abrufdatum: 4. September 2006).

8.4.3 Forschungsziele und Forschungsgegenstände

Das Forschungsziel der quantitativen Befragung ist die Überprüfung der aus den qualitativen Expertenbefragungen gewonnenen Erkenntnisse. Die für die Durchführung der quantitativen Befragung notwendigen Forschungsgegenstände sind in Anlehnung an die in Kapitel 8.3.3 definierten Forschungsgegenstände und unter Berücksichtigung der Ergebnisse der Expertenbefragung gemäß Kapitel 8.3.5 erweitert worden. Die *wesentlichen Forschungsgegenstände* dieser Arbeit sind die Untersuchung der grundsätzlichen Anwendbarkeit des Konzepts der BPDD, die hierdurch erwarteten Aussichten auf Verbesserung der Verhandlungsposition junger wachstumsstarker Unternehmen in Verhandlungen mit potenziellen Kapitalgebern, sowie die Akzeptanz des Instruments der BPDD in einer mit der VDD in M&A-Transaktionen vergleichbarer Weise.

Im Rahmen einer quantitativen Forschungsleistung gilt es, die Forschungsgegenstände in Form von Vermutungen beziehungsweise Hypothesen zu formulieren. Im Mittelpunkt einer Forschungsleistung steht die Überprüfung, ob die Realität durch neue, hypothetisch formulierte Alternativen besser erklärt werden kann als dies durch bisherige Theorien der Fall ist.[489] Die Befragten werden ersucht, ihre Zustimmung beziehungsweise Ablehnung einer Hypothese durch Auswahl einer vorgegebenen Antwort, die bestmöglich ihren Ansichten entsprechen, auszudrücken. Die vorgegebenen Antworten bilden eine Skala und umfassen die Antwortmöglichkeiten ‚stimme voll zu', ‚stimme zu', ‚stimme eher zu', ‚stimme eher nicht zu', ‚stimme nicht zu' und ‚stimme überhaupt nicht zu'.

Neben der Formulierung von Hypothesen erfolgt die Befragung auch in Form von Auswahlfragen. Diese dienen der Vertiefung bereits gesammelter Erkenntnisse. An dieser Stelle wird insbesondere auf die geringe Rücklaufquote bei der qualitativen Expertenbefragung junger wachstumsstarker Unternehmen hingewiesen (siehe Kapitel 8.3.5.2) und die Notwendigkeit der Ansammlung weiteren empirischen Datenmaterials zur Erlangung von hinreichend Erkenntnissicherheit. Auswahlfragen erlauben den Befragten, entweder mit einer Einfachnennung oder aber mit Mehrfachnennungen zu antworten. Regelmäßig wird den Befragten eine Ausweichmöglichkeit geboten, das heißt eine Alternative, die keine wertende Antwort verlangt. Auf die Formulierung offener Fragestellungen, wie dies im Rahmen der Experteninter-

[489] Vgl. Jürgen Raithel, a.a.O., S. 13-14.

views praktiziert wurde, wird vor dem Hintergrund verzichtet, dass die Umfrage insbesondere einer Fundierung beziehungsweise Falsifizierung der aus den Experteninterviews gewonnenen Erkenntnisse dient.

In den nächsten Kapiteln erfolgt die Darlegung der Forschungsgegenstände für die drei Forschungsgruppen, die in Form von Hypothesen formuliert worden sind.

Hypothesen

Vor dem Hintergrund der Forschungsziele dieser empirischen Untersuchung sind vier Haupthypothesen formuliert worden, die übergreifend für alle drei Forschungsgruppen getestet werden. Diese sind die folgenden:

Hypothese 1 („H1"): **„Das Konzept einer Business Plan Due Diligence ist grundsätzlich anwendbar."**

In der Literatur und in der Praxis gibt es nur wenig Anhaltspunkte über die Existenz des Instruments der BPDD. Zwar haben die Experteninterviews hervorgebracht, dass ähnliche Dienstleistungen vereinzelt in Anspruch genommen beziehungsweise angeboten werden, jedoch besteht insbesondere auf Seiten der potenziellen Kapitalgeber gegenüber dem Potential dieses Instruments eher Verhaltenheit. Nichtsdestotrotz wird vermutet, dass das Konzept einer BPDD grundsätzlich anwendbar ist.

Hypothese 2 („H2"): **„Die Initiierung einer Business Plan Due Diligence durch ein junges wachstumsstarkes Unternehmen birgt das Potential der Verbesserung der Verhandlungsposition in Finanzierungsverhandlungen mit potenziellen Kapitalgebern."**

Aufgrund der Vorteile, die die BPDD sowohl für das junge wachstumsstarke Unternehmen bietet – in diesem Zusammenhang wird insbesondere auf die abnehmende Verhandlungsstärke eines Unternehmensverkäufers im Verkaufsprozess sowie die Vorteile der VDD in M&A-Transaktionen in Kapitel 5.1.5 verwiesen - wird die Vermutung angestellt, dass positive Auswirkungen auf die Verhandlungsposition junger wachstumsstarker Unternehmen aus der Initiierung einer BPDD erwartet werden.

Hypothese 3 („H3“): **„Eine Business Plan Due Diligence wird – ähnlich wie eine Verkäufer Due Diligence in M&A-Transaktionen – von potenziellen Kapitalgebern akzeptiert und geschätzt.“**

Neben den Vorteilen, die eine BPDD für junge wachstumsstarke Unternehmen bietet, wird vermutet, dass hierdurch auch für potenzielle Kapitalgeber eine Reihe von Vorteilen ableitbar ist. Vergleichbar mit einer VDD in M&A-Transaktionen wird zum einen der Zeit- und Kostenumfang eigener Prüfungshandlungen reduziert, zum anderen wird auch durch eine neutrale und objektive Darstellung der Chancen und Risiken im Rahmen des BPDD-Berichtes Hilfestellung bei der Bewertung von Investitionsentscheidungen geboten. Vor diesem Hintergrund wird vermutet, dass eine BPDD von potenziellen Kapitalgebern akzeptiert und auch geschätzt wird.

Hypothese 4 („H4“): **„Eine Business Plan Due Diligence ist für Seed-Finanzierungen weniger relevant als für Start-up- beziehungsweise Wachstumsfinanzierungen.“**

In Kapitel 2.1 ist das junge wachstumsstarke Unternehmen als Initiator einer BPDD definiert worden. Anhand der Lebenszykluskurve (siehe Abbildung 2) ist aufgezeigt worden, dass Wachstum sowohl bei Frühphasen- (Start-up-), als auch bei Wachstumsphasen eines Unternehmens stattfindet. So wird vermutet, auch in Abhängigkeit der Branchenzugehörigkeit und der hiermit verbundenen Auswirkungen auf die Lebensphase eines Unternehmens (siehe Kapitel 2.1.5), dass eine BPDD eher nicht für Gründungsfinanzierungen (Seed-Finanzierungen) relevant ist, da diese Unternehmen noch weniger als Frühphasen- beziehungsweise Wachstumsunternehmen über verwertbare Vergangenheitsinformationen, die mitunter auch relevant für die Ableitung von Planannahmen sind, verfügen. Die Überprüfung dieser Vermutung dient unter anderem der Sicherstellung des Anwendungsbereichs einer BPDD.

Für die Befragung junger wachstumsstarker Unternehmen ist eine Abwandlung der Hypothese H2 vorgenommen worden, um unterschiedliche Ansichten in Bezug auf eine Kreditfinanzierung beziehungsweise eine Eigenkapitalfinanzierung aufgreifen zu können. Die Formulierungen sind wie folgt angepasst worden:

Hypothese 2a („H2a"): „Die Initiierung einer Business Plan Due Diligence birgt das Potenzial der Verbesserung der Verhandlungsposition in Kreditverhandlungen mit Banken."

Hypothese 2b („H2b"): „Die Initiierung einer Business Plan Due Diligence birgt das Potenzial der Verbesserung der Verhandlungsposition in Finanzierungsverhandlungen mit Beteiligungsgesellschaften."

Die Hypothesen H1 bis H4 sind in die Befragungen der drei Forschungsgruppen so integriert worden, dass eine logische Abfolge der Einzelfragen gewährleistet ist.

Den übrigen Forschungsgegenständen der drei Forschungsgruppen wurden durch Formulierung der folgenden individuellen Hypothesen, die sich aus den theoretischen Ausarbeitungen sowie aus den qualitativen Experteninterviews ableiten, Rechnung getragen. An dieser Stelle erfolgt insbesondere ein Verweis auf die in Kapitel 8.3.3 definierten Forschungsziele und –gegenstände sowie die Ergebnisse der Expertenbefragungen in Kapitel 8.3.5.

Forschungsgruppe 1: Junge wachstumsstarke Unternehmen

Hypothese 5 („H5"): „Im Verlauf der Wachstumsfinanzierung und vor dem Hintergrund des hiermit verbundenen hohen Kapitalbedarfs sind Schwierigkeiten bei der Kapitalbeschaffung aufgetreten."

Die Überlegungen zur Vorteilhaftigkeit einer Business Plan Due Diligence fußen auf der in Kapitel 3.1.1.2.1 theoretisch erarbeiteten Annahme einer unzureichenden Kapitalverfügbarkeit für junge wachstumsstarke Unternehmen. Die Überprüfung dieser Annahme durch Befragung der Forschungsgruppe 1 ist Zielsetzung der Hypothese H5.

Hypothese 6 („H6"): „Unter Berücksichtigung der hohen Informationsanforderungen beziehungsweise -bedürfnisse von potenziellen Kapitalgebern erfolgt eine intensive Vorbereitung auf die Kreditverhandlung mit Banken beziehungsweise Finanzierungsverhandlung mit Beteiligungsgesellschaften."

Anhand von H6 soll das Problembewusstsein junger wachstumsstarker Unternehmen, sich, vor dem Hintergrund begrenzt zur Verfügung stehender externer finanzieller Mittel, intensiv auf Verhandlungen mit potenziellen Kapitalgebern vorbereiten zu müssen, überprüft werden.

Forschungsgruppe 2: Wirtschaftsprüfer

Hypothese 7 („H7"): „Die Ressourcen, die zur Durchführung einer Business Plan Due Diligence erforderlich sind (Know-how, Personal et cetera), sind ausreichend (in Ihrem Haus) vorhanden."

Durch die qualitativen Experteninterviews, die in Kapitel 8.3.5.3 ausgewertet worden sind, ist hervorgebracht worden, dass die großen WP-Gesellschaften in Deutschland über die notwendigen Ressourcen zur Durchführung einer Business Plan Due Diligence verfügen. Nichtsdestotrotz kann die Ressourcenverfügbarkeit in Abhängigkeit der Größe der WP-Gesellschaft variieren, so dass es im Rahmen der quantitativen Befragungen, die insbesondere auch kleinere WP-Gesellschaften beziehungsweise selbständig tätige Wirtschaftsprüfer umfasst (siehe Kapitel 8.4.2.3), das Vorhandensein der notwendigen Kapazitäten zu überprüfen gilt.

Hypothese 8 („H8"): „Das Kostenrisiko (das heißt das Risiko, dass die durchzuführenden Arbeiten nicht unter Einhaltung des ausgehandelten Budgets durchgeführt werden können) ist maßgebend für die Entscheidung, die Leistung einer Business Plan Due Diligence nicht anzubieten."

Durch die qualitativen Experteninterviews ist insbesondere das Kostenrisiko als ein zentrales Entscheidungskriterium für das Angebot einer Business Plan Due Diligence identifiziert worden (siehe Kapitel 8.3.5.3). Anhand eines umfassenderen Befragtenkreises gilt es, diesen Kostenaspekt weiter zu untersuchen.

Forschungsgruppe 3: Kapitalgeber

Hypothese 9 („H9"): „Die Qualität der Informationen, die Sie von jungen Unternehmen für Ihre Finanzierungsentscheidung erhalten, ist nicht überzeugend."

Hypothese 10 („H10"): „Das Vertrauen in die Informationen, die Sie von jungen Unternehmen für Ihre Finanzierungsentscheidung erhalten, ist gering."

Hypothese 11 („H11"): „Der Zeitaufwand, der mit der Verifizierung der von jungen wachstumsstarken Unternehmen erhaltenen Informationen verbunden ist, ist groß."

Die Hypothesen H9 bis H11 sind vor dem Hintergrund der Überprüfung der Vorteilhaftigkeit einer Business Plan Due Diligence aus der Sicht potenzieller Kapitalgeber zu sehen, denn eine zentrale Zielsetzung der BPDD ist die Herstellung einer verbesserten Qualität und eines zusätzlichen Vertrauens in die Unternehmensinformationen, sowie auch eine Reduktion des mit der Auswertung der Unternehmensinformationen verbundenen Zeitaufwands. In diesem Zusammenhang sind insbesondere die theoretischen Ausführungen in Kapitel 5.1.5, das die Motive einer Verkäufer Due Diligence beschreibt, sowie die Ergebnisse aus den qualitativen Experteninterviews (siehe Kapitel 8.3.5.4) zu sehen, die die vermutete Vorteilhaftigkeit einer BPDD in den genannten Aspekten Qualitätsverbesserung, gesteigertes Vertrauen und Zeitreduktion bekräftigen.

Hypothese 12 („H12"): „Die Glaubwürdigkeit und das Vertrauen in die externe Partei, die eine Business Plan Due Diligence durchführt, bestimmt maßgeblich die Akzeptanz der Business Plan Due Diligence durch potenzielle Kapitalgeber."

Die Zielsetzung von H12 ist die Untersuchung der geforderten Eigenschaften und Anforderungen, die potenzielle Kapitalgeber an den Ersteller einer Business Plan Due Diligence stellen. Auch unter Berücksichtigung weiterer Fragestellungen (siehe Anhang 14, Fragen 6, 7 und 11) soll ein Zusammenhang zu dem Wirtschaftsprüfer als bevorzugter Anbieter einer BPDD untersucht werden.

Hypothese 13 („H13"): „Eine Business Plan Due Diligence kann das Vertrauen und die Glaubwürdigkeit in die Unternehmensinformationen junger wachstumsstarker Unternehmen erhöhen."

Die Zielsetzung von H13 ist im Zusammenhang mit den zu H9 und H10 formulierten Absichten zu betrachten und dient der Untersuchung, inwieweit eine BPDD die unter H9 und H10 abgefragten Mängel, das heisst unzureichende Qualität und geringes Vertrauen in die Unternehmensinformationen, aus Sicht potenzieller Kapitalgeber zu überwinden vermag.

Hypothese 14 („H14“): „Junge wachstumsstarke Unternehmen sind auf die Finanzierungsverhandlungen unzureichend vorbereitet.“

Die Zielsetzung von H14 ist im Zusammenhang mit H6 zu sehen: so soll zum einen überprüft werden, mit welcher Intensität sich junge wachstumsstarke Unternehmen auf Verhandlungen mit potenziellen Kapitalgebern vorbereiten, und zum anderen wie eine solche Verhandlungsvorbereitung von den Kapitalgebern wahrgenommen wird.

Hypothese 15 („H15“): „Die durch die Business Plan Due Diligence gewonnenen Vorteile haben eine positive Auswirkung auf die Finanzierungsentscheidung.“

Hypothese 16 („H16“): „Die durch die Business Plan Due Diligence gewonnenen Vorteile haben eine positive Auswirkung auf die Finanzierungskonditionen.“

Schließlich ist es Zielsetzung von H15 und H16 zu überprüfen, inwieweit potenzielle Kapitalgeber eine Auswirkung der Vorteile einer BPDD auf die eigene Finanzierungsentscheidung beziehungsweise auf die Finanzierungskonditionen sehen.

8.4.4 Durchführung

Die quantitative Befragung ist mittels e-Mail-Befragungen durchgeführt worden. Hier wird den Adressaten per e-Mail eine Teilnahmeaufforderung in Verbindung mit einem Link auf einen im Internet eingestellten Fragebogen übermittelt. Über den adressierten Teilnehmerkreis hinaus können keine weiteren Personen an der Befragung partizipieren. Diese Form der Befragung unterscheidet sich von einer www-Befragung, die im Internet frei zugänglich ist und an der auch andere als die adressierten Personen teilnehmen können, und hat neben der Kontrolle des Teilnehmerkreises ebenso den Vorteil der Überprüfung des Bearbeitungsstatus einzelner Teilnehmer. Die Versendung eines Fragenkataloges als Anhang einer e-Mail hat vor dem Hintergrund der Stichprobengröße unter anderem den Nachteil fehlender automatisierter Auswertungsmöglichkeiten. Zudem ist zur Gewährleistung der Anonymität der Befragten die Versendung eines Links auf eine Internetseite glaubhafter gegenüber der Variante des Versendens und geforderten Rücksendens eines Fragebogens, da hier eine Rückverfolgung der Adressaten leicht möglich ist.[490] Die Art der Gratifikation für eine Teilnahme an der Befragung ist – sofern gewünscht – die Bereitstellung von Informationen, das heißt Versand eines Ergebnisberichtes.

Die Fragebögen der drei Forschungsgruppen sind in Anhang 8 dargestellt. Zusätzlich und einführend zu dem Fragebogen sind den befragten Unternehmen Hintergrundinformationen und relevante Definitionen dargelegt worden, siehe Anhang 7.

Die e-Mail-Befragungen wurden mithilfe des Online-Umfragebetreibers Askallo (http://www.aksallo.de) im Zeitraum März bis April 2007 ausgeführt. Nach Ablauf von zehn Tagen nach Versenden der Umfragen ist ein Erinnerungsschreiben erfolgt.

Die Fragebögen, die den Teilnehmern über Askallo zugestellt worden sind, sind in den Anhängen 8 bis 11 abgebildet.

8.4.5 Auswertung der Ergebnisse

8.4.5.1 Einführung und Rücklaufquoten

Die nachfolgende Abbildung zeigt die Rücklaufquoten für die definierten Forschungsgruppen auch im Verhältnis zu den jeweiligen Stichprobenumfängen (n):

		Rücklauf	
	n	**n**	**%**
Junge wachstumsstarke Unternehmen	238	43	18,1%
Wirtschaftsprüfer	393	81	20,6%
Beteiligungsgesellschaften	157	41	26,1%
Kreditinstitute	393	47	12,0%
Gesamt	**1.181**	**212**	**18,0%**

[490] Vgl. Ralph Fries: Großumfragen im World Wide Web – Durchführung, Repräsentativität und Bereinigung von Selektionseffekten untersucht am Beispiel von Perspektive-Deutschland 2001/02, Aachen 2006, S. 31-37.

Abbildung 18: Rücklaufquoten quantitative Befragung

Vor dem Hintergrund absolut sowie auch relativ hoher Rücklaufquoten sind die durch die Befragung gewonnenen Erkenntnisse somit repräsentativ und erlauben Rückschlüsse auf die Ansichten der Grundgesamtheit der jeweiligen Forschungsgruppen.

In den nachfolgenden Kapiteln erfolgt eine detaillierte Analyse der Forschungsergebnisse aus der quantitativen Befragung auch unter Berücksichtigung der aus den qualitativen Expertenbefragungen gewonnenen Erkenntnisse. Die Befragungsergebnisse zu den in Kapitel 8.4.3 definierten Hypothesen sind in den nachfolgenden Kapiteln dargestellt. Die Ergebnisse aus den zusätzlichen Auswahlfragen sind in den Anhängen 12 bis 14 abgebildet.

8.4.5.2 Befragungsergebnisse: Junge wachstumsstarke Unternehmen

Die Abfolge der folgenden Auswertung, dies betrifft ebenso auch die Darstellung der Befragungsergebnisse der übrigen Forschungsgruppen, ist so gewählt, dass zunächst die Ergebnisse der Haupthypothesen und in einem nächsten Schritt die Ergebnisse der forschungsgruppenspezifischen Hypothesen und der weiteren Feststellungen erfolgt.

Haupthypothesen

H1 Das Konzept einer Business Plan Due Diligence ist grundsätzlich anwendbar.		
Antwortmöglichkeiten:	Anzahl	%
Stimme voll zu	5	11,6%
Stimme zu	19	44,2%
Stimme eher zu	11	25,6%
Stimme eher nicht zu	5	11,6%
Stimme nicht zu	2	4,7%
Stimme überhaupt nicht zu	1	2,3%
	43	100,0%

Abbildung 19: Befragungsergebnisse H1: Junge wachstumsstarke Unternehmen

Die Haupthypothese **H1 „Das Konzept einer Business Plan Due Diligence ist grundsätzlich anwendbar“** ist von 81,4% der jungen wachstumsstarken Unternehmen grundsätzlich bestätigt worden (Antwortmöglichkeiten: ‚Stimme voll zu', ‚Stimme zu', und ‚Stimme eher zu'), wobei die deutliche Mehrheit der befragten Unternehmen der Hypothese sicher zustimmt (‚Stimme voll zu': 11,6%, ‚Stimme zu': 44,2%). Unter Berücksichtigung der Erkenntnisse aus der qualitativen Expertenbefragung in Kapitel 8.3.5.2 wird die positive Haltung gegenüber dem Konzept BPDD noch verdeutlicht.

H2a Die Iniitierung einer Business Plan Due Diligence birgt das Potential der Verbesserung der Verhandlungsposition in Kreditverhandlungen mit Banken.		
Antwortmöglichkeiten:	Anzahl	%
Stimme voll zu	2	4,7%
Stimme zu	7	16,3%
Stimme eher zu	21	48,8%
Stimme eher nicht zu	6	14,0%
Stimme nicht zu	6	14,0%
Stimme überhaupt nicht zu	1	2,3%
	43	100,0%

H2b Die Iniitierung einer Business Plan Due Diligence birgt das Potential der Verbesserung der Verhandlungsposition in Finanzierungsverhandlungen mit Beteiligungsgesellschaften.		
Antwortmöglichkeiten:	Anzahl	%
Stimme voll zu	5	11,6%
Stimme zu	14	32,6%
Stimme eher zu	16	37,2%
Stimme eher nicht zu	6	14,0%
Stimme nicht zu	2	4,7%
Stimme überhaupt nicht zu	0	0,0%
	43	100,0%

Abbildung 20: Befragungsergebnisse H2: Junge wachstumsstarke Unternehmen

Grundsätzlich stimmen die befragten Unternehmen auch den Haupthypothesen **H2a „Die Initiierung einer Business Plan Due Diligence birgt das Potenzial der Verbesserung der Verhandlungsposition in Kreditverhandlungen mit Banken“** und **H2b „Die Initiierung einer Business Plan Due Diligence birgt das Potenzial der Verbesserung der Verhandlungsposition in Finanzierungsverhandlungen mit Beteiligungsgesellschaften“** zu. Doch während noch 81,4% der jungen wachstumsstarken Unternehmen das Potential der Verbesserung der Verhandlungssituation gegenüber Beteiligungsgesellschaften durch eine BPDD sehen (Antwortmöglichkeiten: ‚Stimme voll zu‘, ‚Stimme zu‘ und ‚Stimme eher zu‘), so trifft dies nur bei 69,8% der Unternehmen bei Kreditverhandlungen mit Banken zu. Ausschlaggebend für das deutliche Auseinanderfallen dieser Ergebnisse ist mitunter der Tatbestand, dass die befragten Unternehmen in der Vergangenheit vermehrt Beteiligungskapital und weniger Kreditfinanzierung als Finanzierungsinstrument des Unternehmenswachstums in Anspruch genommen haben und dies auch in der Zukunft planen (siehe Anhang 12: Fragen *zwei* und *drei*). Darüber hinaus wird als wesentliches Problem in Kreditverhandlungen mit Banken das strikte Anwenden von standardisierten Bewertungsschemata durch die Bank angegeben (46,5%; Anhang 12: Frage *neun*), während dieses Problem nur von untergeordneter Bedeutung bei Finanzierungsverhandlungen mit Beteiligungsgesellschaften gesehen wird (16,3%; Anhang 12: Frage *zehn*). Dieses Ergebnis lässt die Vermutung zu, dass standardisierte Bewertungsschemata den Verhandlungsspielraum in Kreditverhandlungen deutlich mehr einschränken, als dies bei Finanzierungsverhandlungen mit Beteiligungsgesellschaften der Fall ist, so dass die BPDD bei Kreditverhandlungen weniger Einfluss auf die Verhandlungsposition nehmen kann.

Weiterhin ist anzumerken, dass sowohl bei **H2a** als auch **H2b** der überwiegende Teil der befragten Unternehmen vermehrt von der Ausweichmöglichkeit ‚Stimme eher zu' Gebrauch gemacht hat. Diese Antwort wurde für Kreditverhandlungen mit Banken jedoch häufiger gewählt (**H2a**: 48,8%) als dies der Fall bei Finanzierungsverhandlungen mit Beteiligungsgesellschaften war (**H2b**: 37,2%), so dass der Hypothese zur Verbesserung der Verhandlungsposition gegenüber Beteiligungsgesellschaften die befragten Unternehmen sicherer zugestimmt haben.

H3 Eine Business Plan Due Diligence wird - ähnlich wie eine Verkäufer Due Diligence in M&A-Transaktionen - von potenziellen Kapitalgebern akzeptiert und geschätzt.

Antwortmöglichkeiten:	Anzahl	%
Stimme voll zu	1	2,3%
Stimme zu	8	18,6%
Stimme eher zu	21	48,8%
Stimme eher nicht zu	8	18,6%
Stimme nicht zu	5	11,6%
Stimme überhaupt nicht zu	0	0,0%
	43	100,0%

Abbildung 21: Befragungsergebnisse H3: Junge wachstumsstarke Unternehmen

Der Haupthypothese **H3 „Eine Business Plan Due Diligence wird – ähnlich wie eine Verkäufer Due Diligence in M&A-Transaktionen – von potenziellen Kapitalgebern akzeptiert und geschätzt"** wird mit 69,7% der Antworten überwiegend zugestimmt (Antwortmöglichkeiten: ‚Stimme voll zu', ‚Stimme zu' und ‚Stimme eher zu'), es bleibt jedoch anzumerken, dass auch hier der Großteil der Befragten (48,8%) die Ausweichmöglichkeit ‚Stimme eher zu' angegeben hat.

H4	**Eine Business Plan Due Diligence ist für Seed-Finanzierungen weniger relevant als für Start-up- bzw. Wachstumsfinanzierungen.**		
	Antwortmöglichkeiten:	Anzahl	%
	Stimme voll zu	4	9,3%
	Stimme zu	10	23,3%
	Stimme eher zu	10	23,3%
	Stimme eher nicht zu	12	27,9%
	Stimme nicht zu	5	11,6%
	Stimme überhaupt nicht zu	2	4,7%
		43	100,0%

Abbildung 22: Befragungsergebnisse H4: Junge wachstumsstarke Unternehmen

Die Haupthypothese **H4 „Eine Business Plan Due Diligence ist für Seed-Finanzierungen weniger relevant als für Start-up- beziehungsweise Wachstumsfinanzierungen"** ist von den jungen wachstumsstarken Unternehmen nicht eindeutig bestätigt worden. Während zwar 55,9% der befragten Unternehmen dieser Hypothese zugestimmt haben (Antwortmöglichkeiten: ‚Stimme voll zu', ‚Stimme zu' und ‚Stimme eher zu'), war die häufigste Antwort jedoch die Ausweichmöglichkeit ‚Stimme eher nicht zu' (27,9%). Start-up- beziehungsweise Wachstumsunternehmen zeichnen sich gegenüber Unternehmen in der Seed-Phase durch eine längerjährige Historie aus, die relevant für die Durchführung einer BPDD ist. Jedoch kann es auch bereits für ein Unternehmen in der Seed-Phase sinnvoll sein, auf bestimmte Leistungen, die im Rahmen einer BPDD angeboten werden, zurückzugreifen. In diesem Zusammenhang erfolgt der Verweis auf Kapitel 2.1.2, in dem die Finanzierungsanlässe junger wachstumsstarker Unternehmen beschrieben werden.

<u>Zusammenführung H1 bis H4</u>

Die nachfolgende Abbildung zeigt eine Zusammenführung und Gegenüberstellung der Antworten auf die Hypothesen H1 bis H4:

Auswertung junge wachst. Unternehmen	H1 Stimme zu	H1 Stimme nicht zu	H2a Stimme zu	H2a Stimme nicht zu	H2b Stimme zu	H2b Stimme nicht zu	H3 Stimme zu	H3 Stimme nicht zu	H4 Stimme zu	H4 Stimme nicht zu
H1 Stimme zu	X	X	74,3%	25,7%	88,6%	11,4%	80,0%	20,0%	57,1%	42,9%
H2a Stimme zu	86,7%	13,3%	X	X	86,7%	13,3%	73,3%	26,7%	56,7%	43,3%
H2b Stimme zu	88,6%	11,4%	71,4%	28,6%	X	X	80,0%	20,0%	54,3%	45,7%
H3 Stimme zu	93,3%	6,7%	73,3%	26,7%	93,3%	6,7%	X	X	53,3%	46,7%
H4 Stimme zu	83,3%	16,7%	70,8%	29,2%	79,2%	20,8%	66,7%	33,3%	X	X

Stimme zu: 'Stimme voll zu', 'Stimme zu','Stimme eher zu'
Stimme nicht zu: 'Stimme überhaupt nicht zu', 'Stimme nicht zu','Stimme eher nicht zu'

Abbildung 23: Hypothesen-Matrix: Junge wachstumsstarke Unternehmen

Die Hypothesen-Matrix zeigt für die Hypothesen H1 bis H3 jeweils einen hohen Zusammenhang zwischen den gegebenen Antworten, das heißt der Großteil, der einer Hypothese H1 bis H3 zugestimmt hat, hat auch den übrigen Hypothesen H1 bis H3 zugestimmt. Lediglich für H4 lässt sich, wie auch schon oben beschrieben, kein großer Zusammenhang feststellen, so dass an dieser Stelle zunächst abgeleitet wird, dass sich der Anwendungsbereich einer BPDD sowohl auf die Gründungsfinanzierungen als auch die Frühphasen- beziehungsweise Wachstumsfinanzierungen bezieht.

Forschungsgruppenspezifische Hypothesen und weitere Feststellungen

H5 Im Verlauf der Wachstumsfinanzierung und vor dem Hintergrund des hiermit verbundenen hohen externen Kapitalbedarfs sind Schwierigkeiten bei der Kapitalbeschaffung aufgetreten.

Antwortmöglichkeiten:	Anzahl	%
Stimme voll zu	15	34,9%
Stimme zu	14	32,6%
Stimme eher zu	9	20,9%
Stimme eher nicht zu	3	7,0%
Stimme nicht zu	1	2,3%
Stimme überhaupt nicht zu	1	2,3%
	43	100,0%

Abbildung 24: Befragungsergebnisse H5

Die Hypothese **H5 „Im Verlauf der Wachstumsfinanzierung und vor dem Hintergrund des hiermit verbundenen hohen Kapitalbedarfs sind Schwierigkeiten bei der Kapitalbe-**

schaffung aufgetreten" wird mit insgesamt mit 88,4% (Antwortmöglichkeiten: ‚Stimme voll zu', ‚Stimme zu' und ‚Stimme eher zu') positiv bestätigt, wobei der überwiegende Teil der befragten Unternehmen dieser Hypothese voll zustimmt (‚Stimme voll zu': 34,9%; ‚Stimme zu': 32,6%).

Der Großteil der befragten Unternehmen hat in der Vergangenheit und plant auch in der Zukunft eine Wachstumsfinanzierung mit Beteiligungskapital, Fremdkapital oder einer Kombination aus beiden Finanzierungsformen in Anspruch zu nehmen (Anhang 12: Fragen *zwei* und *drei*). Lediglich ein geringer Teil (Anhang 12: Frage zwei: 16.3%; Frage drei: 11,6%) greift in diesem Zusammenhang auf alternative Finanzmittel zurück.

Mit Verweis auf die in Kapitel 8.4.3 definierten Forschungsziele und –gegenstände ist die Beantwortung der Fragen *eins* bis *drei* entscheidend für die Relevanz der Auswertungen der quantitativen Befragung junger wachstumsstarker Unternehmen. So kann an dieser Stelle festgehalten werden, dass der überwiegende Teil der befragten Unternehmen, bis auf Ausnahme des Teiles, der auf alternative Finanzierungsquellen zurückgreift (siehe obige Auswertungen), im Zusammenhang mit den Anforderungen dieser Arbeit relevant ist, da beide Anforderungen, das heißt erfahrener schwieriger Zugang zu Finanzmittel und Finanzierung über Beteiligungs- oder Fremdkapital, überwiegend erfüllt werden.

H6 Unter Berücksichtigung der hohen Informationsanforderungen bzw. -bedürfnisse von potenziellen Kapitalgebern erfolgt eine intensive Vorbereitung auf die Kreditverhandlung mit Banken bzw. Finanzierungsverhandlung mit Beteiligungsgesellschaften.

Antwortmöglichkeiten:	Anzahl	%
Stimme voll zu	21	48,8%
Stimme zu	17	39,5%
Stimme eher zu	4	9,3%
Stimme eher nicht zu	1	2,3%
Stimme nicht zu	0	0,0%
Stimme überhaupt nicht zu	0	0,0%
	43	100,0%

Abbildung 25: Befragungsergebnisse H6

Die Hypothese **H6 „Unter Berücksichtigung der hohen Informationsanforderungen beziehungsweise -bedürfnisse von potenziellen Kapitalgebern erfolgt eine intensive Vorbe-**

reitung auf die Kreditverhandlung mit Banken beziehungsweise Finanzierungsverhandlung mit Beteiligungsgesellschaften" wird durch 97,7% der befragten Unternehmen positiv bestätigt (Antwortmöglichkeiten: ‚Stimme voll zu', ‚Stimme zu' und ‚Stimme eher zu'). Diese Ergebnisse unterlegen das Problembewusstsein junger wachstumsstarker Unternehmen, sich vor dem Hintergrund begrenzter zur Verfügung stehender finanzieller Fremdressourcen auf die Verhandlungen mit potenziellen Kapitalgebern vorbereiten zu müssen. An dieser Stelle ist jedoch anzumerken, dass die in der Fragestellung gewählte Formulierung ‚intensive Vorbereitung' einer einzelfallspezifischen Interpretation unterliegen kann, und somit insbesondere auch die nachfolgenden Fragestellungen fünf und sechs zu berücksichtigen sind.

Die wesentlichen Feststellungen, der durch Auswahlfragen generierten Informationen, lassen sich wie folgt zusammenfassen:

Die wichtigsten Maßnahmen, mit denen sich junge wachstumsstarke Unternehmen sowohl auf Finanzierungsverhandlungen mit Beteiligungsgesellschaften als auch Kreditverhandlungen mit Banken vorbereiten, sind das Erstellen eines Business Plans und die Aufbereitung der geforderten Unternehmensinformationen (Anhang 12: Fragen *fünf* und *sechs*). An dieser Stelle sei nochmals erwähnt, dass 48,8% der befragten Unternehmen (Anhang 12: Fragen *fünf* und *neun*) überhaupt keine Kreditfinanzierung in Anspruch nehmen und Beteiligungskapital auch in der Zukunft die bevorzugte Finanzierungsquelle darstellt (Anhang 12: Fragen *zwei*, *drei* und *fünf*). Auch das Erlangen von Kenntnis über die Informationsanforderungen der Kapitalgeber und die Bestimmung von Verhandlungszielen werden als wichtige Maßnahmen für die Verhandlungsvorbereitung genannt. Gegenüber den dargestellten Maßnahmen werden jedoch umfangreiche Finanzplanungen und Sensitivitätsanalysen sowie auch die Ausarbeitung von Alternativen im Fall eines Scheiterns von Kredit- beziehungsweise Finanzierungsverhandlungen als eher nachrangig betrachtet. Vor diesem Hintergrund ist zu berücksichtigen, dass die Unternehmensbewertung durch eine Beteiligungsgesellschaft insbesondere auf der zukünftigen Unternehmensentwicklung basiert und der Plausibilisierung von Planzahlen somit eine hohe Bedeutung zukommt, siehe auch Kapitel 8.3.5. So besteht durchaus Raum für eine BPDD, die insbesondere auf eine Analyse von Planannahmen und eine Plausibilisierung der zukünftigen Entwicklung abstellt.

Sofern eine Kreditfinanzierung in Anspruch genommen wird, weisen die Probleme in Kreditverhandlungen eine große Ähnlichkeit mit den Problemen in Finanzierungsverhandlungen mit Beteiligungsgesellschaften auf (Anhang 12: Fragen *neun* und *zehn*): so fehlt es Kreditsachbearbeitern und Beteiligungsmanagern an technologischem Know-how zur Beurteilung des Geschäftsmodells, der Prozess der Finanzierungsentscheidung ist zu langwierig und mit einer Finanzierungszusage sind zu viele Auflagen verbunden. Als wesentliches Problem in Verhandlungen mit Beteiligungsgesellschaften zählen jedoch insbesondere die unterschiedlichen Bewertungseinschätzungen des Unternehmens und der potenziellen Kapitalgeber; wesentliches Problem in Kreditverhandlungen mit Banken ist das strikte Anwendungen von standardisierten Bewertungsschemata, siehe auch obige Ausführungen. Die aus den qualitativen Experteninterviews gewonnenen Erkenntnisse können an dieser Stelle somit bestätigt werden.

Die Vorteile, die sich junge wachstumsstarke Unternehmen durch die Initiierung einer BPDD versprechen (Anhang 12: Frage *zwölf*), sind, wiederum in Übereinstimmung mit den Ergebnissen aus den qualitativen Experteninterviews, insbesondere die Aufdeckung und Beseitigung von potenziellen Schwachstellen und Risiken, die unterstützende Vorbereitung auf Verhandlungen mit potenziellen Kapitalgebern, die professionelle Unternehmenspräsentation, die Erstellung eines aussagekräftigen Due Diligence-Berichtes sowie die Einhaltung von Sorgfaltspflichten eines Geschäftsführers beziehungsweise eines Vorstands bei der Ausübung seiner unternehmerischen Tätigkeiten. Zu den Nachteilen (Anhang 12: Frage *13*) zählt noch vor den Kosten der Zeitaufwand, der mit der Durchführung einer BPDD verbunden ist, und in diesem Zusammenhang auch die zeitliche Inanspruchnahme der Unternehmensleitung. An dieser Stelle kann festgehalten werden, dass sich junge wachstumsstarke Unternehmen bei der Akquise von Finanzmitteln grundsätzlich vor der gleichen Ausgangssituation wie gereifte Unternehmen im Markt für Unternehmenskäufe und –verkäufe sehen, und sich mit der Initiierung einer BPDD im Wesentlichen die gleichen Vor- und Nachteile, wie sie bei einer VDD bestehen (siehe auch Kapitel 5.1.5), versprechen.

Externe Sachverständige beziehungsweise Berater spielen in der Verhandlungsvorbereitung eine wichtige Rolle (Anhang 12: Fragen *sieben* und *acht*). Zur Erreichung einer bestmöglichen Verbesserung ihrer Verhandlungsposition würden junge wachstumsstarke Unternehmen insbesondere Beratungsunternehmen und Wirtschaftsprüfungsgesellschaften für die Durchführung einer BPDD beauftragen. Sofern die Zahlungsbereitschaft für eine solche Dienstleistung vorhanden beziehungsweise quantifizierbar ist, würden die befragten Unternehmen hierfür bis zu TEUR 50 aufwenden (Anhang 12: Fragen *16* und *17*).

Vor dem Hintergrund einer niedrigen Rücklaufquote aus den qualitativen Experteninterviews konnte mit dieser quantitativen Befragung junger wachstumsstarker Unternehmen wichtiges mitunter auch ergänzendes empirisches Datenmaterial gesammelt werden, das auch zu einer erhöhten Sicherheit für die Ableitung von Schlussfolgerungen führt.

8.4.5.3 Befragungsergebnisse: Wirtschaftsprüfer

Haupthypothesen

H1 Das Konzept einer Business Plan Due Diligence ist grundsätzlich anwendbar.

Antwortmöglichkeiten:	Anzahl	%
Stimme voll zu	16	19,8%
Stimme zu	36	44,4%
Stimme eher zu	24	29,6%
Stimme eher nicht zu	4	4,9%
Stimme nicht zu	0	0,0%
Stimme überhaupt nicht zu	1	1,2%
	81	100,0%

Abbildung 26: Befragungsergebnisse H1: Wirtschaftsprüfer

Die Haupthypothese **H1 „Das Konzept einer Business Plan Due Diligence ist grundsätzlich anwendbar“** hat bei 93,8% der befragten Wirtschaftsprüfer grundsätzlich Zustimmung gefunden (Antwortmöglichkeiten: ‚Stimme voll zu', ‚Stimme zu', und ‚Stimme eher zu'). Die deutliche Mehrheit der Befragten stimmt der Anwendbarkeit des Konzepts der BPDD sicher zu (‚Stimme voll zu': 19,8%; ‚Stimme zu': 44,4%).

Die in der qualitativen Expertenbefragung angegebene Einschränkung, dass eine BPDD nur dann anwendbar ist, wenn die Transaktionskosten in einem gerechtfertigten Verhältnis zur Finanzierungsnachfrage stehen, siehe Kapitel 8.3.5, können aus der Auswertung der quantitativen Befragung zunächst nicht abgeleitet werden.

H2 Die Iniitierung einer Business Plan Due Diligence durch ein junges wachstumsstarkes Unternehmen birgt das Potential der Verbesserung der Verhandlungsposition in Finanzierungsverhandlungen mit potenziellen Kapitalgebern.		
Antwortmöglichkeiten:	Anzahl	%
Stimme voll zu	22	27,2%
Stimme zu	40	49,4%
Stimme eher zu	18	22,2%
Stimme eher nicht zu	1	1,2%
Stimme nicht zu	0	0,0%
Stimme überhaupt nicht zu	0	0,0%
	81	100,0%

Abbildung 27: Befragungsergebnisse H2: Wirtschaftsprüfer

Ein ähnliches Ergebnis ist aus den Haupthypothesen H2 und H3 erkennbar. Deutlich stimmen die befragten Unternehmen auch der Haupthypothese **H2 „Die Initiierung einer Business Plan Due Diligence birgt das Potenzial der Verbesserung der Verhandlungsposition in Finanzierungsverhandlungen mit potenziellen Kapitalgebern“** zu. 98,8% der Wirtschaftsprüfer sehen das Potential der Verbesserung der Verhandlungssituation junger wachstumsstarker Unternehmen gegenüber potenziellen Kapitalgebern durch die Initiierung einer BPDD und haben sich für eine der Antwortmöglichkeiten ‚Stimme voll zu', ‚Stimme zu' und ‚Stimme eher zu' entschieden, wobei der Großteil der Befragten der Hypothese sicher zustimmt (‚Stimme voll zu': 27,2%; ‚Stimme zu': 49,4%). Das Ergebnis der Befragung ist somit im Einklang mit den durch die qualitative Expertenbefragung gewonnenen Erkenntnissen, siehe auch Kapitel 8.3.5.3.

H3 Eine Business Plan Due Diligence wird - ähnlich wie eine Verkäufer Due Diligence in M&A-Transaktionen - von potenziellen Kapitalgebern akzeptiert und geschätzt.		
Antwortmöglichkeiten:	Anzahl	%
Stimme voll zu	15	18,5%
Stimme zu	29	35,8%
Stimme eher zu	27	33,3%
Stimme eher nicht zu	8	9,9%
Stimme nicht zu	2	2,5%
Stimme überhaupt nicht zu	0	0,0%
	81	100,0%

Abbildung 28: Befragungsergebnisse H3: Wirtschaftsprüfer

Auch die Haupthypothese **H3 „Eine Business Plan Due Diligence wird – ähnlich wie eine Verkäufer Due Diligence in M&A-Transaktionen – von potenziellen Kapitalgebern akzeptiert und geschätzt"** wird mit 87,6% der Antworten überwiegend zugestimmt (Antwortmöglichkeiten: ‚Stimme voll zu', ‚Stimme zu' und ‚Stimme eher zu'), und auch hier hat der überwiegende Anteil der Wirtschaftsprüfer die Hypothese sicher bestätigt (‚Stimme voll zu': 18,5%; ‚Stimme zu': 35,8%).

H4 Eine Business Plan Due Diligence ist für Seed-Finanzierungen weniger relevant als für Start-up- bzw. Wachstumsfinanzierungen.

Antwortmöglichkeiten:	Anzahl	%
Stimme voll zu	2	2,5%
Stimme zu	14	17,3%
Stimme eher zu	25	30,9%
Stimme eher nicht zu	25	30,9%
Stimme nicht zu	14	17,3%
Stimme überhaupt nicht zu	1	1,2%
	81	100,0%

Abbildung 29: Befragungsergebnisse H4: Wirtschaftsprüfer

Die Auswertung der Hypothese **H4 „Eine Business Plan Due Diligence ist für Seed-Finanzierungen weniger relevant als für Start-up- beziehungsweise Wachstumsfinanzierungen"** zeigt gegenüber der Befragung junger wachstumsstarker Unternehmen (siehe Kapitel 8.4.5.2) ein ähnliches Ergebnis: und zwar sehen die Befragten nicht notwendigerweise eine bevorzugte Anwendbarkeit der BPDD für Start-up- beziehungsweise Wachstumsfinanzierungen gegenüber Seed-Finanzierungen, so dass diese Hypothese nur mit 50,7% der Stimmen bestätigt wurde (Antwortmöglichkeiten: ‚Stimme voll zu', ‚Stimme zu' und ‚Stimme eher zu'). Die Befragten haben in gleicher Weise von den Ausweichmöglichkeiten ‚Stimme eher zu' (30,9%) und ‚Stimme eher nicht zu' (30,9%) Gebrauch gemacht. So wird auch aus Sicht der potenziellen Anbieter einer BPDD deutlich, dass die Leistung einer BPDD durchaus auch für Finanzierungen von Unternehmen in der Seed-Phase als anwendbar angesehen wird.

Zusammenführung H1 bis H4

Die nachfolgende Abbildung zeigt eine Zusammenführung und Gegenüberstellung der Antworten auf die Hypothesen H1 bis H4:

Auswertung Wirtschaftsprüfer		H1 Stimme zu	H1 Stimme nicht zu	H2 Stimme zu	H2 Stimme nicht zu	H3 Stimme zu	H3 Stimme nicht zu	H4 Stimme zu	H4 Stimme nicht zu
H1	Stimme zu	X	X	98,7%	1,3%	92,1%	7,9%	48,7%	51,3%
H2	Stimme zu	93,8%	6,3%	X	X	87,5%	12,5%	50,0%	50,0%
H3	Stimme zu	98,6%	1,4%	98,6%	1,4%	X	X	47,9%	52,1%
H4	Stimme zu	90,2%	9,8%	97,6%	2,4%	82,9%	17,1%	X	X

Stimme zu: 'Stimme voll zu', 'Stimme zu','Stimme eher zu'
Stimme nicht zu: 'Stimme überhaupt nicht zu', 'Stimme nicht zu','Stimme eher nicht zu'

Abbildung 30: Hypothesen-Matrix Wirtschaftsprüfer

Wieder zeigt die Hypothesen-Matrix für die Hypothesen H1 bis H3 jeweils einen hohen Zusammenhang zwischen den gegebenen Antworten, das heißt der Großteil, der einer Hypothese H1 bis H3 zugestimmt hat, hat auch den übrigen Hypothesen H1 bis H3 zugestimmt. Für H4 lässt sich, wie auch schon weiter oben beschrieben, kein Zusammenhang feststellen. Auch hieraus lässt sich erkennen, dass aus Sicht der potenziellen Anbieter einer BBPP der Anwendungsbereich einer BPDD sowohl die Seed- als auch die Start-up- und Wachstumsphasen eines Unternehmens umfasst.

Forschungsgruppenspezifische Hypothesen und weitere Feststellungen

H7 Die Ressourcen, die zur Durchführung einer Business Plan Due Diligence erforderlich sind (Know-How, Personal etc.), sind ausreichend (in Ihrem Haus) vorhanden.

Antwortmöglichkeiten:	Anzahl	%
Stimme voll zu	16	19,8%
Stimme zu	39	48,1%
Stimme eher zu	15	18,5%
Stimme eher nicht zu	7	8,6%
Stimme nicht zu	4	4,9%
Stimme überhaupt nicht zu	0	0,0%
	81	100,0%

Abbildung 31: Befragungsergebnisse H7

Der Hypothese **H7 „Die Ressourcen, die zur Durchführung einer Business Plan Due Diligence erforderlich sind (Know-how, Personal et cetera), sind ausreichend (in Ihrem Haus) vorhanden“** wird mit 86,4% der Stimmen zugestimmt (Antwortmöglichkeiten: ‚Stimme voll zu’, ‚Stimme zu’ und ‚Stimme eher zu’), und auch hier ist der überwiegende

Anteil der Befragten sicher davon überzeugt, über die notwendigen Ressourcen zur Durchführung einer BPDD zu verfügen (‚Stimme voll zu': 19,8%; ‚Stimme zu': 48,1%). An dieser Stelle ist darauf hinzuweisen, dass es sich bei den befragten Wirtschaftsprüfern in 91,4% der Fälle um selbständig tätige Wirtschaftsprüfer handelt, in 2,5% der Fälle um unselbständig tätige Wirtschaftsprüfer, und in 1,2% der Fälle um Angestellte einer Top 4 WP-Gesellschaft (Anhang 13: Frage *15*). Somit beurteilen die befragten Wirtschaftsprüfer, die allein größenbedingt nicht in gleichem Umfang wie Top 4 WP-Gesellschaften über Ressourcen verfügen, die eigenen Ressourcen als ausreichend für das Angebot einer BPDD. Auch haben 55,6% der befragten Wirtschaftsprüfer angegeben, bereits eine BPDD durchgeführt zu haben (Anhang 13: Frage *vier*). Interessanterweise bieten selbständige Wirtschaftsprüfer nicht nur überhaupt BPDD-Leistungen für junge wachstumsstarke Unternehmen an, sie erbringen diese auch regelmäßiger als die großen WP-Gesellschaften, die bislang nur einer BPDD ähnliche Leistungen durchgeführt haben, siehe die Auswertungen zu den qualitativen Expertenbefragungen in Kapitel 8.3.5.3.

Jedoch sehen die Befragten, in Anlehnung an die aus den qualitativen Experteninterviews gewonnenen Informationen, in der Durchführung einer BPDD nicht notwendigerweise eine Vorbehaltsaufgabe für Wirtschaftsprüfer: so haben sich 38,3% der Befragten für die Ausweichmöglichkeit ‚Nicht unbedingt' entschieden, während 35,8% dieser Vermutung zustimmten und 25,9% diese ablehnten (Anhang 13: Frage *neun*).

Zudem sieht ein Großteil der Befragten klar die Notwendigkeit der Hinzuziehung von Kanzleien beziehungsweise Patentanwälten, Unternehmensberatungen und Forschungseinrichtungen, während nur ein geringer Teil der befragten Wirtschaftsprüfer eine derartige Ergänzung ablehnten (Anhang 13: Frage *zehn*). Ergänzend zu den Ausführungen zu H7 lässt sich somit feststellen, dass zwar grundsätzlich die Ressourcen für die Durchführung einer BPDD vorhanden sind, die Ergänzung um weitere Expertise dennoch als notwendig erachtet wird.

H8 Das Kostenrisiko (d.h. das Risiko, dass die durchzuführenden Arbeiten nicht unter Einhaltung des ausgehandelten Budgets durchgeführt werden können) ist maßgebend für die Entscheidung, die Leistung einer Business Plan Due Diligence nicht anzubieten.		
Antwortmöglichkeiten:	Anzahl	%
Stimme voll zu	1	1,2%
Stimme zu	10	12,3%
Stimme eher zu	11	13,6%
Stimme eher nicht zu	29	35,8%
Stimme nicht zu	22	27,2%
Stimme überhaupt nicht zu	8	9,9%
	81	100,0%

Abbildung 32: Befragungsergebnisse H8

Die Hypothese **H8 „Das Kostenrisiko (d.h. das Risiko, dass die durchzuführenden Arbeiten nicht unter Einhaltung des ausgehandelten Budgets durchgeführt werden können) ist maßgebend für die Entscheidung, die Leistung einer Business Plan Due Diligence nicht anzubieten“** ist mit 72,9% der Antworten widerlegt worden. Das Kostenrisiko wird zwar neben übermäßigen Haftungsrisiken sowie dem Risiko der Assoziation eines Wirtschaftsprüfers mit einem Misserfolg bei Nichteintritt der Annahmen des Business Plans als wesentliches Risiko mit dem Angebot einer BPDD verbunden (Anhang 13: Frage *sieben*), die Vorteile und so insbesondere der Aufbau einer langfristigen Geschäftsbeziehung sowie die Aussicht auf lukrative Folgeaufträge (Anhang 13: Frage *sechs*) scheinen dennoch ausschlaggebend für die Annahme von BPDD-Aufträgen zu sein, selbst wenn hierdurch ein Kostenrisiko entsteht. So erfolgt an dieser Stelle der korrigierende Verweis auf die in der qualitativen Befragung der großen WP-Gesellschaften gewonnene Erkenntnis, dass das Kostenrisiko in jedem Fall maßgebend für oder gegen die Annahme eines BPDD-Auftrages sei.

Die weiteren Erkenntnisse, die aus der Befragung der Wirtschaftsprüfer gewonnen werden können, lassen sich wie folgt zusammenfassen: mit der Leistungserbringung für junge wachstumsstarke Unternehmen verbinden Wirtschaftsprüfer insbesondere die Vorteile des Aufbaus einer langfristigen Geschäftsbeziehung sowie die Chance auf umfangreiche Beratungsleistungen als Folge des hohen Beratungsbedarfs dieser Unternehmen (Anhang 13: Frage *eins*). Zu den wesentlichen Nachteilen, die mit einer Leistungserbringung für junge wachstumsstarke Unternehmen verbunden sind, zählen im Wesentlichen das begrenzte Budget, Prognoseunsicherheit, sowie das Fehlen von detaillierten und belastbaren Vergangenheitsinformationen (Anhang 13: Frage *zwei*). Die aus den Experteninterviews gewonnenen Erkenntnisse können an dieser Stelle bestätigt werden. Über den Leistungsumfang einer Verkäufer-Due Diligence in M&A-Transaktionen hinaus sollte eine BPDD mindestens die Bereiche der Verifizierung von Planungsprämissen und der Marktgröße beziehungsweise das Marktpotenzial abdecken, und sich somit vielmehr mit der Planung an Stelle der Unternehmenshistorie befassen (Anhang 13: Frage *fünf*). Auch dieses Resultat ist im Einklang mit den aus den qualitativen Experteninterviews gewonnenen Erkenntnissen.

8.4.5.4 Befragungsergebnisse: Beteiligungsunternehmen und Kreditinstitute

Haupthypothesen

H1 Das Konzept einer Business Plan Due Diligence ist grundsätzlich anwendbar.	BG		KI	
Antwortmöglichkeiten:	Anzahl	%	Anzahl	%
Stimme voll zu	1	2,4%	3	6,4%
Stimme zu	13	31,7%	21	44,7%
Stimme eher zu	18	43,9%	19	40,4%
Stimme eher nicht zu	7	17,1%	4	8,5%
Stimme nicht zu	2	4,9%	0	0,0%
Stimme überhaupt nicht zu	0	0,0%	0	0,0%
	41	100,0%	47	100,0%

BG: Beteiligungsgesellschaften
KI: Kreditinstitute

Abbildung 33: Befragungsergebnisse H1: Beteiligungsgesellschaften und Kreditinstitute

Die Haupthypothese **H1 „Das Konzept einer Business Plan Due Diligence ist grundsätzlich anwendbar"** ist von den Beteiligungsgesellschaften mit 78,0% und von den Kreditinstituten mit 91,5% deutlich bestätigt worden (Antwortmöglichkeiten: ‚Stimme voll zu', ‚Stimme zu' und ‚Stimme eher zu'). Während der Großteil der befragten Kreditinstitute der Anwendbarkeit des Konzepts der BPDD sicher zustimmte (‚Stimme voll zu': 6,4%; ‚Stimme zu': 44,7%), haben sich die Beteiligungsgesellschaften vermehrt auf die Ausweichmöglichkeit ‚Stimme eher zu' mit 43,9% der Stimmen berufen.

H2 Die Initiierung einer Business Plan Due Diligence durch ein junges wachstumsstarkes Unternehmen birgt das Potential der Verbesserung der Verhandlungsposition junger wachstumsstarker Unternehmen in Finanzierungsverhandlungen mit potenziellen Kapitalgebern.

	BG		KI	
Antwortmöglichkeiten:	Anzahl	%	Anzahl	%
Stimme voll zu	2	4,9%	3	6,4%
Stimme zu	10	24,4%	26	55,3%
Stimme eher zu	18	43,9%	16	34,0%
Stimme eher nicht zu	8	19,5%	2	4,3%
Stimme nicht zu	3	7,3%	0	0,0%
Stimme überhaupt nicht zu	0	0,0%	0	0,0%
	41	100,0%	47	100,0%

BG: Beteiligungsgesellschaften
KI: Kreditinstitute

Abbildung 34: Befragungsergebnisse H2: Beteiligungsgesellschaften und Kreditinstitute

Ein ähnliches Ergebnis lässt sich aus den Haupthypothesen H2 und H3 ableiten: die befragten Beteiligungsgesellschaften und Kreditinstitute stimmen der Haupthypothese **H2 „Die Initiierung einer Business Plan Due Diligence birgt das Potenzial der Verbesserung der Verhandlungsposition junger wachstumsstarker Unternehmen in Finanzierungsverhandlungen mit potenziellen Kapitalgebern“** mit 73,2% beziehungsweise 95,7% (Antwortmöglichkeiten: ‚Stimme voll zu‘, ‚Stimme zu‘ und ‚Stimme eher zu‘) deutlich zu. Hier sind wiederum die Kreditinstitute (‚Stimme voll zu‘: 6,4%; ‚Stimme zu‘: 55,3%) gegenüber die Beteiligungsgesellschaften (‚Stimme eher zu‘: 43,9%) eher davon überzeugt, dass eine BPDD junge wachstumsstarke Unternehmen in Finanzierungsverhandlungen unterstützt. Dieses Ergebnis ist vor dem Hintergrund interessant, dass junge wachstumsstarke Unternehmen vielmehr auf Beteiligungskapital als auf Fremdkapital zur Finanzierung des Unternehmenswachstums zurückgreifen und ein Großteil der befragten Unternehmen gar keine Kreditfinanzierung in Anspruch nimmt (siehe Kapitel 8.4.5.2). Zudem erwarten die jungen wachstumsstarken Unternehmen durch die Initiierung einer BPDD eher das Potential der Verbesserung ihrer Verhandlungsposition in Finanzierungsverhandlungen mit Beteiligungsgesellschaften als in Kreditverhandlungen mit Banken (insbesondere aufgrund der durch Kreditinstitute verwendeten standardisierten Ratingverfahren, siehe ebenfalls Kapitel 8.4.5.2).

Die in der qualitativen Befragung bemerkte Verhaltenheit gegenüber der grundsätzlichen Anwendbarkeit einer BPDD sowie deren Auswirkungen auf die Verhandlungsposition junger wachstumsstarker Unternehmen in Finanzierungsverhandlungen (siehe Kapitel 8.3.5.4), ist somit auch hier eher bei den Beteiligungsgesellschaften zu vermerken, als dies die Ergebnisse der Befragung der Kreditinstitute zulassen.

H3 Eine Business Plan Due Diligence wird - ähnlich wie eine Verkäufer Due Diligence in M&A-Transaktionen - von potenziellen Kapitalgebern akzeptiert und geschätzt.

	BG		KI	
Antwortmöglichkeiten:	Anzahl	%	Anzahl	%
Stimme voll zu	0	0,0%	0	0,0%
Stimme zu	9	22,0%	26	55,3%
Stimme eher zu	22	53,7%	16	34,0%
Stimme eher nicht zu	5	12,2%	4	8,5%
Stimme nicht zu	4	9,8%	1	2,1%
Stimme überhaupt nicht zu	1	2,4%	0	0,0%
	41	100,0%	47	100,0%

BG: Beteiligungsgesellschaften
KI: Kreditinstitute

Abbildung 35: Befragungsergebnisse H3: Beteiligungsgesellschaften und Kreditinstitute

Der Haupthypothese **H3 „Eine Business Plan Due Diligence wird – ähnlich wie eine Verkäufer Due Diligence in M&A-Transaktionen – von potenziellen Kapitalgebern akzeptiert und geschätzt“** wird mit 75,7% der Antworten der Beteiligungsgesellschaften und 89,3% der Antworten der Kreditinstitute ebenfalls deutlich zugestimmt (Antwortmöglichkeiten: ‚Stimme voll zu', ‚Stimme zu' und ‚Stimme eher zu'), es bleibt jedoch anzumerken, dass auch hier der Großteil der befragten Beteiligungsgesellschaften die Ausweichmöglichkeit (‚Stimme eher zu': 53,7%) angegeben hat, während (‚Stimme voll zu': 0,0%; ‚Stimme zu': 55,3%) der befragten Kreditinstitute der Hypothese sicher zugestimmt haben.

H4 Eine Business Plan Due Diligence ist für Seed-Finanzierungen weniger relevant als für Start-up- bzw. Wachstumsfinanzierungen.				
	BG		KI	
Antwortmöglichkeiten:	Anzahl	%	Anzahl	%
Stimme voll zu	1	2,4%	0	0,0%
Stimme zu	11	26,8%	11	23,4%
Stimme eher zu	11	26,8%	17	36,2%
Stimme eher nicht zu	9	22,0%	16	34,0%
Stimme nicht zu	7	17,1%	3	6,4%
Stimme überhaupt nicht zu	2	4,9%	0	0,0%
	41	100,0%	47	100,0%

BG: Beteiligungsgesellschaften
KI: Kreditinstitute

Abbildung 36: Befragungsergebnisse H4: Beteiligungsgesellschaften und Kreditinstitute

Die Haupthypothese **H4 „Eine Business Plan Due Diligence ist für Seed-Finanzierungen weniger relevant als für Start-up- beziehungsweise Wachstumsfinanzierungen“** wird gegenüber den Haupthypothesen H1 bis H3 weniger eindeutig bestätigt: die Antwortmöglichkeiten ‚Stimme voll zu', ‚Stimme zu' und ‚Stimme eher zu' haben 56,0% der Beteiligungsgesellschaften und 59,6% der Kreditinstitute gewählt.

Zusammenführung H1 bis H4

Die nachfolgenden Abbildungen zeigen eine Zusammenführung und Gegenüberstellung der Antworten auf die Hypothesen H1 bis H4:

Auswertung Beteiligungs-gesellschaften		**H1**		**H2**		**H3**		**H4**	
		Stimme zu	Stimme nicht zu	Stimme zu	Stimme nicht zu	Stimme zu	Stimme nicht zu	Stimme zu	Stimme nicht zu
H1	Stimme zu	X	X	84,4%	15,6%	87,5%	12,5%	59,4%	40,6%
H2	Stimme zu	90,0%	10,0%	X	X	93,3%	6,7%	60,0%	40,0%
H3	Stimme zu	90,3%	9,7%	90,3%	9,7%	X	X	61,3%	38,7%
H4	Stimme zu	78,3%	21,7%	78,3%	21,7%	82,6%	17,4%	X	X

Stimme zu: 'Stimme voll zu', 'Stimme zu','Stimme eher zu'
Stimme nicht zu: 'Stimme überhaupt nicht zu', 'Stimme nicht zu','Stimme eher nicht zu'

Abbildung 37: Hypothesen-Matrix Beteiligungsgesellschaften

Auswertung Kreditinstitute		H1		H2		H3		H4	
		Stimme zu	Stimme nicht zu	Stimme zu	Stimme nicht zu	Stimme zu	Stimme nicht zu	Stimme zu	Stimme nicht zu
H1	Stimme zu	X	X	97,7%	2,3%	93,0%	7,0%	60,5%	39,5%
H2	Stimme zu	93,3%	6,7%	X	X	93,3%	6,7%	62,2%	37,8%
H3	Stimme zu	95,2%	4,8%	100,0%	0,0%	X	X	61,9%	38,1%
H4	Stimme zu	92,9%	7,1%	100,0%	0,0%	92,9%	7,1%	X	X

Stimme zu: 'Stimme voll zu', 'Stimme zu','Stimme eher zu'
Stimme nicht zu: 'Stimme überhaupt nicht zu', 'Stimme nicht zu','Stimme eher nicht zu'

Abbildung 38: Hypothesen-Matrix Kreditinstitute

Auch in dieser Auswertung zeigt die Hypothesen-Matrix für die Hypothesen H1 bis H3 jeweils einen hohen Zusammenhang zwischen den gegebenen Antworten, das heißt wiederum, dass der Großteil, der einer Hypothese H1 bis H3 zugestimmt hat, auch den übrigen Hypothesen H1 bis H3 zugestimmt hat. Auch wird deutlich, dass ein höherer Zusammenhang zwischen den Antworten bei den Kreditinstituten besteht.

Zudem ist zu erkennen, dass die potenziellen Kapitalgeber gegenüber den jungen wachstumsstarken Unternehmen und auch den Wirtschaftsprüfern eher zu der Bestätigung der vierten Hypothese tendieren, und die Anwendbarkeit der BPDD mehr im Bereich Start-up- und Wachstumsfinanzierung sehen, als für Unternehmen in der Seed-Phase. Nichtsdestotrotz sind im Vergleich der vier Hypothesen die beobachteten Ausprägungen bei H4 am niedrigsten.

Forschungsgruppenspezifische Hypothesen und weitere Feststellungen

H9 Die Qualität der Informationen, die Sie von jungen Unternehmen für Ihre Finanzierungsentscheidung erhalten, ist nicht überzeugend.

	BG		KI	
Antwortmöglichkeiten:	Anzahl	%	Anzahl	%
Stimme voll zu	1	2,4%	2	4,3%
Stimme zu	7	17,1%	9	19,1%
Stimme eher zu	17	41,5%	20	42,6%
Stimme eher nicht zu	12	29,3%	12	25,5%
Stimme nicht zu	4	9,8%	4	8,5%
Stimme überhaupt nicht zu	0	0,0%	0	0,0%
	41	100,0%	47	100,0%

BG: Beteiligungsgesellschaften
KI: Kreditinstitute

H10 Das Vertrauen in die Informationen, die Sie von jungen Unternehmen für Ihre Finanzierungsentscheidung erhalten, ist gering.				
	BG		KI	
Antwortmöglichkeiten:	Anzahl	%	Anzahl	%
Stimme voll zu	2	4,9%	0	0,0%
Stimme zu	7	17,1%	8	17,0%
Stimme eher zu	16	39,0%	22	46,8%
Stimme eher nicht zu	12	29,3%	12	25,5%
Stimme nicht zu	4	9,8%	5	10,6%
Stimme überhaupt nicht zu	0	0,0%	0	0,0%
	41	100,0%	47	100,0%

BG: Beteiligungsgesellschaften
KI: Kreditinstitute

Abbildung 39: Befragungsergebnisse H9 und H10

Nach Einschätzung der befragten Experten sind die Qualität und das Vertrauen in die Informationen, die zur Finanzierungsentscheidung zur Verfügung gestellt werden, eher nicht überzeugend. Die Hypothesen **H9 „Die Qualität der Informationen, die Sie von jungen Unternehmen für Ihre Finanzierungsentscheidung erhalten, ist nicht überzeugend"** und **H10 „Das Vertrauen in die Informationen, die Sie von jungen Unternehmen für Ihre Finanzierungsentscheidung erhalten, ist gering"** werden grundsätzlich von den befragten Beteiligungsgesellschaften mit jeweils 61,0% bestätigt, und von den beteiligten Kreditinstituten mit 66,0% beziehungsweise 63,8% (Antwortmöglichkeiten: ‚Stimme voll zu', ‚Stimme zu' und ‚Stimme eher zu'). Der Großteil der Befragten hat von der Ausweichmöglichkeit ‚Stimme eher zu' beziehungsweise ‚Stimme eher nicht zu' Gebrauch gemacht. Dies lässt den Rückschluss auf die Erkenntnisse aus den Experteninterviews (siehe Kapitel 8.3.5.4) zu, dass potenzielle Kapitalgeber die Tendenz einer verbesserten Qualität der bereitgestellten Unternehmensinformationen wahrnehmen, wenngleich sie weiterhin noch Optimierungsbedarf sehen, und dass zudem stets eigene Prüfungshandlungen zur Festigung des Vertrauens in die Unternehmensinformationen durchgeführt werden.

H11 Der Zeitaufwand, der mit der Verifizierung der von jungen wachstumsstarken Unternehmen erhaltenen Informationen verbunden ist, ist groß.				
	BG		KI	
Antwortmöglichkeiten:	Anzahl	%	Anzahl	%
Stimme voll zu	11	26,8%	13	27,7%
Stimme zu	22	53,7%	16	34,0%
Stimme eher zu	7	17,1%	16	34,0%
Stimme eher nicht zu	0	0,0%	2	4,3%
Stimme nicht zu	1	2,4%	0	0,0%
Stimme überhaupt nicht zu	0	0,0%	0	0,0%
	41	100,0%	47	100,0%

BG: Beteiligungsgesellschaften
KI: Kreditinstitute

Abbildung 40: Befragungsergebnisse H11

Die Prüfung der Hypothese **H11 „Der Zeitaufwand, der mit der Verifizierung der von jungen wachstumsstarken Unternehmen erhaltenen Informationen verbunden ist, ist groß“** hingegen führt zu dem eindeutigen Ergebnis, dass sich 97,6% der Beteiligungsgesellschaften und 95,7% der Kreditinstitute für eine der Antwortmöglichkeiten ‚Stimme voll zu', ‚Stimme zu' und ‚Stimme eher zu' entschieden haben. Vor diesem Hintergrund sind die Ergebnisse der Befragung nach den Vorteilen einer BPDD in Bezug auf die Investitionsentscheidung (Anhang 14: Frage *neun*) zu betrachten. Hier sehen die befragten Beteiligungsgesellschaften und Kreditinstitute neben den Vorteilen einer detaillierten und umfassenden Unternehmensanalyse, einem gesteigerten Vertrauen und Glaubwürdigkeit in die Unternehmensinformationen sowie dem Hinweis auf mögliche Schwachstellen und Risken im Bericht insbesondere auch den Vorteil einer Reduktion des Zeit- und Kostenaufwands durch die BPDD.

H12 Die Glaubwürdigkeit und das Vertrauen in die externe Partei, die eine Business Plan Due Diligence durchführt, bestimmt maßgeblich die Akzeptanz der Business Plan Due Diligence durch potenzielle Kapitalgeber.

Antwortmöglichkeiten:	BG Anzahl	BG %	KI Anzahl	KI %
Stimme voll zu	6	14,6%	13	27,7%
Stimme zu	13	31,7%	14	29,8%
Stimme eher zu	13	31,7%	12	25,5%
Stimme eher nicht zu	7	17,1%	8	17,0%
Stimme nicht zu	2	4,9%	0	0,0%
Stimme überhaupt nicht zu	0	0,0%	0	0,0%
	41	100,0%	47	100,0%

BG: Beteiligungsgesellschaften
KI: Kreditinstitute

Abbildung 41: Befragungsergebnisse H12

78,0% beziehungsweise 83,0% der Beteiligungsgesellschaften beziehungsweise der Kreditinstitute haben die Hypothese **H12 „Die Glaubwürdigkeit und das Vertrauen in die externe Partei, die eine Business Plan Due Diligence durchführt, bestimmt maßgeblich die Akzeptanz der Business Plan Due Diligence durch potenzielle Kapitalgeber“** grundsätzlich bestätigt (Antwortmöglichkeiten: ‚Stimme voll zu', ‚Stimme zu' und ‚Stimme eher zu'). Beteiligungsgesellschaften beziehen regelmäßig Leistungen von externen Sachverständigen zum Zweck der Unterstützung ihrer Finanzierungsentscheidung, während Kreditinstitute hierauf primär in Abhängigkeit des Einzelfalls zurückgreifen. Nur die wenigsten Kapitalgeber greifen selten beziehungsweise überhaupt nicht auf externe Unterstützung zurück (Anhang 14: Frage *fünf*). Die Art dieser externen Berater, die von Beteiligungsgesellschaften beauftragt werden, unterscheidet sich grundsätzlich von den externen Beratern, auf die Kreditinstitute zurückgreifen: während Beteiligungsgesellschaften überwiegend auf Experten aus dem eigenen Netzwerk, auf Kanzleien beziehungsweise Anwälte und Forschungsinstitutionen zurückgreifen und erst an rangnächster Stelle auf WP-Gesellschaften, so werden die Letztgenannten neben Unternehmensberatungen von den Kreditinstituten am häufigsten hinzugezogen. Auch diese Ergebnisse bestätigen die aus den Experteninterviews gewonnenen Erkenntnisse (siehe Kapitel 8.3.5.4). Auch haben die Beteiligungsgesellschaften die Vermutung, dass die BPDD eine Vorbehaltsaufgabe von Wirtschaftsprüfern ist, mit 56,1% der Stimmen abgelehnt (Anhang 14: Frage *elf*). Die Kreditinstitute hingegen haben insbesondere Gebrauch von der Ausweichmöglichkeit ‚Nicht unbedingt' (72,3%) gemacht. Hieraus lässt sich erkennen, dass potenzielle Kapitalgeber – seien es Beteiligungsgesellschaften oder Kreditinstitute - neben Wirtschaftsprüfern eben auch die Expertise anderer Beratern für die Durchführung einer BPDD für notwendig erachten. Interessant ist auch das Ergebnis der Befragung nach der Art der hinzugezogenen Wirtschaftsprüfungsgesellschaft, sofern potenzielle Kapitalgeber eine Beauftragung in Erwägung ziehen: während Beteiligungsgesellschaften zum größten Teil indifferent zwischen der Beauftragung einer Top 5 WP-Gesellschaft und einer mittelständischen WP-Gesellschaft sind, so werden von Kreditinstituten die mittelständischen WP-Gesellschaften beziehungsweise die selbständig arbeitenden Wirtschaftsprüfer deutlich bevorzugt (Anhang 14: Frage *sieben*). Diese Ergebnisse sind auch im Einklang mit den Erkenntnissen aus der qualitativen Expertenbefragung (siehe Kapitel 8.3.5.4) zu sehen.

H13 Eine Business Plan Due Diligence kann das Vertrauen und die Glaubwürdigkeit in die Unternehmensinformationen junger wachstumsstarker Unternehmen erhöhen.

	BG		KI	
Antwortmöglichkeiten:	Anzahl	%	Anzahl	%
Stimme voll zu	5	12,2%	9	19,1%
Stimme zu	17	41,5%	28	59,6%
Stimme eher zu	12	29,3%	9	19,1%
Stimme eher nicht zu	5	12,2%	1	2,1%
Stimme nicht zu	2	4,9%	0	0,0%
Stimme überhaupt nicht zu	0	0,0%	0	0,0%
	41	100,0%	47	100,0%

BG: Beteiligungsgesellschaften
KI: Kreditinstitute

Abbildung 42: Befragungsergebnisse H13

Die Hypothese **H13 „Eine Business Plan Due Diligence kann das Vertrauen und die Glaubwürdigkeit in die Unternehmensinformationen junger wachstumsstarker Unternehmen erhöhen“** wurde von den Beteiligungsgesellschaften mit 83,0% und von den Kreditinstituten mit 97,8% eindeutig bestätigt (Antwortmöglichkeiten: ‚Stimme voll zu‘, ‚Stimme zu‘, und ‚Stimme eher zu‘). Diese Fragestellung ist auch von zentraler Bedeutung für die Themenstellung dieser Arbeit, da die neutrale und glaubwürdige Darstellung von Unternehmensinformationen durch eine BPDD von jungen wachstumsstarken Unternehmen beabsichtigt und gleichermaßen von potenziellen Kapitalgebern gefordert wird.

H14 Junge wachstumsstarke Unternehmen sind auf die Finanzierungsverhandlungen unzureichend vorbereitet.				
	BG		KI	
Antwortmöglichkeiten:	Anzahl	%	Anzahl	%
Stimme voll zu	1	2,4%	3	6,4%
Stimme zu	11	26,8%	15	31,9%
Stimme eher zu	21	51,2%	16	34,0%
Stimme eher nicht zu	6	14,6%	12	25,5%
Stimme nicht zu	2	4,9%	1	2,1%
Stimme überhaupt nicht zu	0	0,0%	0	0,0%
	41	100,0%	47	100,0%

BG: Beteiligungsgesellschaften
KI: Kreditinstitute

Abbildung 43: Befragungsergebnisse H14

Auch die Hypothese **H14 „Junge wachstumsstarke Unternehmen sind auf die Finanzierungsverhandlungen unzureichend vorbereitet“** wird von 80,4% der Beteiligungsunternehmen und 72,3% der Kreditinstitute bestätigt, wobei hier der überwiegende Teil der Befragten von der Ausweichmöglichkeit ‚Stimme eher zu' (Beteiligungsgesellschaften 51,2%; Kreditinstitute 34,0%) Gebrauch gemacht hat. Dieses Ergebnis steht im Einklang mit den aus den Hypothesen H9 und H10 sowie aus den Experteninterviews (siehe Kapitel 8.3.5.4) gewonnenen Erkenntnissen, dass potenzielle Kapitalgeber sowohl bei der Qualität der von jungen wachstumsstarken Unternehmen erhaltenen Informationen als auch bei deren Verhandlungsvorbereitung eine Verbesserung wahrnehmen. Die Vermutung wird zunächst aber bestätigt, dass die Unternehmen unzureichend auf Finanzierungsverhandlungen vorbereitet sind, und somit Raum für Verbesserung auch durch eine externe Unterstützung besteht.

H15 Die durch die Business Plan Due Diligence gewonnenen Vorteile haben eine positive Auswirkung auf die Finanzierungsentscheidung.				
	BG		KI	
Antwortmöglichkeiten:	Anzahl	%	Anzahl	%
Stimme voll zu	0	0,0%	2	4,3%
Stimme zu	14	34,1%	23	48,9%
Stimme eher zu	18	43,9%	17	36,2%
Stimme eher nicht zu	7	17,1%	5	10,6%
Stimme nicht zu	1	2,4%	0	0,0%
Stimme überhaupt nicht zu	1	2,4%	0	0,0%
	41	100,0%	47	100,0%

BG: Beteiligungsgesellschaften
KI: Kreditinstitute

H16 Die durch die Business Plan Due Diligence gewonnenen Vorteile haben eine positive Auswirkung auf die Finanzierungskonditionen.				
	BG		KI	
Antwortmöglichkeiten:	Anzahl	%	Anzahl	%
Stimme voll zu	0	0,0%	1	2,1%
Stimme zu	5	12,2%	8	17,0%
Stimme eher zu	15	36,6%	8	17,0%
Stimme eher nicht zu	13	31,7%	20	42,6%
Stimme nicht zu	5	12,2%	9	19,1%
Stimme überhaupt nicht zu	3	7,3%	1	2,1%
	41	100,0%	47	100,0%

BG: Beteiligungsgesellschaften
KI: Kreditinstitute

Abbildung 44: Befragungsergebnisse H15 und H16

Die befragten Experten haben eine unterschiedliche Einschätzung in Bezug auf die Hypothesen **H15 „Die durch die Business Plan Due Diligence gewonnenen Vorteile haben eine positive Auswirkung auf die Finanzierungsentscheidung“** und **H16 „Die durch die Business Plan Due Diligence gewonnenen Vorteile haben eine positive Auswirkung auf die Finanzierungskonditionen“** gezeigt. 78,0% der Beteiligungsgesellschaften und 89,4% der Kreditinstitute sehen grundsätzlich eine positive Auswirkung der BPDD auf die Finanzierungsentscheidung (Antwortmöglichkeiten: ‚Stimme voll zu', ‚Stimme zu' und ‚Stimme eher zu'), wobei Kreditinstitute dieser Vermutung sicherer zustimmten (‚Stimme voll zu': 4,3%; ‚Stimme zu': 48,9%) und Beteiligungsgesellschaften vielmehr Gebrauch von der Ausweichmöglichkeit (‚Stimme eher zu': 43,9%) gemacht haben. Dieses Ergebnis ist im Zusammenhang mit den Ergebnissen der Hypothese H2 zu sehen: sind die Kreditinstitute eher als die Beteiligungsgesellschaften davon überzeugt, dass eine BPDD junge wachstumsstarke Unternehmen in Finanzierungsverhandlungen unterstützt, so sind die Kreditinstitute auch eher davon überzeugt, dass eine BPDD Einfluss auf ihre Finanzierungsentscheidung hat. Auf der anderen sind die Beteiligungsgesellschaften, die die bevorzugte Finanzierungsquelle für Unternehmenswachstum darstellen (siehe auch Kapitel 8.4.5.2), verhaltener in der Bestätigung, dass eine BPDD die Finanzierungsentscheidung positiv zu beeinflussen vermag.

Die Hypothese H16 ist hingegen sowohl durch Beteiligungsgesellschaften als auch durch Kreditinstitute abgelehnt worden, so dass eine BPDD, wie auch in den Experteninterviews (siehe Kapitel 8.3.5.4) angedeutet, eher keine positiven Auswirkungen auf die Finanzierungskonditionen zu nehmen scheint. So haben 51,2% der Beteiligungsgesellschaften und 63,8%

der Kreditinstitute eine der Antwortmöglichkeiten ‚Stimme überhaupt nicht zu', ‚Stimme nicht zu' und ‚Stimme eher nicht zu' gewählt (Anhang 14: Frage *19*).

Weiter lässt sich aus der Befragung zusammenfassen, dass sowohl Beteiligungsgesellschaften als auch Kreditinstitute insbesondere auf Gespräche mit dem Management, eigene Erfahrungswerte, Know-how aus dem Netzwerk sowie Internetrecherche als Instrumente der Verifizierung erhaltener Unternehmensinformationen zurückgreifen (Anhang 14: Frage *drei*). Die beiden Bereiche, die eine BPDD mindestens abdecken muss, um den Eigenschaften junger wachstumsstarker Unternehmen gerecht zu werden, sind aus Sicht der Beteiligungsgesellschaften und der Kreditinstitute zum einen die Marktgröße und das Marktpotenzial, und zum anderen die Verifizierung der Planungsprämissen. Auch diese Ergebnisse sind im Einklang mit den Erkenntnissen aus der Befragung von jungen wachstumsstarken Unternehmen und Wirtschaftsprüfern (siehe die Ausführungen in den Kapiteln 8.4.5.2 und 8.4.5.3), sowie den aus den qualitativen Experteninterviews gewonnenen Erkenntnissen (siehe Kapitel 8.3.5.4).

In dem nächsten Kapitel erfolgt eine Zusammenfassung der Ergebnisse sowie eine Gegenüberstellung der Umfrageergebnisse der drei Forschungsgruppen in Bezug auf die vier Haupthypothesen, um unter Berücksichtigung sämtlicher Blickwinkel abschließende Schlussfolgerungen ableiten zu können.

8.4.6 Zusammenfassung der Ergebnisse

Die nachfolgenden Übersichten zeigen eine Zusammenführung der Ergebnisse der drei Forschungsgruppen für die vier Haupthypothese H1 bis H4. Aus diesen Zusammenführungen wird die Ähnlichkeit der Antworten und somit die grundsätzliche Übereinstimmung der Ansichten der drei Forschungsgruppen deutlich erkennbar.

H1 Das Konzept einer Business Plan Due Diligence ist grundsätzlich anwendbar.								
	JWU		WP		BG		KI	
Antwortmöglichkeiten:	Anzahl	%	Anzahl	%	Anzahl	%	Anzahl	%
Stimme voll zu	5	11,6%	16	19,8%	1	2,4%	3	6,4%
Stimme zu	19	44,2%	36	44,4%	13	31,7%	21	44,7%
Stimme eher zu	11	25,6%	24	29,6%	18	43,9%	19	40,4%
Stimme eher nicht zu	5	11,6%	4	4,9%	7	17,1%	4	8,5%
Stimme nicht zu	2	4,7%	0	0,0%	2	4,9%	0	0,0%
Stimme überhaupt nicht zu	1	2,3%	1	1,2%	0	0,0%	0	0,0%
	43	100,0%	81	100,0%	41	100,0%	47	100,0%

JWU: Junge wachstumsstarke Unternehmen
WP: Wirtschaftsprüfer
BG: Beteiligungsgesellschaften
KI: Kreditinstitute

Abbildung 45: Zusammenführung H1

Die **Hypothese H1** ist über alle Forschungsgruppen hinweg deutlich bestätigt worden. Das Konzept einer BPDD scheint somit von Initiatoren, Anbietern und Adressaten einer BPDD als grundsätzlich anwendbar betrachtet zu werden. Die Gegenüberstellung der Ergebnisse zeigt jedoch auch, dass bei den Beteiligungsgesellschaften eher Verhaltenheit in der Bestätigung der Hypothese zum Ausdruck kommt. Dies findet auch in dem Tatbestand Begründung, dass Beteiligungsgesellschaften trotz Vorliegen einer BPDD nicht auf eigene Due Diligence-Prüfungen verzichtet würden. Siehe in diesem Zusammenhang auch die Erkenntnisse aus den Experteninterviews in Kapitel 8.3.5.4.

H2 Die Iniitierung einer Business Plan Due Diligence durch ein junges wachstumsstarkes Unternehmen birgt das Potential der Verbesserung der Verhandlungsposition in Finanzierungsverhandlungen mit potenziellen Kapitalgebern.										
	H2a: JWU/KI		H2b: JWU/BG		WP		BG		KI	
Antwortmöglichkeiten:	Anzahl	%	Anzahl	%	Anzahl	%	Anzahl	%	Anzahl	%
Stimme voll zu	2	4,7%	5	11,6%	22	27,2%	2	4,9%	3	6,4%
Stimme zu	7	16,3%	14	32,6%	40	49,4%	10	24,4%	26	55,3%
Stimme eher zu	21	48,8%	16	37,2%	18	22,2%	18	43,9%	16	34,0%
Stimme eher nicht zu	6	14,0%	6	14,0%	1	1,2%	8	19,5%	2	4,3%
Stimme nicht zu	6	14,0%	2	4,7%	0	0,0%	3	7,3%	0	0,0%
Stimme überhaupt nicht zu	1	2,3%	0	0,0%	0	0,0%	0	0,0%	0	0,0%
	43	100,0%	43	100,0%	81	100,0%	41	100,0%	47	100,0%

JWU: Junge wachstumsstarke Unternehmen
WP: Wirtschaftsprüfer
BG: Beteiligungsgesellschaften
KI: Kreditinstitute

Abbildung 46: Zusammenführung H2

Auch die **Hypothese H2** wird von den befragten Forschungsgruppen deutlich bestätigt. Auch hier ist erkennbar, dass bei den Forschungsgruppen junge wachstumsstarke Unternehmen und Beteiligungsgesellschaften zum großen Teil die Ausweichmöglichkeit ‚Stimme eher zu' angegeben wurde. Die jungen wachstumsstarken Unternehmen hingegen sehen durch die Initiierung einer BPDD eher das Potential der Verbesserung ihrer Verhandlungsposition in Finanzierungsverhandlungen mit Beteiligungsgesellschaften als in Kreditverhandlungen mit Banken. Diese Einschätzung ist jedoch auf Seite der potenziellen Kapitalgeber gegenläufig und die Kreditinstitute sind sicherer in ihrer Einschätzung, dass eine BPDD die Verhandlungsposition junger Unternehmen stärken kann. Vor diesem Hintergrund sind die Auswertungen in Kapitel 8.4.5.2 interessant, die zum Vorschein gebracht haben, dass Beteiligungskapital gegenüber einer Kreditfinanzierung die am häufigsten gewählte Finanzierungsform für die Wachstumsfinanzierung junger wachstumsstarker Unternehmen darstellt. Die Wirtschaftsprüfer sind als potenzielle Anbieter einer BPDD davon überzeugt, dass diese Leistung einen Mehrwert für die Beteiligten bietet.

Somit lässt sich schlussfolgern, dass die befragten Experten grundsätzlich und gegebenenfalls auch unter Berücksichtigung gewisser Einschränkungen der Ansicht sind, dass eine BPDD das Potential birgt, eine Verbesserung der Verhandlungsposition junger wachstumsstarker Unternehmen in Finanzierungsverhandlungen mit potenziellen Kapitalgebern zu erreichen.

H3 Eine Business Plan Due Diligence wird - ähnlich wie eine Verkäufer Due Diligence in M&A-Transaktionen - von potenziellen Kapitalgebern akzeptiert und geschätzt.

	JWU		WP		BG		KI	
Antwortmöglichkeiten:	Anzahl	%	Anzahl	%	Anzahl	%	Anzahl	%
Stimme voll zu	1	2,3%	15	18,5%	0	0,0%	0	0,0%
Stimme zu	8	18,6%	29	35,8%	9	22,0%	26	55,3%
Stimme eher zu	21	48,8%	27	33,3%	22	53,7%	16	34,0%
Stimme eher nicht zu	8	18,6%	8	9,9%	5	12,2%	4	8,5%
Stimme nicht zu	5	11,6%	2	2,5%	4	9,8%	1	2,1%
Stimme überhaupt nicht zu	0	0,0%	0	0,0%	1	2,4%	0	0,0%
	43	100,0%	81	100,0%	41	100,0%	47	100,0%

JWU: Junge wachstumsstarke Unternehmen
WP: Wirtschaftsprüfer
BG: Beteiligungsgesellschaften
KI: Kreditinstitute

Abbildung 47: Zusammenführung H3

Die Auswertung der **Hypothese H3** bringt ein ähnliches Ergebnis zum Vorschein. Stimmen die Forschungsgruppen der Hypothese grundsätzlich zu, so ist bei den beiden Gruppen junge wachstumsstarke Unternehmen und Beteiligungsgesellschaften wieder eine Verhaltenheit in der Zustimmung zu erkennen, so dass vermehrt die Ausweichmöglichkeit ‚Stimme eher zu' angegeben wurde. Die Auswertungen aus den Experteninterviews in Kapitel 8.3.5.4 haben zu der Erkenntnis geführt, dass eine VDD in M&A-Transaktionen vor dem Hintergrund der langjährigen Historie der Zielunternehmen aus Sicht von Beteiligungsgesellschaften sinnvoll ist, eine Übertragung in Form einer BPDD auf die Wachstumsfinanzierung junger wachstumsstarker Unternehmen aufgrund des Nichtvorhandenseins detaillierten und fundierten Vergangenheitsmaterials allerdings nur eingeschränkt möglich ist. Dennoch hat die Überprüfung dieser Hypothese eine allgemeine Bestätigung der Vermutung ergeben, dass eine BPDD von den Beteiligten akzeptiert und geschätzt wird.

H4 Eine Business Plan Due Diligence ist für Seed-Finanzierungen weniger relevant als für Start-up- bzw. Wachstumsfinanzierungen.

	JWU		WP		BG		KI	
Antwortmöglichkeiten:	Anzahl	%	Anzahl	%	Anzahl	%	Anzahl	%
Stimme voll zu	4	9,3%	2	2,5%	1	2,4%	0	0,0%
Stimme zu	10	23,3%	14	17,3%	11	26,8%	11	23,4%
Stimme eher zu	10	23,3%	25	30,9%	11	26,8%	17	36,2%
Stimme eher nicht zu	12	27,9%	25	30,9%	9	22,0%	16	34,0%
Stimme nicht zu	5	11,6%	14	17,3%	7	17,1%	3	6,4%
Stimme überhaupt nicht zu	2	4,7%	1	1,2%	2	4,9%	0	0,0%
	43	100,0%	81	100,0%	41	100,0%	47	100,0%

JWU: Junge wachstumsstarke Unternehmen
WP: Wirtschaftsprüfer
BG: Beteiligungsgesellschaften
KI: Kreditinstitute

Abbildung 48: Zusammenführung H4

Keine deutliche Zustimmung hingegen ist aus der Überprüfung der **Haupthypothese H4** erkennbar. Von allen Forschungsgruppen wurden vermehrt die Ausweichmöglichkeiten ‚Stimme eher zu' und ‚Stimme eher nicht zu' gewählt. So lässt sich nicht eindeutig schlussfolgern, dass eine BPDD für Gründungsfinanzierungen weniger relevant ist als für Frühphasen- beziehungsweise Wachstumsfinanzierungen, und somit durchaus auch Anwendungsbereiche einer BPDD in der Gründungsfinanzierung eines Unternehmens bestehen können.

9 Schlussbetrachtung und Handlungsempfehlungen

Gegenstand dieser Arbeit ist die Untersuchung der Business Plan Due Diligence als ein Instrument zur Stärkung der Verhandlungsposition junger wachstumsstarker Unternehmen bei der Akquise von Finanzmitteln. Mit dieser Arbeit ist ein Beitrag zur Bewertungstheorie, das heißt die Bewertung von Chancen und Risiken einer Investitionsentscheidung durch einen potenziellen Kapitalgeber, aus verhandlungsanalytischer Sicht geleistet worden. In dieser Schlussbetrachtung werden die wesentlichen Feststellungen dieser Arbeit zusammengefasst und sich hieraus ergebende Handlungsempfehlungen für junge wachstumsstarke Unternehmen abgeleitet.

Zu Beginn dieser Arbeit sind die wesentlichen Spieler in Verhandlungssituationen um Finanzmittel identifiziert worden: hierbei handelt es sich zum einen um junge wachstumsstarke Unternehmen, die eine Frühphasen- oder Wachstumsfinanzierung antizipieren, die das Gründungsmodell einer technologieorientierten Unternehmensgründung sowie ein strategieerfüllendes Finanzierungsmodell verfolgen, zum anderen stellen Beteiligungsgesellschaften und Kreditinstitute die wesentlichen Verhandlungspartner in Finanzierungsverhandlungen dar (siehe Kapitel 2).

Hierauf aufbauend sind die Rahmenbedingungen der einzelnen Spieler dargestellt worden. Es wurde aufgezeigt, dass der Standort Deutschland ein unzureichend förderndes Fundament für die Entwicklung junger wachstumsstarker Unternehmen bildet, und dass insbesondere die mangelnde Kapitalverfügbarkeit ein besonderes Wachstumshemmnis darstellt. Die Vorbereitung junger wachstumsstarker Unternehmen auf die Finanzmittelakquisition mithilfe eines Business Plans entspricht zudem regelmäßig nicht den Bedürfnissen potenzieller Kapitalgeber, so dass sich junge wachstumsstarke Unternehmen in einer ungünstigen Ausgangslage um den Zugang zu Finanzmitteln befinden (siehe Kapitel 3.1.1).

Auf der anderen Seite befindet sich das politische Umfeld der potenziellen Kapitalgeber in einem fortlaufenden Wandel, so dass steigende Anforderungen an den Prozess der Kreditmittelvergabe und im internationalen Vergleich unvorteilhafte Rahmenbedingungen der Beteiligungsfinanzierung eine restriktive Auswirkung auf die Kapitalbereitstellung an junge wachstumsstarke Unternehmen haben: so führen insbesondere die Regelungen nach Basel II sowie die MaK und die MaRisk zu hohen Anforderungen an die Kreditrisikovorsorge von Banken,

somit zu gesteigerten Maßnahmen der Kreditwürdigkeitsprüfung und des Ratings von Unternehmen, und schließlich zu einer Entfremdung des für kleine und mittelgroße Unternehmen so wichtigen Hausbankprinzips. Auf der anderen Seite hat sich in Deutschland noch keine Beteiligungskultur etabliert und Unternehmen zeichnen sich weiterhin durch eine Voreingenommenheit gegenüber der Beteiligungsfinanzierung aus. Darüber hinaus bilden die im europäischen Vergleich als unterdurchschnittlich bewerteten politischen Rahmenbedingungen kein die Beteiligungsfinanzierung förderndes Umfeld, und auch für institutionelle Investoren existieren Beschränkungen für eine Kapitalbereitstellung für Beteiligungsfinanzierungen. Das Gesetz zur Förderung von Wagniskapital sowie der Gesetzesentwurf zur Modernisierung der Rahmenbedingungen für Kapitalbeteiligungen gehören zu den Maßnahmen des deutschen Gesetzgebers zur Überwindung der im internationalen Vergleich bestehenden Rückstände (siehe Kapitel 3.1.2 und 3.1.3).
Zudem ist das Verhältnis zwischen einem jungen wachstumsstarken Unternehmen und potenziellen Kapitalgebern durch Informationsasymmetrien gekennzeichnet und sowohl die potenziellen Kapitalgeber, zur Begrenzung der Risiken des Moral Hazard und der Adverse Selection, als auch das Wachstumsunternehmen, zur Abwendung opportunistischen Verhaltens seitens der Kapitalgeber, müssen bestimmte Schutzmaßnahmen (Wissensvermittlung und Wissenserarbeitung) ergreifen (siehe Kapitel 3.2).

Vor dem Hintergrund der aufgezeigten regulatorischen Rahmenbedingungen, den bestehenden Informationsasymmetrien und der somit hohen Anforderungen an eine Finanzmittelvergabe sind in einem nächsten Schritt dann die Maßnahmen aufgezeigt worden, mit denen sich potenzielle Kapitalgeber durch Bewertung von Vor- und Nachteilen einer Unternehmung (Wissenserarbeitung) Gewissheit für eine gute Investitionsentscheidung schaffen: die Due Diligence durch Beteiligungsgesellschaften und die Kreditwürdigkeitsprüfung durch Banken. In diesem Zusammenhang ist auch explizit Augenmerk auf die Besonderheiten bei der Bewertung junger wachstumsstarker Unternehmen gelegt worden (siehe Kapitel 3.3).

Aufbauend auf den jeweiligen Ausgangsituationen ist der Beziehungskonflikt zwischen jungen wachstumsstarken Unternehmen und potenziellen Kapitalgebern anhand von verhandlungstheoretischen Überlegungen dargestellt worden: um ein theoretisches Fundament für die spezifische Analyse des Beziehungsgeflechts zwischen den genannten Parteien herzustellen, sind das Harvard-Konzept sachgerechten Verhandelns sowie das in der Sozialpsychologie angewendete Sender-Empfänger-Modell der Kommunikation dargestellt worden. Diese Konzepte sind dann auf die Verhandlungssituation zwischen jungen wachstumsstarken Unternehmen und potenziellen Kapitalgebern übertragen worden. Hier hat sich besonders herausgestellt, dass das Kapital nachfragende Unternehmen Maßnahmen zur Übermittlung der richtigen Signale erbringen muss, und dies auch insbesondere die Notwendigkeit des Rückgriffs auf einen neutralen und vertrauenswürdigen Mediär erfordert (siehe Kapitel 4).

In den anschließenden Kapiteln sind die konkreten Maßnahmen der Signalsendung (Wissensvermittlung) aufgezeigt worden, die gereifte Unternehmen in M&A-Transaktionen oder in Kreditverhandlungen ergreifen, um sich zur Aufrechterhaltung ihrer Verhandlungsstärke auf Verhandlungssituation mit potenziellen Kapitalgebern vorzubereiten: die Verkäufer Due Diligence und das Rating Advisory. Neben einer Vielzahl wesentlicher Motive für die Initiierung einer solchen Dienstleistung, wie beispielsweise die Aufdeckung und Beseitigung von Risiken sowie die Kontrolle über den Verkaufsprozess, sind die wesentlichen Eigenschaften dieser Dienstleistungen die Zielgerichtetheit und die Vertrauenswürdigkeit der Informationen. Regelmäßig werden mit der Durchführung der Verkäufer Due Diligence sowie auch des Rating Advisory Wirtschaftsprüfungsgesellschaften beauftragt (siehe Kapitel 5).

So ist in einem nächsten Kapitel der Wirtschaftsprüfer als Mediär in Verhandlungssituationen unter Berücksichtigung der speziellen Rechtsnormen und Berufspflichten, denen der Berufsstand der Wirtschaftsprüfer unterliegt und die diesen zu einem bevorzugten Erbringer von Due Diligence-Prüfungen charakterisieren, dargestellt worden (siehe Kapitel 6).

In dem letzten Kapitel des ersten theoretischen Teils dieser Arbeit (Kapitel 7) ist aufbauend auf den bisher gesammelten Erkenntnissen das Konzept einer Business Plan Due Diligence erarbeitet worden, das es im empirischen Teil dieser Arbeit auf seine Anwendbarkeit und Akzeptanz zu überprüfen gilt.

Der empirische Teil dieser Arbeit beginnt mit qualitativen Experteninterviews, um die hieraus gewonnenen Erkenntnisse in einem nächsten Schritt anhand von quantitativen Befragungen zu testen und allgemeingültige Aussagen abzuleiten. Die empirischen Untersuchungen sind unter Berücksichtigung von drei Forschungsgruppen, das heißt junge wachstumsstarke Unternehmen als Initiatoren einer BPDD, Wirtschaftsprüfer als Erbringer einer BPDD und sowohl

Beteiligungsgesellschaften als auch Kreditinstitute als potenzielle Kapitalgeber und somit Adressaten einer BPDD, durchgeführt worden. Als die wesentlichen Forschungsgegenstände wurden die Fragen nach der grundsätzlichen Anwendbarkeit der BPDD, den möglichen Auswirkungen auf die Verhandlungsposition junger wachstumsstarker Unternehmen durch die Initiierung einer BPDD, sowie die Einschätzung über die Akzeptanz einer BPDD in einer mit der VDD in M&A-Transaktionen vergleichbaren Weise definiert (siehe Kapitel 8).

Die wesentlichen *Schlussfolgerungen* lassen sich wie folgt zusammenfassen (siehe Kapitel 8.3.5 und 8.4.5):

Initiatoren, Anbieter und Adressaten einer BPDD betrachten das Konzept der BPDD als grundsätzlich anwendbar. Nichtsdestotrotz würden insbesondere Beteiligungsgesellschaften nicht auf eigene Due Diligence-Prüfungen verzichten.

Zudem wird in der Initiierung einer BPDD das Potenzial der Verbesserung der Verhandlungsposition junger wachstumsstarker Unternehmen in Finanzierungsverhandlungen mit potenziellen Kapitalgebern gesehen.

Schließlich wird eine BPDD – ähnlich wie eine VDD in M&A-Transaktionen – von potenziellen Kapitalgebern akzeptiert und geschätzt. Die Übertragung der VDD in M&A-Transaktionen auf die BPDD in Verhandlungssituation um Wachstumskapital ist jedoch aufgrund des Nichtvorhandenseins detaillierten und fundierten Vergangenheitsmaterials möglicherweise nur eingeschränkt erreichbar.

Der Anwendungsbereich einer BPDD wird sowohl für Gründungs- als auch Frühphasen- und Wachstumsfinanzierungen gesehen.

Wesentliche Untersuchungsfelder im Rahmen einer BPDD sind der Markt und die Technologie. Vor diesem Hintergrund können aus Sicht der potenziellen Kapitalgeber Wirtschaftsprüfer nur bedingt zur Wertschöpfung beitragen. Somit ist an dieser Stelle der Rückschluss zu ziehen, dass ergänzend oder auch ersetzend zu einem Wirtschaftsprüfer die Hinzuziehung von auf den jeweiligen Märkten und Technologien spezialisierten Beratern und Sachverständigen im Rahmen einer BPDD durchaus sinnvoll ist.

Die Untersuchungen haben weiterhin gezeigt, dass die BPDD beziehungsweise dieser ähnliche Dienstleistungen bereits von Wirtschaftsprüfern erbracht werden, so dass grundsätzlich ein Angebot oder auch ein Markt für diese Dienstleistung besteht.

Als wichtiges Kriterium in der Entscheidung für oder gegen die Initiierung einer BPDD verbleibt somit der Kostenaspekt einer BPDD, der vor dem Hintergrund begrenzt zur Verfügung stehender Mittel insbesondere bei jungen wachstumsstarken Unternehmen maßgebend ist. So hat der überwiegende Teil der befragten Unternehmen eine Zahlungsbereitschaft von weniger als TEUR 50 angegeben. Diese Zahlungsbereitschaft bildet das untere Ende der als Auswahlmöglichkeiten zur Verfügung gegebenen Skala. Nichtsdestotrotz sind auch Wirtschaftsprüfer als Erbringer dieser Leistung unter Bezug auf die durch eine solche Leistungserbringung entstehenden Vorteile, beispielsweise dem Aufbau einer Geschäftsbeziehung sowie der Aussicht auf lukrativere Folgeaufträge, auch zur Annahme von Aufträgen bereit, bei denen ein Kostenrisiko entsteht.

Es sei abschließend zu erwähnen, dass allein die Initiierung einer BPDD für junge wachstumsstarke Unternehmen möglicherweise bereits Vorteile bedingt: zum einen ist die BPDD im Zusammenhang mit standardisierter Bewertungsverfahren, die Kreditinstitute anwenden, oder der Vielzahl an Investitionsmöglichkeiten, aus denen eine Beteiligungsgesellschaft wählen kann, ein Abgrenzungsmerkmal gegenüber anderen um Kapital konkurrierenden Unternehmen. Gleichzeitig wird das Signal gesendet, dass ein Unternehmer mit der Initiierung einer BPDD auch unter Berücksichtigung der hiermit im Zusammenhang stehenden Kosten, überzeugt von der der Unternehmung zugrunde liegenden Strategie ist. Dies vermag vor dem Hintergrund, dass Kapitalgeber, seien es Beteiligungsgesellschaften oder Kreditinstitute, vielmehr in den Unternehmer als in die eigentliche Unternehmung investieren, letztlich ausschlaggebend für eine Finanzierungszusage sein.

Jungen wachstumsstarken Unternehmen kann somit die Empfehlung ausgesprochen werden, dass zur Aufrechterhaltung ihrer Verhandlungsposition und zur Übersendung eines Gütesignals an potenzielle Kapitalgeber, die Initiierung einer BPDD aufgrund der mit dieser im Zusammenhang stehender Vorteile, beispielsweise die Beseitigung von Mängeln und die professionelle Unternehmenspräsentation, eine anwendbare und auch von den potenziellen Kapitalgebern wertgeschätzte Maßnahme ist. Denn aus Sicht der Kapitalgeber sind junge wachstumsstarke Unternehmen tendenziell nicht hinreichend auf Finanzierungsverhandlungen vorbereitet und wenngleich eine Verbesserung in Qualität und Vertrauen in die Unternehmensinformationen wahrgenommen wird, besteht weiterhin das Potential der Optimierung der Ausgangssituation junger wachstumsstarker Unternehmen in Verhandlungen um Wachstumsfinanzierungen.

Empfehlungen für die wissenschaftliche Forschung können dahingehend ausgesprochen werden, dass weiterführende Untersuchungen beispielsweise in Form der Beobachtung von in der Praxis durchgeführten BPDD oder ähnlichen Leistungen vorgenommen werden, um das Potential, dass in der Durchführung einer BPDD auf die Verhandlungsposition junger wachstumsstarker Unternehmen in Verhandlungen mit potenziellen Kapitalgebern als Erkenntnis dieser Arbeit gesehen wird, anhand von tatsächlichen Verhandlungssituationen weiter zu erforschen. Darüber hinaus sind die Struktur und das Leistungsangebot von Spezialisten, die neben Wirtschaftsprüfern Teilbereiche einer BPDD erbringen können wie insbesondere Markt- und Technologiespezialisten, weiter zu durchleuchten, um das Instrument der BPDD in seiner Gesamtheit abbilden zu können.

Anhang

Anhang 1: Anforderungs- und Checkliste Finanzielle Due Diligence[491]

a) Allgemeine Unterlagen und Berichtswesen

aa) Gesellschaftsrechtliche Grundlagen und andere Vertragsverhältnisse

- Aktueller Handelsregisterauszug
- Gesellschaftsvertrag – derzeitiger Stand – und Änderungen des Gesellschaftsvertrages während der letzten fünf Jahre
- Protokolle aller Gesellschafterversammlungen und Aufsichtsrats- beziehungsweise Beiratssitzungen der letzten fünf Jahre bis zum heutigen Tage
- Sonstige Unterlagen und Vereinbarungen, die gesellschaftsrechtliche Verhältnisse betreffen, wie zum Beispiel bestehende Vorkaufsrechte, Mitarbeiterbeteiligungen etc.
- Sämtliche Vertragsverhältnisse mit den Gesellschaftern oder anderen verbundenen Unternehmen, insbesondere hinsichtlich Verrechnungspreisgestaltungen oder Lieferungs- und Leistungsbeziehungen
- Vereinbarungen über Umlagen und Belastungen zwischen Gruppenunternehmen und diesbezügliche Berechnungsgrundlagen
- Allgemeine Auftragsbedingungen und Gewährleistungen
- Liste der bestehenden Patente und sonstigen geschützten Rechte
- Aufstellung der Zuschüsse und Subventionen für die letzten 10 Jahre
- Liste aller verwendeten Nutzungs- und Lizenzrechte einschließlich Software und diesbezügliche Verträge
- Liste aller Kooperationsverträge innerhalb der Gruppe (In- und Ausland) und mit Dritten
- Sonstige Verträge, die nicht im Rahmen der normalen Geschäftstätigkeit geschlossen wurden

bb) Organisation des Unternehmens

- Organisationschart der Gruppe (In- und Ausland)
- Liste der Mitglieder der Geschäftsführung, des Aufsichtsrats oder Beirats

[491] IDW, 2002, a.a.O., S. 1092-1098.

- Aufstellung der leitenden Angestellten und Funktionen (soweit nicht aus Organisationschart ersichtlich)

cc) Grundbesitz und Mietverhältnisse

- Aktuelle Grundbuchauszüge
- Lagepläne für Betriebsgrundstücke
- Angemietete Räumlichkeiten, Mietverträge und jährliche Mietbelastung
- (Bewertungs-) Gutachten und Berichte über Untersuchungen anderer Beratungsgesellschaften zum Grundbesitz (zum Beispiel Umwelt- oder Bodengutachten)

b) Finanzdaten und Jahresabschlüsse

aa) Jahresabschlüsse

- Geprüfte Jahres- und ggf. Konzernabschlüsse für die letzten drei Geschäftsjahre /HGB und/oder IAS/US-GAAP)
- Prüfungsberichte für die oben aufgeführten Geschäftsjahre
- Berichte und/oder Schreiben des Wirtschaftsprüfers über Feststellungen zum internen Kontrollsystem und durchgeführte Systemprüfungen für die oben aufgeführten Geschäftsjahre (Management Letter)

bb) Interne Berichterstattung/Planungsrechnungen/Cash Flow/Working Capital

- Interne Bilanzen, Gewinn- und Verlust- und Kapitalflussrechnungen (und/oder vergleichbare interne Spartenrechnung) für die oben aufgeführten Geschäftsjahre sowie zum letzten Monatsstichtag vor Überprüfung
- Zwischenabschlüsse auf Quartals-/Monatsbasis für das letzte Geschäftsjahr
- Analyse des Nettoumlaufvermögens (Working Capital) und Cash Flow Analyse für die letzten drei Geschäftsjahre nach Gesellschaft und konsolidiert
- Für die Analyse der Planungstreue werden Planbilanzen, -ergebnisrechnungen und Plan-Cash Flows nach Geschäftsbereichen/Gesellschaft und konsolidiert für die letzten drei Geschäftsjahre mit Gegenüberstellung zu den Ist-Zahlen benötigt
- Planbilanzen, Planergebnisrechnungen und Plan Cash Flows nach Gesellschaften und konsolidiert für die nächsten drei Geschäftsjahre. Detailunterlagen zur Umsatz-, Aufwands- und Ergebnisplanung (in Abhängigkeit von der Unternehmensstruktur nach Geschäftsbereichen, Gesellschaften, Regionen, Produktgruppen beziehungsweise Produkten). Entsprechend strukturierte Unterlagen zur Personal-, Investitions- und Finanzplanung. Beschreibung der Planungsprämissen

- Informationen zum Auftragseingang- und bestand

c) Bilanzierungsprinzipien

- Beschreibung der wesentlichen Bilanzierungsprinzipien und Veränderungen in den obengenannten Geschäftsjahren, insbesondere:
- Anlagevermögen: Aktivierungs- und Abschreibungsmethoden, Aktivierung von eigenerstellten Leistungen, Demogeräte
- Vorratsvermögen: Ermittlung der Anschaffungs- und Herstellkosten und diesbezügliche Methoden. Ermittlungsschema für Gängigkeits- und andere Abwertungen
- Forderungen: Bewertung der Forderungen, Einzel- und Pauschalwertberichtigungen
- Rückstellungen: Bilanzierungs- und Bewertungsprinzipien
- Umsatzerlöse: Umsatzrealisierungsprinzipien für die einzelnen Umsatzarten
- Interne Leistungsverrechnung – Beschreibung der Ermittlungs- und Berechnungsmethodiken
- Fremdwährungsumrechnung
- Abweichungen zwischen HGB und IAS/US-GAAP

d) Bilanz

Die nachfolgend aufgeführten Unterlagen werden für die Stichtage der letzten drei Geschäftsjahre benötigt.

aa) Sachanlagevermögen

- Aufstellung der wesentlichen Investitionen (zum Beispiel > TEUR 50) in Gegenstände des Anlagevermögens für die letzten drei Geschäftsjahre sowie bis zum letzten Monatsstichtag vor Überprüfung
- Wertgutachten der wesentlichen Gegenstände des Anlagevermögens (sofern vorhanden)
- Ggfs. erfolgte außerplanmäßige Abschreibungen in den letzten drei Geschäftsjahren, Beträge und Gründe
- Aufstellung der geleasten Anlagengegenstände
- Kontenanalyse der Reparatur- und Instandhaltungsaufwendungen und aktivierte Eigenleistungen
- Aufstellung der Investitionspläne für die letzten drei Geschäftsjahre und Planung für die nächsten drei Jahre

bb) Finanzanlagevermögen

- Liste der Beteiligungen und Beteiligungsverhältnisse sowie Gesellschaftsverträge dieser Beteiligungsgesellschaften
- Unternehmenskaufvertrag sowie Akquisitionsunterlagen bei Gesellschaften, die in den letzten drei Jahren erworben wurden
- Für die Beteiligungen geprüfte Jahresabschlüsse für die letzten drei Geschäftsjahre
- Unterlagen zu den übrigen Finanzanlagen (zum Beispiel Depotauszüge)

cc) Vorratsvermögen

- Arbeitsablaufbeschreibung für Wareneingang- und –ausgang und Lagerbuchhaltung
- Aufstellung der wesentlichen Einkaufskontrakte
- Aufstellung der Einzelpositionen der Vorräte nach Menge, jeweiligen Anschaffungs- oder Herstellkosten und danach bilanzierten Werten pro Einzelposition für die letzten drei Geschäftsjahre sowie zum letzten Monatsstichtag vor Überprüfung
- Aufstellung etwaiger Abwertungen zu diesen Zeitpunkten
- Liste der effektiv erzielbaren Verkaufserlöse für die einzelnen Gegenstände des Vorratsvermögens
- Unterlagen zur Inventur und Analyse und Buchung der eventuell aufgetretenen Inventurdifferenzen
- Produktergebnisrechnungen, Marge pro Produkt/Auftrag
- Aufstellung des Auftragsbestandes sowie voraussichtliche Marge getrennt nach den einzelnen Geschäftsbereichen für die letzten drei Geschäftsjahre sowie zum letzten Monatsstichtag vor Überprüfung

dd) Forderungen aus Lieferungen und Leistungen

- Offene Postenliste und Saldenliste für die letzten drei Geschäftsjahre sowie zum letzten Monatsstichtag vor Überprüfung
- Altersaufbau der Forderungen zu diesen Zeitpunkten sowie gebildete Einzelwertberichtigungen und Pauschalwertberichtigungen mit Erläuterungen
- Aufstellung der Forderungsausfälle und der erteilten Gutschriften für die letzten drei Geschäftsjahre

ee) Forderungen/Verbindlichkeiten verbundene Unternehmen und Gesellschafter

- Offene Postenliste und Saldenliste für die letzten drei Geschäftsjahre sowie zum letzten Monatsstichtag vor Überprüfung

- Altersaufbau der Forderungen zu diesen Zeitpunkten sowie gebildete Einzelwertberichtigungen und Pauschalwertberichtigungen
- Aufstellung der jeweiligen Umsatzerlöse und Leistungsverrechnungen mit den Konzernunternehmen für die letzten drei Geschäftsjahre sowie zum letzten Monatsstichtag vor Überprüfung, jeweils getrennt nach den einzelnen Geschäftsbereichen
- Darstellung der Lieferbeziehungen/Konditionen zu den Konzerngesellschaften
- Aufstellung der jeweiligen Einkäufe und Leistungsbelastungen von den für die letzten drei Geschäftsjahre sowie zum letzten Monatsstichtag vor Überprüfung, jeweils getrennt nach den einzelnen Geschäftsbereichen und sonstigen Bereichen wie Consulting etc. sowie sonstige Belastungen aus Konzernverwaltungsumlagen etc.
- Aufstellung des Auftragsbestandes mit verbundenen Unternehmen getrennt nach den Geschäftsbereichen für die letzten drei Geschäftsjahre sowie zum letzten Monatsstichtag vor Überprüfung
- Darlehen und ähnliche Vereinbarungen
- Darstellung der Beziehungen zwischen Unternehmen und Gesellschafter für die letzten drei Geschäftsjahre sowie zum letzten Monatsstichtag vor Überprüfung

ff) Forderungen/Verbindlichkeiten Kreditinstitute – Kreditverhältnisse

- Jeweils zum letzten Bilanzstichtag sowie zum letzten Monatsstichtag vor Überprüfung:
- Aktuelle Aufstellung der Bankkonten mit Bankauszügen sowie die Namen der zeichnungsberechtigten Personen
- Aufstellung der Tages-, Festgelder und Kredite mit Angabe der Laufzeiten, Zinssätze und Zinsabgrenzungsbeträge
- Vereinbarungen über Kreditlinien
- Als Kreditsicherheiten oder für ähnliche Zwecke abgetretene oder verpfändete Gegenstände des Anlagevermögens oder Umlaufvermögens
- Aufstellung der Kurssicherungsgeschäfte

gg) Rückstellungen

- Rückstellungsspiegel für die sonstigen Rückstellungen für die letzten drei Geschäftsjahre sowie zum letzten Monatsstichtag vor Überprüfung

- Bilanzierungsprinzipien und Berechnungsmethoden für die betragmäßig größten Rückstellungen (zum Beispiel > TEUR 50) für die letzten drei Geschäftsjahre sowie zum letzten Monatsstichtag vor Überprüfung
- Rechtsanwaltsbestätigung zum letzten Bilanzstichtag

hh) Verbindlichkeiten aus Lieferungen und Leistungen

- Offene Postenliste und Saldenliste für die letzten drei Geschäftsjahre sowie zum letzten Monatsstichtag vor Überprüfung
- Wesentliche bestehende Einkaufsverträge
- Liste der (zum Beispiel 10) wichtigsten Lieferanten (ohne von öffentlichen Institutionen gelieferte Leistungen wie Telefon, Energie etc.) mit jeweiligem Einkaufsvolumen in TEUR sowie zum letzten Monatsstichtag vor Überprüfung. Jeweils Beschreibung der Einkäufe beziehungsweise erhaltenen Leistungen

ii) Sonstige Vermögensgegenstände und Verbindlichkeiten

- Aufgliederung der erhaltenen Einzelpositionen für die letzten drei Geschäftsjahre sowie zum letzten Monatsstichtag vor Überprüfung, soweit nicht aus Prüfungsbericht erkennbar
- Dokumentationen für die wesentlichsten Einzelpositionen wie zum Beispiel Aufgliederung von Darlehen und Reisevorschüssen an Mitarbeiter, Umsatzsteuererklärungen und Verprobungen etc.

e) Gewinn- und Verlustrechnung

aa) Umsatzerlöse

- Darstellung der internen Verfahren zur ordnungsgemäßen Abgrenzung zwischen beziehungsweise Ermittlung von Umsatzerlösen mit Dritten und verbundenen Unternehmen
- Aufstellung der Umsatzerlöse mit den (zum Beispiel 10) größten Kunden für die letzten drei Geschäftsjahre sowie zum letzten Monatsstichtag vor Überprüfung
- Überleitung der Bruttoumsatzerlöse zu den Nettoumsatzerlösen unter Angabe der Erlösschmälerungen aufgegliedert nach Skonti, Rabatten, Boni und Warenrücksendungen (Gutschriften) für die letzten drei Geschäftsjahre
- Analyse der Umsatzerlöse nach Produktgruppen unter entsprechender Angabe der jeweils verkauften Einheiten, des durchschnittlichen Verkaufspreises, des Wareneinsatzes (Cost of Sales) sowie der Marge

- Analyse der Umsatzerlöse und Marge der wesentlichen Kunden/Produkte
- Aufstellung des aktuellen Auftragsbestandes für die wesentlichen Produktgruppen unter Angabe der zu erwartenden Umsatzerlöse, der Marge sowie des geplanten Auslieferungstermins
- Aufstellung der langfristigen Verkaufskontrakte

bb) Wareneinsatz

- Aufstellung des Wareneinsatzes (Cost of Sales) nach Produktgruppen für die letzten drei Geschäftsjahre sowie zum letzten Monatsstichtag vor Überprüfung
- Analyse/Aufstellung der Gemeinkosten (Overheads)

cc) Personalaufwand

- Aufgliederung des Personalaufwands nach Aufwands- und Lohnarten
- Aufgliederung des Aufwands für Altersversorgung

dd) Sonstige betriebliche Aufwendungen und Erträge

- Aufstellung der Verwaltungs- und Vertriebskosten sowie Dokumentationen der Verteilung des Personalaufwandes
- Aufstellung der Forschungs- und Entwicklungskosten
- Betriebsneutrale/periodenfremde Aufwendungen und Erträge
- Auflistung der betriebsneutralen und periodenfremden Erträge
- Auflistung der betriebsneutralen und periodenfremden Aufwendungen

ee) Analyse der Zinsen und ähnlichen Aufwendungen und Zinsen und ähnlichen Erträgen

f) Sonstige Unterlagen

aa) Sonstige finanzielle Verpflichtungen und Risiken

- Jeweils zum letzten Bilanzstichtag sowie zum letzten Monatsstichtag vor Überprüfung:
- Aufstellung der einzelnen, sonstigen finanziellen Verbindlichkeiten, Eventualverbindlichkeiten und Haftungsverhältnisse
- Aufstellung aller Leasingverträge einschließlich Leasinggeber, Laufzeiten und jährliche Leasingraten
- Wesentliche Einkaufsverträge und ähnliche Verpflichtungen, wie zum Beispiel aus Investitionen

- Aufstellung über gegenwärtige Prozessstreitigkeiten oder potentielle Rechtsstreitigkeiten

bb) Kostenrechnung und Preisgestaltung

- Beschreibung der betrieblichen Kostenrechnung
- Kostenermittlung und –verteilung insbesondere auch hinsichtlich der unterschiedlichen Geschäftsbereiche/Produkte
- Preisgestaltung beziehungsweise Ermittlung der Verkaufspreise und Verrechnungspreise für alle Leistungsbeziehungen mit Dritten sowie verbundenen Unternehmen im Konzern, wiederum einzeln für die oben aufgeführten Geschäftsbereiche

cc) Personal

- Kennzahlen zur Mitarbeiterentwicklung
- Aufstellung der Mitarbeiter, Funktion, Geschlecht, Geburtsjahr, Eintrittsdatum, Vollzeit oder Teilzeit und jeweiliges Grundgehalt, jeweils getrennt nach den einzelnen Geschäftsbereichen für die letzten drei Geschäftsjahre sowie zum letzten Monatsstichtag vor Überprüfung
- Vertragliche Grundlagen mit den Mitarbeitern (Tarifvertrag und/oder einzelvertragliche Regelungen), insbesondere mit den Geschäftsführern und leitenden Angestellten
- Bestehende Bonuspläne und sonstige zusätzliche Leistungsvergütungen
- Beschreibung und Dokumentation des betrieblichen Versorgungswerkes und/oder der bestehenden Einzelzusagen für Pensionen
- Bestehende Sonderregelungen für Geschäftsführer und leitende Angestellte bei etwaigem Gesellschafterwechsel
- Gutachten zur betrieblichen Altersversorgung

Anhang 2: Übersicht Neuemissionen seit dem Jahr 2002[492]

Neuemissionen in Deutschland seit 2002

Jahr	Unternehmen	Branche	Beteiligte Private Equity-Gesellschaften	IPO-Volumen in Mio. EUR
2002				
1. Q	UNIPROF Real Estate Holding AG	Immobilien	-	4
	REpower Systems AG	Windenergie/Maschinenbau	capiton	94
2. Q	VCH Best-of-VC GmbH & Co. KGaA	Finanzdiestleistung	-	6
3. Q	SOLAR-FABRIK AG	Solarenergie	-	12
	AIG International Real Estate	Immobilien	-	107
4. Q	erotic media AG	Medien	-	3
2003	-			
2004				
1. Q	-			
2. Q	MIFA Mitteldeutsche Fahrradwerke AG	Konsumgüter	-	14
	WINCOR NIXDORF AG	Gerätebau	KKR	362
	Deutsche Postbank AG	Finanzdienstleistung	-	1.553
3. Q	Epigenomics AG	Biotechnologie	DVC, MPM, 3i, Abingworth, KfW/tbg	42
4. Q	InTiCom Systems AG	Technologie	-	11
2005				
1. Q	PAION	Biotechnologie	3i, S-UBG Aachen	40
	Premiere	TV	Permira	1.025
	Conergy AG	Solarenergie	Grazia Equity, Capital Stage	213
2. Q	MTU Aero Engines	Turbinenbau	KKR	651
3. Q	Interhyp	Finanzdienstleistung	Earlybird, 3i	90
	ErSol Solar	Solarenergie	Ventizz, equitrust, nwk nordwest Kapitalbeteiligungsgesellschaft	135
	Net Mobile AG *	Kommunikationstechnologie	Wellington Partners	-
4. Q	Q-Cells	Solarenergie	Apax Partners, IBG Sachsen-Anhalt, DKB Wagniskapital	272
	HCI Capital	Finanzdienstleistung	-	278
	Tipp24	Internetwetten	Earlybird	84
	Lloyd Fonds AG	Finanzdienstleistung	-	102
	EUTEX AG *	Kommunikationstechnologie	Dr. Neuhaus Techno Nord, AVIDA	6
	Jerini AG	Biotechnologie	TVM, HealthCap, 3i, PolyTechnos, Life Science Partners, KfW/tbg, IBB Beteiligungsgesellschaft, VC Fonds Berlin, bmp, NGN Biomed	57
	Thielert AG	Flugzeugbau	-	142
	Praktiker AG	Baumarkt	-	500
	Finanzhaus Rothmann	Finanzdienstleistung	-	17
	Electronics Line 3000	Konsumgüter	-	9
	4SC AG	Biotechnologie	3i, DVC, Mulligan BioCapital, BioM	Notierungs-aufnahme
2006				
1. Q	Primion Technology	IT	-	41
	PATRIZIA Immobilien AG	Immobilien	-	452
2. Q	MAGIX AG	Software	3i, KfW/tbg	87
	SAF AG	Software	Ventizz Capital, AVIDA Group/Techinvest	48
	Wacker Chemie AG	Chemie	-	1.200
	Bio-Gate AG *	Biotechnologie	Fraunhofer Venture-Gruppe	17
	KlickTel AG *	Auskunft	WGZ Initiativkapital	14
	Dresdner Factoring AG	Finanzdienstleistung	SBG Sachsen-Anhalt, SBG Hessen-Thüringen	18
	SFC Smart Fuel Cell *	Energie	3i, Pricap	-
	C.A.T. oil AG	Energie	-	293
	Digital Identification Solutions *	IT	Brockhaus Private Equity	19
	Viscom AG	Maschinenbau	-	54
	Air Berlin PLC	Fluglinie	-	510

Stand: 17.05.2006, Quelle: Deutsche Börse AG, diverse Unternehmensmitteilungen. Berücksichtigt wurden alle Neuemissionen in Prime und General Standard bzw. Geregelten und Amtlichen Markt und zusätzlich die mit (*) gekennzeichneten Private Equity-finanzierten Börsengänge im Freiverkehr/Entry Standard

[492] BVK, 2006, a.a.O., S. 7.

Anhang 3: Mustergliederung eines Business Plans[493]

A Kurzfassung (executive summary)

B Textteil

(Verbale und graphische Beschreibung des Vorhabens: Qualitativer Teil)

1. Unternehmenskonzept
2. Management/Gründer(-team)
3. Absatzplan (Outputplanung)
   = Marktnachfrage
   = Konkurrenz
   = Marketing
   = Chancen und Risiken
4. Produktionsplan (Inputplanung)
   = Kapazitäten ableiten
   = Faktor Anlagen (Investitionen: Immobilien, Einrichtungen, Maschinen)
   = Faktor Material/Waren (Roh-, Hilfs- und Betriebsstoffe, Handelswaren)
   = Faktor Arbeit (Personal, freie Mitarbeiter, Subunternehmer)
5. Zeitplan
   = Aktivitäten
   = Meilensteine

C Zahlenteil (Quantitative, zeitlich differenzierte Darstellung)

1. Erfassungsbereich
   = Umsatzplan (Outputgrößen)
   = Investitions-/Abschreibungsplan, Material-/Warenausstattung (Inputgrößen)
   = Lager, Personalplan etc. (Inputgrößen)
2. Auswertungsbereich
   = Liquiditätsplan, Finanzierungsplan
   = Erfolgsplan, Planbilanz
   = Risikoanalyse/Sensibilitätstest
   = Mindestumsatzrechnung, Break-even-Analyse etc.

D Anhang

[493] Heinz Klandt, Tanja Finke-Schürmann: Existenzgründung für Hochschulabsolventen – So erstellen Sie einen überzeugenden Business Plan, Frankfurt am Main 1998, S. 65.

Anhang 4: Dokumentation Experteninterviews – junge wachstumsstarke Unternehmen

Experte 1

Name des Interviewpartners und Name des Unternehmens: anonym

Position des Interviewpartners: CFO

Datum und Art der Auskunftserteilung: 12. Oktober 2006, schriftliche Beantwortung per e-Mail

Interview-Leitfaden junge wachstumsstarke Unternehmen

Bitte beachten Sie bei der Beantwortung des Fragebogens, dass im Rahmen dieser Untersuchung nur die Wachstumsfinanzierungen Ihres Unternehmens relevant sind. Finanzierungsverhandlungen, die im Zusammenhang mit dem IPO Ihres Unternehmens durchgeführt wurden, sind nicht Gegenstand der Untersuchung.

Fragenkatalog:

1. Haben Sie im Verlauf der Wachstumsfinanzierungen Ihres Unternehmens und dem hiermit verbundenen hohen externen Kapitalbedarf grundsätzlich Schwierigkeiten in der Kapitalaufnahme erfahren?

   Antwort: Ja, diese Wachstumsfinanzierungen haben in der Zeit 2000 bis 2004 stattgefunden. In dieser Zeit waren die Auswirkungen des Zusammenbruchs des Neuen Marktes auch auf den Venture Capital Markt extrem hoch.

2. Wurde das Wachstum Ihres Unternehmens durch Kreditfinanzierung, Beteiligungsfinanzierung, beides oder eine andere Finanzierungsform finanziert?

   Antwort: Ja, durch Beteiligungsfinanzierungen (insgesamt 4 Finanzierungsrunden).

3. Wie bereiten Sie sich auch vor dem Hintergrund der Informationsanforderungen beziehungsweise –bedürfnisse potentieller Kapitalgeber auf die Kreditverhandlung mit Banken beziehungsweise Finanzierungsverhandlung mit Beteiligungsgesellschaften vor?

Antwort:

1. Erstellen eines Businessplanes;
2. Umfangreiche Finanzplanungen inclusive Sensivityanalyse sowie Darstellung des Marktpotentials;
3. Einrichten eines DD-Raumes

4. Haben Sie in die Verhandlungsvorbereitung externer Sachverständiger beziehungsweise externer Berater mit einbezogen?

Antwort: Ja

5. Was sind aus Ihrer Sicht die wesentlichen Probleme/Schwierigkeiten in Kreditverhandlungen mit Banken beziehungsweise Finanzierungsverhandlungen mit Beteiligungsgesellschaften?

Antwort:

a) bei Kreditverhandlungen mit Banken:
1. Systemgläubigkeit (Ratingsysteme)
2. fehlende Fachkompetenz

b) bei Beteiligungsgesellschaften
1. die unterschiedliche Bewertungseinschätzungen der bisherigen Gesellschafter und die der potentiellen neuen Gesellschafter

6. Halten Sie das Konzept der Business Plan Due Diligence aus Ihrer Sicht grundsätzlich für anwendbar?

Antwort: In eingeschränktem Umfang ja. Ich selbst habe diese zur Validierung unseres Planungstools durchgeführt. Eine Wirtschaftsprüfungsgesellschaft hat dieses Tool geprüft und deren „Richtigkeit“ bestätigt. Die sist jedoch nicht auf alle Bereiche Übertragbar. Ich denke, dass eine Bewertung der Science nahezu ausschliesslich von Beratern der Beteiligungsgesellschften durchgeführt werden wird (fehlende Neutralität). Einfache Strukturen im Finanzbereich benötigen auch keine zusätzliche externe Validierung.

7. Worin sehen Sie im Zusammenhang mit der Plan Due Diligence die wesentlichen Vorteile/Chancen oder auch Risiken für ein junges wachstumsstarkes Unternehmen?

   Antwort: Einen wesentlichen Vorteil sehe ich in einer guten Vorbereitung auf die aufkommenden Fragestellungen in den Beteiligungsprozessen. Es erhöht die Professionalität und das Erscheinungsbild für potentielle Beteiligungsgeber. Ich würde aber keine komplettte Business Plan DD durchführen lassen, dies erscheint mir zu weitgehend. Neben den evt. ausgewählten Bereichen für eine DD ist, soweit das interne know how nicht vorhanden ist eine externe Unterstützung bei der Vorbereitung aber sehr wertvoll.

8. Welche Leistungen würden Sie von einer Business Plan Due Diligence explizit erwarten?

   Antwort:
   - Aufdeckung evt. Schwachpunkte
   - Beseitigung dieser Schwachpunkte
   - Aussagekräftiger DD-Bericht

9. Welche Ergebnisse würden Sie von einer Business Plan Due Diligence erwarten?

   Antwort: s.o.

10. Wen würden Sie mit der Durchführung einer Business Plan Due Diligence beauftragen? Welche Eigenschaften des externen Sachverständigen sind maßgebend?

    Antwort: Von Fall zu Fall sehr unterschiedliche Gesellschaften oder Personen.
    Eigenschaften: 1. Qualität: Reputation in dem geforderten Gebiet (der Experte), 2. insbesondere für „Umsetzugnen“: pragmatische Berater.

11. Sehen Sie durch die Business Plan Due Diligence ein Potential zur Verbesserung der Verhandlungsposition in Kreditverhandlungen mit Banken beziehungsweise Finanzierungsverhandlungen mit Beteiligungsgesellschaften?

    Antwort: Ja, aber begrenzt, wie oben bereits geschildert.

12. Bitte quantifizieren Sie Ihre Zahlungsbereitschaft für diese Dienstleistung unter Berücksichtigung der Vorteile und Risiken *(pauschales Beispiel: bei einer Kreditfinanzierung mit einem Finanzierungsvolumen von Mio. EUR 5 hat eine 1 %ige Veränderung des Finanzierungszinses eine Auswirkung von jährlich TEUR 50).*

    Antwort: k.a.

13. Können Sie sich vor dem Hintergrund der Akzeptanz der Verkäufer Due Diligence in M&A Transaktionen vorstellen, dass potenzielle Kapitalgeber eine Business Plan Due Diligence akzeptieren und wertschätzen? Bitte begründen Sie Ihre Antwort.

    Antwort: Ja, in begrenztem Umfang. Die Bewertung wird ein Investor letzlich selbst vornehmen beziehungsweise auf die Meinungen seiner Berater aufbauen Lediglich Plausibilitäten, wie die Richtigkeit und Vollständigkeit eines Planungstools wird ein Investor tatsächlich schätzen.

14. Aus welchem Grund haben Sie keine Business Plan Due Diligence initiiert? Bitte begründen Sie Ihre Antwort.

    Antwort: Haben wir teilweise wie oben beschrieben.

15. Würden Sie an Stelle einer Business Plan Due Diligence alternative Dienstleistungen wie beispielsweise die Beauftragung einer Rating-Agentur zur Durchführung eines externen Ratings bevorzugen? Bitte begründen Sie Ihre Antwort.

    Antwort: Für Beteiligungsfinanzierungen bei gestandenen Unternehmen machen externe Ratings Sinn. Für technologieorientierte junge Unternehmen sind Ratings ungeeignet.

Diese bauen auf langjährige stabile Unternehmenszahlen, die von jungen Unternehmen i.d.R. nicht geliefert werden können.Zudem sind bei diesen Unternehmen erst „Investitionsphasen" (mit zum Teil enormen Verlustausweisen) zu finanzieren.

Anhang 5: Dokumentation Experteninterviews – Wirtschaftsprüfer

Experte 2

Name des Interviewpartners und Name des Unternehmens: anonym

Position des Interviewpartners: Partner Transaction Services

Datum und Art der Auskunftserteilung: 2. Januar 2007, schriftliche Beantwortung per e-Mail

Interview-Leitfaden Wirtschaftsprüfungsgesellschaften

Fragenkatalog:

1. Bietet Ihr Haus jungen wachstumsstarken Unternehmen grundsätzlich das komplette Leistungsspektrum (Wirtschaftsprüfung, Corporate Finance etc) an oder gibt es Einschränkungen?

   Antwort: Nein, es gibt keine Einschränkungen

2. Welche Schwierigkeiten/Probleme verbinden Sie mit einer Leistungserbringung für junge wachstumsstarke Unternehmen und welche Vorteile/Chancen?

   Antwort: Regelmäßig ist es der geringe Organisationsgrad der Unternehmen im administrativen Bereich und das geringe Verständnis für Interne Kontrollen. Dies verursacht hohen Aufwand der aber von meist technik- oder wissenschaftlich getriebenen Unternehmensleitern nicht honoriert wird. Bezüglich den Vorteilen ist zu nennen, dass eine langfristige Beziehung aufgebaut werden kann und Leistungen aus unterschiedlichen Service Lines verkauft werden können. Aufgrund des wie oben dargestellt in der Regel bestehenden Rückstandes in den administrativen Funktionen besteht hoher Beratungsbedarf

3. Ist das Konzept Business Plan Due Diligence aus Ihrer Sicht grundsätzlich praktikabel?

   Antwort: Grundsätzlich ist die Durchführung sinnvoll. Zu beachten ist jedoch, dass in der Regel kaum eine Historie vorliegt und damit eine Verplausibilisierung der Planung aufgrund der Vergangenheitszahlen kaum sinnvoll erscheint. Wesentliche Bedeutung ist der

Geschäftsidee beziehungsweise dem Geschäftsmodell beizumessen, hier ist eine Business Plan Due Diligence sinnvoll, wobei sich diese jedoch wesentlich auf die Commercial Aspekte, wie sie in der Regel durch eine Commercial Due Diligence abgedeckt werden konzentrieren sollte

4. Haben Sie bereits eine Business Plan Due Diligence in der dargestellten oder einer ähnlichen Ausgestaltung durchgeführt? Bitte um genaue Angabe der Ausprägung der durchgeführten Dienstleistung.

   Antwort: Business Plan Due Diligences wurden von uns (in der Abteilung) durchgeführt, hierbei ging es jedoch um eine Darstellung der Prämissen der Planung nicht jedoch um eine Verplausibilisierung wie dies in einer Commercial DD erfolgt.

5. Welche speziellen Themen müssten über den Umfang einer Verkäufer Due Diligence in M&A-Transaktionen hinaus im Leistungsumfang einer Business Plan Due Diligence zusätzlich abgedeckt werden? Die Behandlung welcher Themen ist nicht notwendig?

   Antwort: Bei einer VDD bei M&A-Transaktion spielt insbesondere eine detaillierte Analyse der Historie eine wesentliche Rolle, die Planung ist weniger relevant (für Strategen überhaupt nicht, für Finanzinvestoren etwas mehr). Die Planung müsste bei einer Business Plan DD daher im Fokus stehen. Die detaillierte Betrachtung der Vergangenheit und die Normalisierungen sind bei einer BP DD auch nicht so relevant.

6. Welche speziellen Ressourcen sind für die Durchführung einer Business Plan Due Diligence notwendig und sind diese in Ihrem Haus ausreichend vorhanden?

   Antwort: Eine BP DD im erweiterten Sinne (also nicht nur Darstellung der Planung) erfordert Industrieexpertise. Diese kann durch [den] Consulting [-Bereich unseres Hauses] geliefert werden.

7. Ist die Durchführung einer Business Plan Due Diligence aus Ihrer Sicht eine Vorbehaltsaufgabe von Wirtschaftsprüfungsgesellschaften, da diese in der Regel Know-How in übergreifenden Themenbereichen wie Finanzanalyse, Steuern und IT haben, oder

aber ist diese Leistung eher durch andere Institutionen wie beispielsweise Unternehmensberatungen, öffentliche Institutionen oder Forschungseinrichtungen etc. zu erbringen beziehungsweise zu ergänzen?

Antwort: Nein, ist keine Vorbehaltsaufgabe. Business Plan DD (immer im erweiterten Sinne) würde ich nicht als Kernkompetenz einer WP Gesellschaft sehen. Die BP DD im engeren Sinne schon, hier würde ich auch eine Vorbehaltsaufgabe für eine WP Gesellschaft sehen.

8. Welches sind die wesentlichen Chancen und Risiken, die mit der Durchführung einer Business Plan Due Diligence für Wirtschaftsprüfungsgesellschaften verbunden sind?

   Antwort: Würde Risiken in den Vordergrund stellen: Nachweis fehlenden Branchen know hows; Rechenfehler im Modell; bei Nicht-Eintritt der Annahmen mit Misserfolg assoziiert werden, obwohl man berufsmäßig sich korrekt verhalten hat

9. Bitte geben Sie vor dem Hintergrund der begrenzten finanziellen Ressourcen junger wachstumsstarker Unternehmen eine Einschätzung über die Profitabilität der Business Plan Due Diligence für Ihr Haus ab.

   Antwort: Aufgrund der involvierten Risiken wird bei mangelnder Profitabilität eines Auftrages auf die Auftragsannahme verzichtet.

10. Ist das Kostenrisiko (das heisst das Risiko, dass die durchzuführenden Arbeiten nicht unter Einhaltung des mit dem jungen wachstumsstarken Unternehmens ausgehandelten Budgets durchgeführt werden können) maßgebend für oder gegen die Entscheidung, die Leistung einer Business Plan Due Diligence anzubieten?

    Antwort: Ohne Möglichkeit das Budget anzupassen würden wir in der Regel eine Business Plan DD nicht anbieten.

11. Bitte geben Sie die Gründe an, warum Sie auf die Erbringung einer Business Plan Due Diligence verzichten würden.

Antwort: Zahlung des Honorars gefährdet; Datenlage für Durchführung der DD nicht adequat; Assoziation mit Unternehmen beziehungsweise Business Plan wie durch Unternehmen dargestellt für [unser Haus] nicht angemessen

12. Könnte die Business Plan Due Diligence aus Ihrer Sicht dazu beitragen, die Verhandlungsposition junger wachstumsstarker Unternehmen bei der Akquise von Finanzmitteln zu verbessern? Bitte begründen Sie Ihre Antwort.

Antwort: Ja, da dadurch Transparenz geschaffen wird,. die häufig kaum vorliegt; außerdem wird dadurch eine gewisse Unabhängigkeit erreicht, die eine Unternehmenspräsentation des Unternehmens oder durch einen M&A-Berater erstellt nicht leisten kann.

Experte 3

Name des Interviewpartners und Name des Unternehmens: anonym

Position des Interviewpartners: Partner Advisory Transaction Services

Datum und Art der Auskunftserteilung: 15. Oktober 2006, schriftliche Beantwortung per e-Mail

Interview-Leitfaden Wirtschaftsprüfungsgesellschaften

Fragenkatalog:

1. Bietet Ihr Haus jungen wachstumsstarken Unternehmen grundsätzlich das komplette Leistungsspektrum (Wirtschaftsprüfung, Corporate Finance etc) an oder gibt es Einschränkungen?

   Antwort: Grundsätzlich ja, und zwar zu unseren üblichen Honorarsätzen.

2. Welche Schwierigkeiten/Probleme verbinden Sie mit einer Leistungserbringung für junge wachstumsstarke Unternehmen und welche Vorteile/Chancen?

   Antwort: Schwierigkeiten: Es liegen i.d.R. keine detaillierten und belastbaren Vergangenheitsinformationen vor aus denen Rückschlüsse für die Planungsrechnung gezogen werden können, Oftmals soll der break even ausgerechnet jetzt kurz bevor stehen, obwohl bislang nur Verluste erwirtschaftet wurden. Teilweise ist das Management zu stark marketingorientiert, die Position eines starken CFO fehlt (typische Probleme wie auch bereits am „Neuen Markt"). Chance der Bildung einer langfristigen Geschäftsbeziehung indes eher moderat.

3. Ist das Konzept Business Plan Due Diligence aus Ihrer Sicht grundsätzlich praktikabel?

   Antwort: Ja

4. Haben Sie bereits eine Business Plan Due Diligence in der dargestellten oder einer ähnlichen Ausgestaltung durchgeführt? Bitte um genaue Angabe der Ausprägung der durchgeführten Dienstleistung.

   Antwort: Ja. [Unser Haus] verfügt über hinreichende Expertise in den Bereichen Financial, Commercial, Tax und IT Due Diligence.

5. Welche speziellen Themen müssten über den Umfang einer Verkäufer Due Diligence in M&A-Transaktionen hinaus im Leistungsumfang einer Business Plan Due Diligence zusätzlich abgedeckt werden? Die Behandlung welcher Themen ist nicht notwendig?

   Antwort: Hierfür gibt es keinen allgemein gültigen Standard. Es muss vielmehr auf jeden Einzelfall abgestellt werden damit die jeweils erforderlichen Untersuchungen angestellt werden.

6. Welche speziellen Ressourcen sind für die Durchführung einer Business Plan Due Diligence notwendig und sind diese in Ihrem Haus ausreichend vorhanden?

   Antwort: Due Diligence Aufträge werden innerhalb [unseres Hauses] ausschließlich durch speziell akkreditierte Mitarbeiter aus dem Geschäftsbereich Advisory Transaction Services sowie M&A Tax durchgeführt.

7. Ist die Durchführung einer Business Plan Due Diligence aus Ihrer Sicht eine Vorbehaltsaufgabe von Wirtschaftsprüfungsgesellschaften, da diese in der Regel Know-How in übergreifenden Themenbereichen wie Finanzanalyse, Steuern und IT haben, oder aber ist diese Leistung eher durch andere Institutionen wie beispielsweise Unternehmensberatungen, öffentliche Institutionen oder Forschungseinrichtungen etc. zu erbringen beziehungsweise zu ergänzen?

   Antwort: Eine Vorbehaltsaufgabe im Sinne der WPO liegt nicht vor. Aufgrund der o.a. übergreifenden Expertise werden Financial und Tax DD jedoch i.d.R. ausschließlich durch WP Gesellschaften durchgeführt.

8. Welches sind die wesentlichen Chancen und Risiken, die mit der Durchführung einer Business Plan Due Diligence für Wirtschaftsprüfungsgesellschaften verbunden sind?

   Antwort: Vgl. Antwort zu 2

9. Bitte geben Sie vor dem Hintergrund der begrenzten finanziellen Ressourcen junger wachstumsstarker Unternehmen eine Einschätzung über die Profitabilität der Business Plan Due Diligence für Ihr Haus ab.

   Antwort: Eher gering

10. Ist das Kostenrisiko (das heisst das Risiko, dass die durchzuführenden Arbeiten nicht unter Einhaltung des mit dem jungen wachstumsstarken Unternehmens ausgehandelten Budgets durchgeführt werden können) maßgebend für oder gegen die Entscheidung, die Leistung einer Business Plan Due Diligence anzubieten?

    Antwort: Wir bieten diese ausschließlich an, wenn für uns kein Kostenrisiko besteht.

11. Bitte geben Sie die Gründe an, warum Sie auf die Erbringung einer Business Plan Due Diligence verzichten würden.

    Antwort: Inakzeptables Kosten-, Mandanten-, Reputationsrisiko

12. Könnte die Business Plan Due Diligence aus Ihrer Sicht dazu beitragen, die Verhandlungsposition junger wachstumsstarker Unternehmen bei der Akquise von Finanzmitteln zu verbessern? Bitte begründen Sie Ihre Antwort.

    Antwort: Ja. Eine unabhängige Due Diligence durch eine renommierte WP Gesellschaft gibt dem potenziellen Käufer comfort bzgl. des Unternehmens

Experte 4

Name des Interviewpartners und Name des Unternehmens: anonym

Position des Interviewpartners: Partner Advisory

Datum und Art der Auskunftserteilung: 20. Oktober 2006, schriftliche Beantwortung per e-Mail

Interview-Leitfaden Wirtschaftsprüfungsgesellschaften

Fragenkatalog:

1. Bietet Ihr Haus jungen wachstumsstarken Unternehmen grundsätzlich das komplette Leistungsspektrum (Wirtschaftsprüfung, Corporate Finance etc) an oder gibt es Einschränkungen?

   Antwort: Einschränkungen ergeben sich in erster Linie daraus, dass unsere Dienstleistungen aus Sicht eines j.w. Unternehmens häufig zu teuer sind. Auch die Unterstützung eines M&A-Prozesses (CF) oder die Durchführung einer Due Diligence bei kleinere Akquisitionen oder im Zusammenhang mit der Kapitalbeschaffung bedürfen eines bestimmten Mengengerüsts in Hinblick auf die eingesetzte Zeit, das unabhängig von der Größe des Unternehmens ist. Hinzu kommen Rüstkosten, die der Auftraggeber idR nicht zu Tragen bereit ist. Unterhalb einer gewissen Grenze ist jedoch auch aus unserer Sicht eine Auftragsannahme nicht interessant.

2. Welche Schwierigkeiten/Probleme verbinden Sie mit einer Leistungserbringung für junge wachstumsstarke Unternehmen und welche Vorteile/Chancen?

   Antwort: Schwierigkeiten ergeben sich insbesondere daraus, dass auf Grund der fehlenden Historie dieser Unternehmen eine Due Diligence nicht die Aussagekraft hat wie bei einem etablierten Unternehmen in einem existierenden Markt. Ein Testat auf eine unsichere Zukunft gibt es per se nicht. Eine Aussage zur Plausibilität ist vor allem dann wenn Unternehmen und Markt neu sind, nur mit großer Einschränkung möglich. Der „Comfort“, der so gegeben werden kann, reicht für den Empfänger der Leistung häufig nicht aus.

3. Ist das Konzept Business Plan Due Diligence aus Ihrer Sicht grundsätzlich praktikabel?

   Antwort: Siehe auch zu 2. Die Plausibilisierung von Planungen gehört grds. zum Leistungsspektrum einer WPG beziehungsweise der spezialisierten Dienstleistungen Transaction Services und Corporate Finance. Diese erfährt jedoch ihre Grenzen, wo es wenig harte Daten gibt, also zum Beispiel auch keine (zuverlässigen) Marktdaten vorliegen. Bei der Business Plan DD als vom j.w. Unternehmen beauftragte DD kommt hinzu, dass das Ergebnis der DD oftmals den Interessen des j.w. Unternehmen widerspricht. Nur wenn die DD zum gleich optimistischen Ergebnis kommt wie die planende Gesellschaft ergibt sich hier eine Übereinstimmung.

4. Haben Sie bereits eine Business Plan Due Diligence in der dargestellten oder einer ähnlichen Ausgestaltung durchgeführt? Bitte um genaue Angabe der Ausprägung der durchgeführten Dienstleistung.

   Antwort: Nein. Ich habe zwar schon häufig VDDs zur Vorbereitung eines Verkaufs oder einer (Re-)Finanzierung durchgeführt, aber nicht bei einem j.w. Unternehmen. Jedoch unterstützen wir in solchen Fällen häufiger das Management bei der Erstellung des Business Plans oder nehmen eine Plausibilisierung vor, die zunächst nur das Unternehmen als Empfänger hat.

5. Welche speziellen Themen müssten über den Umfang einer Verkäufer Due Diligence in M&A-Transaktionen hinaus im Leistungsumfang einer Business Plan Due Diligence zusätzlich abgedeckt werden? Die Behandlung welcher Themen ist nicht notwendig?

   Antwort: Auf Grund der fehlenden Historie kommt der sog. Commercial Due Diligence eine herausragende Bedeutung zu. Es gilt den Markt, die Wettbewerbsposition und das Geschäftsmodell hinsichtlich seiner grundsätzlichen Eignung zur Einnahmenerzielung zu beurteilen.

6. Welche speziellen Ressourcen sind für die Durchführung einer Business Plan Due Diligence notwendig und sind diese in Ihrem Haus ausreichend vorhanden?

Antwort: Die notwendigen Kenntnisse unterscheiden sich grundsätzlich nicht von denen, die wir für eine „normale“ Commercial oder Financial (V)DD benötigen. Mit einem Team von mehr als 200 TS- und weiteren 200 CF-Spezialisten allein in Deutschland deckt [unser Haus] das gesamte Spektrum ab. In Einzelfällen, zum Beispiel hochspezialisierte, komplexe Technologie, könnte es jedoch vorkommen, dass das entsprechende Spezialwissen nicht vorhanden ist.

7. Ist die Durchführung einer Business Plan Due Diligence aus Ihrer Sicht eine Vorbehaltsaufgabe von Wirtschaftsprüfungsgesellschaften, da diese in der Regel Know-How in übergreifenden Themenbereichen wie Finanzanalyse, Steuern und IT haben, oder aber ist diese Leistung eher durch andere Institutionen wie beispielsweise Unternehmensberatungen, öffentliche Institutionen oder Forschungseinrichtungen etc. zu erbringen beziehungsweise zu ergänzen?

Antwort: Hinsichtlich der Beurteilung eines Business Plans sehe ich eindeutige Vorteile auf Seiten des WP, da hier entsprechende technische Kenntnisse (Rechnungslegung, Modelling, Bewertung) erforderlich sind. In Hinblick auf die Beurteilung des Business Model oder der Marktanalyse können grundsätzlich auch andere Institutionen eine sinnvolle Ergänzung sein.

8. Welches sind die wesentlichen Chancen und Risiken, die mit der Durchführung einer Business Plan Due Diligence für Wirtschaftsprüfungsgesellschaften verbunden sind?

Antwort: Die Antwort klingt etwas banal: Sollte das Unternehmen sich prächtig entwickeln, ergeben sich gute Chance für Folgeaufträge, die dann vielleicht auch lukrativer sind. Im Zusammenhang mit der Plausibilisierung des Business Plans ist ein allgemeines Haftungsrisiko verbunden, das ich jedoch nicht zwingend als höher einschätzen würde als bei etablierten Unternehmen.

9. Bitte geben Sie vor dem Hintergrund der begrenzten finanziellen Ressourcen junger wachstumsstarker Unternehmen eine Einschätzung über die Profitabilität der Business Plan Due Diligence für Ihr Haus ab.

Antwort: Siehe vor. Gering.

10. Ist das Kostenrisiko (das heisst das Risiko, dass die durchzuführenden Arbeiten nicht unter Einhaltung des mit dem jungen wachstumsstarken Unternehmens ausgehandelten Budgets durchgeführt werden können) maßgebend für oder gegen die Entscheidung, die Leistung einer Business Plan Due Diligence anzubieten?

    Antwort: Ja.

11. Bitte geben Sie die Gründe an, warum Sie auf die Erbringung einer Business Plan Due Diligence verzichten würden.

    Antwort: Siehe vor. Ausserdem unrealistische Erwartungen des potenziellen Auftragsgebers.

12. Könnte die Business Plan Due Diligence aus Ihrer Sicht dazu beitragen, die Verhandlungsposition junger wachstumsstarker Unternehmen bei der Akquise von Finanzmitteln zu verbessern? Bitte begründen Sie Ihre Antwort.

    Antwort: Nur bedingt. Siehe vor.

Experte 5

Name des Interviewpartners und Name des Unternehmens: anonym

Position des Interviewpartners: Partner

Datum und Art der Auskunftserteilung: 29. September 2006, schriftliche Beantwortung per e-Mail

Interview-Leitfaden Wirtschaftsprüfungsgesellschaften

Fragenkatalog:

1. Bietet Ihr Haus jungen wachstumsstarken Unternehmen grundsätzlich das komplette Leistungsspektrum (Wirtschaftsprüfung, Corporate Finance etc) an oder gibt es Einschränkungen?

   Antwort: Ja, keine Einschränkungen

2. Welche Schwierigkeiten/Probleme verbinden Sie mit einer Leistungserbringung für junge wachstumsstarke Unternehmen und welche Vorteile/Chancen?

   Antwort: Jeweils ceteris paribus gegenüber etablierten Unternehmen: Schwierigkeiten/Probleme: Erhöhte Prognoseunsicherheit mangels (ggf. extrapolationsfähiger) Vergangenheitsdaten und ggf. mangelnder Einschätzungsfähigkeiten des Unternehmens; häufig sehr begrenztes Budget für DDs
   Vorteile/Chancen: Erfahrungsgemäß regelmäßig umfangreiche Beratungsfelder und -notwendigkeiten bei diesen Unternehmen; ohne Beratung nutzen solche Unternehmen ihre Chancen oft nicht optimal

3. Ist das Konzept Business Plan Due Diligence aus Ihrer Sicht grundsätzlich praktikabel?

   Antwort: Ja, ohne weiteres. Voraussetzung auf Seiten der Unternehmen müsste jedoch auch sein, dass die DD nicht zu zu hohen Transaktionskosten führen (Verhältnis DD-Kosten zu Finanzierungsnachfrage).

4. Haben Sie bereits eine Business Plan Due Diligence in der dargestellten oder einer ähnlichen Ausgestaltung durchgeführt? Bitte um genaue Angabe der Ausprägung der durchgeführten Dienstleistung.

   Antwort: Ja, mehrfach, häufig in Vorarbeit zu Informationsmemoranden zur Kapitalsuche (Eigen- und Fremdkapital); im Regelfall Plausibilitätsprüfung Zahlen- und finanzieller Verbalteil des Business Plans

5. Welche speziellen Themen müssten über den Umfang einer Verkäufer Due Diligence in M&A-Transaktionen hinaus im Leistungsumfang einer Business Plan Due Diligence zusätzlich abgedeckt werden? Die Behandlung welcher Themen ist nicht notwendig?

   Antwort: So wie die Verkäufer Due Diligences in M&A-Transaktionen ist auch der Leistungsumfang einer Business Plan Due Diligence vom Einzelfall abhängig. Grundsätzlich ergeben sich daher keine Besonderheiten. Naturgemäß fallen Themen mit Vergangenheitsbezug schmäler aus oder gar weg. Zu vermeiden ist, dass neben der notwendigen Einschätzung und Bewertung der (Geschäfts-) Idee die Einschätzung und Bewertung der erfolgskritischen Personen zu kurz kommt. Daher Schwerpunkt HR und kaufmännischer Bereich.

6. Welche speziellen Ressourcen sind für die Durchführung einer Business Plan Due Diligence notwendig und sind diese in Ihrem Haus ausreichend vorhanden?

   Antwort: Ebenfalls grds. keine Besonderheiten der Business Plan DD. Je nach Geschäftsmodell und Branche sind - wie auch sonst in DD-Fällen - entsprechende Markt- ggf. auch Technologiekenner erforderlich. Soweit diese im Einzelfall im eigenen Hause nicht vorhanden sind, werden diese fallbezogen beschafft.

7. Ist die Durchführung einer Business Plan Due Diligence aus Ihrer Sicht eine Vorbehaltsaufgabe von Wirtschaftsprüfungsgesellschaften, da diese in der Regel Know-How in übergreifenden Themenbereichen wie Finanzanalyse, Steuern und IT haben, oder aber ist diese Leistung eher durch andere Institutionen wie beispielsweise Unternehmens-

beratungen, öffentliche Institutionen oder Forschungseinrichtungen etc. zu erbringen beziehungsweise zu ergänzen?

Antwort: DD sind nahezu immer multidisziplinäre Aufgaben. Einschlägig erfahrene WPs eignen sich - jedoch ohne Anspruch auf Ausschließlichkeit - für die Projektklammerfunktion.

8. Welches sind die wesentlichen Chancen und Risiken, die mit der Durchführung einer Business Plan Due Diligence für Wirtschaftsprüfungsgesellschaften verbunden sind?

Antwort: Erstmaliger Kontakt der Wachstumsunternehmen mit Wirtschaftsprüfer

9. Bitte geben Sie vor dem Hintergrund der begrenzten finanziellen Ressourcen junger wachstumsstarker Unternehmen eine Einschätzung über die Profitabilität der Business Plan Due Diligence für Ihr Haus ab.

Antwort: Diese Aufträge liegen zuweilen am untern Ende des Honorarspektrums. Abgesehen von Ausnahmen, zum Beispiel im Zusammenhang stehenden Honorarpotentialen an anderer Stelle, sollen diese Aufträge dennoch keine Zuschussgeschäfte sein.

10. Ist das Kostenrisiko (das heisst das Risiko, dass die durchzuführenden Arbeiten nicht unter Einhaltung des mit dem jungen wachstumsstarken Unternehmens ausgehandelten Budgets durchgeführt werden können) maßgebend für oder gegen die Entscheidung, die Leistung einer Business Plan Due Diligence anzubieten?

Antwort: Ja, sofern keine Öffnungsklauseln zu dem - nach Ihrer Frage unterstellten - Pauschalhonorar vereinbart werden können.

11. Bitte geben Sie die Gründe an, warum Sie auf die Erbringung einer Business Plan Due Diligence verzichten würden.

Antwort: Keine Besonderheiten gegenüber den allgemeinen Gründen für Ablehnung von Aufträgen: zum Beispiel Mangel an eigenen Ressourcen, Mandatskonflikte, Honorargefährdung, u.a.

12. Könnte die Business Plan Due Diligence aus Ihrer Sicht dazu beitragen, die Verhandlungsposition junger wachstumsstarker Unternehmen bei der Akquise von Finanzmitteln zu verbessern? Bitte begründen Sie Ihre Antwort.

Antwort: Ein positives Ergebnis der DD vorausgesetzt, selbstverständlich, da der in vielen Fällen bestehende Mangel an Finanz-Know How und dem zielgruppengerechten Präsentation des zu finanzierenden Unternehmens dadurch ausgeglichen werden kann. Bestenfalls kann damit auf oder über Augenhöhe der potentiellen Finanzmittel-Geber verhandelt werden.

Anhang 6: Dokumentation Experteninterviews – Beteiligungsgesellschaften

Experte 6

Name des Interviewpartners und Name des Unternehmens: anonym

Position des Interviewpartners: Partner Venture Capital

Datum und Art der Auskunftserteilung: 17. Oktober 2006, Telefoninterview

Zusammenfassende Dokumentation des Telefon-Experteninterviews

Interview-Leitfaden Beteiligungsgesellschaften

Fragenkatalog

1. Wie beurteilen Sie die Qualität der von jungen wachstumsstarken Unternehmen erhaltenen Unternehmensinformationen für Ihre Finanzierungsentscheidung?

   Die Qualität der erhaltenen Unternehmensinformationen ist sehr gemischt. Ausreichend ist in der Regel ein Business Plan in Form einer Power Point Präsentation, der inhaltlich richtige Informationen über das Management, die Wachstumstreiber, das Marktumfeld, die Positionierung, den technologischen Vorteil sowie das geplante Geschäftsmodell enthält.

2. Bitte beurteilen Sie das Vertrauen in die von jungen wachstumsstarken Unternehmen erhaltenen Informationen?

   Der Wert der Unternehmensinformationen wird durch die Prüfung des Business Plans bspw. durch einen Wirtschaftsprüfer weder besser noch schlechter. Am Ende des Tages wird in das Management-Team und nicht in seine Berater investiert. Gesucht wird ein Management-Team, das erfahren ist, sich gegenüber Investoren zu präsentieren und auch in der Lage ist, den Business Plan beziehungsweise die zugrunde liegende Strategie umzusetzen.

3. Welche Methoden/Verfahren wenden Sie zur Verifizierung der erhaltenen Unternehmensinformationen an?

Auf Basis eigener Erfahrungswerte sowie unter Hinzuziehung von erfahrenen Experten/Referenzen aus den jeweiligen Märkten erfolgt eine Untersuchung der Unternehmenspositionierung, des relevanten Marktes sowie der aktuellen und künftigen Marktgröße.

4. Wie hoch ist der Zeitaufwand, der mit Auswertung der von jungen wachstumsstarken Unternehmen erhaltenen Informationen verbunden ist?

Der Zeitaufwand bis zur Erarbeitung eines Term Sheets variiert von einigen wenigen Tagen bis hin zu 3 bis 4 Wochen. Die Verfolgung uninteressanter Projekte (aufgrund fehlender Wachstumsstärke oder unzureichender Marktgröße) ist möglichst zeitnah einzustellen. Nach Fixierung des Term-Sheets werden noch weitere Due Diligence-Prüfungen auch unter Hinzuziehung von externen Beratern wie bspw. Patentanwälten durchgeführt.
Der Einfluss eines Wirtschaftsprüfers auf eine mögliche Reduktion des Zeitaufwands ist zu diesem Zeitpunkt gering. Dieser kann zwar die Annahmen auf der Kostenseite beurteilen, nicht aber künftige Marktpotentiale. Vor dem Hintergrund, dass die Annahmen zu Kosten und Umsätzen in den Business Plänen regelmäßig nicht eintreten, ist die Aussage eines Wirtschaftsprüfers bedingt relevant. Wichtiger sind Informationen von Experten aus dem eigenen Netzwerk wie bspw. aus dem Marktumfeld, dem Kundenumfeld und dem potenziellen Partnerumfeld.

5. Greifen Sie bei der Unternehmensanalyse junger wachstumsstarker Unternehmen regelmäßig, gelegentlich, selten oder gar nicht auf externe Berater beziehungsweise externe Sachverständige zur Unterstützung ihrer Finanzierungsentscheidung zurück? Wenn ja, um welche Art externer Berater (Anwälte, Wirtschaftsprüfungsgesellschaften etc.) handelt es sich und in welchen Angelegenheiten werden Sie extern beraten?

Ja. Es gibt immer 2 oder 3 zentrale Fragestellungen. Ein wichtiger Punkt ist regelmäßig die Beurteilung der Patentlage in einem Markt durch einen Patentanwalt. Grundsätzlich wird beabsichtigt, Kosten bis nach Erstellung eines Term-Sheets zeitlich zu verschieben, da hier eine größere Deal-Sicherheit besteht. Die Auswahl der Berater erfolgt i.d.R. über das bestehende Netzwerk. Business Angel oder Industrieexperten bieten Expertise auch mal kostenlos an, wenn das Interesse besteht, bei einem Unternehmen im Nachgang mitzuwirken.

6. Könnte eine Business Plan Due Diligence die Glaubwürdigkeit und das Vertrauen in die Unternehmensinformationen junger wachstumsstarker Unternehmen erhöhen?

   Nein. Ein Wirtschaftsprüfer kann hier wenig Hilfestellung leisten. Unterstützung bei der Herausarbeitung der Positionierung beziehungsweise des Profils kann interessant sein, muss aber nicht in Form einer formalen Business Plan Due Diligence erfolgen. Das Vertrauen in die Unternehmung wird hierdurch nicht erhöht.

7. Welche Rolle spielt aus Ihrer Sicht die externe Partei (Wirtschaftsprüfungsgesellschaft, Berater etc), die die Business Plan Due Diligence durchführt?

   Zum Thema Wirtschaftsprüfer siehe vorherige Aussagen. In einigen Fällen werden Gutachten von der Fraunhofer-Gesellschaft oder einem Professor vom Max-Planck-Institut zur Verfügung gestellt, diese sind meist aber von rein technischer Natur. Angaben zu Marktchancen sind regelmäßig weltfremd. Die Glaubwürdigkeit von einem Projekt wird dennoch erhöht, wenn man auf einen Berater zurückgreifen kann, der den Markt gut kennt und auch dort bekannt ist. Besser ist es aber, wenn diese nicht als Berater auftreten, sondern selbst am Unternehmen beteiligt sind oder beispielsweise im Beirat sitzen.

8. Welche Anforderungen stellen Sie an eine Business Plan Due Diligence? Welche Bereiche sollte der Business Plan Due Diligence-Bericht mindestens abdecken?

   Anders als im Bieterprozess im Rahmen eines Unternehmenskaufs und die Abstellung auf einen Vendor Due Diligence-Bericht kann eine Business Plan Due Diligence zwar hilfreich sein, ersetzt aber nicht die eigenen Untersuchungen. Interessant wären dennoch insbesondere die Themen Marktgröße, adressierbare Marktgröße und die Go-To-Market-Strategie sowie die technische Differenzierung.

Die Glaubwürdigkeit einer Due Diligence oder einer Aussage ist höher, wenn auf Erstellerseite die entsprechende Expertise vorliegt. Bisher lag noch keine Vendor Due Diligence für ein Start-up Unternehmen von einer Top Four WP-Gesellschaft vor.

9. Sind aus Ihrer Sicht junge wachstumsstarke Unternehmen auf die Finanzierungsverhandlungen ausreichend vorbereitet?

Das ist abhängig vom Management-Team. Die typische Universitätsgründung ist eher schlechter vorbereitet aber dennoch besser als noch vor 7 oder 8 Jahren. Unternehmer, die sich selbständig machen wollen, sind auch aufgrund eines verbesserten Lehrangebots an Universitäten besser vorbereitet als noch vor einigen Jahren. Gesucht werden jedoch weniger die Universitäts-Spin-Offs als gründungserfahrene Unternehmer. Letztere sind auf Finanzierungsverhandlungen in der Regel perfekt vorbereitet; die Deals sind im Gegenzug jedoch relativ teuer.

10. Bitte beurteilen Sie die Auswirkungen einer Business Plan Due Diligence auf die Verhandlungsposition junger wachstumsstarker Unternehmen in Finanzierungsverhandlungen?

Je besser man sich verkauft beziehungsweise gegenüber dem Investor präsentiert, desto besser ist auch die Verhandlungsposition. Wichtig bei einem Deal ist jedoch nicht nur die Nutzenmaximierung sondern auch die Faktoren des Zurechtkommens mit den Unternehmern, die Deal-Struktur sowie das eingebrachte neue Netzwerk.

11. Bitte geben Sie eine Einschätzung über die durch die Business Plan Due Diligence gewonnenen Vorteile (zum Beispiel professionelle Unternehmenspräsentation, Einsparung zeitlicher, personeller und finanzieller Ressourcen etc.) auf die Finanzierungsentscheidung beziehungsweise Finanzierungskonditionen ab.

Sicherlich kann bei einer guten Vorbereitung der Prozess verkürzt werden. Der Aufwand, der einer Beteiligungsgesellschaft entsteht, wird durch die Vorteile einer Business Plan

Due Diligence nicht kleiner, sondern komprimierter. Einfluss auf die Finanzierungskonditionen hat eine Business Plan Due Diligence nicht.

12. Ist eine Beteiligung an den Kosten einer Business Plan Due Diligence denkbar?

Am Ende des Tages bezahlt immer das Unternehmen und damit der Investor, der das Geld in die Unternehmung eingebracht hat. Aus strukturellen Gründen werden keine Berater direkt bezahlt.

Experte 7

Name des Interviewpartners und Name des Unternehmens: anonym

Position des Interviewpartners: Principal

Datum und Art der Auskunftserteilung: 29. September 2006, Telefoninterview

Zusammenfassende Dokumentation des Telefoninterviews
Interview-Leitfaden Beteiligungsgesellschaften

Fragenkatalog

1. Wie beurteilen Sie die Qualität der von jungen wachstumsstarken Unternehmen erhaltenen Unternehmensinformationen für Ihre Finanzierungsentscheidung?

   Antwort: Tendenziell wird die Qualität im Vergleich zu den Vorjahren immer besser. Es gibt Unternehmer, die schon mal gegründet haben oder in so einem Umfeld tätig waren, und die auch Erfahrung im Umgang mit Geldgebern haben. Die wissen wesentlich besser, was uns wichtig ist und liefern eine sehr gute Qualität ab. Es gibt aber auch welche, die liefern einen Business Plan ab, der stark an der Oberfläche kratzt. Es gibt eine relativ breite Bandbreite, tendenziell wird die Qualität aber besser. Und je erfahrener die jungen Unternehmen oder das Management im Umgang mit der Finanzwelt sind, desto besser (im Sinn von passender und relevanter) sind die Informationen, die man erhält.

   Rückfrage: Ist der erste Eindruck ein Vorauswahlkriterium?

   Antwort: Formal nicht. Aber es macht natürlich eine Menge aus, wenn man ein Dokument oder eine Information erhält, mit der man was anfangen kann beziehungsweise versteht was die Firma macht. Das ist keinesfalls selbstverständlich, auch wenn das vielleicht erstaunlich ist. Entsprechend spielt es schon eine Rolle, denn man ist erst dann motiviert, sich mit dem Unternehmen auseinanderzusetzen. Insofern ist es für uns kein formales Kriterium für eine Finanzierungsentscheidung, aber es hilft natürlich extrem, wenn das Material, das man erhält, einfach gut aufbereitet und brauchbar ist.

2. Bitte beurteilen Sie das Vertrauen in die von jungen wachstumsstarken Unternehmen erhaltenen Informationen?

   Antwort: Zunächst besteht ein Grundvertrauen. Ddas heißt wir glauben zunächst mal alles, es sei denn wir wissen aus der Vergangenheit, dass das was dargestellt wird offensichtlich Unsinn ist. Prinzipiell erwarten wir zunächst, dass die Informationen stimmen. Das heißt natürlich nicht, dass wir alles nicht noch mal sehr stark im Rahmen einer späteren Due Diligence überprüfen.

3. Welche Methoden/Verfahren wenden Sie zur Verifizierung der erhaltenen Unternehmensinformationen an?

   Antwort: Festgelegte Methoden gibt es eigentlich nicht. Natürlich sehr viel Research über das Internet, zum Beispiel zum Thema Konkurrenzunternehmen, Wettbewerb und Markt. Hier gibt es einschlägige Marktreports von Researchfirmen. Zum Thema Patente gibt es Vorabinformationen über entsprechende Patentdatenbanken im Internet, die man zum Teil kostenfrei nutzen kann. Das ist jetzt noch keine echte Due Diligence, sondern eine Art Pre-Due Diligence zur Überprüfung, ob das, was an Informationen bereitgestellt wird, fundamental stimmt.

   Rückfrage: In einem ersten Schritt werden primär die Marktinformationen geprüft?

   Markt und Wettbewerb. Es gibt viele Me-Too Produkte, die keine wirklichen Alleinstellungsmerkmale haben. Und gerade im Bereich Life Science ist es für uns immer eine wesentliche Frage, ob es einen medizinischen Bedarf für ein neues Produkt gibt (zum Beispiel Medikament, medizintechnisches Produkt oder Diagnostikum).

4. Wie hoch ist der Zeitaufwand, der mit Auswertung der von jungen wachstumsstarken Unternehmen erhaltenen Informationen verbunden ist?

   Antwort: Der Prozess vom Erstkontakt bis zu einer Beteiligung erstreckt sich über einen Zeitraum von durchschnittlich 3 bis 4 Monaten. Es gibt aber auch die Fälle, dass man eine Firma ein Jahr lang kennt und in der Zeit kontinuierlich Informationen aus dem Umfeld oder über das Unternehmen sammelt, ohne sich ausschließlich in diesem Jahr darauf zu konzentrieren. Insofern ist die Bezifferung eines mittleren Zeitaufwands schwierig. Wir versuchen immer so viele Informationen wie möglich im Vorfeld einer Beteiligung zu sammeln. Je nachdem, wie gut man das Unternehmen kennt und wie speziell der Bereich ist, in dem man sich bewegt, ist der Zeitaufwand unterschiedlich lang.

5. Greifen Sie bei der Unternehmensanalyse junger wachstumsstarker Unternehmen regelmäßig, gelegentlich, selten oder gar nicht auf externe Berater beziehungsweise externe Sachverständige zur Unterstützung ihrer Finanzierungsentscheidung zurück? Wenn ja, um welche Art externer Berater (Anwälte, Wirtschaftsprüfungsgesellschaften etc.) handelt es sich und in welchen Angelegenheiten werden Sie extern beraten?

Antwort: Ja, eigentlich immer, wobei ziemlich stark differenziert wird. Wir haben den Anspruch, dass wir als Investmentteam immer sehr viel von den wissenschaftlichen und von den medizinischen Indikationen verstehen. Wir haben vier Mediziner und einen Ingenieur im Team, insofern decken wir von den inhaltlichen Fragestellungen intern einiges ab. Gleichwohl gehört zu einer Prüfung auch das Thema IP /Patent Due Diligence, Financial Due Diligence, das heisst Überprüfung der Zahlen, und soweit vorhanden die Jahresabschlüsse usw., die Legal Due Diligence, das heisst was gibt es für relevante Unternehmensverträge, wie sehen die Gesellschafterverträge bislang aus, gibt es irgendwelche Verbindlichkeiten und Haftungsthemen, die hochkommen können. Patent Due Diligence machen wir mit dem Patentanwalt, Legal Due Diligence mit einer Anwaltskanzlei, und Financial mit einem Wirtschaftsprüfer. Das können wir selber nur eingeschränkt machen. Diese Sachen kommen ganz zum Schluss, wenn wir uns intern eine Meinung gebildet haben, ob eine Weiterverfolgung sinnvoll ist. Insofern beziehen wir eigentlich immer externe Berater ein, aber beschränken dies auf die technischen Bereiche wie Patent, Legal, und Financial. Zum Teil nutzen wir auch externe Leute aus der klinischen Praxis beziehungsweise Ärzte, um die Indikationen etc. besser zu verstehen.

Rückfrage: Haben Sie einen Pool von Sachverständigen, auf den Sie immer zurückgreifen?

Antwort: Ja, aber für spezielle Fragestellungen machen wir uns konkret auf die Suche. Für die Standardthemen Legal und Financial haben wir Leute, die wir mehr oder weniger immer beauftragen und die wissen, was wir benötigen. Wenn es um Inhalte geht, also spezielle Indikationen wie beispielsweise Medikamente für den Bereich Herz-Kreislauf, haben wir teilweise schon Leute, suchen uns aber auch gezielt noch Sachverständige aus.

Rückfrage: Handelt es sich bei der Wirtschaftsprüfungsgesellschaft, die Sie beauftragen, um eine der Top-4 WP-Gesellschaften oder ist das eine mittelständische Gesellschaft?

Antwort: Das ist jemand, der früher bei einer der Top-4 WP-Gesellschaften war und sich danach selbständig gemacht hat. Für uns ist es in so einem Fall eigentlich nicht wichtig, ein Siegel von den Großen zu bekommen, sondern dass die Leute uns relativ schlank und die wichtigen Sachen aus den Verträgen und zum Thema Finanzen sagen können.

6. Könnte eine Business Plan Due Diligence die Glaubwürdigkeit und das Vertrauen in die Unternehmensinformationen junger wachstumsstarker Unternehmen erhöhen?

Antwort: In einigen Bereichen könnte das schon helfen. Wir halten nichts davon, dass ein Wirtschaftsprüfer anhand der vorgelegten Planzahlen eine Unternehmensbewertung macht, da ein Wirtschaftsprüfer in der Regel nicht in der Lage ist, die der Planung zugrunde liegenden Zahlen entsprechend zu verifizieren oder ein Gefühl dafür zu entwickeln, wie realistisch das ist. Was aber manchmal hilft ist, wenn ein Unternehmen schon mal einen Patentanwalt mit einer Due Diligence beauftragt hat, so dass man von seiner Seite schon mal einen Statusreport bekommt. Ansonsten ist dieses Plus an Vertrauen beschränkt. Wir machen uns gerne ein eigenes Bild, denn derjenige, der eine Prüfung beauftragt, wird dies in dem Sinne tun, dass das Prüfergebnis so ausfällt, dass natürlich ein Dritter noch finanzieren will. Wir stellen die Frage nach potenziellen Stolpersteinen des Businessplans.

7. Welche Rolle spielt aus Ihrer Sicht die externe Partei (Wirtschaftsprüfungsgesellschaft, Berater etc), die die Business Plan Due Diligence durchführt?

Antwort: Die Frage ist ja, in wie fern diese in der Lage sind, solche Sachen zu beurteilen. Zum Beispiel wenn jemand ein neues Medikament für Herz-Kreislauf-Erkrankungen entwickeln möchte, wird keine Wirtschaftsprüfungsgesellschaft mit einem vertretbaren Aufwand zumindest in der Lage sein zu beurteilen, wie dieser Markt aussieht, wie das wissenschaftlich aussieht, und ob die Planung fundiert ist. Und nur wenn man genau weiß, wie der Wettbewerb aussieht, ob die technische Entwicklungsplanung funktioniert, kann man seriös beurteilen, ob das in dem Zusammenhang entwickelte Zahlen- und Mengengerüst sinnvoll ist. Bei den Bewertungsversuchen von Wirtschaftsprüfern klappt das eigentlich überhaupt nicht, die sind zwar zu Neutralität bemüht, aber es erhöht für uns nicht unbedingt den Aussagewert. Es geht um junge Unternehmen, die noch keine lange Geschichte habe. Wenn eine Firma schon zehn Jahre am Markt ist, und sagt, wir haben unsere finanzielle Vergangenheit schon mal von einem Wirtschaftsprüfer prüfen lassen (i.d.R. hat man einen testierten Jahresabschluss), dann ist Neutralität natürlich hilfreich. Aber wenn es darum geht, dass eine Wirtschaftsprüfungsgesellschaft nach vorne gerichtet die Perspektiven prüfen und verifizieren soll, würden wir uns schwer damit tun, dies zu akzeptieren.

Rückfrage: Spielt es aus Ihrer Sicht eine Rolle, ob jetzt ein Berater einen Bericht anfertigt oder eine Wirtschaftsprüfungsgesellschaft?

Antwort: Nicht unbedingt. Kommt auch auf die Art des Beraters an. Ich würde nicht per se sagen, dass wir den Beratern weniger Glauben schenken würden. Der Unterschied ist wahrscheinlich, dass Wirtschaftsprüfungsgesellschaften mehr zu Disclaimer in Ihrem Bericht neigen als Berater.

Rückfrage: Möglicherweise können Wirtschaftsprüfungsgesellschaften auch mehr Bereiche abdecken.

Antwort: Ja. So eine Prüfung ist ja mit erheblichen Kosten verbunden, und die Frage ist natürlich, welche Firma, welches Unternehmen in einer jungen Entwicklungsphase überhaupt in der Lage und willens ist, solche Kosten zu tragen.

8. Welche Anforderungen stellen Sie an eine Business Plan Due Diligence? Welche Bereiche sollte der Business Plan Due Diligence-Bericht mindestens abdecken?

Antwort: Grob gesagt, die Sachen, die relevant sind, sind die Themen Markt und Wettbewerb, Patente, Finanzen und Legal Due Diligence.

9. Sind aus Ihrer Sicht junge wachstumsstarke Unternehmen auf die Finanzierungsverhandlungen ausreichend vorbereitet?

Antwort: Ja und nein. Auch wie schon mal bei der Qualität der eingereichten Unterlagen, ist es sehr stark davon abhängig, ob das ein Gründer ist, der sein Leben im Forschungslabor verbracht hat und jetzt eine gute Unternehmensidee hat. Der ist natürlich sehr viel schlechter vorbereitet als jemand, der schon mal was mit aufgebaut hat und unsere Finanzierungswelt kennt. Der weiß natürlich was wir brauchen und ist i.d.R. entsprechend vorbereitet. Der Trend geht im Moment dazu, dass die Leute besser vorbereitet sind als damals. Einfach vor dem Hintergrund, dass es inzwischen bekannt ist, dass es wesentlich schwieriger geworden ist, Geld für seine Unternehmung zu finden. In jedem Fall besteht immer noch externer Unterstützungsbedarf, so dass diese meistens auch durch einen Anwalt in den Verhandlungen unterstützt werden.

10. Bitte beurteilen Sie die Auswirkungen einer Business Plan Due Diligence auf die Verhandlungsposition junger wachstumsstarker Unternehmen in Finanzierungsverhandlungen?

Antwort: Ich halte die Auswirkungen für begrenzt. Ich glaube, dass deren Position dadurch nicht gestärkt werden kann. Es hilft dem Unternehmen, besser zu verstehen, wo er auch im Vergleich mit anderen steht. Er wird dadurch deutlich darauf hingewiesen, in welchen Bereichen er noch arbeiten muss. Aber die Verhandlungsposition konkret zu verbessern, das weiß ich nicht so genau. Die Verhandlungsposition wird immer nur dadurch verbessert, dass ich zwei oder drei Geldgeber habe, die mir Geld geben möchten, und ich dann mit allen drei parallel verhandeln kann. Der Markt funktioniert immer. Das ist das einzige, was wirklich eine Verhandlungsposition verbessert.

11. Bitte geben Sie eine Einschätzung über die durch die Business Plan Due Diligence gewonnenen Vorteile (zum Beispiel professionelle Unternehmenspräsentation, Einspa-

rung zeitlicher, personeller und finanzieller Ressourcen etc.) auf die Finanzierungsentscheidung beziehungsweise Finanzierungskonditionen ab.

Antwort: Eine professionelle Unternehmenspräsentation usw. spielt gerade beim Erstkontakt eine Rolle, denn so wie sich die Firmen uns gegenüber präsentieren, so würden sie sich auch dem Kunden gegenüber präsentieren. Das ist natürlich nur einer von vielen Faktoren. Ich würde nicht sagen, dass dadurch die Finanzierungswahrscheinlichkeit erhöht beziehungsweise verbesserte Konditionen gewährt werden. In Bezug auf ein reibungsloses und schnelles Konzept schon, aber die Finanzierungsentscheidung als solche beziehungsweise die Konditionen sind davon unabhängig.

12. Ist eine Beteiligung an den Kosten einer Business Plan Due Diligence denkbar?

Antwort: Nein eigentlich nicht. In der Regel wird ein Term Sheet oder ein Letter of Intent vereinbart; dann wird eine Due Diligence gemacht, die wir in der Regel in Auftrag geben. Normalerweise gehen wir in Vorleistung und wenn die Finanzierung dann gemacht wird, dann hat die Kosten der Unternehmer zu tragen. Die Unternehmer kriegen das indirekt natürlich schon von uns, denn wir zahlen entsprechend weniger Geld ein.

Experte 8

Name des Interviewpartners und Name des Unternehmens: anonym

Position des Interviewpartners: Senior-Investmentmanager

Datum und Art der Auskunftserteilung: 29. September 2006, schriftliche Beantwortung per e-Mail

Interview-Leitfaden Beteiligungsgesellschaften

Fragenkatalog

1. Wie beurteilen Sie die Qualität der von jungen wachstumsstarken Unternehmen erhaltenen Unternehmensinformationen für Ihre Finanzierungsentscheidung?

   Antwort: Die Qualität ist sehr unterschiedlich: der Businessplan (BP) des Technologieunternehmens (TU) bildet in jedem Fall aber eine wichtige Entscheidungsgrundlage, dessen subjektive Argumentation durch Rückfragen und Gespräch kritisch hinterfragt wird. Zudem haben unserer Einschätzung nach die Businessplanwettbewerbe bewirkt, dass die Qualität der Pläne besser geworden ist.

2. Bitte beurteilen Sie das Vertrauen in die von jungen wachstumsstarken Unternehmen erhaltenen Informationen?

   Antwort: Die Prämissen für die Planrechnungen müssen kritisch hinterfragt werden und Aussagen zu Wettbewerbsvorteilen, Marktchancen sollen durch konkrete Unterlagen wie LOIs und Gutachten unterlegt werden. Im Rahmen eines persönlichen Gespräches mit dem Gründerteam erfolgt eine Einschätzung des unternehmerischen Potenzials. Die Marktkonsolidierung der letzten Jahre hat allerdings zu einer realistischeren Einschätzung geführt.

3. Welche Methoden/Verfahren wenden Sie zur Verifizierung der erhaltenen Unternehmensinformationen an?

Antwort: Rückfragen beim TU und Mitinvestoren, Gespräch mit den TU, Gutachten einholen, Internet-Recherche, Recherche im eigenen Portfolio

4. Wie hoch ist der Zeitaufwand, der mit Auswertung der von jungen wachstumsstarken Unternehmen erhaltenen Informationen verbunden ist?

   Antwort: hoch, da sich hieraus der Umfang weiterer Recherchen / Rückfragen ergibt

5. Greifen Sie bei der Unternehmensanalyse junger wachstumsstarker Unternehmen regelmäßig, gelegentlich, selten oder gar nicht auf externe Berater beziehungsweise externe Sachverständige zur Unterstützung ihrer Finanzierungsentscheidung zurück? Wenn ja, um welche Art externer Berater (Anwälte, Wirtschaftsprüfungsgesellschaften etc.) handelt es sich und in welchen Angelegenheiten werden Sie extern beraten?

   Antwort: Gelegentlich werden Gutachten von festen externen Institutionen (Forschungseinrichtungen / Technologiezentren) eingeholt; die Fragestellung richtet sich in der Regel auf die Technologie, Innovationshöhe, Marktchancen der Technologie, Quantifizierung der Wettbewerbsvorteile

6. Könnte eine Business Plan Due Diligence die Glaubwürdigkeit und das Vertrauen in die Unternehmensinformationen junger wachstumsstarker Unternehmen erhöhen?

   Antwort: Grundsätzlich ja; das Instrumentarium eines Coaches, der gerade die Unternehmensgründung und das Schreiben eines ersten BP mit betreut und das, zu für das TU akzeptablen Kosten, wurde im Rahmen der ‚BTU-Frühphasenfinanzierung' erfolgreich erprobt.

7. Welche Rolle spielt aus Ihrer Sicht die externe Partei (Wirtschaftsprüfungsgesellschaft, Berater etc), die die Business Plan Due Diligence durchführt?

   Antwort: wird entscheidend sein für das Vertrauen, das ein potenzieller Kapitalgeber in den BP hat; wird allerdings auch eine Frage des Preises sein

8. Welche Anforderungen stellen Sie an eine Business Plan Due Diligence? Welche Bereiche sollte der Business Plan Due Diligence-Bericht mindestens abdecken?

   Antwort: Die Aussagen sollten durch Objektivität auch in der Wahl der Informationsquellen gekennzeichnet sein und sich konkret mit dem Innovationsgehalt des Projektes, der Verifizierung der Planungsprämissen und der wirtschaftlichen Erfolgsaussichten des TU befassen.

9. Sind aus Ihrer Sicht junge wachstumsstarke Unternehmen auf die Finanzierungsverhandlungen ausreichend vorbereitet?

   Antwort: Sehr unterschiedlich, u.a. auch je nach der Zusammensetzung des Gründerteams mit kaufmännischem Geschäftsführer / Leiter neben der technischen Geschäftsführung oder Vorstand.

10. Bitte beurteilen Sie die Auswirkungen einer Business Plan Due Diligence auf die Verhandlungsposition junger wachstumsstarker Unternehmen in Finanzierungsverhandlungen?
    Antwort: es kann grundsätzlich für das TU nur von Vorteil sein, mit zusätzlicher Vorbereitung und fundierten Preis/Konditionenvorstellungen in Finanzierungsverhandlungen einzutreten. ..

11. Bitte geben Sie eine Einschätzung über die durch die Business Plan Due Diligence gewonnenen Vorteile (zum Beispiel professionelle Unternehmenspräsentation, Einsparung zeitlicher, personeller und finanzieller Ressourcen etc.) auf die Finanzierungsentscheidung beziehungsweise Finanzierungskonditionen ab.

    Antwort: Es könnte ggf. zu einer Verkürzung der Zeitspanne bis zur Entscheidungsfindung kommen; inwieweit potenzielle Investoren jedoch auf eine eigene Due Diligence verzichten würden ist sehr fraglich.

12. Ist eine Beteiligung an den Kosten einer Business Plan Due Diligence denkbar?
    Antwort: bei jungen TU eher nicht denkbar.

Experte 9

Name des Interviewpartners und Name des Unternehmens: anonym

Position des Interviewpartners: Referent Bereich Consulting

Datum und Art der Auskunftserteilung: 28. September 2006, schriftliche Beantwortung per e-Mail

Leitfaden Experteninterview – Kreditinstitute

Fragenkatalog:

1. Welche speziellen Eigenschaften und Risiken sehen Sie im Zusammenhang mit einer Kreditvergabe an junge wachstumsstarke Unternehmen?

   Antwort: Die Risiken liegen in der Prognoseunsicherheit und Eintrittwahrscheinlichkeit der vorgelegten Planungen, weswegen an wachstumsstarke Unternehmen i.d.R. nur Kredite vergeben werden, die mit entsprechenden Eigenkapitalquoten und/oder Sicherheiten und/oder Haftungsfreistellungen (zum Beispiel durch öffentliche Fördermittel oder öffentlichen Bürgschaften) belegt werden können.

2. Welche speziellen Informationsanforderungen werden an junge wachstumsstarke Unternehmen gestellt?

   Antwort: Die Erstellung eines aussagefähigen und plausiblen Businessplans ist zwischenzeitlich unabdingbar.

3. Bitte beurteilen Sie die Qualität der von jungen wachstumsstarken Unternehmen erhaltenen Informationen für Ihre Kreditbeurteilung.

   Antwort: Zwar kann man die pauschale Aussage treffen, dass technologieorientierte Unternehmensgründungen meist einen gut vorbereiteten Businessplan einreichen.

   Der tatsächliche Grad der Wachstumsstärke eines Unternehmens zeigt sich erst nach der Gründung am Markt, deshalb kann man die Qualität der vorher eingereichten Informationen nur "ex post" betrachten.

4. Bitte beurteilen Sie das Vertrauen in die von jungen wachstumsstarken Unternehmen erhaltenen Informationen.

   Antwort: Dies kann nur im Einzelfall anhand der vorzufindenden Unternehmerpersönlichkeit beurteilt werden; Kreditsinstitute finanzieren Personen und nicht Vorhaben.

5. Welche Methoden/Verfahren wenden Sie zur Verifizierung der erhaltenen Unternehmensinformationen an?

   Antwort: Die Beurteilung der vorgelegten Businesspläne wird in unserem Hause durch eigene betriebswirtschaftlich und ingenieurwissenschaftlich ausgebildete Mitarbeiter vorgenommen.

6. Wie hoch ist der Zeitaufwand, der mit Auswertung der von jungen wachstumsstarken Unternehmen erhaltenen Informationen verbunden ist?

   Antwort: Dies hängt vom Umfang und der Komplexität des Geschäftsgegenstandes ab. In der Regel handelt es sich um aufwändige Prozesse, deren Prüfung bis zu mehreren Manntagen in Anspruch nehmen können.

7. Greifen Sie bei der Kreditbeurteilung junger wachstumsstarker Unternehmen regelmäßig, gelegentlich, selten oder gar nicht auf externe Berater beziehungsweise externe Sachverständige zur Unterstützung ihrer Finanzierungsentscheidung zurück? Wenn ja, um welche Art externer Berater (Anwälte, Wirtschaftsprüfungsgesellschaften etc.) handelt es sich und in welchen Angelegenheiten werden Sie extern beraten?

   Antwort: Diesbezüglich ist eigenes Know-how ist im Hause vorhanden, deshalb wird gar nicht auf externe Berater zurückgegriffen.

8. Könnte eine Business Plan Due Diligence die Glaubwürdigkeit und das Vertrauen in die Unternehmensinformationen junger wachstumsstarker Unternehmen erhöhen?

Antwort: Nur sehr bedingt, da eine eigene Prüfung im Hause auch bei Vorlage einer "Businessplan Due Diligence" vorgenommen werden müsste; gegebenenfalls könnten sich aber Prüfungsabläufe verkürzen.

9. Welche Rolle spielt aus Ihrer Sicht die externe Partei (Wirtschaftsprüfungsgesellschaft, Berater etc.), die die Business Plan Due Diligence durchführt?

   Antwort: Eine wesentliche, von deren Ruf wird die Glaubwürdigkeit der Businessplan Due Diligence abhängen. Aber letztlich entscheidet nicht die Institution, die die Due Diligence erstellt, sondern die jeweils ausführenden Mitarbeiter über die Qualität dieser Businessplan Due Diligence.
   Das heisst eine Einzelprüfung ist jedem Fall unabdingbar.

10. Welche Anforderungen stellen Sie an eine Business Plan Due Diligence? Welche Bereiche sollte der Business Plan Due Diligence-Bericht mindestens abdecken?

    Antwort: Die Betriebswirtschaftliche Überprüfung der Plan-Annahmen und der Marktprognosen.

11. Sind junge wachstumsstarke Unternehmen auf die Kreditverhandlungen ausreichend vorbereitet?

    Antwort: Prinzipiell sind die Entscheider in jungen wachstumsstarken Unternehmen meist gut vorbereitet. Da diese Unternehmen in der Regel Eigenkapital finanziert sind, verfügen die Entrepreneure auch über das notwendige Verhandlungsgeschick.

12. Bitte beurteilen Sie die Auswirkungen einer Business Plan Due Diligence auf die Verhandlungsposition junger wachstumsstarker Unternehmen in Kreditverhandlungen?

    Antwort: Die Verhandlungsposition kann nur sehr bedingt besser werden, da – wie schon oben gesagt – Wachstumsunternehmen ohnehin kaum fremdfinanziert werden und wenn doch, letztlich die Person und nicht das Unternehmen fremdfinanziert wird.

13. Bitte geben Sie eine Einschätzung über die durch die Business Plan Due Diligence gewonnenen Vorteile (zum Beispiel professionelle Unternehmenspräsentation, Einsparung zeitlicher, personeller und finanzieller Ressourcen etc.) auf die Finanzierungsentscheidung beziehungsweise Finanzierungskonditionen ab.

    Antwort: Nach dem oben gesagtem, sehe ich kaum eine positive Auswirkung auf die Kreditentscheidung bei Vorlage einer Businessplan Due Diligence.

14. Ist eine Integration der Business Plan Due Diligence in Ihre vorhandenen Rating-Konzepte vereinbar?

    Antwort: Eher nicht.

Experte 10

Name des Interviewpartners und Name des Unternehmens: anonym

Position des Interviewpartners: Leiter des StartUp-Centers/Prokurist

Datum und Art der Auskunftserteilung: 18. Oktober 2006, schriftliche Beantwortung per e-Mail

Interview-Leitfaden Kreditinstitute

Fragenkatalog:

1. Welche speziellen Eigenschaften und Risiken sehen Sie im Zusammenhang mit einer Kreditvergabe an junge wachstumsstarke Unternehmen?

   Bei Fremdfinanzierung durch KREDITE:
   Ansteigen des Verschuldungsgrades, Erhöhung des Kapitaldienstes (Belastung aus Zinsen und Tilgung), rückläufige Eigenkapitalquote, steigende Abhängigkeit (u.a. von den Fremdkapitalgebern).
   Wachstum sollte nicht nur fremdfinanziert werden. Die Eigenkapitalausstattung des Unternehmens sollte mit dem Wachstum Schritt halten.

2. Welche speziellen Informationsanforderungen werden an junge wachstumsstarke Unternehmen gestellt?

   Partnerschaftliche und zeitnahe Berichterstattung über die laufende Entwicklung des Unternehmens. Frühzeitige Einbindung bei Fehlentwicklungen.
   Dieses Verhalten wünschen wir uns allerdings nicht nur von wachstumsstarken Unternehmen.

3. Bitte beurteilen Sie die Qualität der von jungen wachstumsstarken Unternehmen erhaltenen Informationen für Ihre Kreditbeurteilung.

   Sehr unterschiedlich, von gut recherchiert bis oberflächlich. Trend: Die Qualität der Informationen verbessert sich.

4. Bitte beurteilen Sie das Vertrauen in die von jungen wachstumsstarken Unternehmen erhaltenen Informationen.

   Keine Besonderheiten.

5. Welche Methoden/Verfahren wenden Sie zur Verifizierung der erhaltenen Unternehmensinformationen an?

   U.a. holen wir Branchenberichte oder Gutachten ein. Bei der Finanzierung entsprechender Vorhaben wird das Risiko auf mehrere Schultern verteilt: Unternehmer, weitere Kapitalgeber, Bürgschaftsbanken, Kreditanstalt für Wiederaufbau etc.

6. Wie hoch ist der Zeitaufwand, der mit Auswertung der von jungen wachstumsstarken Unternehmen erhaltenen Informationen verbunden ist?

   Abhängig von der Größe des Unternehmens und dem Finanzierungabedarf. Je größer Vorhaben und Unternehmen sind, desto zeitintensiver ist die Prüfung.

7. Greifen Sie bei der Kreditbeurteilung junger wachstumsstarker Unternehmen regelmäßig, gelegentlich, selten oder gar nicht auf externe Berater beziehungsweise externe Sachverständige zur Unterstützung ihrer Finanzierungsentscheidung zurück? Wenn ja, um welche Art externer Berater (Anwälte, Wirtschaftsprüfungsgesellschaften etc.) handelt es sich und in welchen Angelegenheiten werden Sie extern beraten?

   Ja, auf zum Beispiel Bürgschaftsbanken. Diese prüfen, ob für entsprechende Vorhaben eine Ausfallbürgschaft (die zur Sicherstellung der Kredite benötigt wird) bereitgestellt werden kann. Bürgscahftsbanken holen sich zudem regelmäßig Stellungnahmen von Handelss- beziehungsweise Handwerkskammern ein. Bei innovativen Vorhaben binden wir zudem die Steinbeiss-Stiftung ein. Diese liefern Gutachten über die technische Machbarkeit und den Markt.

8. Könnte eine Business Plan Due Diligence die Glaubwürdigkeit und das Vertrauen in die Unternehmensinformationen junger wachstumsstarker Unternehmen erhöhen?

Nicht unbedingt. Wichtiger als der Businessplan ist die Qualifikation und das Netzwerk/die Unterstützung des Mangaements.

9. Welche Rolle spielt aus Ihrer Sicht die externe Partei (Wirtschaftsprüfungsgesellschaft, Berater etc.), die die Business Plan Due Diligence durchführt?

   Guter Rat ist wichtig, als Ergänzung zu entsprechendem Management-know-how. Es gibt diverse Studien, die beweisen, dass Unternehmen, die eng extern beratend begleitet werden, überlebensfähiger sind. Sh. Infos der Bürgschaftsbank Schleswig-Holstein. Berater sind jedoch selten persönlich im Obligo und „verabschieden" sich, sobald keine Honorare mehr bezahlt werden können oder Probleme auftreten. Insofern auch hier wieder: Die Qualifikation des Management-Teams ist wichtig.

10. Welche Anforderungen stellen Sie an eine Business Plan Due Diligence? Welche Bereiche sollte der Business Plan Due Diligence-Bericht mindestens abdecken?

    Zusammenfassung
    Rechtsform
    Branche/Markt/Wettbewerb
    Produkt/Dienstleistung
    3 Jahresplanung (Kosten, Personal, Rentabilität, Liquidität)
    Chancen + Risiken/SWAT-Analyse

11. Sind junge wachstumsstarke Unternehmen auf die Kreditverhandlungen ausreichend vorbereitet?

    I.d.R.: ja.

12. Bitte beurteilen Sie die Auswirkungen einer Business Plan Due Diligence auf die Verhandlungsposition junger wachstumsstarker Unternehmen in Kreditverhandlungen

    Wichtig, Eintrittskarte für Finanzierungsgespräche; spielt auch beim Rating eine Rolle.

13. Bitte geben Sie eine Einschätzung über die durch die Business Plan Due Diligence gewonnenen Vorteile (zum Beispiel professionelle Unternehmenspräsentation, Einsparung zeitlicher, personeller und finanzieller Ressourcen etc.) auf die Finanzierungsentscheidung beziehungsweise Finanzierungskonditionen ab.

    Der Businessplan gehört zu den Voraussetzungen für eine Finanzierungszusage, das heisst ohne Businessplan gibt es keine Kredite.

    Die Vorlage eines fundierten Businessplanes macht sich beim Rating bemerkbar. Eine gute Ratingnote führt zu preiswerteren Konditionen.

14. Ist eine Integration der Business Plan Due Diligence in Ihre vorhandenen Rating-Konzepte vereinbar?

    Ja, findet bereits statt.

Experte 11

Name des Interviewpartners und Name des Unternehmens: anonym

Position des Interviewpartners: Projektmanager

Datum und Art der Auskunftserteilung: 29. September 2006, schriftliche Beantwortung per Fax

Interview-Leitfaden Kreditinstitute

Fragenkatalog:

1. Welche speziellen Eigenschaften und Risiken sehen Sie im Zusammenhang mit einer Kreditvergabe an junge wachstumsstarke Unternehmen?

   Antwort: Chancen: hohe Renditen, Arbeitsplatzbeschaffung (nachhaltig und dauerhaft); Risiken: geringe Vorlaufzeiten, größerer Kapitalbedarf F+E, komplexe Marktsituation

2. Welche speziellen Informationsanforderungen werden an junge wachstumsstarke Unternehmen gestellt?

   Antwort: Unternehmenskonzept, wie auch bei anderen Unternehmen, aussagestark, auf den Punkt gebracht, neutrale nachvollziehbare Informationen zum Markt, Produkt, Wettbewerb, betriebswirtschaftliches Umfeld, Produktsituation, Mitarbeiter, Unternehmer

3. Bitte beurteilen Sie die Qualität der von jungen wachstumsstarken Unternehmen erhaltenen Informationen für Ihre Kreditbeurteilung.

   Antwort: pauschal nicht zu beantworten; Beurteilung und Entscheidung wird erst durchführbar, wenn aussagefähige Unterlagen vorliegen

4. Bitte beurteilen Sie das Vertrauen in die von jungen wachstumsstarken Unternehmen erhaltenen Informationen.

Antwort: i.d.R. (auch nicht pauschal beantwortbar) werden alle Unternehmenskonzepte einer Bewertung der gelieferten Informationen unterzogen; keine Frage des Vertrauens, sondern der Neutralität der Informationsquellen

5. Welche Methoden/Verfahren wenden Sie zur Verifizierung der erhaltenen Unternehmensinformationen an?

   Antwort: Finanzanalyse klassisch, Rating, hausinterne technologische Bewertung, externe Analysen

6. Wie hoch ist der Zeitaufwand, der mit Auswertung der von jungen wachstumsstarken Unternehmen erhaltenen Informationen verbunden ist?

   Antwort: pauschal nicht bezifferbar, je nach Produkthintergrund wesentlich höher als bei „normalen" Unternehmen aus dem Dienstleistungs- und Produktionsbereich

7. Greifen Sie bei der Kreditbeurteilung junger wachstumsstarker Unternehmen regelmäßig, gelegentlich, selten oder gar nicht auf externe Berater beziehungsweise externe Sachverständige zur Unterstützung ihrer Finanzierungsentscheidung zurück? Wenn ja, um welche Art externer Berater (Anwälte, Wirtschaftsprüfungsgesellschaften etc.) handelt es sich und in welchen Angelegenheiten werden Sie extern beraten?

   Antwort: regelmäßig: Fachleute für Marktgutachten, für Technikgutachten, für rechtliche und steuerliche Fragen, für Vertragsfragen (Due Diligence; abh. von Finanzierungsform)

8. Könnte eine Business Plan Due Diligence die Glaubwürdigkeit und das Vertrauen in die Unternehmensinformationen junger wachstumsstarker Unternehmen erhöhen?

   Antwort: bietet eine zusätzliche Entscheidungsgrundlage; Hintergrund der erstellenden Stelle wird aber auch geprüft (Neutralität, Fachkenntnis)

9. Welche Rolle spielt aus Ihrer Sicht die externe Partei (Wirtschaftsprüfungsgesellschaft, Berater etc.), die die Business Plan Due Diligence durchführt?

Antwort: keine wesentliche; Neutralität und Fachkompetenz

10. Welche Anforderungen stellen Sie an eine Business Plan Due Diligence? Welche Bereiche sollte der Business Plan Due Diligence-Bericht mindestens abdecken?

    Antwort: umfangreiche betriebswirtschaftliche, rechtliche und auf die Schwerpunkte der Frage 2 bezogene Analyse

11. Sind junge wachstumsstarke Unternehmen auf die Kreditverhandlungen ausreichend vorbereitet?

    Antwort: nicht pauschal beantwortbar; i.d.R. werden weitere Informationen notwendig

12. Bitte beurteilen Sie die Auswirkungen einer Business Plan Due Diligence auf die Verhandlungsposition junger wachstumsstarker Unternehmen in Kreditverhandlungen?

    Antwort: keine, da ggf. Voraussetzung

13. Bitte geben Sie eine Einschätzung über die durch die Business Plan Due Diligence gewonnenen Vorteile (zum Beispiel professionelle Unternehmenspräsentation, Einsparung zeitlicher, personeller und finanzieller Ressourcen etc.) auf die Finanzierungsentscheidung beziehungsweise Finanzierungskonditionen ab.

    Antwort: zusätzliche Entscheidungsgrundlage, die ggf. den Rechercheaufwand reduziert

14. Ist eine Integration der Business Plan Due Diligence in Ihre vorhandenen Rating-Konzepte vereinbar?

    Antwort: Zusammenhang ist für uns nicht zu erkennen

Anhang 7: Hintergrundinformationen und Definitionen

Hintergrundinformationen und Problemstellung:

Im Verkaufsprozess eines Unternehmens oder eines Unternehmensteils nimmt die Verhandlungsstärke eines Verkäufers gegenüber potentiellen Käufern regelmäßig ab. Dies ist insbesondere darauf zurückzuführen, dass potentielle Käufer im Rahmen der Untersuchung des Zielobjekts stets Mängel und Risiken identifizieren und zudem berufsbedingt über mehr Verhandlungsgeschick verfügen. Vor diesem Hintergrund gewinnt die verkäuferseitig initiierte Due Diligence in M&A-Transaktionen zunehmend an Bedeutung. Die Verkäufer-Due Diligence ist eine von der Geschäftsleitung des Zielunternehmens beauftragte sorgfältige Analyse des Unternehmens durch eine unabhängige Partei. Sie dient primär der Aufdeckung und Beseitigung bestehender Mängel und der Vorbereitung auf den Verhandlungsprozess mit potenziellen Käufern.

Der Zugang zu Kapitalgebern und die Bewahrung der Verhandlungsposition stellen jedoch nicht nur in M&A-Transaktionen eine Herausforderung für die Geschäftsleitung eines Unternehmens dar. Auch für junge wachstumsstarke Unternehmen ist der Weg zu einer adäquaten Wachstumsfinanzierung regelmäßig mühsam: enorme Informationsasymmetrien bestehen auf Seiten der potenziellen Kapitalgeber insbesondere aufgrund einer nicht existenten langjährigen und fundiert dokumentierten Unternehmenshistorie sowie schutzbedürftiger Technologien und Know-How, die regelmäßig Bestandteil des Geschäftsmodells junger wachstumsstarker Unternehmen sind. Vor dem Hintergrund umfangreicher Ausleseprozesse und einer strikten Anwendung von Bewertungsschemata durch potenzielle Kapitalgeber als auch scheinbaren Interessengegensätzen ist für das Zustandekommen und die Ausgestaltung eines Finanzierungsverhältnisses zwischen einem Wachstumsunternehmen und einem Kapitalgeber die Verhandlungsposition entscheidend.

Gegenstand meiner Doktorarbeit und somit Gegenstand dieser Befragung ist die Untersuchung, in wie weit das in M&A-Prozessen bereits erfolgreich eingesetzte Instrument der Verkäufer-Due Diligence auf die Finanzmittelakquisition junger wachstumsstarker Unternehmen übertragen werden kann. In diesem Zusammenhang wird im Folgenden der Begriff „Business Plan Due Diligence" verwendet.

Definitionen:

Junge wachstumsstarke Unternehmen: Unternehmen, die sich in der Gründungsphase bzw. Wachstumsphase befinden und die, um das Wachstum zu finanzieren, einen hohen Kapitalbedarf aufweisen. Das Unternehmenskonzept ist meist technologieorientiert. Fundierte historische Finanzinformationen stehen nur in eingeschränktem Umfang zur Verfügung und die Beurteilung des Unternehmens beruht vorrangig auf eine Analyse der geplanten zukünftigen Entwicklung.

Due Diligence: Detaillierte und systematische Sorgfältigkeitsanalyse von Daten einer Gesellschaft mit dem Ziel, ein Gesamtbild des Unternehmens zu erlangen. Eine Due Diligence wird z.B. durch potenzielle Erwerber im Rahmen eines Unternehmenskaufes, eines Beteiligungserwerbs und zur Ermittlung eines Unternehmenswerts durchgeführt. In diesem Zusammenhang werden regelmäßig technische, organisatorische, psychologische, rechtliche und steuerrechtliche sowie finanzielle Sachverhalte untersucht.

Verkäufer-Due Diligence: Eine Verkäufer-Due Diligence ist eine im Auftrag des Verkäufers eines Unternehmens durchgeführte Due Diligence. Sie ist jedoch auf die Informationsbedürfnisse eines potentiellen Unternehmenskäufers in Bezug auf Arbeitsumfang und Berichterstattung ausgerichtet.

Business Plan Due Diligence: Initiierung einer Due Diligence durch junge wachstumsstarke Unternehmen im Rahmen der Beschaffung von Finanzmitteln (Beteiligungskapital bzw. Kreditmittel). Die Beauftragung einer dritten Partei durch ein junges wachstumsstarkes Unternehmen mit der Aufbereitung, Überprüfung und Analyse von Unternehmensinformationen vermag Vorteile sowohl für das junge wachstumsstarke Unternehmen als auch für potentielle Kapitalgeber zu bedeuten. Vorteile für das junge wachstumsstarke Unternehmen sind u.a. die Möglichkeit der Identifizierung und der Beseitigung von Risiken und Mängeln vor der Weitergabe von Unternehmensinformationen an potenzielle Kapitalgeber sowie eine professionelle Unternehmenspräsentation. Vorteile für potentielle Kapitalgeber hingegen bestehen u.a. in dem Abbau von Informationsasymmetrien sowie einer Reduktion des zeitlichen und monetären Aufwands der Durchführung eigener Due Diligence-Prüfungen. Die Durchführung einer Business Plan Due Diligence durch eine Wirtschaftsprüfungsgesellschaft, die durch Berufsgrundsätze zur Unabhängigkeit und Objektivität verpflichtet ist, verleiht zusätzlich Glaubwürdigkeit und Vertrauen.

Anhang 8: Fragebogen – Junge wachstumsstarke Unternehmen

Seite 1/14 7% Weiter »

1. Bitte geben Sie an, inwieweit Sie folgender Aussage zustimmen:

Im Verlauf der Wachstumsfinanzierung und vor dem Hintergrund des hiermit verbundenen hohen externen Kapitalbedarfs sind Schwierigkeiten bei der Kapitalbeschaffung aufgetreten.

Es ist nur eine Antwort möglich.

○	○	○	○	○	○
Stimme voll und ganz zu	Stimme zu	Stimme eher zu	Stimme eher nicht zu	Stimme nicht zu	Stimme überhaupt nicht zu

Weiter »

« Zurück Seite 2/14 14% Weiter »

2. Mit welchen Finanzierungsinstrumenten ist das Wachstum Ihres Unternehmens **in der Vergangenheit** finanziert worden?

Es ist nur eine Antwort möglich.

○ Kreditfinanzierung durch eine Bank
○ Beteiligungskapital durch eine Beteiligungsgesellschaft
○ Beides
○ Sonstiges

3. Mit welchen Finanzierungsinstrumenten soll das Wachstum Ihres Unternehmens **künftig** finanziert werden?

Es ist nur eine Antwort möglich.

○ Kreditfinanzierung durch eine Bank
○ Beteiligungskapital durch eine Beteiligungsgesellschaft
○ Beides
○ Sonstiges

« Zurück Weiter »

« Zurück Seite 3/14 21% Weiter »

4. Bitte geben Sie an, inwieweit Sie folgender Aussage zustimmen:

Unter Berücksichtigung der hohen Informationsanforderungen bzw. -bedürfnisse von potenziellen Kapitalgebern erfolgt eine intensive Vorbereitung auf die Kreditverhandlung mit Banken bzw. Finanzierungsverhandlung mit Beteiligungsgesellschaften.

Es ist nur eine Antwort möglich.

○ Stimme voll zu ○ Stimme zu ○ Stimme eher zu ○ Stimme eher nicht zu ○ Stimme nicht zu ○ Stimme überhaupt nicht zu

« Zurück Weiter »

«« Zurück | Seite 4/14 | 28% | Weiter »»

5. Bitte geben Sie an, mit welchen Maßnahmen Sie sich auf Kreditverhandlungen mit **Banken** vorbereiten.

Mehrfachnennungen sind möglich.

- ☐ Erlangen von Kenntnis über die Informationsanforderungen bzw. -bedürfnisse der Bank
- ☐ Aufbereitung der geforderten Unternehmensinformationen
- ☐ Erstellen eines Business Plans
- ☐ Bestimmung von Verhandlungszielen
- ☐ Umfangreiche Finanzplanungen, Sensitivitätsanalysen etc.
- ☐ Einrichten eines Datenraums
- ☐ Ausarbeitung von Finanzierungsalternativen im Fall eines Scheiterns der Verhandlung
- ☐ Sonstige ______
- ☐ Es wird keine Kreditfinanzierung in Anspruch genommen.
- ☐ Es erfolgt keine Vorbereitung auf die Verhandlung

6. Bitte geben Sie an, mit welchen Maßnahmen Sie sich auf Finanzierungsverhandlungen mit **Beteiligungsgesellschaften** vorbereiten.

Mehrfachnennungen sind möglich.

- ☐ Erlangen von Kenntnis über die Informationsanforderungen bzw. -bedürfnisse der Beteiligungsgesellschaft
- ☐ Aufbereitung der geforderten Unternehmensinformationen
- ☐ Erstellen eines Business Plans
- ☐ Bestimmung von Verhandlungszielen
- ☐ Umfangreiche Finanzplanungen, Sensitivitätsanalysen etc.
- ☐ Einrichten eines Datenraums
- ☐ Ausarbeitung von Alternativen im Fall eines Scheiterns der Verhandlung
- ☐ Sonstige ______
- ☐ Es wird keine Finanzierung mit Beteiligungskapital in Anspruch genommen.
- ☐ Es erfolgt keine Vorbereitung auf die Verhandlung

«« Zurück | Weiter »»

«« Zurück | Seite 5/14 | 35% | Weiter »»

7. Haben Sie in der Vergangenheit in die Verhandlungsvorbereitung externe Sachverständige bzw. externe Berater miteinbezogen?

Es ist nur eine Antwort möglich.

○ Ja ○ Nein

8. Planen Sie künftig in die Verhandlungsvorbereitung externe Sachverständige bzw. externe Berater miteinzubeziehen?

Es ist nur eine Antwort möglich.

○ Ja ○ Nein ○ Vielleicht

«« Zurück | Weiter »»

<< Zurück | Seite 6/14 | 42% | Weiter >>

9. Welches sind die wesentlichen Probleme in Kreditverhandlungen mit **Banken**?

Mehrfachnennungen sind möglich.

- ☐ Fehlendes technologisches Know-How der Sachbearbeiter
- ☐ Strikte Anwendung von standardisierten Bewertungsschemata durch die Bank
- ☐ Zu hohe Informationsanforderungen bzw. -bedürfnisse
- ☐ Finanzierungsentscheidung zu langwierig
- ☐ Mit Finanzierungszusage sind zu viele Auflagen verbunden
- ☐ Verhandlungsstärke der Bank vs. fehlende Verhandlungserfahrung des kapitalsuchenden Unternehmens
- ☐ Unterschiedliche Bewertungseinschätzungen (Unternehmen vs. Kapitalgeber)
- ☐ Unzureichende Vorbereitung auf die Verhandlung
- ☐ Sonstige
- ☐ Es wird keine Kreditfinanzierung in Anspruch genommen
- ☐ Es gibt keine Probleme in Kreditverhandlungen

10. Welches sind die wesentlichen Probleme in Finanzierungsverhandlungen mit **Beteiligungsgesellschaften**?

Mehrfachnennungen sind möglich.

- ☐ Fehlendes technologisches Know-How der Beteiligungsmanager
- ☐ Strikte Anwendung von standardisierten Bewertungsschemata durch die Beteiligungsgesellschaft
- ☐ Zu hohe Informationsanforderungen bzw. -bedürfnisse
- ☐ Finanzierungsentscheidung zu langwierig
- ☐ Mit Finanzierungszusage sind zu viele Auflagen verbunden
- ☐ Verhandlungsstärke der Bank vs. fehlende Verhandlungserfahrung des kapitalsuchenden Unternehmens
- ☐ Unterschiedliche Bewertungseinschätzungen (Unternehmen vs. Kapitalgeber)
- ☐ Unzureichende Vorbereitung auf die Verhandlung
- ☐ Sonstige
- ☐ Es wird keine Beteiligungsfinanzierung in Anspruch genommen
- ☐ Es gibt keine Probleme in Finanzierungsverhandlungen

<< Zurück | Weiter >>

<< Zurück | Seite 7/14 | 50% | Weiter >>

11. Bitte geben Sie an, inwieweit Sie mit folgender Aussage übereinstimmen:

Das Konzept einer Business Plan Due Diligence ist grundsätzlich anwendbar.

Es ist nur eine Antwort möglich.

○	○	○	○	○	○
Stimme voll zu	Stimme zu	Stimme eher zu	Stimme eher nicht zu	Stimme nicht zu	Stimme überhaupt nicht zu

<< Zurück | Weiter >>

<< Zurück Seite 8/14 57% Weiter >>

12. Welche Vorteile sehen Sie in der Initiierung einer Business Plan Due Diligence?

Mehrfachnennungen sind möglich.

- ☐ Aufdeckung und Beseitigung von potenziellen Schwachstellen und Risiken
- ☐ Unterstützung bei der Vorbereitung auf Verhandlungen mit potenziellen Kapitalgebern
- ☐ Aufrechterhaltung der Verhandlungsposition in Finanzierungsverhandlungen mit potenziellen Kapitalgebern
- ☐ Professionelle Unternehmenspräsentation
- ☐ Aussagekräftiger Due Diligence Bericht
- ☐ Einhaltung von Sorgfaltspflichten eines Geschäftsführers oder eines Vorstands bei der Ausübung unternehmerischer Tätigkeiten
- ☐ Geminderte Beeiträchtigung der laufenden Geschäftstätigkeit
- ☐ Informationsmanagement- und kontrolle
- ☐ Entwurf des Finanzierungsvertrags unter Berücksichtigung der Ergebnisse aus der Business Plan Due Diligence
- ☐ Vorbereitung bei der Einrichtung eines Datenraums
- ☐ Erwartung von günstigen Finanzierungskonditionen
- ☐ Sonstige
- ☐ Es gibt keine Vorteile

13. Welches sind die wesentlichen Nachteile, die mit der Initiierung einer Business Plan Due Diligence verbunden sind?

Mehrfachnennungen sind möglich.

- ☐ Kosten
- ☐ Zeitaufwand
- ☐ Zeitliche Inanspruchnahme des Managements
- ☐ Fehlende Akzeptanz einer Business Plan Due Diligence durch potenzielle Kapitalgeber
- ☐ Es werden nicht alle Schwachstellen und Risiken aufgedeckt
- ☐ Auswirkungen auf die Verhandlungsposition nicht quantifizierbar
- ☐ Sonstige
- ☐ Es gibt keine Nachteile

<< Zurück Weiter >>

«« Zurück | Seite 9/14 | 64% | Weiter »»

14. Bitte geben Sie an, inwieweit Sie mit folgender Aussage übereinstimmen:

Die Initiierung einer Business Plan Due Diligence birgt das Potential der Verbesserung der Verhandlungsposition in Kreditverhandlungen mit **Banken**.

Es ist nur eine Antwort möglich.

○	○	○	○	○	○
Stimme voll zu	Stimme zu	Stimme eher zu	Stimme eher nicht zu	Stimme nicht zu	Stimme überhaupt nicht zu

15. Bitte geben Sie an, inwieweit Sie mit folgender Aussage übereinstimmen:

Die Initiierung einer Business Plan Due Diligence birgt das Potential der Verbesserung der Verhandlungsposition in Finanzierungsverhandlungen mit **Beteiligungsgesellschaften**.

Es ist nur eine Antwort möglich.

○	○	○	○	○	○
Stimme voll zu	Stimme zu	Stimme eher zu	Stimme eher nicht zu	Stimme nicht zu	Stimme überhaupt nicht zu

«« Zurück | Weiter »»

«« Zurück | Seite 10/14 | 71% | Weiter »»

16. Welche Partei würden Sie mit der Durchführung einer Business Plan Due Diligence beauftragen, um eine höchstmögliche Verbesserung ihrer Verhandlungsposition zu erreichen?

Mehrfachnennungen sind möglich.

- ☐ Wirtschaftsprüfungsgesellschaft
- ☐ Beratungsunternehmen
- ☐ Kanzleien (z.B. Patentanwälte)
- ☐ Forschungsinstitutionen
- ☐ Sonstige ______
- ☐ Durchführung einer Business Plan Due Diligence aus eigenen Ressourcen
- ☐ Es wird keine Business Plan Due Diligence beauftragt bzw. durchgeführt

«« Zurück | Weiter »»

<< Zurück Seite 11/14 78% Weiter >>

17. Bitte quantifizieren Sie Ihre Zahlungsbereitschaft für eine Business Plan Due Diligence unter Berücksichtigung der Vor- und Nachteile.

Es ist nur eine Antwort möglich.

- ○ weniger als TEUR 50
- ○ TEUR 50 bis TEUR 100
- ○ TEUR 100 bis TEUR 150
- ○ mehr als TEUR 150
- ○ Zahlungsbereitschaft nicht quantifizierbar
- ○ Zahlungsbereitschaft nicht vorhanden

<< Zurück Weiter >>

<< Zurück Seite 12/14 85% Weiter >>

18. Bitte geben Sie an, inwieweit Sie mit folgender Aussage übereinstimmen:

Eine Business Plan Due Diligence wird - ähnlich wie eine Verkäufer Due Diligence in M&A-Transaktionen - von potenziellen Kapitalgebern akzeptiert und geschätzt.

Es ist nur eine Antwort möglich.

○	○	○	○	○	○
Stimme voll zu	Stimme zu	Stimme eher zu	Stimme eher nicht zu	Stimme nicht zu	Stimme überhaupt nicht zu

19. Bitte geben Sie an, inwieweit Sie mit folgender Aussage übereinstimmen:

Eine Business Plan Due Diligence ist für Seed-Finanzierungen weniger relevant als für Start-up- bzw. Wachstumsfinanzierungen.

Es ist nur eine Antwort möglich.

○	○	○	○	○	○
Stimme voll zu	Stimme zu	Stimme eher zu	Stimme eher nicht zu	Stimme nicht zu	Stimme überhaupt nicht zu

<< Zurück Weiter >>

<< Zurück Seite 13/14 92% Weiter >>

20. Werden Sie in Erwägung ziehen, eine Business Plan Due Diligence für weitere Wachstumsfinanzierungen ihre Unternehmens zu initiieren?

Es ist nur eine Antwort möglich.

- ○ Ja
- ○ Nein
- ○ Vielleicht
- ○ Ich habe bereits eine Business Plan Due Diligence oder ähnliches initiiert:

<< Zurück Weiter >>

<< Zurück Seite 14/14 100% Weiter >>

21. Anmerkungen zur Business Plan Due Diligence, zum Fragebogen etc. können Sie in folgendem Textfeld ergänzen.

Eine Eingabe ist nicht zwingend erforderlich.

Auf der folgenden Seite erhalten Sie eine Übersicht über Ihre Antworten. Änderungen können noch vorgenommen werden.

Durch Betätigung des Buttons "**Fragebogen absenden**" auf der folgenden Seite beenden Sie die Befragung.

<< Zurück Weiter >>

Anhang 9: Fragebogen – Wirtschaftsprüfer

Seite 1/12 8% Weiter »»

1. Welche Vorteile verbinden Sie mit einer Leistungserbringung für junge wachstumsstarke Unternehmen?

Mehrfachnennungen sind möglich.

- ☐ Aufbau einer langfristigen Geschäftsbeziehung
- ☐ Hoher Beratungsbedarf der Unternehmen birgt Chance auf umfangreiche Beratungsleistungen
- ☐ Erfahrungen sammeln
- ☐ Sonstige
- ☐ Es existieren keine Vorteile

2. Welche Nachteile verbinden Sie mit einer Leistungserbringung für junge wachstumsstarke Unternehmen?

Mehrfachnennungen sind möglich.

- ☐ Es liegen keine detaillierten und belastbaren Vergangenheitsinformationen vor
- ☐ Prognoseunsicherheit
- ☐ Das Management ist zu stark marketingorientiert; finanzielle Aspekte werden vernachlässigt
- ☐ Begrenztes Budget
- ☐ Sonstige
- ☐ Es existieren keine Nachteile

Weiter »»

«« Zurück Seite 2/12 16% Weiter »»

3. Bitte geben Sie an, inwieweit Sie mit folgender Aussage übereinstimmen:

Das Konzept einer Business Plan Due Diligence ist grundsätzlich anwendbar.

Es ist nur eine Antwort möglich.

○	○	○	○	○	○
Stimme voll zu	Stimme zu	Stimme eher zu	Stimme eher nicht zu	Stimme nicht zu	Stimme überhaupt nicht zu

«« Zurück Weiter »»

« Zurück | Seite 3/12 | 25% | Weiter »

4. Haben Sie bereits eine Business Plan Due Diligence in der dargestellten oder einer ähnlichen Ausgestaltung durchgeführt?

   Es ist nur eine Antwort möglich.

   ○ Ja
   ○ Nein
   ○ Folgende ähnliche Leistungen habe ich erbracht: ____

« Zurück | Weiter »

« Zurück | Seite 4/12 | 33% | Weiter »

5. Welche speziellen Themen müssten über den Umfang einer Verkäufer-Due Diligence in M&A-Transaktionen hinaus im Leistungsumfang einer Business Plan Due Diligence enthalten sein?

   Mehrfachnennungen sind möglich.

   ☐ Verifizierung der Planungsprämissen
   ☐ Marktgröße und Marktpotenzial
   ☐ Go-to-Market-Strategie
   ☐ Technische Differenzierung
   ☐ Patentschutz
   ☐ Weniger Fokus auf Historie, stattdessen Fokus auf Planung
   ☐ Sonstiges ____
   ☐ Keine Besonderheiten gegenüber einer Verkäufer Due Diligence

« Zurück | Weiter »

« Zurück | Seite 5/12 | 41% | Weiter »

6. Welche Chancen würden Sie mit dem Angebot einer Business Plan Due Diligence verbinden?

   Mehrfachnennungen sind möglich.

   ☐ Aufbau einer langfristigen Geschäftsbeziehung
   ☐ Aussicht auf lukrative Folgeaufträge
   ☐ Erfahrungen sammeln
   ☐ Sonstige ____
   ☐ Es existieren keine Chancen

7. Welche Risiken würden Sie mit dem Angebot einer Business Plan Due Diligence verbinden?

   Mehrfachnennungen sind möglich.

   ☐ Übermäßige Haftungsrisiken
   ☐ Kostenrisiko
   ☐ Fehlendes Know-How
   ☐ Assoziation eines WPs mit einem Mißerfolg bei Nichteintritt der Annahmen des Business Plans
   ☐ Sonstige ____
   ☐ Es existieren keine Risiken

« Zurück | Weiter »

« Zurück | Seite 6/12 | 50% | Weiter »

8. Bitte geben Sie an, inwieweit Sie mit folgender Aussage übereinstimmen:

Die Ressourcen, die zur Durchführung einer Business Plan Due Diligence erforderlich sind (Know-How, Personal etc.), sind ausreichend (in Ihrem Haus) vorhanden.

Es ist nur eine Antwort möglich.

○	○	○	○	○	○
Stimme voll zu	Stimme zu	Stimme eher zu	Stimme eher nicht zu	Stimme nicht zu	Stimme überhaupt nicht zu

« Zurück | Weiter »

« Zurück | Seite 7/12 | 58% | Weiter »

9. Ist die Durchführung einer Business Plan Due Diligence aus Ihrer Sicht eine Vorbehaltsaufgabe von Wirtschaftsprüfern, da diese in der Regel Know-How in übergreifenden Themenbereichen wie Finanzanalyse, Steuern und IT haben?

Es ist nur eine Antwort möglich. Die darauffolgende Frage ist zu beachten.

○ Ja
○ Nein
○ Nicht unbedingt

10. Ist die Leistungserbringung eines Wirtschaftsprüfers ggf. durch folgende Berater/Institutionen zu ergänzen bzw. zu ersetzen?

Mehrfachnennungen sind möglich.

☐ Unternehmensberatung
☐ Forschungseinrichtungen
☐ Kanzleien (z.B. Patentanwälte)
☐ Sonstige ______
☐ Es sind keine weiteren Berater notwendig.

« Zurück | Weiter »

« Zurück Seite 8/12 66% Weiter »

11. Bitte geben Sie an, inwieweit Sie mit folgender Aussage übereinstimmen:

Das Kostenrisiko (d.h. das Risiko, dass die durchzuführenden Arbeiten nicht unter Einhaltung des ausgehandelten Budgets durchgeführt werden können) ist maßgebend für die Entscheidung, die Leistung einer Business Plan Due Diligence nicht anzubieten.

Es ist nur eine Antwort möglich.

○	○	○	○	○	○
Stimme voll zu	Stimme zu	Stimme eher zu	Stimme eher nicht zu	Stimme nicht zu	Stimme überhaupt nicht zu

« Zurück Weiter »

« Zurück Seite 9/12 75% Weiter »

12. Bitte geben Sie an, inwieweit Sie mit folgender Aussage übereinstimmen:

Die Initiierung einer Business Plan Due Diligence durch ein junges wachstumsstarkes Unternehmen birgt das Potential der Verbesserung der Verhandlungsposition in Finanzierungsverhandlungen mit potenziellen Kapitalgebern.

Es ist nur eine Antwort möglich.

○	○	○	○	○	○
Stimme voll zu	Stimme zu	Stimme eher zu	Stimme eher nicht zu	Stimme nicht zu	Stimme überhaupt nicht zu

« Zurück Weiter »

<< Zurück | Seite 10/12 | 83% | Weiter >>

13. Bitte geben Sie an, inwieweit Sie mit folgender Aussage übereinstimmen:

Eine Business Plan Due Diligence wird - ähnlich wie eine Verkäufer Due Diligence in M&A-Transaktionen - von potenziellen Kapitalgebern akzeptiert und geschätzt.

Es ist nur eine Antwort möglich.

○	○	○	○	○	○
Stimme voll zu	Stimme zu	Stimme eher zu	Stimme eher nicht zu	Stimme nicht zu	Stimme überhaupt nicht zu

14. Bitte geben Sie an, inwieweit Sie mit folgender Aussage übereinstimmen:

Eine Business Plan Due Diligence ist für Seed-Finanzierungen weniger relevant als für Start-up- bzw. Wachstumsfinanzierungen.

Es ist nur eine Antwort möglich.

○	○	○	○	○	○
Stimme voll zu	Stimme zu	Stimme eher zu	Stimme eher nicht zu	Stimme nicht zu	Stimme überhaupt nicht zu

<< Zurück | Weiter >>

<< Zurück | Seite 11/12 | 91% | Weiter >>

15. Bitte geben Sie an, ob Sie selbständig oder unselbständig tätig sind.

Es ist nur eine Antwort möglich.

- ○ Wirtschaftsprüfer, selbständig tätig
- ○ Wirtschaftsprüfer, unselbständig tätig
- ○ Wirtschaftsprüfer, unselbständig tätig bei Top 4 WP-Gesellschaft
- ○ Sonstiges

<< Zurück | Weiter >>

---

16. Anmerkungen zur Business Plan Due Diligence, zum Fragebogen etc. können Sie in folgendem Textfeld ergänzen.

Eine Eingabe ist nicht zwingend erforderlich.

Auf der folgenden Seite erhalten Sie eine Übersicht über Ihre Antworten. Änderungen können noch vorgenommen werden.

Durch Betätigung des Buttons "**Fragebogen absenden**" auf der folgenden Seite beenden Sie die Befragung.

Anhang 10: Fragebogen – Beteiligungsgesellschaften

Seite 1/12 8% Weiter »

1. Bitte geben Sie an, inwieweit Sie mit folgender Aussage übereinstimmen:

Die Qualität der Informationen, die Sie von jungen Unternehmen für Ihre Finanzierungsentscheidung erhalten, ist nicht überzeugend.

Es ist nur eine Antwort möglich.

○	○	○	○	○	○
Stimme voll zu	Stimme zu	Stimme eher zu	Stimme eher nicht zu	Stimme nicht zu	Stimme überhaupt nicht zu

2. Bitte geben Sie an, inwieweit Sie mit folgender Aussage übereinstimmen:

Das Vertrauen in die Informationen, die Sie von jungen Unternehmen für Ihre Finanzierungsentscheidung erhalten, ist gering.

Es ist nur eine Antwort möglich.

○	○	○	○	○	○
Stimme voll zu	Stimme zu	Stimme eher zu	Stimme eher nicht zu	Stimme nicht zu	Stimme überhaupt nicht zu

Weiter »

« Zurück Seite 2/12 16% Weiter »

3. Welche Methoden/Verfahren wenden Sie zur Verifizierung der erhaltenen Unternehmensinformationen an?

Mehrfachnennungen sind möglich.

- ☐ Gespräche mit dem Management
- ☐ Internetrecherche
- ☐ Eigene Erfahrungswerte
- ☐ Know-How im Netzwerk
- ☐ Kostenlose Datenbanken (z.B. Patentdatenbanken)
- ☐ Kostenpflichtige Datenbanken (z.B. Patentdatenbanken)
- ☐ Kostenlose Markt-, Technologieberichte
- ☐ Kostenpflichtige Markt-, Technologieberichte
- ☐ Sonstiges ______

4. Bitte geben Sie an, inwieweit Sie mit folgender Aussage übereinstimmen:

Der Zeitaufwand, der mit der Verifizierung der von jungen wachstumsstarken Unternehmen erhaltenen Informationen verbunden ist, ist groß.

Es ist nur eine Antwort möglich.

○	○	○	○	○	○
Stimme voll zu	Stimme zu	Stimme eher zu	Stimme eher nicht zu	Stimme nicht zu	Stimme überhaupt nicht zu

« Zurück Weiter »

[« Zurück] Seite 3/12 25% [Weiter »]

5. Greifen Sie bei der Unternehmensanalyse junger wachstumsstarker Unternehmen regelmäßig, gelegentlich, selten oder gar nicht auf externe Berater bzw. externe Sachverständige zur Unterstützung Ihrer Finanzierungsentscheidung zurück?

Es ist nur eine Antwort möglich.

- ○ Regelmäßig
- ○ Einzelfallspezifisch
- ○ Selten
- ○ Überhaupt nicht

6. Um welche Art von externen Beratern bzw. externen Sachverständigen handelt es sich dann?

Mehrfachnennungen sind möglich.

- ☐ Wirtschaftsprüfer bzw. Wirtschaftsprüfungsgesellschaft
- ☐ Unternehmensberatung
- ☐ Kanzlei bzw. Anwalt (z.B. Patentanwalt)
- ☐ Forschungsinstitutionen
- ☐ Experten aus dem eigenen Netzwerk
- ☐ Sonstige [ ]
- ☐ Es werden keine externen Berater hinzugezogen

[« Zurück] [Weiter »]

[« Zurück] Seite 4/12 33% [Weiter »]

7. Sofern Sie eine Wirtschaftsprüfungsgesellschaft als externe Berater hinzuziehen, handelt es sich dann um eine der Top 5 Unternehmen in Deutschland (PWC, KPMG, Deloitte, Ernst&Young, Rödl), oder mittelständische Wirtschaftsprüfungsgesellschaften bzw. selbständig arbeitende Wirtschaftsprüfer?

Mehrfachnennungen sind möglich.

- ☐ Top 5 WP-Gesellschaften
- ☐ Mittelständische WP-Gesellschaften
- ☐ Selbständig arbeitende Wirtschaftsprüfer
- ☐ Es gibt keine Präferenz
- ☐ Es werden keine Wirtschaftsprüfer bzw. Wirtschaftsprüfungsgesellschaften hinzugezogen

[« Zurück] [Weiter »]

«« Zurück | Seite 5/12 | 41% | Weiter »»

8. Bitte geben Sie an, inwieweit Sie mit folgender Aussage übereinstimmen:

Das Konzept einer Business Plan Due Diligence ist grundsätzlich anwendbar.

Es ist nur eine Antwort möglich.

○	○	○	○	○	○
Stimme voll zu	Stimme zu	Stimme eher zu	Stimme eher nicht zu	Stimme nicht zu	Stimme überhaupt nicht zu

9. Welche Vorteile sehen Sie durch eine Business Plan Due Diligence in Bezug auf Ihre Investitionsentscheidung?

Mehrfachnennungen sind möglich.

- ☐ Reduktion von Informationsasymmetrieb
- ☐ Reduktion von Zeit- und Kostenaufwand
- ☐ Detaillierte und umfassende Unternehmensanalyse
- ☐ Gesteigertes Vertrauen und Glaubwürdigkeit in die Unternehmensinformationen
- ☐ Hinweise auf mögliche Schwachstellen und Risiken im Bericht
- ☐ Die Hinzuziehung weiterer externer Berater wird obsolet
- ☐ Professionelle Unternehmenspräsentation
- ☐ Herausstellung der wesentlichen entscheidungsbeeinflussenden Tatbestände
- ☐ Sonstige ____________

«« Zurück | Weiter »»

«« Zurück | Seite 6/12 | 50% | Weiter »»

10. Bitte geben Sie an, inwieweit Sie mit folgender Aussage übereinstimmen:

Die Glaubwürdigkeit und das Vertrauen in die externe Partei, die eine Business Plan Due Diligence durchführt, bestimmt maßgeblich die Akzeptanz der Business Plan Due Diligence durch potenzielle Kapitalgeber.

Es ist nur eine Antwort möglich.

○	○	○	○	○	○
Stimme voll zu	Stimme zu	Stimme eher zu	Stimme eher nicht zu	Stimme nicht zu	Stimme überhaupt nicht zu

11. Ist due Durchführung einer Business Plan Due Diligence aus Ihrer Sicht eine Vorbehaltsaufgabe von Wirtschaftsprüfern, da diese in der Regel Know-How in übergreifenden Themenbereichen wie Finanzanalyse, Steuern und IT haben?

Es ist nur eine Antwort möglich. Die darauffolgende Frage ist zu beachten.

- ○ Ja
- ○ Nein
- ○ Nicht unbedingt

«« Zurück | Weiter »»

« Zurück | Seite 7/12 | 58% | Weiter »

12. Welche Bereiche sollte eine Business Plan Due Diligence mindestens abdecken, um den Eigenschaften junger wachstumsstarker Unternehmen gerecht zu werden?

Mehrfachnennungen sind möglich.

- ☐ Verifizierung der Planungsprämissen
- ☐ Marktgröße und Marktpotenzial
- ☐ Go-to-Market-Strategie
- ☐ Technische Differenzierung
- ☐ Patentschutz
- ☐ Weniger Fokus auf Historie, stattdessen Fokus auf Planung
- ☐ Sonstiges ______
- ☐ Keine Besonderheiten gegenüber einer Verkäufer Due Diligence

« Zurück | Weiter »

« Zurück | Seite 8/12 | 66% | Weiter »

13. Bitte geben Sie an, inwieweit Sie mit folgender Aussage übereinstimmen:

Eine Business Plan Due Diligence kann das Vertrauen und die Glaubwürdigkeit in die Unternehmensinformationen junger wachstumsstarker Unternehmen erhöhen.

Es ist nur eine Antwort möglich.

○	○	○	○	○	○
Stimme voll zu	Stimme zu	Stimme eher zu	Stimme eher nicht zu	Stimme nicht zu	Stimme überhaupt nicht zu

« Zurück | Weiter »

«« Zurück | Seite 9/12 | 75% | Weiter »»

14. Bitte geben Sie an, inwieweit Sie mit folgender Aussage übereinstimmen:

Junge wachstumsstarke Unternehmen sind auf die Finanzierungsverhandlungen unzureichend vorbereitet.

Es ist nur eine Antwort möglich.

○	○	○	○	○	○
Stimme voll zu	Stimme zu	Stimme eher zu	Stimme eher nicht zu	Stimme nicht zu	Stimme überhaupt nicht zu

15. Bitte geben Sie an, inwieweit Sie mit folgender Aussage übereinstimmen:

Die Initiierung einer Business Plan Due Diligence durch ein junges wachstumsstarkes Unternehmen birgt das Potential der Verbesserung der Verhandlungsposition junger wachstumsstarker Unternehmen in Finanzierungsverhandlungen mit potenziellen Kapitalgebern.

Es ist nur eine Antwort möglich.

○	○	○	○	○	○
Stimme voll zu	Stimme zu	Stimme eher zu	Stimme eher nicht zu	Stimme nicht zu	Stimme überhaupt nicht zu

«« Zurück | Weiter »»

«« Zurück | Seite 10/12 | 83% | Weiter »»

16. Bitte geben Sie an, inwieweit Sie mit folgender Aussage übereinstimmen:

Eine Business Plan Due Diligence wird - ähnlich wie eine Verkäufer Due Diligence in M&A-Transaktionen - von potenziellen Kapitalgebern akzeptiert und geschätzt.

Es ist nur eine Antwort möglich.

○	○	○	○	○	○
Stimme voll zu	Stimme zu	Stimme eher zu	Stimme eher nicht zu	Stimme nicht zu	Stimme überhaupt nicht zu

17. Bitte geben Sie an, inwieweit Sie mit folgender Aussage übereinstimmen:

Eine Business Plan Due Diligence ist für Seed-Finanzierungen weniger relevant als für Start-up- bzw. Wachstumsfinanzierungen.

Es ist nur eine Antwort möglich.

○	○	○	○	○	○
Stimme voll zu	Stimme zu	Stimme eher zu	Stimme eher nicht zu	Stimme nicht zu	Stimme überhaupt nicht zu

«« Zurück | Weiter »»

« Zurück   Seite 11/12   91%   Weiter »

18. Bitte geben Sie an, inwieweit Sie mit folgender Aussage übereinstimmen:

Die durch die Business Plan Due Diligence gewonnenen Vorteile haben eine positive Auswirkung auf die **Finanzierungsentscheidung**.

Es ist nur eine Antwort möglich.

○	○	○	○	○	○
Stimme voll zu	Stimme zu	Stimme eher zu	Stimme eher nicht zu	Stimme nicht zu	Stimme überhaupt nicht zu

19. Bitte geben Sie an, inwieweit Sie mit folgender Aussage übereinstimmen:

Die durch die Business Plan Due Diligence gewonnenen Vorteile haben eine positive Auswirkung auf die **Finanzierungskonditionen**.

Es ist nur eine Antwort möglich.

○	○	○	○	○	○
Stimme voll zu	Stimme zu	Stimme eher zu	Stimme eher nicht zu	Stimme nicht zu	Stimme überhaupt nicht zu

« Zurück   Weiter »

« Zurück   Seite 12/12   100%   Weiter »

20. Anmerkungen zur Business Plan Due Diligence, zum Fragebogen etc. können Sie in folgendem Textfeld ergänzen.

Eine Eingabe ist nicht zwingend erforderlich.

Auf der folgenden Seite erhalten Sie eine Übersicht über Ihre Antworten. Änderungen können noch vorgenommen werden.

Durch Betätigung des Buttons "**Fragebogen absenden**" auf der nächsten Seite beenden Sie die Befragung.

« Zurück   Weiter »

Anhang 11: Fragebogen – Kreditinstitute

Seite 1/12 8% Weiter »»

1. Bitte geben Sie an, inwieweit Sie mit folgender Aussage übereinstimmen:

Die Qualität der Informationen, die Sie von jungen Unternehmen für Ihre Finanzierungsentscheidung erhalten, ist nicht überzeugend.

Es ist nur eine Antwort möglich.

○	○	○	○	○	○
Stimme voll zu	Stimme zu	Stimme eher zu	Stimme eher nicht zu	Stimme nicht zu	Stimme überhaupt nicht zu

2. Bitte geben Sie an, inwieweit Sie mit folgender Aussage übereinstimmen:

Das Vertrauen in die Informationen, die Sie von jungen Unternehmen für Ihre Finanzierungsentscheidung erhalten, ist gering.

Es ist nur eine Antwort möglich.

○	○	○	○	○	○
Stimme voll zu	Stimme zu	Stimme eher zu	Stimme eher nicht zu	Stimme nicht zu	Stimme überhaupt nicht zu

Weiter »»

«« Zurück Seite 2/12 16% Weiter »»

3. Welche Methoden/Verfahren wenden Sie zur Verifizierung der erhaltenen Unternehmensinformationen an?

Mehrfachnennungen sind möglich.

- ☐ Gespräche mit dem Management
- ☐ Internetrecherche
- ☐ Eigene Erfahrungswerte bzw. eigenes Know-How
- ☐ Rating
- ☐ Kostenlose Datenbanken (z.B. Patentdatenbanken)
- ☐ Kostenpflichtige Datenbanken (z.B. Patentdatenbanken)
- ☐ Kostenlose Markt-, Technologieberichte
- ☐ Kostenpflichtige Markt-, Technologieberichte
- ☐ Sonstiges ________

4. Bitte geben Sie an, inwieweit Sie mit folgender Aussage übereinstimmen:

Der Zeitaufwand, der mit der Verifizierung der von jungen wachstumsstarken Unternehmen erhaltenen Informationen verbunden ist, ist groß.

Es ist nur eine Antwort möglich.

○	○	○	○	○	○
Stimme voll zu	Stimme zu	Stimme eher zu	Stimme eher nicht zu	Stimme nicht zu	Stimme überhaupt nicht zu

«« Zurück Weiter »»

«« Zurück | Seite 3/12 | 25% | Weiter »»

5. Greifen Sie bei der Unternehmensanalyse junger wachstumsstarker Unternehmen regelmäßig, gelegentlich, selten oder gar nicht auf externe Berater bzw. externe Sachverständige zur Unterstützung Ihrer Finanzierungsentscheidung zurück?

Es ist nur eine Antwort möglich.

- ○ Regelmäßig
- ○ Einzelfallspezifisch
- ○ Selten
- ○ Überhaupt nicht

6. Um welche Art von externen Beratern bzw. externen Sachverständigen handelt es sich dann?

Mehrfachnennungen sind möglich.

- ☐ Wirtschaftsprüfer bzw. Wirtschaftsprüfungsgesellschaft
- ☐ Unternehmensberatung
- ☐ Kanzlei bzw. Anwalt (z.B. Patentanwalt)
- ☐ Forschungsinstitutionen
- ☐ Experten aus dem eigenen Netzwerk
- ☐ Sonstige ____
- ☐ Es werden keine externen Berater hinzugezogen

«« Zurück | Weiter »»

«« Zurück | Seite 4/12 | 33% | Weiter »»

7. Sofern Sie eine Wirtschaftsprüfungsgesellschaft als externe Berater hinzuziehen, handelt es sich dann um eine der Top 5 Unternehmen in Deutschland (PWC, KPMG, Deloitte, Ernst&Young, Rödl), oder mittelständische Wirtschaftsprüfungsgesellschaften bzw. selbständig arbeitende Wirtschaftsprüfer?

Mehrfachnennungen sind möglich.

- ☐ Top 5 WP-Gesellschaften
- ☐ Mittelständische WP-Gesellschaften
- ☐ Selbständig arbeitende Wirtschaftsprüfer
- ☐ Es gibt keine Präferenz
- ☐ Es werden keine Wirtschaftsprüfer bzw. Wirtschaftsprüfungsgesellschaften hinzugezogen

«« Zurück | Weiter »»

[« Zurück] Seite 5/12 41% [Weiter »]

8. Bitte geben Sie an, inwieweit Sie mit folgender Aussage übereinstimmen:

Das Konzept einer Business Plan Due Diligence ist grundsätzlich anwendbar.

Es ist nur eine Antwort möglich.

○	○	○	○	○	○
Stimme voll zu	Stimme zu	Stimme eher zu	Stimme eher nicht zu	Stimme nicht zu	Stimme überhaupt nicht zu

9. Welche Vorteile sehen Sie durch eine Business Plan Due Diligence in Bezug auf Ihre Investitionsentscheidung?

Mehrfachnennungen sind möglich.

- ☐ Reduktion von Informationsasymmetrien
- ☐ Reduktion von Zeit- und Kostenaufwand
- ☐ Detaillierte und umfassende Unternehmensanalyse
- ☐ Gesteigertes Vertrauen und Glaubwürdigkeit in die Unternehmensinformationen
- ☐ Hinweise auf mögliche Schwachstellen und Risiken im Bericht
- ☐ Die Hinzuziehung weiterer externer Berater wird obsolet
- ☐ Professionelle Unternehmenspräsentation
- ☐ Herausstellung der wesentlichen entscheidungsbeeinflussenden Tatbestände
- ☐ Sonstige ______

[« Zurück] [Weiter »]

[« Zurück] Seite 6/12 50% [Weiter »]

10. Bitte geben Sie an, inwieweit Sie mit folgender Aussage übereinstimmen:

Die Glaubwürdigkeit und das Vertrauen in die externe Partei, die eine Business Plan Due Diligence durchführt, bestimmt maßgeblich die Akzeptanz der Business Plan Due Diligence durch potenzielle Kapitalgeber.

Es ist nur eine Antwort möglich.

○	○	○	○	○	○
Stimme voll zu	Stimme zu	Stimme eher zu	Stimme eher nicht zu	Stimme nicht zu	Stimme überhaupt nicht zu

11. Ist die Durchführung einer Business Plan Due Diligence aus Ihrer Sicht eine Vorbehaltsaufgabe von Wirtschaftsprüfern, da diese in der Regel Know-How in übergreifenden Themenbereichen wie Finanzanalyse, Steuern und IT haben?

Es ist nur eine Antwort möglich.

- ○ Ja
- ○ Nein
- ○ Nicht unbedingt

[« Zurück] [Weiter »]

« Zurück Seite 7/12 58% Weiter »

12. Welche Bereiche sollte eine Business Plan Due Diligence mindestens abdecken, um den Eigenschaften junger wachstumsstarker Unternehmen gerecht zu werden?

Mehrfachnennungen sind möglich.

- ☐ Verifizierung der Planungsprämissen
- ☐ Marktgröße und Marktpotenzial
- ☐ Go-to-Market-Strategie
- ☐ Technische Differenzierung
- ☐ Patentschutz
- ☐ Weniger Fokus auf Historie, stattdessen Fokus auf Planung
- ☐ Sonstiges ________
- ☐ Keine Besonderheiten gegenüber einer Verkäufer Due Diligence

« Zurück Weiter »

« Zurück Seite 8/12 66% Weiter »

13. Bitte geben Sie an, inwieweit Sie mit folgender Aussage übereinstimmen:

Eine Business Plan Due Diligence kann das Vertrauen und die Glaubwürdigkeit in die Unternehmensinformationen junger wachstumsstarker Unternehmen erhöhen.

Es ist nur eine Antwort möglich.

○	○	○	○	○	○
Stimme voll zu	Stimme zu	Stimme eher zu	Stimme eher nicht zu	Stimme nicht zu	Stimme überhaupt nicht zu

« Zurück Weiter »

<< Zurück | Seite 9/12 | 75% | Weiter >>

14. Bitte geben Sie an, inwieweit Sie mit folgender Aussage übereinstimmen:

Junge wachstumsstarke Unternehmen sind auf die Finanzierungsverhandlungen unzureichend vorbereitet.

Es ist nur eine Antwort möglich.

○	○	○	○	○	○
Stimme voll zu	Stimme zu	Stimme eher zu	Stimme eher nicht zu	Stimme nicht zu	Stimme überhaupt nicht zu

15. Bitte geben Sie an, inwieweit Sie mit folgender Aussage übereinstimmen:

Die Initiierung einer Business Plan Due Diligence durch ein junges wachstumsstarkes Unternehmen birgt das Potential der Verbesserung der Verhandlungsposition junger wachstumsstarker Unternehmen in Finanzierungsverhandlungen mit potenziellen Kapitalgebern.

Es ist nur eine Antwort möglich.

○	○	○	○	○	○
Stimme voll zu	Stimme zu	Stimme eher zu	Stimme eher nicht zu	Stimme nicht zu	Stimme überhaupt nicht zu

<< Zurück | Weiter >>

<< Zurück | Seite 10/12 | 83% | Weiter >>

16. Bitte geben Sie an, inwieweit Sie mit folgender Aussage übereinstimmen:

Eine Business Plan Due Diligence wird - ähnlich wie eine Verkäufer Due Diligence in M&A-Transaktionen - von potenziellen Kapitalgebern akzeptiert und geschätzt.

Es ist nur eine Antwort möglich.

○	○	○	○	○	○
Stimme voll zu	Stimme zu	Stimme eher zu	Stimme eher nicht zu	Stimme nicht zu	Stimme überhaupt nicht zu

17. Bitte geben Sie an, inwieweit Sie mit folgender Aussage übereinstimmen:

Eine Business Plan Due Diligence ist für Seed-Finanzierungen weniger relevant als für Start-up- bzw. Wachstumsfinanzierungen.

Es ist nur eine Antwort möglich.

○	○	○	○	○	○
Stimme voll zu	Stimme zu	Stimme eher zu	Stimme eher nicht zu	Stimme nicht zu	Stimme überhaupt nicht zu

<< Zurück | Weiter >>

« Zurück | Seite 11/12 | 91% | Weiter »

18.

Die durch die Business Plan Due Diligence gewonnenen Vorteile haben eine positive Auswirkung auf die **Finanzierungsentscheidung**.

Es ist nur eine Antwort möglich.

○	○	○	○	○	○
Stimme voll zu	Stimme zu	Stimme eher zu	Stimme eher nicht zu	Stimme nicht zu	Stimme überhaupt nicht zu

19. Bitte geben Sie an, inwieweit Sie mit folgender Aussage übereinstimmen:

Die durch die Business Plan Due Diligence gewonnenen Vorteile haben eine positive Auswirkung auf die **Finanzierungskonditionen**.

Es ist nur eine Antwort möglich.

○	○	○	○	○	○
Stimme voll zu	Stimme zu	Stimme eher zu	Stimme eher nicht zu	Stimme nicht zu	Stimme überhaupt nicht zu

« Zurück | Weiter »

« Zurück | Seite 12/12 | 100% | Weiter »

20. Anmerkungen zur Business Plan Due Diligence, zum Fragebogen etc. können Sie in folgendem Textfeld ergänzen.

Eine Eingabe ist nicht zwingend erforderlich.

Auf der folgenden Seite erhalten Sie eine Übersicht über Ihre Antworten. Änderungen können noch vorgenommen werden.

Durch Betätigung des Buttons "**Fragebogen absenden**" auf der folgenden Seite beenden Sie die Befragung.

« Zurück | Weiter »

Anhang 12: Auswertung Fragebogen – Junge wachstumsstarke Unternehmen

1 H5 Im Verlauf der Wachstumsfinanzierung und vor dem Hintergrund des hiermit verbundenen hohen externen Kapitalbedarfs sind Schwierigkeiten bei der Kapitalbeschaffung aufgetreten.

Antwortmöglichkeiten:	Anzahl	%
Stimme voll zu	15	34,9%
Stimme zu	14	32,6%
Stimme eher zu	9	20,9%
Stimme eher nicht zu	3	7,0%
Stimme nicht zu	1	2,3%
Stimme überhaupt nicht zu	1	2,3%
	43	100,0%

2 Mit welchen Finanzierungsinstrumenten ist das Wachstum Ihres Unternehmens in der Vergangenheit finanziert worden?

Es ist nur eine Antwort möglich.

Antwortmöglichkeiten:	Anzahl	%
Kreditfinanzierung durch eine Bank	1	2,3%
Beteiligungskapital durch eine Beteiligungsgesellschaft	28	65,1%
Beides	7	16,3%
Sonstiges (Textfeld)*	7	16,3%
	43	100,0%

*Antworten: F&E Fördermittel; Stille Beteiligungen; Erlöse aus operativem Geschäft; Gründer; Business Angels; etc.

3 Mit welchen wesentlichen Finanzierungsinstrumenten soll das Wachstum Ihres Unternehmens künftig finanziert werden?

Es ist nur eine Antwort möglich.

Antwortmöglichkeiten:	Anzahl	%
Kreditfinanzierung durch eine Bank	2	4,7%
Beteiligungskapital durch eine Beteiligungsgesellschaft	23	53,5%
Beides	13	30,2%
Sonstiges (Textfeld)*	5	11,6%
	43	100,0%

*Antworten: Institutionelle Investoren; aus operativem Geschäft; etc.

4 H6 Unter Berücksichtigung der hohen Informationsanforderungen bzw. -bedürfnisse von potenziellen Kapitalgebern erfolgt eine intensive Vorbereitung auf die Kreditverhandlung mit Banken bzw. Finanzierungsverhandlung mit Beteiligungsgesellschaften.

Antwortmöglichkeiten:	Anzahl	%
Stimme voll zu	21	48,8%
Stimme zu	17	39,5%
Stimme eher zu	4	9,3%
Stimme eher nicht zu	1	2,3%
Stimme nicht zu	0	0,0%
Stimme überhaupt nicht zu	0	0,0%
	43	100,0%

5 Bitte geben Sie an, mit welchen Maßnahmen Sie sich auf Kreditverhandlungen mit Banken vorbereiten.

Mehrfachnennungen sind möglich.

Antwortmöglichkeiten:	Anzahl	%
Erlangen von Kenntnis über die Informationsanforderungen bzw. -bedürfnisse der Bank	15	34,9%
Aufbereitung der geforderten Unternehmensinformationen	20	46,5%
Erstellen eines Business Plans	19	44,2%
Bestimmung von Verhandlungszielen	15	34,9%
Umfangreiche Finanzplanungen, Sensitivitätsanalysen etc.	10	23,3%
Einrichten eines Datenraums	2	4,7%
Ausarbeitung von Alternativen im Fall eines Scheiterns der Kreditverhandlungen	12	27,9%
Sonstige (Textfeld)*	2	4,7%
Es wird keine Kreditfinanzierung in Anspruch genommen	21	48,8%
Es erfolgt keine Vorbereitung auf die Verhandlung	0	0,0%

*Antworten: keine Verhandlung mit Banken;

6 **Bitte geben Sie an, mit welchen Maßnahmen Sie sich auf Finanzierungsverhandlungen mit Beteiligungsgesellschaften vorbereiten.**

Mehrfachnennungen sind möglich.

Antwortmöglichkeiten:		
Erlangen von Kenntnis über die Informationsanforderungen bzw. -bedürfnisse der Beteiligungsgesellschaft	39	90,7%
Aufbereitung der geforderten Unternehmensinformationen	41	95,3%
Erstellen eines Business Plans	43	100,0%
Bestimmung von Verhandlungszielen	36	83,7%
Umfangreiche Finanzplanungen, Sensitivitätsanalysen etc.	30	69,8%
Einrichten eines Datenraums	14	32,6%
Ausarbeitung von Alternativen im Fall eines Scheiterns der Finanzierungsverhandlungen	29	67,4%
Sonstige (Textfeld)*	3	7,0%
Es wird keine Finanzierung mit Beteiligungskapital in Anspruch genommen.	0	0,0%
Es erfolgt keine Vorbereitung auf die Verhandlung	0	0,0%

*Antworten: Konferenzen; Netzwerkinformationen;

7 **Haben Sie in der Vergangenheit in die Verhandlungsvorbereitung externe Sachverständige bzw. externe Berater miteinbezogen?**

Es ist nur eine Antwort möglich.

Antwortmöglichkeiten:	Anzahl	%
Ja	29	67,4%
Nein	14	32,6%
	43	100,0%

8 **Planen Sie künftig in die Verhandlungsvorbereitung externe Sachverständige bzw. externe Berater miteinzubeziehen?**

Es ist nur eine Antwort möglich.

Antwortmöglichkeiten:	Anzahl	%
Ja	19	44,2%
Nein	14	32,6%
Vielleicht	10	23,3%
	43	100,0%

9 **Welches sind die wesentlichen Probleme in Kreditverhandlungen mit Banken?**

Mehrfachnennungen sind möglich.

Antwortmöglichkeiten:	Anzahl	%
Fehlendes technologisches Know-How der Sachbearbeiter	11	25,6%
Strikte Anwendung von standardisierten Bewertungsschemata durch die Bank	20	46,5%
Zu hohe Informationsanforderungen bzw. -bedürfnisse	1	2,3%
Finanzierungsentscheidung zu langwierig	10	23,3%
Mit Finanzierungszusage sind zu viele Auflagen verbunden	11	25,6%
Verhandlungsstärke der Bank vs. fehlende Verhandlungserfahrung des kapitalsuchenden Unternehmens	5	11,6%
Unterschiedliche Bewertungseinschätzungen (Unternehmen vs. Kapitalgeber)	8	18,6%
Unzureichende Vorbereitung auf die Verhandlung	1	2,3%
Sonstige (Textfeld)*	3	7,0%
Es wird keine Kreditfinanzierung in Anspruch genommen	21	48,8%
Es gibt keine Probleme in Kreditverhandlungen	0	0,0%

*Antworten: hohe Sicherheitsforderungen; risikoaverse Banken; irrelevant für Wachstumsfinanzierungen;

10 **Welches sind die wesentlichen Probleme in Finanzierungsverhandlungen mit Beteiligungsgesellschaften?**

Mehrfachnennungen sind möglich.

Antwortmöglichkeiten:	Anzahl	%
Fehlendes technologisches Know-How der Beteiligungsmanager	18	41,9%
Strikte Anwendung von standardisierten Bewertungsschemata durch die Beteiligungsgesellschaft	7	16,3%
Zu hohe Informationsanforderungen bzw. -bedürfnisse	11	25,6%
Finanzierungsentscheidung zu langwierig	20	46,5%
Mit Finanzierungszusage sind zu viele Auflagen verbunden	19	44,2%
Verhandlungsstärke der Bank vs. fehlende Verhandlungserfahrung des kapitalsuchenden Unternehmens	7	16,3%
Unterschiedliche Bewertungseinschätzungen (Unternehmen vs. Kapitalgeber)	27	62,8%
Unzureichende Vorbereitung auf die Verhandlung	3	7,0%
Sonstige (Textfeld)*	6	14,0%
Es wird keine Beteiligungsfinanzierung in Anspruch genommen	1	2,3%
Es gibt keine Probleme in Finanzierungsverhandlungen	1	2,3%

11 H1 Das Konzept einer Business Plan Due Diligence ist grundsätzlich anwendbar.

Antwortmöglichkeiten:	Anzahl	%
Stimme voll zu	5	11,6%
Stimme zu	19	44,2%
Stimme eher zu	11	25,6%
Stimme eher nicht zu	5	11,6%
Stimme nicht zu	2	4,7%
Stimme überhaupt nicht zu	1	2,3%
	43	100,0%

12 Welche Vorteile sehen Sie in der Initiierung einer Business Plan Due Diligence?

Mehrfachnennungen sind möglich.

Antwortmöglichkeiten:	Anzahl	%
Aufdeckung und Beseitigung von potenziellen Schwachstellen und Risiken	36	83,7%
Unterstützung bei der Vorbereitung auf Verhandlungen mit potenziellen Kapitalgebern	27	62,8%
Aufrechterhaltung der Verhandlungsposition in Finanzierungsverhandlungen mit potenziellen Kapitalgebern	15	34,9%
Professionelle Unternehmenspräsentation	25	58,1%
Aussagekräftiger Due Diligence Bericht	17	39,5%
Einhaltung von Sorgfaltspflichten eines Geschäftsführers oder eines Vorstands bei der Ausübung unternehmerischer Tätigkeiten	17	39,5%
Geminderte Beeinträchtigung der laufenden Geschäftstätigkeit	7	16,3%
Informationsmanagement und -kontrolle	12	27,9%
Entwurf des Finanzierungsvertrags unter Berücksichtigung der Ergebnisse aus der Business Plan Due Diligence	13	30,2%
Vorbereitung bei der Einrichtung eines Datenraums	8	18,6%
Erwartung von günstigen Finanzierungskonditionen	5	11,6%
Sonstige (Textfeld)*	2	4,7%
Es gibt keine Vorteile	1	2,3%

*Antworten: klare Absichten darstellen;

13 Welches sind die wesentlichen Nachteile, die mit der Initiierung einer Business Plan Due Diligence verbunden sind?

Mehrfachnennungen sind möglich.

Antwortmöglichkeiten:	Anzahl	%
Kosten	24	55,8%
Zeitaufwand	33	76,7%
Zeitliche Inanspruchnahme des Managements	34	79,1%
Fehlende Akzeptanz einer Business Plan Due Diligence durch potenzielle Kapitalgeber	16	37,2%
Es werden nicht alle Schwachstellen und Risiken aufgedeckt	5	11,6%
Auswirkungen auf die Verhandlungsposition nicht quantifizierbar	14	32,6%
Sonstige (Textfeld)*	2	4,7%
Es gibt keine Nachteile	1	2,3%

*Antworten: starke Papiergläubigkeit

14 H2a Die Iniitierung einer Business Plan Due Diligence birgt das Potential der Verbesserung der Verhandlungsposition in Kreditverhandlungen mit Banken.

Antwortmöglichkeiten:	Anzahl	%
Stimme voll zu	2	4,7%
Stimme zu	7	16,3%
Stimme eher zu	21	48,8%
Stimme eher nicht zu	6	14,0%
Stimme nicht zu	6	14,0%
Stimme überhaupt nicht zu	1	2,3%
	43	100,0%

15 H2b Die Iniitierung einer Business Plan Due Diligence birgt das Potential der Verbesserung der Verhandlungsposition in Finanzierungsverhandlungen mit Beteiligungsgesellschaften.

Antwortmöglichkeiten:	Anzahl	%
Stimme voll zu	5	11,6%
Stimme zu	14	32,6%
Stimme eher zu	16	37,2%
Stimme eher nicht zu	6	14,0%
Stimme nicht zu	2	4,7%
Stimme überhaupt nicht zu	0	0,0%
	43	100,0%

Nr.		Frage / Antwortmöglichkeiten	Anzahl	%
16		**Welche Partei würden Sie mit der Durchführung einer Business Plan Due Diligence beauftragen, um eine höchstmögliche Verbesserung ihrer Verhandlungsposition zu erreichen?** **Mehrfachnennungen sind möglich.**		
		Antwortmöglichkeiten:	Anzahl	%
		Wirtschaftsprüfungsgesellschaft	19	44,2%
		Beratungsunternehmen	20	46,5%
		Kanzleien (z.B. Patentanwälte)	8	18,6%
		Forschungsinstitutionen	6	14,0%
		Sonstige (Textfeld)*	6	14,0%
		Durchführung einer Business Plan Due Diligence aus eigenen Ressourcen	15	34,9%
		Es wird keine Business Plan Due Diligence beauftragt bzw. durchgeführt	5	11,6%
		*Antworten: Rechtsanwaltskanzleien; Organisation mit Fachbezug; Industrieexperten; Seniore Aufsichtsräte/Beiräte; Kapitalvermittler; Angel; etc.		
17		**Bitte quantifizieren Sie Ihre Zahlungsbereitschaft für eine Business Plan Due Diligence unter Berücksichtigung der Vor- und Nachteile.** **Es ist nur eine Antwort möglich.**		
		Antwortmöglichkeiten:	Anzahl	%
		weniger als TEUR 50	24	55,8%
		TEUR 50 bis TEUR 100	3	7,0%
		TEUR 100 bis TEUR 150	0	0,0%
		mehr als TEUR 150	0	0,0%
		Zahlungsbereitschaft nicht quantifizierbar	7	16,3%
		Zahlungsbereitschaft nicht vorhanden	9	20,9%
			43	100,0%
18	H3	**Eine Business Plan Due Diligence wird - ähnlich wie eine Verkäufer Due Diligence in M&A-Transaktionen - von potenziellen Kapitalgebern akzeptiert und geschätzt.**		
		Antwortmöglichkeiten:	Anzahl	%
		Stimme voll zu	1	2,3%
		Stimme zu	8	18,6%
		Stimme eher zu	21	48,8%
		Stimme eher nicht zu	8	18,6%
		Stimme nicht zu	5	11,6%
		Stimme überhaupt nicht zu	0	0,0%
			43	100,0%
19	H4	**Eine Business Plan Due Diligence ist für Seed-Finanzierungen weniger relevant als für Start-up- bzw. Wachstumsfinanzierungen.**		
		Antwortmöglichkeiten:	Anzahl	%
		Stimme voll zu	4	9,3%
		Stimme zu	10	23,3%
		Stimme eher zu	10	23,3%
		Stimme eher nicht zu	12	27,9%
		Stimme nicht zu	5	11,6%
		Stimme überhaupt nicht zu	2	4,7%
			43	100,0%
20		**Werden Sie in Erwägung ziehen, eine Business Plan Due Diligence für weitere Wachstumsfinanzierungen Ihres Unternehmens zu initiieren?** **Es ist nur eine Antwort möglich.**		
		Antwortmöglichkeiten:	Anzahl	%
		Ja	8	18,6%
		Nein	13	30,2%
		Vielleicht	14	32,6%
		Ich habe bereits eine Business Plan Due Diligence oder ähnliches initiiert (Textfeld)*	8	18,6%
			43	100,0%
		*Antworten: IP DD; Testierter Jahresabschluss;		
21		**Anmerkungen zur Business Plan Due Diligence, zum Fragebogen etc. können Sie in folgendem Textfeld ergänzen.**		
		Antwortmöglichkeiten:		
		Textfeld		

JWU: Junge wachstumsstarke Unternehmen

Anhang 13: Auswertung Fragebogen – Wirtschaftsprüfer

1 Welche Vorteile verbinden Sie mit einer Leistungserbringung für junge wachstumsstarke Unternehmen?

Mehrfachnennungen sind möglich.

Antwortmöglichkeiten:	Anzahl	%
Aufbau einer langfristigen Geschäftsbeziehung	76	93,8%
Hoher Beratungsbedarf der Unternehmen birgt Chance auf umfangreiche Beratungsleistungen	60	74,1%
Erfahrungen sammeln	15	18,5%
Sonstige (Textfeld)*	3	3,7%
Es existieren keine Vorteile	2	2,5%

* Antworten: Förderung von Jungunternehmen; Neue Mandate auf engem Markt; etc.

2 Welche Nachteile verbinden Sie mit einer Leistungserbringung für junge wachstumsstarke Unternehmen?

Mehrfachnennungen sind möglich.

Antwortmöglichkeiten:	Anzahl	%
Es liegen keine detaillierten und belastbaren Vergangenheitsinformationen vor	31	38,3%
Prognoseunsicherheit	44	54,3%
Das Management ist zu stark marketingorientiert; finanzielle Aspekte werden vernachlässigt	26	32,1%
Begrenztes Budget	47	58,0%
Sonstige (Textfeld)*	4	4,9%
Es existieren keine Nachteile	6	7,4%

*Antworten: "Going Concern" ist unsicher; Honorarunsicherheit; etc.

3 H1 Das Konzept einer Business Plan Due Diligence ist grundsätzlich anwendbar.

Antwortmöglichkeiten:	Anzahl	%
Stimme voll zu	16	19,8%
Stimme zu	36	44,4%
Stimme eher zu	24	29,6%
Stimme eher nicht zu	4	4,9%
Stimme nicht zu	0	0,0%
Stimme überhaupt nicht zu	1	1,2%
	81	100,0%

4 Haben Sie bereits eine Business Plan Due Diligence in der dargestellten oder einer ähnlichen Ausgestaltung durchgeführt?

Es ist nur eine Antwort möglich.

Antwortmöglichkeiten:	Anzahl	%
Ja	45	55,6%
Nein	30	37,0%
Folgende ähnliche Leistungen habe ich erbracht: (Textfeld)*	6	7,4%
	81	100,0%

* Antworten: Interne Revision bei Gründerfonds; DD für VC-Gesellschaften; Vorbereitung diverser Unterlagen im Vorfeld eines Unternehmenskaufs; etx.

5 Welche speziellen Themen müssten über den Umfang einer Verkäufer-Due Diligence in M&A-Transaktionen hinaus im Leistungsumfang einer Business Plan Due Diligence enthalten sein?

Mehrfachnennungen sind möglich.

Antwortmöglichkeiten:	Anzahl	%
Verifizierung der Planungsprämissen	66	81,5%
Marktgröße und Marktpotenzial	52	64,2%
Go-to-Market-Strategie	36	44,4%
Technische Differenzierung	21	25,9%
Patentschutz	26	32,1%
Weniger Fokus auf Historie, stattdessen Fokus auf Planung	51	63,0%
Sonstiges (Textfeld)*	7	8,6%
Keine Besonderheiten gegenüber einer Verkäufer Due Diligence	4	4,9%

* Antworten: Techncial DD; Realisierbarkeit; Chancen und Risiken; etc.

6 Welche Chancen würden Sie mit dem Angebot einer Business Plan Due Diligence verbinden?

Mehrfachnennungen sind möglich.

Antwortmöglichkeiten:	Anzahl	%
Aufbau einer langfristigen Geschäftsbeziehung	71	87,7%
Aussicht auf lukrative Folgeaufträge	44	54,3%
Erfahrungen sammeln	16	19,8%
Sonstige (Textfeld)*	2	2,5%
Es existieren keine Chancen	4	4,9%

*Antworten: Kontakt zu Investoren; Überzeugen durch Leistung; etc.

7 Welche Risiken würden Sie mit dem Angebot einer Business Plan Due Diligence verbinden?

Mehrfachnennungen sind möglich.

Antwortmöglichkeiten:	Anzahl	%
Übermäßige Haftungsrisiken	37	45,7%
Kostenrisiko	41	50,6%
Fehlendes Know-How	19	23,5%
Assoziation eines WPs mit einem Mißerfolg bei Nichteintritt der Annahmen des Business Plans	33	40,7%
Sonstige (Textfeld)*	6	7,4%
Es existieren keine Risiken	5	6,2%

*Antwort: zu hohe Finanzierungskosten; Einschränkungen wegen Informationsdefizit; gewisses Haftungsrisiko; etc.

8 H7 Die Ressourcen, die zur Durchführung einer Business Plan Due Diligence erforderlich sind (Know-How, Personal etc.), sind ausreichend (in Ihrem Haus) vorhanden.

Antwortmöglichkeiten:	Anzahl	%
Stimme voll zu	16	19,8%
Stimme zu	39	48,1%
Stimme eher zu	15	18,5%
Stimme eher nicht zu	7	8,6%
Stimme nicht zu	4	4,9%
Stimme überhaupt nicht zu	0	0,0%
	81	100,0%

9 Ist die Durchführung einer Business Plan Due Diligence aus Ihrer Sicht eine Vorbehaltsaufgabe von Wirtschaftsprüfern, da diese in der Regel Know-How in übergreifenden Themenbereichen wie Finanzanalyse, Steuern und IT haben?

Es ist nur eine Antwort möglich.

Antwortmöglichkeiten:	Anzahl	%
Ja	29	35,8%
Nein	21	25,9%
Nicht unbedingt	31	38,3%
	81	100,0%

10 Ist die Leistungserbringung eines Wirtschaftsprüfers ggf. durch folgende Berater/Institutionen zu ergänzen bzw. zu ersetzen?

Mehrfachnennungen sind möglich.

Antwortmöglichkeiten:	Anzahl	%
Unternehmensberatung	33	40,7%
Forschungseinrichtungen	31	38,3%
Kanzleien (z.B. Patentanwälte)	61	75,3%
Sonstige (Textfeld)*	11	13,6%
Es sind keine weiteren Berater notwendig.	8	9,9%

* Antworten: Marktforschungseinrichtung; Kammern; Fachverbände; abhängig von WP; IT-Spezialisten/Ingenieur; Technikspezialist; Rechtsanwalt; Marketingspezialist; abhängig vom Untersuchungsgegenstand; Branchenverband; etc.

11 H8 Das Kostenrisiko (d.h. das Risiko, dass die durchzuführenden Arbeiten nicht unter Einhaltung des ausgehandelten Budgets durchgeführt werden können) ist maßgebend für die Entscheidung, die Leistung einer Business Plan Due Diligence nicht anzubieten.

Antwortmöglichkeiten:	Anzahl	%
Stimme voll zu	1	1,2%
Stimme zu	10	12,3%
Stimme eher zu	11	13,6%
Stimme eher nicht zu	29	35,8%
Stimme nicht zu	22	27,2%
Stimme überhaupt nicht zu	8	9,9%
	81	100,0%

12 H2 Die Iniitierung einer Business Plan Due Diligence durch ein junges wachstumsstarkes Unternehmen birgt das Potential der Verbesserung der Verhandlungsposition in Finanzierungsverhandlungen mit potenziellen Kapitalgebern.

Antwortmöglichkeiten:	Anzahl	%
Stimme voll zu	22	27,2%
Stimme zu	40	49,4%
Stimme eher zu	18	22,2%
Stimme eher nicht zu	1	1,2%
Stimme nicht zu	0	0,0%
Stimme überhaupt nicht zu	0	0,0%
	81	100,0%

13 H3 Eine Business Plan Due Diligence wird - ähnlich wie eine Verkäufer Due Diligence in M&A-Transaktionen - von potenziellen Kapitalgebern akzeptiert und geschätzt.

Antwortmöglichkeiten:	Anzahl	%
Stimme voll zu	15	18,5%
Stimme zu	29	35,8%
Stimme eher zu	27	33,3%
Stimme eher nicht zu	8	9,9%
Stimme nicht zu	2	2,5%
Stimme überhaupt nicht zu	0	0,0%
	81	100,0%

14 H4 Eine Business Plan Due Diligence ist für Seed-Finanzierungen weniger relevant als für Start-up- bzw. Wachstumsfinanzierungen.

Antwortmöglichkeiten:	Anzahl	%
Stimme voll zu	2	2,5%
Stimme zu	14	17,3%
Stimme eher zu	25	30,9%
Stimme eher nicht zu	25	30,9%
Stimme nicht zu	14	17,3%
Stimme überhaupt nicht zu	1	1,2%
	81	100,0%

15 Bitte geben Sie an, ob Sie selbständig oder unselbständig tätig sind.

Es ist nur eine Antwort möglich.

Antwortmöglichkeiten:	Anzahl	%
Wirtschaftsprüfer, selbständig tätig	74	91,4%
Wirtschaftsprüfer, unselbständig tätig	2	2,5%
Wirtschaftsprüfer, unselbständig tätig bei Top 4 WP-Gesellschaft	1	1,2%
Sonstige (Textfeld)	4	4,9%
	81	100,0%

16 Anmerkungen zur Business Plan Due Diligence, zum Fragebogen etc. können Sie in folgendem Textfeld ergänzen.

Antwortmöglichkeiten:

Textfeld

WP: Wirtschaftsprüfer

Anhang 14: Auswertung Fragebogen – Beteiligungsgesellschaften und Kreditinstitute

1 **H9 Die Qualität der Informationen, die Sie von jungen Unternehmen für Ihre Finanzierungsentscheidung erhalten, ist nicht überzeugend.**

Antwortmöglichkeiten:	BG Anzahl	BG %	KI Anzahl	KI %
Stimme voll zu	1	2,4%	2	4,3%
Stimme zu	7	17,1%	9	19,1%
Stimme eher zu	17	41,5%	20	42,6%
Stimme eher nicht zu	12	29,3%	12	25,5%
Stimme nicht zu	4	9,8%	4	8,5%
Stimme überhaupt nicht zu	0	0,0%	0	0,0%
	41	100,0%	47	100,0%

2 **H10 Das Vertrauen in die Informationen, die Sie von jungen Unternehmen für Ihre Finanzierungsentscheidung erhalten, ist gering.**

Antwortmöglichkeiten:	BG Anzahl	BG %	KI Anzahl	KI %
Stimme voll zu	2	4,9%	0	0,0%
Stimme zu	7	17,1%	8	17,0%
Stimme eher zu	16	39,0%	22	46,8%
Stimme eher nicht zu	12	29,3%	12	25,5%
Stimme nicht zu	4	9,8%	5	10,6%
Stimme überhaupt nicht zu	0	0,0%	0	0,0%
	41	100,0%	47	100,0%

3 **Welche Methoden/Verfahren wenden Sie zur Verifizierung der erhaltenen Unternehmensinformationen an?**

Mehrfachnennungen sind möglich.

Antwortmöglichkeiten:	BG Anzahl	BG %	KI Anzahl	KI %
Gespräche mit dem Management	41	100,0%	47	100,0%
Internetrecherche	34	82,9%	29	61,7%
Eigene Erfahrungswerte bzw. eigenes Know-How	38	92,7%	46	97,9%
Know-How im Netzwerk / Rating	41	100,0%	34	72,3%
Kostenlose Datenbanken (z.B. Patentdatenbanken)	24	58,5%	9	19,1%
Kostenpflichtige Datenbanken (z.B. Patentdatenbanken)	19	46,3%	1	2,1%
Kostenlose Markt-, Technologieberichte	33	80,5%	25	53,2%
Kostenpflichtige Markt-, Technologieberichte	22	53,7%	7	14,9%
Sonstiges (Textfeld)*	8	19,5%	7	14,9%

*Antworten: Experteninterviews; Interviews mit ersten Kunden; Interviews mit Konkurrenten; Eigene DD; Anwalt, WP; etc.

4 **H11 Der Zeitaufwand, der mit der Verifizierung der von jungen wachstumsstarken Unternehmen erhaltenen Informationen verbunden ist, ist groß.**

Antwortmöglichkeiten:	BG Anzahl	BG %	KI Anzahl	KI %
Stimme voll zu	11	26,8%	13	27,7%
Stimme zu	22	53,7%	16	34,0%
Stimme eher zu	7	17,1%	16	34,0%
Stimme eher nicht zu	0	0,0%	2	4,3%
Stimme nicht zu	1	2,4%	0	0,0%
Stimme überhaupt nicht zu	0	0,0%	0	0,0%
	41	100,0%	47	100,0%

5 **Greifen Sie bei der Unternehmensanalyse junger wachstumsstarker Unternehmen regelmäßig, gelegentlich, selten oder gar nicht auf externe Berater bzw. externe Sachverständige zur Unterstützung Ihrer Finanzierungsentscheidung zurück?**

Es ist nur eine Antwort möglich.

Antwortmöglichkeiten:	BG Anzahl	BG %	KI Anzahl	KI %
Regelmäßig	20	48,8%	3	6,4%
Einzelfallspezifisch	19	46,3%	32	68,1%
Selten	1	2,4%	9	19,1%
Überhaupt nicht	1	2,4%	3	6,4%
	41	100,0%	47	100,0%

6 **Um welche Art von externen Beratern bzw. externen Sachverständigen handelt es sich?**

Mehrfachnennungen sind möglich.

Antwortmöglichkeiten:	BG Anzahl	BG %	KI Anzahl	KI %
Wirtschaftsprüfer bzw. Wirtschaftsprüfungsgesellschaft	21	51,2%	32	68,1%
Unternehmensberatung	14	34,1%	29	61,7%
Kanzlei bzw. Anwalt (z.B. Patentanwalt)	25	61,0%	5	10,6%
Forschungsinstitutionen	25	61,0%	3	6,4%
Experten aus dem eigenen Netzwerk	36	87,8%	23	48,9%
Sonstige (Textfeld)*	3	7,3%	3	6,4%
Es werden keine externen Berater hinzugezogen	1	2,4%	4	8,5%

*Antworten: Unternehmer; Marktteilnehmer; Technologieexperten; Brancheninsider; etc.

7 **Sofern Sie eine Wirtschaftsprüfungsgesellschaft als externen Berater hinzuziehen, handelt es sich um eine der Top 5 Unternehmen in Deutschland (PWC, KPMG, Deloitte, Ernst&Young, Rödl), oder mittelständische Wirtschaftsprüfungsgesellschaften bzw. selbständig arbeitende Wirtschaftsprüfer?**

Mehrfachnennungen sind möglich.

Antwortmöglichkeiten:	BG Anzahl	BG %	KI Anzahl	KI %
Top 5 WP-Gesellschaften	10	24,4%	4	8,5%
Mittelständische WP-Gesellschaften	10	24,4%	16	34,0%
Selbständig arbeitende Wirtschaftsprüfer	4	9,8%	14	29,8%
Es gibt keine Präferenz	13	31,7%	13	27,7%
Es werden keine Wirtschaftsprüfer/WP-gesellschaften hinzugezogen	12	29,3%	10	21,3%

8 H1 Das Konzept einer Business Plan Due Diligence ist grundsätzlich anwendbar.

Antwortmöglichkeiten:	BG Anzahl	BG %	KI Anzahl	KI %
Stimme voll zu	1	2,4%	3	6,4%
Stimme zu	13	31,7%	21	44,7%
Stimme eher zu	18	43,9%	19	40,4%
Stimme eher nicht zu	7	17,1%	4	8,5%
Stimme nicht zu	2	4,9%	0	0,0%
Stimme überhaupt nicht zu	0	0,0%	0	0,0%
	41	100,0%	47	100,0%

9 **Welche Vorteile sehen Sie durch eine Business Plan Due Diligence in Bezug auf Ihre Investitionsentscheidung?**

Mehrfachnennungen sind möglich.

Antwortmöglichkeiten:	BG Anzahl	BG %	KI Anzahl	KI %
Reduktion von Informationsasymmetrien	16	39,0%	16	34,0%
Reduktion von Zeit- und Kostenaufwand	22	53,7%	30	63,8%
Detaillierte und umfassende Unternehmensanalyse	24	58,5%	34	72,3%
Gesteigertes Vertrauen und Glaubwürdigkeit in die Unternehmensinformationen	21	51,2%	32	68,1%
Hinweise auf mögliche Schwachstellen und Risiken im Bericht	25	61,0%	23	48,9%
Die Hinzuziehung weiterer externer Berater wird obsolet	2	4,9%	1	2,1%
Professionelle Unternehmenspräsentation	12	29,3%	16	34,0%
Herausstellung der wesentlichen entscheidungsbeeinflussenden Tatbestände	21	51,2%	26	55,3%
Sonstige (Textfeld)*	4	9,8%	0	0,0%

*Antworten: Signalisiert pro-aktives Management; Keine Vorteile; Erkenntnisgewinn; etc.

10 H12 Die Glaubwürdigkeit und das Vertrauen in die externe Partei, die eine Business Plan Due Diligence durchführt, bestimmt maßgeblich die Akzeptanz der Business Plan Due Diligence durch potenzielle Kapitalgeber.

Antwortmöglichkeiten:	BG Anzahl	BG %	KI Anzahl	KI %
Stimme voll zu	6	14,6%	13	27,7%
Stimme zu	13	31,7%	14	29,8%
Stimme eher zu	13	31,7%	12	25,5%
Stimme eher nicht zu	7	17,1%	8	17,0%
Stimme nicht zu	2	4,9%	0	0,0%
Stimme überhaupt nicht zu	0	0,0%	0	0,0%
	41	100,0%	47	100,0%

11 **Ist die Durchführung einer Business Plan Due Diligence aus Ihrer Sicht eine Vorbehaltsaufgabe von Wirtschaftsprüfern, da diese in der Regel Know-How in übergreifenden Themenbereichen wie Finanzanalyse, Steuern und IT haben?**

Es ist nur eine Antwort möglich.

Antwortmöglichkeiten:	BG Anzahl	BG %	KI Anzahl	KI %
Ja	1	2,4%	6	12,8%
Nein	23	56,1%	7	14,9%
Nicht unbedingt	17	41,5%	34	72,3%
	41	100,0%	47	100,0%

12 **Welche Bereiche sollte eine Business Plan Due Diligence mindestens abdecken, um den Eigenschaften junger wachstumsstarker Unternehmen gerecht zu werden?**

Mehrfachnennungen sind möglich.

Antwortmöglichkeiten:	BG Anzahl	BG %	KI Anzahl	KI %
Verifizierung der Planungsprämissen	33	80,5%	36	76,6%
Marktgröße und Marktpotenzial	39	95,1%	38	80,9%
Go-to-Market-Strategie	31	75,6%	30	63,8%
Technische Differenzierung	31	75,6%	12	25,5%
Patentschutz	27	65,9%	11	23,4%
Weniger Fokus auf Historie, stattdessen Fokus auf Planung	16	39,0%	34	72,3%
Sonstiges (Textfeld)*	6	14,6%	0	0,0%
Keine Besonderheiten gegenüber einer Verkäufer Due Diligence	4	9,8%	2	4,3%

* Antworten: Organisation; Managementqualifikation; etc.

13 H13 Eine Business Plan Due Diligence kann das Vertrauen und die Glaubwürdigkeit in die Unternehmensinformationen junger wachstumsstarker Unternehmen erhöhen.

Antwortmöglichkeiten:	BG Anzahl	BG %	KI Anzahl	KI %
Stimme voll zu	5	12,2%	9	19,1%
Stimme zu	17	41,5%	28	59,6%
Stimme eher zu	12	29,3%	9	19,1%
Stimme eher nicht zu	5	12,2%	1	2,1%
Stimme nicht zu	2	4,9%	0	0,0%
Stimme überhaupt nicht zu	0	0,0%	0	0,0%
	41	100,0%	47	100,0%

14 H14 Junge wachstumsstarke Unternehmen sind auf die Finanzierungsverhandlungen unzureichend vorbereitet.

Antwortmöglichkeiten:	BG Anzahl	BG %	KI Anzahl	KI %
Stimme voll zu	1	2,4%	3	6,4%
Stimme zu	11	26,8%	15	31,9%
Stimme eher zu	21	51,2%	16	34,0%
Stimme eher nicht zu	6	14,6%	12	25,5%
Stimme nicht zu	2	4,9%	1	2,1%
Stimme überhaupt nicht zu	0	0,0%	0	0,0%
	41	100,0%	47	100,0%

15 H2 Die Initiierung einer Business Plan Due Diligence durch ein junges wachstumsstarkes Unternehmen birgt das Potential der Verbesserung der Verhandlungsposition junger wachstumsstarker Unternehmen in Finanzierungsverhandlungen mit potenziellen Kapitalgebern.

Antwortmöglichkeiten:	BG Anzahl	BG %	KI Anzahl	KI %
Stimme voll zu	2	4,9%	3	6,4%
Stimme zu	10	24,4%	26	55,3%
Stimme eher zu	18	43,9%	16	34,0%
Stimme eher nicht zu	8	19,5%	2	4,3%
Stimme nicht zu	3	7,3%	0	0,0%
Stimme überhaupt nicht zu	0	0,0%	0	0,0%
	41	100,0%	47	100,0%

16 H3 Eine Business Plan Due Diligence wird - ähnlich wie eine Verkäufer Due Diligence in M&A-Transaktionen - von potenziellen Kapitalgebern akzeptiert und geschätzt.

Antwortmöglichkeiten:	BG Anzahl	BG %	KI Anzahl	KI %
Stimme voll zu	0	0,0%	0	0,0%
Stimme zu	9	22,0%	26	55,3%
Stimme eher zu	22	53,7%	16	34,0%
Stimme eher nicht zu	5	12,2%	4	8,5%
Stimme nicht zu	4	9,8%	1	2,1%
Stimme überhaupt nicht zu	1	2,4%	0	0,0%
	41	100,0%	47	100,0%

17 H4 Eine Business Plan Due Diligence ist für Seed-Finanzierungen weniger relevant als für Start-up- bzw. Wachstumsfinanzierungen.

Antwortmöglichkeiten:	BG Anzahl	BG %	KI Anzahl	KI %
Stimme voll zu	1	2,4%	0	0,0%
Stimme zu	11	26,8%	11	23,4%
Stimme eher zu	11	26,8%	17	36,2%
Stimme eher nicht zu	9	22,0%	16	34,0%
Stimme nicht zu	7	17,1%	3	6,4%
Stimme überhaupt nicht zu	2	4,9%	0	0,0%
	41	100,0%	47	100,0%

18 H15 Die durch die Business Plan Due Diligence gewonnenen Vorteile haben eine positive Auswirkung auf die Finanzierungsentscheidung.

Antwortmöglichkeiten:	BG Anzahl	BG %	KI Anzahl	KI %
Stimme voll zu	0	0,0%	2	4,3%
Stimme zu	14	34,1%	23	48,9%
Stimme eher zu	18	43,9%	17	36,2%
Stimme eher nicht zu	7	17,1%	5	10,6%
Stimme nicht zu	1	2,4%	0	0,0%
Stimme überhaupt nicht zu	1	2,4%	0	0,0%
	41	100,0%	47	100,0%

19 H16 Die durch die Business Plan Due Diligence gewonnenen Vorteile haben eine positive Auswirkung auf die Finanzierungskonditionen.

Antwortmöglichkeiten:	BG Anzahl	BG %	KI Anzahl	KI %
Stimme voll zu	0	0,0%	1	2,1%
Stimme zu	5	12,2%	8	17,0%
Stimme eher zu	15	36,6%	8	17,0%
Stimme eher nicht zu	13	31,7%	20	42,6%
Stimme nicht zu	5	12,2%	9	19,1%
Stimme überhaupt nicht zu	3	7,3%	1	2,1%
	41	100,0%	47	100,0%

20 Anmerkungen zur Business Plan Due Diligence, zum Fragebogen etc. können Sie in folgendem Textfeld ergänzen.

Antwortmöglichkeiten:

Textfeld

BG: Beteiligungsgesellschaft
KI: Kreditinstitut

Literaturverzeichnis

Ahlers, Sabine, Alexander Lührs: Financing the Company with Venture Capital, in: Henrik Luessen: Starting a Business in the Life Sciences – From Idea to Market, Aulendorf 2003, S. 56-76.

Akerlof, George A.: Market for „Lemons“: Quality uncertainty and the market mechanism, in: The Quarterly Journal of Economics, 84. Jahrgang, Nr. 1, Cambridge 1970, S. 488-500.

Alsheimer, Constantin H.: § 18 KWG – Entstehung, bankaufsichtsrechtliche Funktion und Bedeutung für die Interne Revision, in: Axel Becker und Martin Wolf (Hrsg.): Prüfungen in Kreditinstituten und Finanzdienstleistungsunternehmen – Interne und externe Revision Jahresabschluss Bankenaufsicht, Stuttgart 2005, S. 323-334.

Altmann, Gerhard, Heinrich Fiebinger, Rolf Müller: Mediation – Konfliktmanagement für moderne Unternehmen, 3. überarbeitete und ergänzte Auflage, Weinheim/Basel 2005.

Apweiler, Herbert, Ulrich Theileis, Frank Althoff, Stephanie Hörlin: MaRisk - Ein Vergleich des Entwurfs vom 2. Februar 2005 mit den MaK, MaH und MaIR, München 2005.

Axer Partnerschaft Rechtsanwälte, Wirtschaftsprüfer, Steuerberater (Axer): Steuerliche Behandlung von Private Equity Fonds, Stand August 2005, URL: http://www.ap-taxlawyers.com/spezielles/beitraege/kapitalanlage/2005/20050822privateequity.pdf (abgerufen am 16. Juli 2007).

Bazerman, Max H., Margaret A. Neale: Negotiating Rationally, New York 1993.

Becker, Axel: Die Prüfung der Kreditrisikostrategie nach den MaK durch die Interne Revision, in: Axel Becker, Martin Wolf (Hrsg.): Prüfungen in Kreditinstituten und Finanzdienstleistungsunternehmen – Interne und externe Revision Jahresabschluss Bankenaufsicht, Stuttgart 2005, S. 147-167.

Berens, Wolfgang, Walter Schmitting, Joachim Strauch: Funktionen, Terminierung und rechtliche Einordnung der Due Diligence, in: Wolfgang Berens, Hans U. Brauner, Joachim Strauch (Hrsg.): Due Diligence bei Unternehmensakquisitionen, 3. Auflage, Stuttgart 2002, S. 79-114.

Bertram, David: Financial Due Diligence, Commercial Due Diligence, in: Graham Spooner (Hrsg.): Venture Capital and Private Equity: A Practitioner's Manual, Surrey 2001, S. 59-134.

Betz, Roland: Bundeskabinett beschließt Private-Equity-Gesetz MoRaKG, Stand August 2007, URL: http://www.subventionen.de/artikel/Bundeskabinett-beschliesst-Private-Equity-Gesetz-MoRaKG/833 (abgerufen am 3. Oktober 2007).

Bierhoff, Hans-Werner: Sozialpsychologie – Ein Lehrbuch, 6. überarbeitete und ergänzte Auflage, Stuttgart 2006.

Blöcher, Annette: Due Diligence und Unternehmensbewertung im Akquisitionsprozess, in: Cornelia Scott (Hrsg.): Due Diligence in der Praxis – Risiken minimieren bei Unternehmenstransaktionen, Wiesbaden 2002, S. 29-53.

Brettel, Malte, Markus Rudolf, Peter Witt: Finanzierung von Wachstumsunternehmen – Grundlagen – Finanzierungsquellen – Praxisbeispiele, Wiesbaden 2005.

Brokamp, Jürgen, Karsten Hollasch, Georg Lehmann, Lutz Meyer: Mezzanine-Finanzierung „Bridging the Gap", o.O. 2004; auch im Internet URL: http://www.deloitte.com/dtt/press_release/0,1014,sid%253D12026%2526cid%253D28985,00.html (abgerufen am 16. Juli 2007).

Buchner, Robert: Wirtschaftliches Prüfungswesen, 2., überarbeitete und ergänzte Auflage, München 1997.

Bundesanstalt für Finanzdienstleistungen (BaFin): Schreiben an den Zentralen Kreditausschuss zu § 18 KWG, Stand Mai 2005, URL: https://www.bafin.de/schreiben/89_2005/050509.htm (abgerufen am 14. Juni 2006).

Bundesministerium der Finanzen (BMF): Einkommensteuerliche Behandlung von Venture Capital und Private Equity Fonds; Abgrenzung der privaten Vermögensverwaltung vom Gewerbebetrieb, BMF Schreiben vom 16. Dezember 2003, Berlin 2003.

Bundesverband der Deutschen Industrie e.V. (BDI): Strategiepapier- Bessere Rahmenbedingungen für Private Equity und Venture Capital, Stand Mai 2007, URL: http://www.bdi-online.de/download/StrategiepapierPrivate.pdf (abgerufen am 7. August 2007).

Bundesverband Deutscher Kapitalbeteiligungsgesellschaften – German Venture Capital Association e.V. (BVK): Bundestag verabschiedet „Gesetz zur Förderung von Wagniskapital", Stand Juni 2004, URL: http://www.bvk-ev.de/privateequity.php/cat/60/aid/54/title/Bundestag_verabschie-det_%E2%80%9EGesetz_zur_Foerderung_von_Wagniskapi tal%E2%80%9C (abgerufen am 21. Februar 2005).

Bundesverband Deutscher Kapitalbeteiligungsgesellschaften – German Private Equity and Venture Capital Association e.V. (BVK): BVK Studie – IPO-Markt 2006 – Einschätzung der aktuellen Börsensituation aus Sicht der deutschen Beteiligungsgesellschaften, Stand Mai 2006, URL: http://www.bvk-ev.de/media/file/61.IPO2006.pdf (abgerufen am 1. September 2006).

Bundesverband Deutscher Kapitalbeteiligungsgesellschaften – German Private Equity and Venture Capital Association e.V. (BVK, 2006a): Jahrbuch 2006, Berlin 2006.

Bundesverband Deutscher Kapitalbeteiligungsgesellschaften – German Venture Capital Association e.V. (BVK) : BVK Studie – IPO Markt 2007 – Einschätzung der aktuellen Börsensituation aus Sicht der deutschen Beteiligungsgesellschaften, Stand Juni 2007, URL: http://www.bvk-ev.de/media/file/121.pdf (abgerufen am 3. Oktober 2007).

Bundesverband Deutscher Kapitalbeteiligungsgesellschaften – German Venture Capital Association e.V. (BVK): Gesetzentwurf ist wichtiger Schritt für Venture Capital, vergibt aber Chancen für gesamte Private Equity-Branche, Stand Juni 2007, URL: http://www.bvk-ev.de/privateequity.php/cat/98/aid/280 (abgerufen am 7. August 2007).

Bundesverband Deutscher Kapitalbeteiligungsgesellschaften – German Venture Capital Association e.V. (BVK): BVK nimmt Stellung zum Referentenentwurf des Gesetzes zur Modernisierung der Rahmenbedingungen für Kapitalbeteiligungen (MoRaKG), Stand Juli 2007, URL: http://www.bvk-ev.de/privateequity.php/cat/98/aid/285 (abgerufen am 18. Oktober 2007).

Busenitz, Lowell W., James O. Fiet, Douglas D. Moesel: Signaling in Venture Capitalist – New Venture Team Funding Decisions: Does It Indicate Long-Term Venture Outcomes?, in: Entrepreneurship Theory and Practice, 29. Jahrgang, Nr. 1, Oxford 2005, S. 1-12.

Camp, Justin J.: Venture Capital Due Diligence – A Guide to Making Smart Investment Choices and Increasing Your Portfolio Returns, New York 2002.

Casson, Mark: The Entrepreneur – An Economic Theory, Oxford 1982.

Clausen, Peter: Offenlegung der wirtschaftlichen Verhältnisse gegenüber Banken bei Kreditaufnahme – Aktuelle Entwicklungen, Stand Juli 2005, URL: http://www.der-betrieb.de/psdb?fn=db&sfn=bp&cn=doc&p1=20&p2=21&strucid=21&id=051534A (abgerufen am 14. Juni 2006).

Creditreform: Wirtschaftslage und Finanzierung im Mittelstand – Frühjahr 2007, Stand April 2007, URL: http://www.creditreform.de/Deutsch/Creditreform/Presse/Creditreform_Wirtschaftsforschung/Wirtschaftslage_und_Finanzierung_im_Mittelstand/2007-04/2007-04-04_Wirtschaftslage_Mittelstand.pdf (abgerufen am 29. Mai 2007).

Deutsche Börse AG: Entry Standard – Maßgeschneiderter Kapitalmarktzugang für Small- und Midcaps, URL: http://deutsche-boerse.com/dbag/dispatch/de/allInstruments/gdb_navigation/listing/10_Market_Structure/ 15_transparency_standards/ 30_entry_standard (abgerufen am 8. August 2007).

Deutsche Börse AG: Neuer Markt Goes International – Europe's Leading Technology and Growth Market, in: Deutsche Börse AG (Hrsg.): vision + money spezial – The Financial

Markets Magazine of Deutsche Börse AG, 5. Jahrgang, Nr. 07/2000, Frankfurt am Main 2000, auch Online im Internet: URL: http://deutsche-boerse.com/dbag/dispatch/de/notescontent/gdb_navigation/listing/60_Newsboard/80_vision_money/INTEGRATE/zpd?notesDoc=KIR+Vision-Money&expand=view (abgerufen am 3. Oktober 2007).

Deutscher Sparkassen- und Giroverband: Fakten, Analysen, Positionen | 23 – Sparkassen und der Bankenmarkt in Deutschland, Stand 2006, URL: http://www.dsgv.de/download/aktuelles/Bankenmarkt_2006.pdf (abgerufen am 1. September 2006).

Eder, Georg: Erfolgsfaktor Due Diligence Prüfung – Organisation, Planung und Ablauf aller Teilbereiche der Prüfung beim Unternehmenskauf, Saarbrücken 2006.

Ehlers, Harald: Basel II / Rating: Die Herausforderungen für Mittelstandsunternehmer und ihre Berater, 2., überarbeitete und ergänzte Auflage, Berlin 2005.

Erbacher, Christian Eric: Grundzüge der Verhandlungsführung, Zürich/Siegen 2005.

EVCA European Private Equity & Venture Capital Association (EVCA): Benchmarking European Tax and Legal Environments – Indicators of Tax and Legal Environments Favouring the Development of Private Equity and Venture Capital and Entrepreneurship in Europe, Stand Dezember 2006, URL: http://www.evca.com/images/attachments/tmpl_8_art_215_att_1051.pdf (abgerufen am 7. August 2007).

Faulmann, Andreas: Werte sichern – Verkaufsphase verkürzen, in: Venture Capital Magazin, 7. Jahrgang, Nr. 3, Wolfrathshausen 2007, S. 36-37.

Fisher, Roger, William Ury, Bruce Patton: Das Harvard-Konzept – Der Klassiker der Verhandlungstechnik, 22., überarbeitete und ergänzte Auflage, Frankfurt 2004.

Fleischhauer, Hoyer & Partner: Venture Capital – Panel "Branchenbarometer am Puls der Zeit " – Das Jahr 2006, Stand März 2007, URL: http://www.fhpe.de/vc-panel/vc-panel-erg/vc-panel(d)2006-internetversion.pdf (abgerufen am 3. Oktober 2007).

Fockenbrock, Dieter: Die großen Vier machen sich breit, Stand Januar 2006, URL: http://www.handelsblatt.com/Unternehmen/Firmen-Rankings/pshb/fn/relhbi/sfn/buildhbi/cn/GoArt!200012,201312,1021991/SH/0/depot/0/die-grossen-vier-machen-sich-breit.html (abgerufen am 14. Juni 2006).

Förderland: Samwer-Brüder tun sich mit United Internet zusammen, Stand Juni 2007, URL: http://www.foerderland.de/419+M5230ecf2dc4.0.html (abgerufen am 1. Oktober 2007).

Frey, Dieter, Anne Gaska: Die Theorie der kognitiven Dissonanz, in: Dieter Frey, Martin Irle (Hrsg.): Theorien der Sozialpsychologie – Band I Kognitive Theorien, 2., überarbeitete und ergänzte Auflage, Bern/Göttingen/Toronto/Seattle 1993, S. 275-325.

Friedrich, Thomas: Ratingorientierte Verhandlungen von Technologieunternehmen mit Finanzpartnern, in: Ann-Kristin Achleitner, Oliver Everling (Hrsg.): Handbuch Ratingpraxis, Wiesbaden 2004, S. 505-518.

Fries, Ralph: Großumfragen im World Wide Web – Durchführung, Repräsentativität und Bereinigung von Selektionseffekten untersucht am Beispiel von Perspektive-Deutschland 2001/02, Dissertation, Aachen 2006.

Garner, Daniel R., Robert R. Owen, Robert P. Conway: The Ernst & Young Guide To Financing For Growth, New York/Chichester/Brisbane/Toronto/Singapore 1994.

Gintenreiter, Peter: Zweck, in Gottwald Kranebitter (Hrsg.): Due diligence: Risikoanalyse im Zuge von Unternehmenstransaktionen, München 2002, S. 12-14.

Gompers, Paul, Josh Lerner: The Venture Capital Cycle, 2. überarbeitete und ergänzte Auflage, Camridge/London 2006.

Gross, Bill: Managing Early Growth of the New Venture, in: Robert D. Hisrich, Michael P. Peters (Hrsg.): Entrepreneurship, 5. überarbeitete und ergänzte Auflage, New York 2002, S. 398-523.

Grote, Rainer: Financial Due Diligence, in: Ulrich Balz, Olaf Arlinghaus (Hrsg.): Das Praxisbuch Mergers & Acquisitions – Von der strategischen Überlegung zur erfolgreichen Integration, München 2003, S. 105-148.

Hartmann, Wolfgang, Oliver Schwarzhaupt: Die Bedeutung des Ratings im Bankkreditgeschäft, in: Hans E. Büschgen, Oliver Everling: Handbuch Rating, 2., überarbeitete und ergänzte Auflage, Wiesbaden 2007, S. 25-45.

Heil, Heinrike: Erfolgsfaktoren von Wachstumsunternehmen – Kurzfassung einer DtA-Studie zu den Entwicklungspfaden junger Unternehmen, Stand März 1999, URL: http://www.kfw.de/DE_Home/Service/Online_Bibliothek/Publikationen_der_ehemaligen_DtA/Pdf_Dokumente_ehemalige_DtA/DtA_Studie_Band_11.pdf (abgerufen am 27. Juni 2007).

Holzkämpfer, Hilko: Rating Advisory, in: Hans E. Büschgen, Oliver Everling: Handbuch Rating, 2., überarbeitete und ergänzte Auflage, Wiesbaden 2007, S.785-803.

Hösl, Gerhard G.: Mediation – die erfolgreiche Konfliktlösung – Grundlagen und parktische Anwendung, München 2002.

IDW: WP-Handbuch 2002 - Handbuch für Rechnungslegung, Prüfung und Beratung Band II, 12., überarbeitete und ergänzte Auflage, Düsseldorf 2002.

IDW: WP-Handbuch 2006 – Wirtschaftsprüfung, Rechnungslegung, Beratung Band I, 13., überarbeitete und ergänzte Auflage, Düsseldorf 2006.

Heyning, Diederik W.: Due diligence, in: William D. Bygrave, Miachael Hey, Jos B. Peeters (Hrsg.): The Venture Capital Handbook, Harlow/London 1999, S. 143-162.

Ising, Jan, Dirk Schiereck, Thomas W. Thomas: Entwicklungen und zukünftige Herausforderungen der M&A-Beratung, in: Venture Capital Magazin Sonderausgabe „M&A 2004“, Wolfrathshausen 2004, S. 96-97.

Jensen, Michael C., William H. Meckling: Theory of the Firm: Managerial Behaviour, Agency Costs and Ownership Structure, in: Journal of Financial Economics, 3. Jahrgang, Nr. 4, Amsterdam 1976, S. 305-360.

Kessler, Wolfgang, Martina Ortmann-Babel, Lars Zipfel: Unternehmenssteuerreform 2008: Die geplanten Änderungen im Überblick, in: Betriebs-Berater, 62. Jahrgang, Nr. (10) 3/2007, Frankfurt am Main 2007, S. 523-533.

KfW Bankengruppe: 3. Quartalsbericht 2003, Stand 2003, URL: http://www.kfw.de/DE_Home/Service/Online_Bibliothek/Die_Bank/PDF_Dokumente_Berichte_etc./Quartalsberichte/3._Quartal/Q3-2003-D.pdf (abgerufen am 27. Juni 2007).

Kiethe, Kurt: Vorstandshaftung aufgrund fehlerhafter Due Diligence beim Unternehmenskauf, in: Neue Zeitschrift für Gesellschaftsrecht, 2. Jahrgang, Nr. 20, München 1999, S. 976-986.

Klandt, Heinz, Tanja Finke-Schürmann: Existenzgründung für Hochschulabsolventen – So erstellen Sie einen überzeugenden Business Plan, Frankfurt am Main 1998.

Klandt, Heinz: Gründungsmanagement: Der integrierte Unternehmensplan, München/Wien/Oldenbourg 1999.

Kley, Christoph R.: Inwieweit können Hausbankbeziehungen die Finanzierungsprobleme von mittelständischen Betrieben mindern?, in: FINANZ BETRIEB, 6. Jahrgang, Nr. 3/2004, Düsseldorf 2004, S. 169-178.

Koch, Wolfgang, Jürgen Wegmann: Praktiker-Handbuch Due Diligence – Chancen-/Risiken-Analyse mittelständischer Unternehmen, Stuttgart 1998.

KPMG Deutsche Treuhand-Gesellschaft Aktiengesellschaft Wirtschaftsprüfungsgesellschaft (KPMG): Finanzierung mittelständischer Unternehmen aus Sicht von Kreditinstituten und Unternehmen – Ergebnisse einer empirischen Doppelstudie, Stand 2005, URL: http://www.publicgovernance.de/pdf/Finanzierung_mittelst_Studie.pdf (abgerufen am 14. Juni 2006).

Lachenmaier, Dieter: Ansatzpunkte für das Existenzgründerrating, in: Ann-Kristin Achleitner, Oliver Everling (Hrsg.), Existenzgründerrating – Rating junger Unternehmen, Wiesbaden 2004, S. 271-284.

Leukel, Stefan: Neue Dienstleistungen für Wirtschaftsprüfungsunternehmen – Eine Analyse von Rahmenbedingungen und Konzeptionen einer systematischen Gestaltung des Entwicklungsprozesses, Dissertation, Marburg 2003.

Linz, Karl Otto: Rollenverteilung im Verkaufsprozeß von Unternehmen, in: Venture Capital Magazin Sonderausgabe „M&A 2004", Wolfrathshausen 2004, S. 94-95.

Long, Mark: Financing the New Venture, Holbrook 2000.

Lutz, Dieter: Herausforderung „Rating" für Steuerberater, in: Ann-Kristin Achleitner, Oliver Everling (Hrsg.): Handbuch Ratingpraxis, Wiesbaden 2004, S. 191-197.

Maehrle, Harald: High-Tech-Unternehmen geben Standort Deutschland schlechte Noten, in: M&A Mergers And Acquisitions Review, 5. Jahrgang, Nr. 11/2004, Düsseldorf 2004, S. 463 – 466.

Majunke, Sven: VC-Yearbook 2004 – Venture Capital Investments Deutschland 2004, Gaggenau 2004.

Majunke, Sven: Venture Capital Yearbook 2005 – Das Nachschlagewerk für die Venture Capital-Branche, Gaggenau 2006.

Mandler, Udo: Die Internationalisierung von Wirtschaftsprüfungsgesellschaften, in: Franz Giesel, Martin Glaum (Hrsg.): Globalisierung – Herausforderung an die Unternehmensführung zu Beginn des 21. Jahrhunderts – Festschrift für Prof. Dr. Ehrenfried Pausenberger, München 1999, S. 429-452.

Market Lab, Econa AG: Die wichtigsten Fehler bei der Bewerbung um Risikokapital, Stand Dezember 2002, URL: http://www.focus.de/D/DB/DBY/DBY38/DBY38A/ dby38a.htm (abgerufen am 5. März 2006).

Mayer, Horst: Interview und schriftliche Befragung – Entwicklung, Durchführung und Auswertung, 2., überarbeitete und ergänzte Auflage, München/Wien 2004.

Merkt, Hanno: Due Diligence und Gewährleistung beim Unternehmenskauf, in: Betriebs-Berater, 50. Jahrgang, Nr. 21, Frankfurt am Main 1995, S. 1041-1048.

Mertens, Kai: Die Information des Erwerbers einer wesentlichen Unternehmensbeteiligung an einer Aktiengesellschaft durch deren Vorstand, in: Die Aktiengesellschaft, 42. Jahrgang, Nr. 12/97, Köln 1997, S. 541-547.

Mummendey, Amélie, Sabine Otten: Theorien intergruppalen Verhaltens, in: Dieter Frey, Martin Irle (Hrsg.): Theorien der Sozialpsychologie – Band II Gruppen-, Interaktione- und Lerntheorien, 2. überarbeitete und ergänzte Auflage, Bern/Göttingen/Toronto/Seattle 2002, S. 95-119.

Mühlfeld, Claus, Paul Windolf, Norbert Lampert, Heidi Krüger: Auswertungsprobleme offener Interviews, in: Soziale Welt – Zeitschrift für sozialwissenschaftliche Forschung und Praxis, 32. Jahrgang, Göttingen 1981, S. 325-352.

Müller, Klaus J.: Gestattung der Due Diligence durch den Vorstand der Aktiengesellschaft, in: Neue juristische Wochenzeitschrift, 53. Jahrgang, Nr. 47, München 2000, S. 3452-3457.

Nathusius, Klaus: Grundlagen der Gründungsfinanzierung Instrumente – Prozesse – Beispiele, Wiesbaden 2001.

Natusch, Ingo: Due Diligence aus der Sicht einer Beteiligungsgesellschaft, in: Wolfgang Berens, Hans U. Brauner, Joachim Strauch: Due Diligence bei Unternehmensakquisitionen, 3., überarbeitete und erweiterte Auflage, Stuttgart 2002, S. 536-554.

Nawe, Dirk, Frank Nagel: Vendor Due Diligence, in: Wolfgang Berens, Hans U. Brauner, Joachim Strauch (Hrsg.): Due Diligence bei Unternehmensakquisitionen, 3., überarbeitete und erweiterte Auflage, Stuttgart 2002, S. 509-534.

Nelson, Hal: Note on Due Diligence in Venture Capital, Stand 2003, URL: http://mba.tuck.dartmouth.edu/pecenter/research/pdfs/due_diligence.pdf (abgerufen am 17. August 2005).

Neshein, John L.: High Tech Start up – The Complete Handbook for Creating Successful New High Tech Companies, New York 2000.

Nohl, Arnd-Michael: Interview und dokumentarische Methode – Anleitungen für die Forschungspraxis, Wiesbaden 2006.

Overesch, Hubert: Rating Advisory aus Sicht der Banken, in: Ann-Kristin Achleitner, Oliver Everling (Hrsg.): Handbuch Ratingpraxis, Wiesbaden 2004, S. 69-77.

Pack, Heinrich: Due Diligence, in: Gerhard Picot (Hrsg.): Handbuch Mergers & Acquisitions – Planung, Druchführung, Integration, 3., überarbeitete und ergänzte Auflage, Stuttgart 2005, S. 287-319.

Peeters, Jos B.: Deal generation, in: William D. Bygrave, Miachael Hey, Jos B. Peeters (Hrsg.): The Venture Capital Handbook, Harlow/London 1999, S. 121-142.

Perridon, Louis, Manfred Steiner: Finanzwirtschaft der Unternehmung, München 2004.

Peters, Ralf-H., Matthias Raith: Entscheidungs- und Verhandlungsanalyse zur Unterstützung von Unternehmensgründungsprozessen, in: Heinz Klandt, Hermann Weihe: Gründungsforschungs-Forum 2001 – Dokumentation des 5. G-Forums Lüneburg 4./5. Oktober 2001, Lohmar / Köln 2001, S. 161-175.

Pfetsch, Frank R.: Verhandeln in Konflikten – Grundlagen – Theorie – Praxis, Wiesbaden 2006.

Poech, Angela, Ann-Kristin Achleitner, Max Burger-Calderon: Private Equity in Familienunternehmen: Eine empirische Untersuchung zu psychologischen Aspekten der Transaktionsentscheidung, in: FINANZ BETRIEB, 7. Jahrgang, Nr. 5/2005, Düsseldorf 2005, S. 289-295.

PriceWaterhouseCoopers AG Wirtschaftsprüfungsgesellschaft (PWC): IPO Watch Europe – Review of the year 2006, Stand 2006, URL: http://www.pwc.com/pl/eng/inssol/publ/ipo_watch/2006_summary.pdf (abgerufen am 3. Oktober 2007).

PriceWaterhouseCoopers AG Wirtschaftsprüfungsgesellschaft (PWC), BVK Bundesverband Deutscher Kapitalbeteiligungsgesellschaften e.V. (BVK): Der Einfluss von Private-Equity-Gesellschaften auf die Portfoliounternehmen und die deutsche Wirtschaft, Stand Oktober 2005, URL: http://www.bvk-ev.de/media/file/54.equity_portfolio.pdf (abgerufen am 14. Juni 2006).

Pümpin, Cuno, Jürgen Prange: Management der Unternehmensentwicklung – Phasengerechte Führung und der Umgang mit Krisen, Frankfurt am Main/New York 1991.

Raiffa, Howard: The Art and Science of Negotiation, 17. Auflage, Cambridge/London 2003.

Raiffa, Howard, John Richardson, David Metcalfe: Negotiation Analysis – The Science and Art of Collaborative Decision Making, Cambridge/London 2007.

Raith, Matthias: Konfliktstrukturen und Wertschöpfungspotentiale – Eine verhandlungsanalytische Perspektive, in: Magdeburger Wissenschaftsjournal, 4. Jahrgang, Nr. 1/2004, Magdeburg 2004, S. 8-15.

Raithel, Jürgen: Quantitative Forschung – ein Praxiskurs, Wiesbaden 2006.

Reich, Hans W.: Bedeutung und Chancen des Ratings für den Mittelstand, in: Hans E. Büschgen, Oliver Everling: Handbuch Rating, 2., überarbeitete und ergänzte Auflage, Wiesbaden 2007, S. 5-23.

Reize, Frank: KFW-Mittelstandspanel 2004 – Repräsentative Analyse zu Investitionen und Beschäftigungseffekten kleiner und mittlerer Unternehmen, Stand November 2004, URL: http://www.kfw.de/DE_Home/Service/Online_Bibliothek/Research/KfW-Mittelstands panel.jsp (abgerufen am 14. Juni 2006).

Reize, Frank: KFW-Mittelstandspanel 2005 – Ist der Mittelstand fit für die Zukunft? Repräsentative Analyse zu Investitionen und Beschäftigungseffekten kleiner und mittlerer Unternehmen, Stand November 2005, URL: http://www.kfw.de/ DE_Home/Service/Online_Bibliothek/Research/KfW-Mittelstandspanel.jsp (abgerufen am 14. Juni 2006).

Richter, Rudolf, Eirik G. Furubotn: Neue Institutionenökonomik – Eine Einführung und kritische Würdigung, 3. überarbeitete und ergänzte Auflage, Tübingen 2003.

Roberts, Edward B.: Entrepreneurs in High Technology – Lessons from MIT and Beyond, New York/Oxford 1991.

Rudolf, Markus, Peter Witt: Wachstumsunternehmen: Historie, Branchen und Bewertung, in: Das Wirtschaftsstudium, 31. Jahrgang, Nr. 10, Düsseldorf 2002, S. 1248-1256.

Ruppert, Franz: Kommunikation, Kooperation und Gesprächsführung in Arbeitsbeziehungen, in: Carl Graf Hoyos, Dieter Frey (Hrsg.): Arbeits- und Organisationspsychologie – Ein Lehrbuch, Weinheim 1999, S. 537-557.

Russell, Sabin: What Investors Hat Most About Business Plans, in: Clifford M. Baumback, Joseph R. Manusco (Hrsg.): Entrepreneurship and Venture Management, New Jersey 1987, S. 234-237.

Schneider, Andreas: Risikomanagement ist Trumpf: die Entwicklung der Mindestanforderungen an das Risikomanagement (MaRisk), in: Axel Becker, Martin Wolf (Hrsg.): Prüfungen in Kreditinstituten und Finanzdienstleistungsunternehmen – Interne und externe Revision Jahresabschluss Bankenaufsicht, Stuttgart 2005, S. 577-594.

Schreiber, Hans-Joachim, Sybille Flindt: Vendor Due Diligence – Eine Analyse der Vor- und Nachteile, in: Venture Capital Magazin, 5. Jahrgang, Nr. 5, Wolfrathshausen 2005, S. 16-17.

Schulz von Thun, Friedemann: Miteinander reden 1- Störungen und Klärungen, 45., überarbeitete und ergänzte Auflage, Hamburg 2007.

Segbers, Klaus, Andreas Siemes: Mittelständische Unternehmen und ihr Kommunikationsverhalten gegenüber der Bank, in: FINANZ BETRIEB, 7. Jahrgang, Nr. 4/2005, Düsseldorf 2005, S. 229-237.

Spremann, Klaus: Investition und Finanzierung, 3., überarbeitete und ergänzte Auflage, München/Wien 1990.

Steinmetz, Lawrence: Critical Stages of Small Business Growth, in: Clifford M. Baumback, Joseph R. Manusco (Hrsg.): Entrepreneurship and Venture Management, New Jersey 1987, S. 244-253.

Stengel, Arndt, Frank Scholderer: Aufklärungspflichten beim Beteiligungs- und Unternehmenskauf, in: Neue juristische Wochenzeitschrift, 47. Jahrgang, Nr. 3, München 1994, S. 158-164.

Stiglitz, Joseph E., Andrew Weiss: Credit Rationing in Markets with Imperfect Information, in: The Amercian Economic Association, 71. Jahrgang, Nr. 3, Menasha 1981, S. 393-410.

Stoecker, Felix William: Besonderheiten der Verkäufer-Due Diligence bei M&A-Transaktionen, in: FINANZ BETRIEB, 6. Jahrgang, Nr. 10/2004, Düsseldorf 2004, S. 674-681.

Storck, Christian A.: Sorgfaltspflicht zur Durchführung einer Due Diligence für den Vorstand einer AG, in: FINANZ BETRIEB, 6. Jahrgang, Nr. 5/2004, Düsseldorf 2004, S. 363-368.

Strack, Volker: Vendor Due Diligence – Überraschungen vorbeugen und den Verlaufsprozess beschleunigen, in: FINANCE – Das Finanzmagazin für Unternehmer, 5. Jahrgang, Nr. 1/2004, Frankfurt am Main 2004, S. 38.

Swoboda, Peter: Kapitalmarkt und Unternehmensfinanzierung – Zur Kapitalstruktur der Unternehmung, in: Kapitalmarkt und Finanzierung – Jahrestagung des Vereins für Socialpolitik Gesellschaft für Wirtschafts- und Sozialwissenschaften in München 1986, Berlin 1987, S. 49-68.

Tajfel, Henri: Gruppenkonflikt und Vorurteil – Entstehung und Funktion sozialer Stereotypen, Bern/Stuttgart/Wien 1982.

Tigges, Michael: Due Diligence und Gewährleistung im Unternehmenskauf, in: FINANZ BETRIEB, 7. Jahrgang, Nr. 2/2005, Düsseldorf 2005, S. 95-106.

Timmons, Jeffry A.: New Venture Creation – Entrepreneurship for the 21st Century, Singapore 1999.

Trost, Ralf, Ralf R. Sattler: Due Diligence im Rating-Advisory-Prozess, in: Ann-Kristin Achleitner, Oliver Everling (Hrsg.): Handbuch Ratingpraxis, Wiesbaden 2004, S. 351-368.

Tykvová, Tereza: Licht- und Schattenseiten des Private Equity-Geschäfts in Deutschland, in: FINANZ BETRIEB, 7. Jahrgang, Nr. 7-8/2005, Düsseldorf 2005, S. 465-471.

Van Hall, Georg: Der Wirtschaftsprüfer als Ratingberater, in: Ann-Kristin Achleitner, Oliver Everling (Hrsg.): Handbuch Ratingpraxis, Wiesbaden 2004, S. 181-190.

Vogel, Gerhard: Erwartungen an die Beratung durch den Wirtschaftsprüfer, in: Die Wirtschaftsprüfung – Der Berater der Wirtschaft, 41. Jahrgang, Nr. 22, Düsseldorf 1988, S. 633-637.

Volkmann, Christine K., Kim Oliver Tokarski: Entrepreneurship – Gründung und Wachstum von jungen Unternehmen, Stuttgart 2006.

Von Einem, Christoph, Simon Preisenberger: Due Diligence – Wieviel Sorgfalt ist geboten?, in: Venture Capital Magazin Sonderausgabe „M&A 2004", Wolfrathshausen 2004, S. 52 – 55.

Wambach, Martin, Thomas Kirchmer, Dieter Wunderlich: Rating – Weit reichende Konsequenzen für mittelständische Unternehmen und für Wirtschaftsprüfer, in: Ann-Kristin Achleitner, Oliver Everling (Hrsg.): Handbuch Ratingpraxis, Wiesbaden 2004, S. 165-180.

Wandt, Michael D. G., Dagmar Pilzecker: Erfolgreiche Unternehmensfinanzierung – So entwickeln Sie einen professionellen Geschäftsplan, Kissing 2005.

Weiler, Johannes: Einsatz der Vendor Due Diligence beim Unternehmensverkauf, in: Going Public Magazin, 4. Jahrgang, Nr. 4, Wolfrathshausen 2003, S. 40-42.

Wetzel, William E.: Venture Capital, in: William D. Bygrave (Hrsg.): The Portable MBA in Entrepreneurship, 2. ergänzte und überarbeitete Auflage, USA 1997, S. 184-209.

Wonderly, Louis: Management Due Diligence – Nötige Sorgfalt vor einer Transaktion oder unnötige Sorgen danach, in: Venture Capital Magazin Sonderausgabe „M&A 2004", Wolfrathshausen 2004, S. 58-59.

Wunderlich, Dieter: Rödl & Partner FITNESS – Programm für den Mittelstand, Stand 2001, URL: http://www.roedl.de/inhalt/kompetenz/produkte/rating/pdf/Rating_Fitness.pdf (abgerufen am 2. Juni 2007).

Yli-Renko, Helena, Miachael Hey: European Venture Capital – an Overview, in: William D. Bygrave, Miachael Hey, Jos B. Peeters (Hrsg.): The Venture Capital Handbook, Harlow/London 1999, S. 3-22.

Zimmerer, Xaver: Verkäufer Due Diligence, in: XLVI. Jahresbericht 2004, Wiesbaden 2004, S. 21-22.

VENTURE CAPITAL UND INVESTMENT BANKING

Herausgegeben von Prof. Dr. Klaus Nathusius

Neue Folge, Band 7
Judith Winand
Venture Capital als Finanzierungsinstrument für Medienunternehmen – Analyse für TV-Produktionsunternehmen und Internet-Content-Providing-Unternehmen
Lohmar – Köln 2006 ♦ 138 S. ♦ € 36,- (D)
ISBN-13: 978-3-89936-524-5 ♦ ISBN-10: 3-89936-524-0

Neue Folge, Band 8
Jens Ortgiese
Value Added by Venture Capital Firms – An Analysis on the Basis of New Technology-Based Firms in the USA and Germany
Lohmar – Köln 2007 ♦ 366 S. ♦ € 54,- (D) ♦ ISBN 978-3-89936-621-1

Neue Folge, Band 9
Björn Wolf
Einflussfaktoren der Finanzierung junger Unternehmen – Eine empirische Untersuchung des Finanzierungsverhaltens deutscher Gründungen
Lohmar – Köln 2007 ♦ 286 S. ♦ € 48,- (D) ♦ ISBN 978-3-89936-626-6

Neue Folge, Band 10
Axel Löntz
Finanzierung junger Unternehmen durch Business Angels – Eine betriebswirtschaftliche und steuerliche Analyse
Lohmar – Köln 2007 ♦ 324 S. ♦ € 52,- (D) ♦ ISBN 978-3-89936-637-2

Neue Folge, Band 11
Jochen Busch
Venture Capital in Deutschland und Israel – Eine vergleichende Analyse der Rahmenbedingungen
Lohmar – Köln 2008 ♦ 440 S. ♦ € 68,- (D) ♦ ISBN 978-3-89936-742-3

Neue Folge, Band 12
Stefanie Kramer
Business Plan Due Diligence – Ein Instrument zur Finanzmittelakquise junger Unternehmen
Lohmar – Köln 2008 ♦ 332 S. ♦ € 63,- (D) ♦ ISBN 978-3-89936-753-9

JOSEF EUL VERLAG